●おもな回路の記号

名称	図記号	名称	図記号
電圧源	直流　交流	電流源	
電圧計，電流計	+ V − 電圧計　電流計	パルス電源	
スイッチ		抵抗器 インピーダンス	R, Z （一般の記号）　（可変抵抗器）
インダクタ （コイル）	L	キャパシタ （コンデンサ）	C
二端子回路 （回路網）		二端子対回路 （回路網）	
トランス	（電圧極性を示したもの）　（一般の記号）	接　地 （アース）	（一般の記号）　（フレーム接地）

●ギリシャ文字（斜体）

大文字	小文字	名　称	大文字	小文字	名　称	大文字	小文字	名　称
A	α	アルファ	I	ι	イオタ	P	ρ	ロー
B	β	ベータ	K	κ	カッパ	$\varSigma$	σ	シグマ
$\varGamma$	γ	ガンマ	$\varLambda$	λ	ラムダ	T	τ	タウ
$\varDelta$	δ	デルタ	M	μ	ミュー	$\varUpsilon$	υ	ユプシロン
E	ε	イプシロン	N	ν	ニュー	$\varPhi$	ϕ, φ	ファイ
Z	ζ	ジータ	$\varXi$	ξ	クサイ（グザイ）	X	χ	カイ
H	η	イータ	O	o	オミクロン	$\varPsi$	ψ	プサイ
$\varTheta$	θ	シータ（セータ）	$\varPi$	π	パイ	$\varOmega$	ω	オメガ

専門基礎ライブラリー

電気回路

■

改訂版

金原　粲［監修］

加藤政一・和田成夫・佐野雅敏・田井野徹

鷹野致和・高田　進［著］

実教出版

監修の言葉

大学の学生の理工系離れ，学力低下などが話題になって久しい。多くの大学教員の嘆きや落胆が日増しに大きくなってきており，むしろ諦めが定着しつつあるようにさえ見える。しかし，ただ現実を傍観しているだけでは事態の改善には何の役にも立たない。大学教員にできることはそれほど多くはないが，少なくとも，理工系学部に入学してきた学生のためのテキストを，学生に合うように編纂して，少しでも彼らの理解に役立てるようにすることは可能であり，むしろ現在の大学教員の責務ですらある。

日本が技術立国を標榜する限り，理工系学生の需要は減ることはないし，どちらかといえばこれからも増えることになるであろう。そのためには，高校で数学や理科系科目で十分な知識を得ずに理工系学部に入学してきた学生が，最低限の基礎知識をものにし，専門分野に入るときにも閾の高さを感じないで，その専門分野に魅力を感じながら学習できるように指導しなくてはならない。

本シリーズはそのような意図のもとに企画された理工系学部学生のための専門書で，おもに学部 1，2 年生が使用するよう企画されている。そのために，専門のなかでも基礎的で重要な項目に絞って，やさしく記述して理解を助けるとともに，内容をあまり広範囲にとらず，その代わりこれだけは将来にわたっても知識として持ち続けて欲しい内容のみを記述した。

さらに，テキストの内容が理解できているかどうかがわかるように，節ごとにその場で即答できる簡単なドリル問題を設けてある。この問題は読者がテキストの内容に書かれた事項に慣れるための訓練でもある。各節の終わりには演習問題が付けられているが，この問題も一般のレベルから見ると平易である。むしろ難問に取り組んで挫折するよりも問題を解くことに成功した達成感を味わう方を優先した結果である。これらの問題を解くことで，専門基礎に十分な知識が備わるものと考えている。

本シリーズのおのおのの分冊は，複数の大学教員の協力によって書かれている。それは，いろいろの教員が，自らが所属する大学の学生レベル，カリキュラム，自らの教育方法の違いなどを述べ合い，最良と思われる教育方針に沿ったテキストを作ることを意図したからである。その中である程度の分担はなされているが，最終的には全員がすべての原稿に目を通し，意見を交換して，加筆修正した結果できあがったものである。

監修者として最も力を入れたことは「わかりやすいテキスト」という点で，この点を執筆者に強く要請した。この目標が達せられたかどうかは読者の判断にゆだねることになるが，読者の声を今後の企画に十分に反映させていきたいと考えている。

最後に，多くの著者をまとめ，企画，編修に多大の労力を提供し，さらに出版社としてのみならず，読者の立場からも貴重な意見を出して頂いた実教出版株式会社平沢健氏，石田京子氏に厚く感謝します。

金原　粲

まえがき

現在の社会基盤(インフラストラクチャ)において，電気は必要不可欠なもので，家庭や学校だけでなく，会社や交通インフラ，通信インフラなど社会の隅々までいきわたっている。そのため，地震や台風などの自然災害で電気の供給が途絶えるとその影響は甚大なものとなる。また，テレビやパソコンといった電気電子機器でなくとも，たとえば，ガソリン自動車では，エンジン制御にマイコンが用いられるなど，ほとんどすべての機械，装置に電気が用いられているといっても過言ではない。

電気の利用にあたって，電気エネルギーを安定的に動力・熱・光などに変換する基礎となるものが電気回路である。このため，電気回路は，電気・電子を学ぶ学生や技術者だけでなく，すべての技術者と工学系学生が知識としてもつべきものといえる。しかも，理論として理解できるだけでなく，実際に計算を行うことで，電気回路の感覚をもつことも非常に重要である。

このような目的のもと，本書の初版は埼玉大学の故高田進先生の取りまとめのもと，複数の執筆者によりまとめられ8年が経過した。この間，増刷のたびに読者からいただいた貴重なご意見・ご指摘に対処してきたが，さらに使いやすいテキストとなるよう，改訂版を作成することにした。

今回，以下の2点の方針のもと，本書を改訂した。一つは読者が勉強する内容についてより興味をもてるように，章末に新たに“Tea Break”を設け，その歴史・背景・応用などについて簡単な解説を入れた。もう一つは，読者が自習しやすくなるよう，すべての例題と問題を再検討し，良問となるよう見直しを行った。

電気回路は，理論だけでなく，多くの具体的計算を通して理解することができる。このため本書は，自ら解くことで理解を補えるように多くの問題を用意している。また本書は，直流回路，交流回路から分布定数回路まで電気回路で学ぶべきすべての項目をカバーしている。このため，初版同様，やや難しいと思われる項目には a アドバンス というマークを付け，初学者の自習の便を図っている。

本書により学習した学生諸君が，電気回路を自家薬籠(じかやくろう)中の物としていただければ，執筆者一同，大きな喜びである。

最後に，本書の全体を通しての校閲をしてくださった埼玉大学の矢口裕之先生，八木修平先生，校閲と一つの“Tea Break”の原稿を執筆いただいた東京電機大学の腰塚正先生，問題の解答チェックをしてくださった東京電機大学の佐藤修一先生，安藤毅先生，山口富治先生に深く感謝の意を表したい。また，企画，編集から最後の製本の体裁に至るまで，貴重なアドバイスをしてくださった実教出版株式会社の石田京子氏に心から感謝したい。

著者を代表して　加藤政一

注：本書の計算問題においては，原則として，計算過程は有効数字4桁で，解答は有効数字3桁で求めている。

目次 CONTENTS

第1章 直流回路

第2章 交流回路の基礎

第3章 交流回路の解析

第4章 回路解析と三相交流

第5章 二端子対回路

過渡現象

第7章

a アドバンス

分布定数回路

※ 各問題の「解答例」は，弊社ホームページ(http://www.jikkyo.co.jp)の本書の紹介からダウンロードできます。

第1章 直流回路

1-1 電気回路とは

1. 素子
素子とは電気回路を構成する部品(電気抵抗,キャパシタ,インダクタなど)の総称である。

2. 交流
たとえば,sin 関数のように時間とともに電圧の大きさが正弦波で変化する。

3. 回路の性質
直流回路で学ぶオームの法則,キルヒホッフの法則,回路解析などの基本的な性質は,次章以降で学ぶ交流回路でも適用できる。

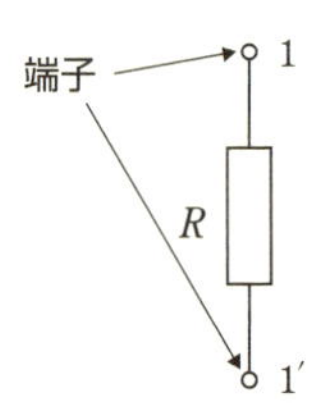

図 1-1 抵抗

4. 抵抗
電気抵抗を,以下,**抵抗**と表記する。

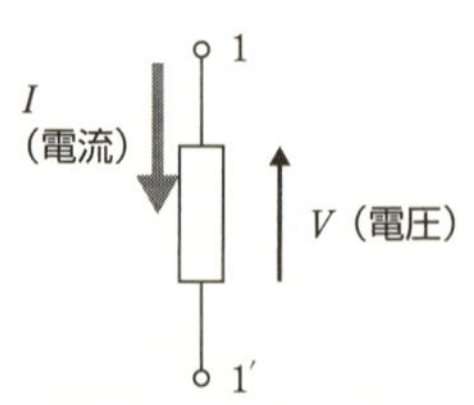

電流 I につけた矢印の向きは,電流の流れる方向(図の端子 1 から 1′)を示す。
また,V(電圧)の矢印は,端子 1′ を基準にして端子 1 の電圧が高いことを示し,電流の矢印と逆向きなことに注意しよう。

図 1-2 オームの法則

電気回路(electric circuit)とは,各種の電気的な機能をもつ素子(そし)[1](element)を直列(series)または並列(parallel)に接続し,組み合わせて構成される装置である。

電気回路には大きく分けて,電気回路を駆動(くどう)する電圧と電圧により流れる電流が,時間の経過によらず一定の値(**直流**:direct current;DC)である**直流回路**(direct current circuit)と,時間とともに電圧が変化する[2] **交流回路**(alternating current circuit;AC)がある。この章では直流回路の性質を述べる[3]。

1-1-1 抵抗

図 1-1 は直流回路で使う**抵抗**[4](resistor)の記号(symbol)である。抵抗は**電源**(source)からの電流を制御したり,電圧を分配したりする働きをもつ。このように電気的に接続するための端子が二つある素子を**二端子素子**(にたんしそし)(two terminal element)とよぶ。二つの端子は,図 1-1 にあるように「端子 1」や「端子 1′」と名前をつけて,対(つい)にして表す。記号「R」は抵抗,あるいは,抵抗の値を示す。その単位は **SI単位**(エスアイ)(前見返し参照)で**オーム**(記号:Ω)である。

1-1-2 オームの法則

抵抗 R [Ω](オーム) に流れる電流を I [A](アンペア),抵抗の両端に発生する電圧を V [V](ボルト) とすると

$$\text{抵抗値}\rightarrow R=\frac{V \ \leftarrow\text{電圧値}}{I \ \leftarrow\text{電流値}},\quad V=RI,\quad I=\frac{V}{R} \tag{1-1}$$

を得る。この電圧と電流の比 R [Ω] は抵抗の大きさを表し,**抵抗値**(resistance)という。抵抗 R が一定であると,電圧は電流に比例する。これを**オームの法則**(Ohm's law)という。図 1-2 はその関係を示す。抵抗に電流が流れると電圧が現れる。

いま,抵抗の両端に流れる電流が 1 A,その両端にかかる電圧が 1 V のとき,この抵抗の値は 1 Ω である。

また,抵抗値の逆数を**コンダクタンス** G とよび,電流の流れやすさを表す。コンダクタンスの単位は**ジーメンス**で,記号では S と表す。$G=\frac{1}{R}$ から 1 Ω の抵抗のコンダクタンスは 1 S である。

例題

$1\,\mathrm{M\Omega}$（メガオーム）の抵抗に $1\,\mathrm{\mu A}$（マイクロアンペア）の電流が流れた。この抵抗の両端の電圧はいくらか。

●略解——解答例

$$V = R \cdot I = 1\times10^{6}\cdot1\times10^{-6} = 1\,\mathrm{V} \quad（答）$$

例題

$1\,\mathrm{\mu\Omega}$ の抵抗に何ボルトの電圧を加えると，$1\,\mathrm{mA}$（ミリアンペア）の電流が流れるか。

●略解——解答例

$$V = R \cdot I = 1\times10^{-6}\cdot1\times10^{-3} = 1\times10^{-9} = 1\,\mathrm{nV} \quad（答）$$

（nV：ナノボルト）

例題

抵抗に $1\,\mathrm{V}$ の電圧を加えたら，$1\,\mathrm{\mu A}$ の電流が流れた。この抵抗の値はいくらか。

●略解——解答例

$$R = \frac{V}{I} = \frac{1}{1\times10^{-6}} = 1\times10^{6} = 1\,\mathrm{M\Omega} \quad（答）$$

例題

抵抗に電圧 $10\,\mathrm{V}$ を加えたら，$1\,\mathrm{mA}$ の電流が流れた。この素子のコンダクタンスはいくらか。

●略解——解答例

$$G = \frac{1}{R} = \frac{I}{V} = \frac{1\times10^{-3}}{10} = 1\times10^{-4}\,\mathrm{S} \quad（答）$$

1-1-3 抵抗の直列接続と並列接続

直列接続

直流回路では，抵抗が**直列**（ちょくれつ）に，あるいは**並列**（へいれつ）に接続されて構成される。図 1-3(a)は n 個の抵抗 R_1, R_2, …, R_n が直列に接続されていることを示す。電流はすべての抵抗に流れ，その値は同じで，途中で減少したり増加したりしない。この電流を I [A] とすると，n 個の抵抗の両端に現れるそれぞれの電圧 V_n [V] は，式 1-1 にしたがって，次のように求められる。

$$V_1 = R_1 I,\quad V_2 = R_2 I,\quad \cdots,\quad V_n = R_n I \qquad (1-2)$$

n 個の抵抗全体の電圧を V_0 とすると，式 1-2 を用いて，以下のようにまとめられる。

$$V_0 = V_1 + V_2 + \cdots + V_n = (R_1 + R_2 + \cdots + R_n) I = R_0 I \qquad (1-3)$$

式 1-3 からわかるように，**直列接続**した抵抗の**合成抵抗**(equivalent resistance)は，それぞれの**抵抗の和に等しい**。これを次式に示す。

$$R_0 = R_1 + R_2 + \cdots + R_n = \sum_{k=1}^{n} R_k \qquad (1\text{-}4)$$

この関係を図にすると，図 1-3(a)と(b)のように表せる。

5. ノード
抵抗などの素子を電気的に接続した点を**ノード(節点)**という。

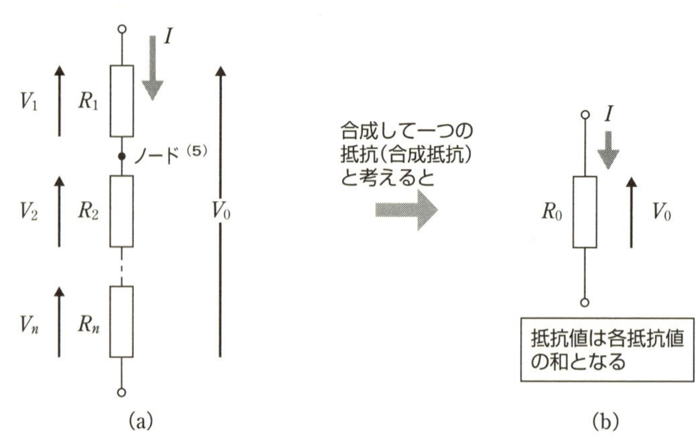

図 1-3　直列接続した抵抗の合成抵抗

例題

100 Ω の抵抗を 10 個，直列に接続した。合成抵抗はいくらか。

●略解――解答例

$R_0 = 100\ \Omega \times 10 = 1000\ \Omega = 1\ \mathrm{k\Omega}$　(答)

並列接続

n 個の抵抗 $R_1, R_2, \cdots, R_n$ が**並列接続**された回路を図 1-4(a)に示す。それぞれの抵抗にかかる電圧は等しいから，この電圧を V_0 とする。端子 1-1′ に流れる電流を I とする。

各抵抗に流れる電流を $I_1, I_2, \cdots, I_n$ とすると，次式を得る。

$$I_1 = \frac{V_0}{R_1},\quad I_2 = \frac{V_0}{R_2},\quad \cdots,\quad I_n = \frac{V_0}{R_n} \qquad (1\text{-}5)$$

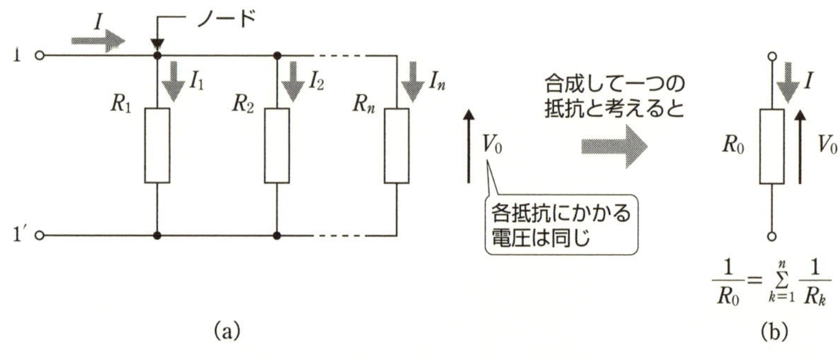

図 1-4　並列接続した抵抗の合成抵抗

よって

$$I = I_1 + I_2 + \cdots + I_n = \left(\frac{1}{R_1} + \frac{1}{R_2} + \cdots + \frac{1}{R_n}\right)V_0 = \frac{V_0}{R_0} \qquad (1\text{-}6)$$

とまとめられる。R_0 を**並列接続**の**合成抵抗**とよぶ。

$$\underbrace{\frac{1}{R_0}}_{\text{合成抵抗の逆数}} = \frac{1}{R_1} + \frac{1}{R_2} + \cdots + \frac{1}{R_n} = \underbrace{\sum_{k=1}^{n} \frac{1}{R_k}}_{\text{各抵抗の逆数の和}} \qquad (1\text{-}7)$$

並列回路では，しばしば，抵抗 R の逆数，**コンダクタンス** $G = \frac{1}{R}$ [S]（ジーメンス）が用いられる。並列接続された抵抗の**合成コンダクタンス**は単純な加算で得られるからである。式 1-7 を書き換えて次式を得る。

$$G_0 = G_1 + G_2 + \cdots + G_n = \sum_{k=1}^{n} G_k \qquad (1\text{-}8)$$

$$G_0 = \frac{1}{R_0},\ G_1 = \frac{1}{R_1},\ G_2 = \frac{1}{R_2},\ G_k = \frac{1}{R_k},\ \cdots,\ G_n = \frac{1}{R_n} \qquad (1\text{-}9)$$

例題

1 kΩ（キロオーム）の抵抗を五つ，並列接続したときの合成コンダクタンスと合成抵抗を求めよ。

●略解――解答例

$$G_0 = \frac{1}{R_0} = \frac{1}{1\ \mathrm{k\Omega}} \times 5 = 5\ \mathrm{mS}, \quad R_0 = \frac{1\ \mathrm{k\Omega}}{5} = 200\ \Omega \quad (答)$$

例題

1 Ω と 2 Ω，3 Ω，5 Ω，7 Ω の五つの抵抗を並列に接続した。合成コンダクタンスと合成抵抗を計算せよ。

●略解――解答例

$$G_0 = \frac{1}{1} + \frac{1}{2} + \frac{1}{3} + \frac{1}{5} + \frac{1}{7} = 2.18\ \mathrm{S} \quad (答)$$

$$R_0 = \frac{1}{G_0} = \frac{1}{2.18} = 0.459\ \Omega \quad (答)$$

1-1-4 分圧比と分流比

分圧比

二つの抵抗を直列接続した回路を考える。図 1-5 に示される抵抗 R_1 [Ω] と R_2 [Ω] について，オームの法則と直列接続の合成抵抗の式より

$$I = \frac{V_0}{R_1 + R_2} \qquad (1\text{-}10)$$

が求められる。これから，V_1 [V] と V_2 [V] は

$$V_1 = R_1 I = \frac{R_1}{R_1 + R_2} V_0, \qquad V_2 = R_2 I = \frac{R_2}{R_1 + R_2} V_0 \qquad (1\text{-}11)$$

となり，各抵抗に加わる電圧 V_1 と V_2 の比 $\left(\frac{V_1}{V_2}\right)$ が求められる。これを**分圧比**(ぶんあつひ)(voltage division ratio)とよぶ。式 1-11 を使うと

$$\underbrace{\frac{V_1}{V_2}}_{\text{電圧の比 } V_1 : V_2} = \underbrace{\frac{R_1}{R_2}}_{\text{抵抗の比 } R_1 : R_2} \qquad (1\text{-}12)$$

を得る。二つの電圧の比(分圧比)は，**その抵抗の比に等しい**ことを意味している。この関係式は，しばしば高電圧の測定などの応用に使われる。

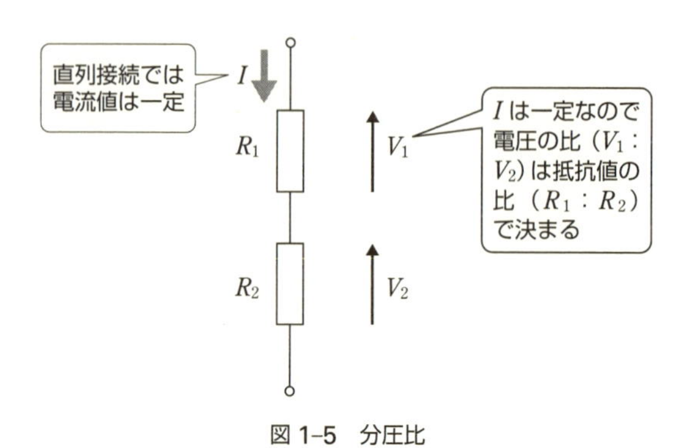

図 1-5　分圧比

例題

1 kΩ の抵抗と 10 Ω の抵抗が直列に接続されている。10 Ω の抵抗の両端の電圧をみたら 1 V であった。この直列に接続された二つの抵抗の両端の電圧 V_0 は何 V か。

●略解——解答例

$$V_1 = V_2 \frac{R_1}{R_2} = 1\ \text{V} \cdot \frac{1\ \text{k}\Omega}{10\ \Omega} = 100\ \text{V}$$

$$V_0 = V_1 + V_2 = 100\ \text{V} + 1\ \text{V} = 101\ \text{V} \quad (\text{答})$$

分流比

二つの抵抗を並列接続した回路を図 1-6 に示す。抵抗 R_1 と R_2 に流れる電流の比 $\left(\frac{I_1}{I_2}\right)$ を**分流比**(ぶんりゅうひ)(current division ratio)という。分流比を求めよう。まず

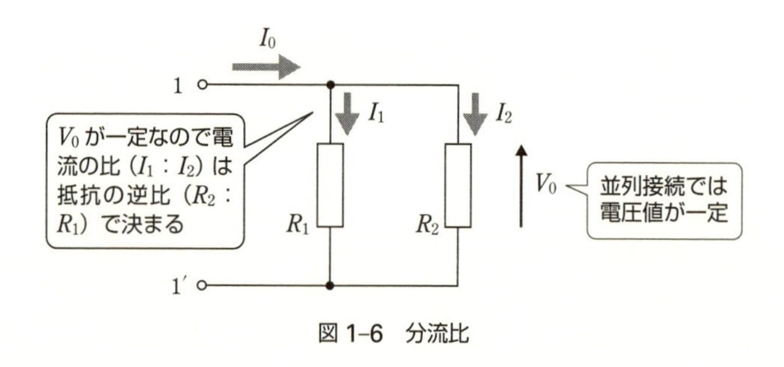

図 1-6　分流比

$$I_1=\frac{V_0}{R_1},\qquad I_2=\frac{V_0}{R_2} \tag{1-13}$$

となる。これから

電流の比($I_1:I_2$)

$$\frac{I_1}{I_2}=\frac{R_2}{R_1} \tag{1-14}$$

抵抗の逆比($R_2:R_1$)

を得る。

この式から，**分流比は抵抗の大きさに反比例して決まる**ことがわかる。このときの合成抵抗 R_0 は

$$\frac{1}{R_0}=\frac{1}{R_1}+\frac{1}{R_2}\qquad \text{だから}\qquad R_0=\frac{R_1R_2}{R_1+R_2} \tag{1-15}$$

$$V_0=\frac{R_1R_2}{R_1+R_2}I_0 \tag{1-16}$$

と書ける。よって，各抵抗に流れる電流が求まる。

$$I_1=\frac{V_0}{R_1}=\frac{R_2}{R_1+R_2}I_0,\qquad I_2=\frac{V_0}{R_2}=\frac{R_1}{R_1+R_2}I_0 \tag{1-17}$$

この式を用いると，大きな値と小さな値の抵抗を組み合わせて，大電流を測定することができる[6]。

6. 分流器
図 1−6 のように，分流比を利用して電流の計測範囲を広げるように用いられる抵抗器(たとえば図中の R_2)を**分流器**(current divider)とよぶ。

例題

図 1−7 に示すように 1 MΩ と 1 Ω の二つの抵抗が並列に接続されている。1 MΩ に流れる電流を計ると，1 μA であった。この二つの合成抵抗に流れる電流 I_0 は何 A か。

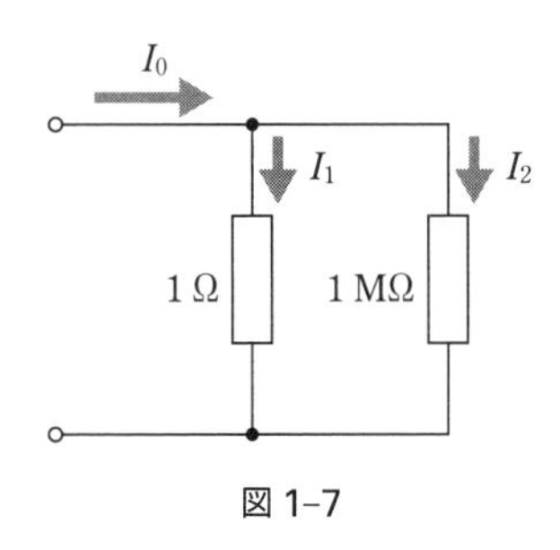

図 1−7

●略解——解答例

式 1−14 から，1 Ω の抵抗に流れる電流 I_1 を求め，回路を流れる電流(全電流) I_0 を得る。

$$I_1=\frac{R_2}{R_1}\times I_2=\frac{1\,\mathrm{M\Omega}}{1\,\Omega}\times 10^{-6}\,\mathrm{A}=1\,\mathrm{A}$$

$$I_0=I_1+I_2=1.000001\,\mathrm{A}\quad (\text{答})$$

ドリル問題

問題 1———30 Ω の抵抗が七つ並列接続されている。合成抵抗を求めよ。

問題 2———1 Ω，3 Ω，5 Ω，10 Ω の四つの抵抗が並列接続されている。この合成抵抗を求めよ。

問題 3———次の回路の A−B 間の合成抵抗を求めよ。

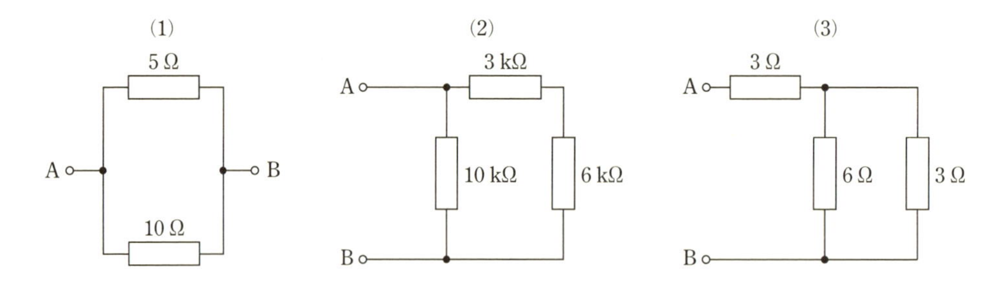

問題 4———次の回路の A−B 間の合成抵抗を求めよ。

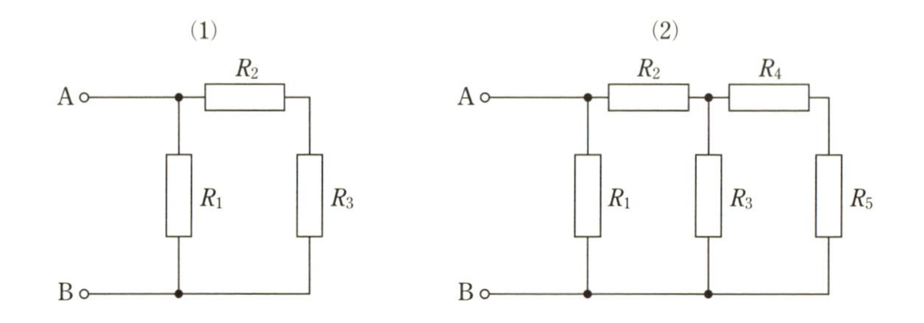

問題 5———10 kΩ の抵抗と 3 Ω の抵抗が直列接続されている。3 Ω の抵抗の両端の電圧を測ったら 3 V であった。10 kΩ の抵抗の両端には何 V の電圧がかかっているか，計算せよ。

問題 6———二つの抵抗 R_1 と R_2 を直列接続したら 8 Ω に，並列接続したら 1 Ω になった。R_1 と R_2 の値を求めよ。

問題 7———図のように 1 Ω の抵抗を 12 個用いて，網のような回路をつくった。A−B 間の合成抵抗は何 Ω か。

（ヒント：端子 H，F，D に注目しよう。三つの端子は端子 A−B 間にあって対称の位置にあり，すべての抵抗値が等しい。H と F と D を接続して一つの接続点と見立てても，電流の全体の流れは変わらない）

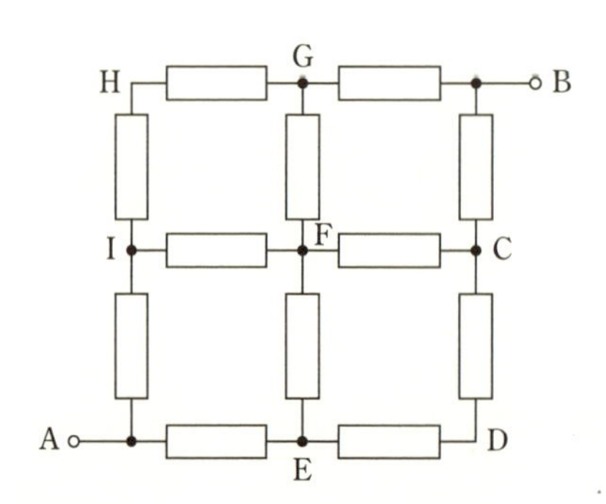

1-1　演習問題

1. 次の回路の A–B 間の合成抵抗を計算せよ。

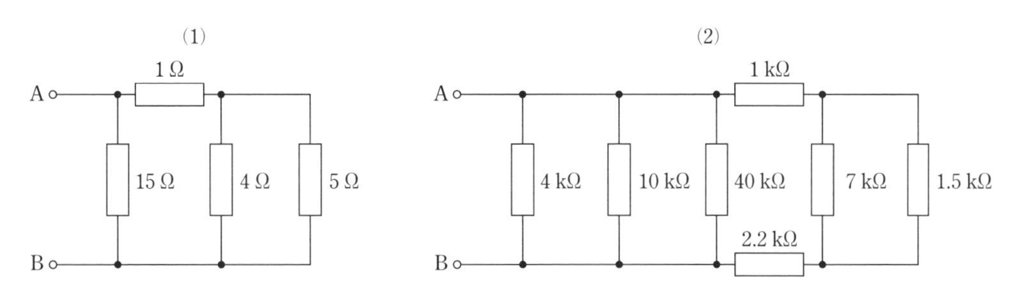

2. 図 1 のように三つの抵抗 R_1, R_2, R_3［Ω］が並列接続されている。この合成抵抗を求めよ。

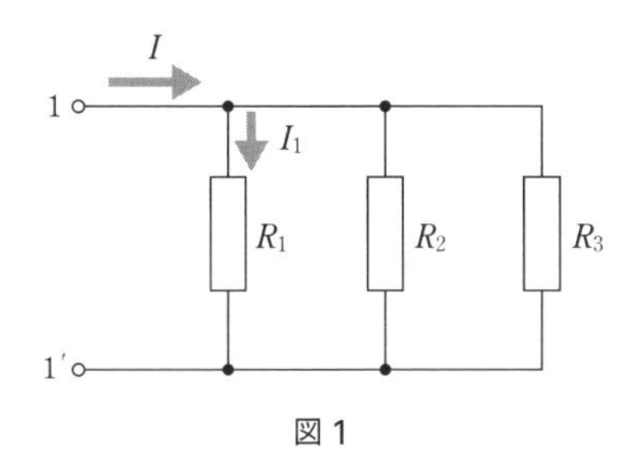

図 1

3. 図 1 の回路で $R_1 = 1$ Ω, $R_2 = 2$ Ω, $R_3 = 5$ Ω のとき，合成抵抗を計算せよ。

4. 図 1 の回路で，回路に流れる電流を I［A］，R_1［Ω］に流れる電流を I_1［A］とするとき，電流比 $\dfrac{I_1}{I}$ を計算せよ。

5. 10 kΩ と 10 Ω の二つの抵抗が並列接続されている。10 kΩ の抵抗に流れる電流を測ると 1 mA であった。二つの抵抗に流れる全電流は何 A か，計算せよ。

6. 図 1–6 の回路において，回路全体に流れる電流 I_0 が 50 mA であったとき，抵抗 R_1 に流れる電流 I_1 は 20 mA，抵抗 R_2 に流れる電流 I_2 は 30 mA を示した。また，この回路の合成抵抗は 1 Ω であった。抵抗 R_1 と R_2 の値を計算せよ。

7. 七つの抵抗 R［Ω］を用いて図 2 のような回路をつくった。A–B 間の合成抵抗は何 Ω か。（ヒント：端子 A–B 間の抵抗 R が，$2R$ の抵抗二つで並列接続されているとしてみよう）

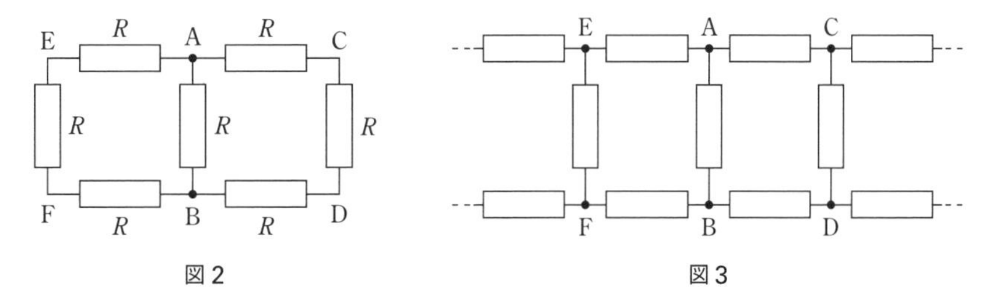

図 2　　図 3

8. 図 3 のように，はしご状に 1 Ω の抵抗を無限個用いて回路をつくった。A–B 間の合成抵抗は何 Ω か。

1-2 電源と電力

電気回路にエネルギーを供給する素子を**電源**とよぶ。たとえば，携帯機器やパソコンなど電子機器の電源として，乾電池など電池(バッテリー：battery)が用いられている。これらの電源を電気回路ではどう表現するのかを，また，電力をどう扱うかを学ぶ。

1-2-1 電圧源と電流源

電気回路では，これらの電源を理想的な二つの電源としてモデル化して取り扱う。一つは**電圧源**(でんあつげん)(voltage source)で，もう一つは**電流源**(でんりゅうげん)(current source)である。実際には，たとえば電池は，内部抵抗(後述)の値がこれに接続される抵抗の値に比べて十分小さいとき，接続された抵抗の値の多少の変化にかかわらず，その電圧は一定とみなされるので，定電圧源として扱う。一方，接続される抵抗の値が内部抵抗の値に比べて十分小さいとき，接続された抵抗の値の多少の変化にかかわらず一定の電流が流れるので，このときの電池は定電流源として扱う。実際の電源をどちらのモデルで扱うかは，**1-2-2** 項で扱う電源の内部抵抗と，それに接続する回路の合成抵抗との大小で決められる。

電圧源

供給する電流の値が変わっても，外部の回路から見てその電圧の値が一定であるとみなされる仮想の電源を**電圧源**，または**理想電圧源**(ideal voltage source)，**定電圧源**(ていでんあつげん)(constant voltage source)とよぶ。定電圧源の記号を図 1-8(a)に示す。

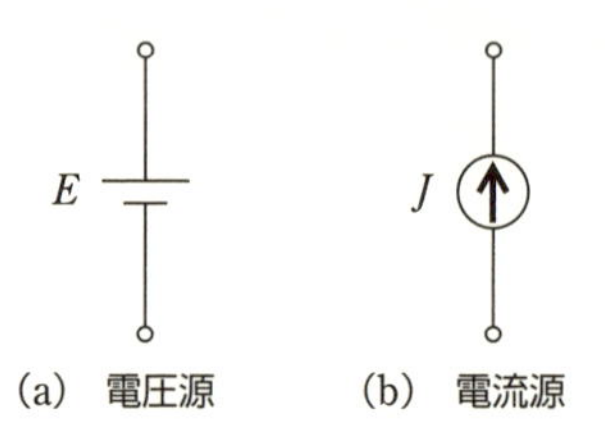

図 1-8　電圧源と電流源

1. 電圧源
E は電圧源の発生する電圧を示し，素子に現れる電圧 V と区別する。

2. 電源の電圧
電源自身の電圧を**起電力**というが，ここでは電源電圧とした。

3. 電流源
J は電流源の電流を示し，抵抗に流れる電流 I と区別する。

図中の記号 E(1) は電源電圧の大きさを示す(2)。たとえば，$E=1.5$ V は 1.5 V の電圧源である。この電圧源に抵抗をつないで電流を流すと，電源の電圧は抵抗の値によらず，つねに 1.5 V の電圧であることを示す。

電流源

また，電圧の値によらず一定値の電流を流す電源を**電流源**，または**理想電流源**(ideal current source)，**定電流源**(ていでんりゅうげん)(constant current source)などとよぶ。図 1-8(b)に電流源を示す記号と電流の大きさ J(3) を示す。たとえば，$J=1$ A は，接続される抵抗の値によらず 1 A の電流を流すことができることを意味する。

1-2-2 内部抵抗を考慮した電源回路

現実の電源は通常それ自身も抵抗をもつ。これを**内部抵抗**(internal resistance)という。前項で示した理想電源(内部抵抗はゼロ)を用いて現実の回路の電源を表すためには，理想電源に内部抵抗を加えた「電源」で表す(図中のアミの部分)。

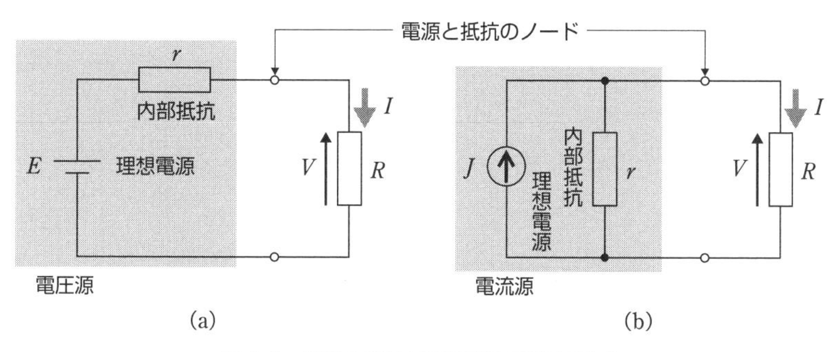

図 1-9　実際の電源を理想電源の記号で表す

図 1-9(a)は電圧源に抵抗 R を接続した回路を示す。電圧源 E に記号 r [Ω] で示す内部抵抗が直列に接続され，電圧が抵抗 R [Ω] に加わる。すると，式 1-12 に示した分圧比の式を用いて，抵抗 R の両端の電圧 V [V] が

$$V=\frac{R}{r+R}E \qquad (1\text{-}18)$$

と求まる。この式は，内部抵抗 r があるため，電源電圧 E [V] が，そのまま抵抗 R には同じ電圧が加わらないことを意味する。式 1-18 からわかるように，内部抵抗が小さいほど抵抗 R の電圧 V は電源電圧 E に近づく。また，抵抗 R に流れる電流 I [A] は

$$I=\frac{E}{r+R} \qquad (1\text{-}19)$$

となる。

次に，図 1-9(b)は，並列に接続された内部抵抗 r をもつ電流源 J [A] に，抵抗 R が接続された回路である[4]。分流比の式 1-14 を用いて，抵抗 R に流れる電流 I は

$$I=\frac{r}{r+R}J \qquad (1\text{-}20)$$

となり，電流源の内部抵抗が大きいほど抵抗 R に流れる電流は電流源の電流値に近づく。また，式 1-16 から抵抗 R に加わる電圧 V が求まる。

$$V=\frac{R}{r+R}rJ \qquad (1\text{-}21)$$

4. 電流源の内部抵抗
電流源 J には内部抵抗が並列に接続されることに注意しよう。その定義からもわかるように，モデル化された理想的な電流源では，直列接続された抵抗は電流を制御する働きを示せない。

互いに等価な電圧源と電流源

式 1-19 と式 1-20，あるいは式 1-18 と式 1-21 から

$$E = rJ \tag{1-22}$$

の関係が成り立つとき，図 1−9(a)の電圧源と図 1−9(b)の電流源は，抵抗 R に対して**同じ働きをする**。これを「二つの電源は**等価**(equivalent)である」という。また，電気的な特性が等しい回路を**等価回路**とよぶ。

例題

1.5V の電池の内部抵抗を測ったら，0.1Ω であることがわかった。この電池を電圧源と電流源で表せ。

●略解——解答例

$E=1.5$V とすると，図 1−9(a)を用いて電圧源が表される(図 1−10(a))。次に，式 1−22 の関係式 $E=rJ$ を使うと，$J=\dfrac{1.5\,\mathrm{V}}{0.1\,\Omega}=15\,\mathrm{A}$ が得られる。よって，図 1−10(a)と電流源の等価な回路は図 1−10(b)となる。

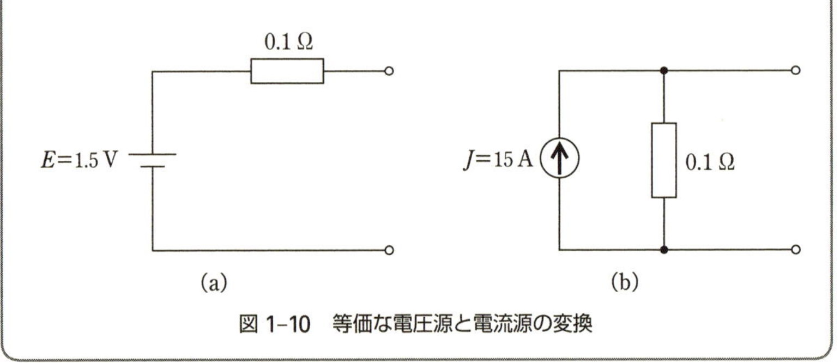

図 1−10　等価な電圧源と電流源の変換

例題

図 1−11(a)，(b)，(c)のように理想電源を 3 通りに接続した。この回路で，電源の動作について説明せよ[5]。

5. 理想電源どうしの接続
(a)の接続は，電圧の加算になる。(b)，(c)の接続は電流が並列に加算される。電流源と電圧源の並列接続も，場合によっては可能である。

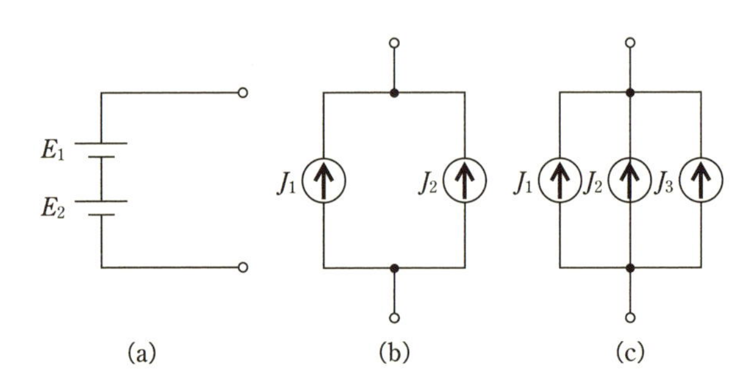

図 1−11　電源どうしの接続

●略解——解答例

図 1−11(a)の回路では，抵抗 R を接続すると，回路に流れる電流 I は

$$I=\frac{E_1+E_2}{R}=\frac{E_1}{R}+\frac{E_2}{R}$$

が流れる。上式に示す通り，電源 E_1 と E_2 は互いに干渉せず動作する。

図 1-11(b)では，抵抗 R を接続すると，両端子間には

$$V=(J_1+J_2)R=J_1R+J_2R$$

の電圧を得る。上式に示す通り，J_1 と J_2 は互いに独立に動作する。

図 1-11(c)では，抵抗 R を接続すると

$$V=(J_1+J_2+J_3)R=J_1R+J_2R+J_3R$$

の電圧を得る。上式に示す通り，J_1 と J_2 と J_3 は互いに独立に動作する。

1-2-3 電力と電力量

電力

抵抗 R [Ω] に電圧 V [V] がかかり，電流 I [A] が流れているとする。このとき，抵抗は「(電圧)×(電流)」のエネルギーを毎秒消費することが知られている。この毎秒消費されるエネルギーの割合 P(単位 W：**ワット**)を**消費電力**，または**電力**(electric power)，**パワー** (power)とよぶ。

$$\underbrace{P}_{\text{電力}}=\underbrace{V\times I}_{\text{電圧と電流の積}}=V\times\frac{V}{R}=\underbrace{\frac{V^2}{R}}_{\text{電圧の2乗÷抵抗}}=\underbrace{R\times I^2}_{\text{抵抗×電流の2乗}} \qquad (1\text{-}23)$$

1 W は，抵抗の中で 1 秒間に 1 J(**ジュール**)のエネルギーを消費することを意味する[6]。1 J/s = 1 W である。

6. 電力の消費
たとえば，100 W の電力の消費は，このエネルギーが他の形態のエネルギーに変換されることを意味する。熱や光やモータの動力がこれによって生まれる。

例題

1 kV の電圧が 1 Ω の抵抗に加えられたとき，この抵抗が消費する電力を計算せよ。

●略解——解答例

$$P=\frac{(1\ \text{kV})^2}{1\ \Omega}=\frac{(1\times10^3\ \text{V})^2}{1\ \Omega}=1\times10^6\ \text{W}=1\ \overset{\text{メガワット}}{\text{MW}} \quad (\text{答})$$

例題

1 kΩ の抵抗に 1 μA の電流が流れている。このときの消費電力はいくらか。

●略解——解答例

$$P = 1\ \mathrm{k\Omega} \times (1\ \mu\mathrm{A})^2 = 1 \times 10^3\ \Omega \times (1 \times 10^{-6}\ \mathrm{A})^2$$
$$= 1 \times 10^{-9}\ \mathrm{W} = 1\ \mathrm{nW}\ （答）$$

（nW：ナノワット）

7. 仕事とエネルギー
物を移動したりして仕事をするときに**エネルギー**を必要とする。そのエネルギーを**仕事量**(**仕事**)とよぶ。電気エネルギーを用いるときこれを**電力量**という。仕事，エネルギーについては，本シリーズの「基礎物理 1」を参照。

電力量

電力を用いて，たとえばモータを回して仕事(7)を行ったとき，その仕事量を**電力量**とよぶ。1 W の電力で 1 秒間行った仕事量は 1 W·s (**ワット・秒**)の電力量になる。すなわち電力量は使用した電力と時間の積で与えられる。1 W·s は 1 J のエネルギーに等しい。

例題

1 kW の電力を 1 時間(1 h（アワー）)使用したとき，この電力量は，{1 kW の電力}×{1 h} から 1 kW h (**キロワットアワー**)と表す。1 kW h はエネルギー［J（ジュール）］に換算するといくらか。

●略解——解答例

$$1\ \mathrm{kW\,h} = 1000\ \mathrm{W} \cdot 3600\ \mathrm{s} = 3600000\ \mathrm{W \cdot s}$$
$$= 3600000\ \mathrm{J} = 3.6\ \mathrm{MJ}\ （答）$$

例題

1 kW の電力で 1 kg（キログラム）の水を 0°C から温めて 100°C に沸騰（ふっとう）させた。電力を使用した時間を求めよ。ただし，1 cal(8) (カロリー)の熱量は 4.2 J とする。

8. カロリー(cal)
カロリーは，熱エネルギーでよく使われる単位で，これを電気エネルギーに換算すると 1 cal = 4.184 J に相当する。

●略解——解答例

使用した時間を t [h] とすると

〈供給したエネルギー〉

$$= 1\ \mathrm{kW} \times t\ [\mathrm{h}] = \frac{3600000\,t}{4.2}\ [\mathrm{cal}] = 857000\,t\ [\mathrm{cal}]$$

〈蓄えられたエネルギー〉$= 100^\circ\mathrm{C} \times 1000\ \mathrm{g} = 100000\ \mathrm{cal}$

ゆえに，$t\ [\mathrm{h}] = \dfrac{100000}{857000} = 0.117\ \mathrm{h} = 7.02$ 分　（答）

1-2-4 最大電力

図 1-12 のように，1.5 V の乾電池で豆電球を光らすことを考えよう。豆電球のフィラメントは電気抵抗 R をもつ。フィラメントには電流 I が流れる。フィラメントは $VI = RI^2$ の電気エネルギーをもらって加熱され，光を放出する。これを電気回路では一つのモデルとして図 1-13 のように表す。そのため，豆電球の抵抗は，光を放出するという仕事(負

荷)を与えているので，電気回路では**負荷抵抗**(ふかていこう)[9]とよぶ。乾電池は豆電球を光らせるために VI の電力を消費するので，これは**消費電力**である。

9. 負荷抵抗
電源から電力を受けとる抵抗を**負荷抵抗**という。

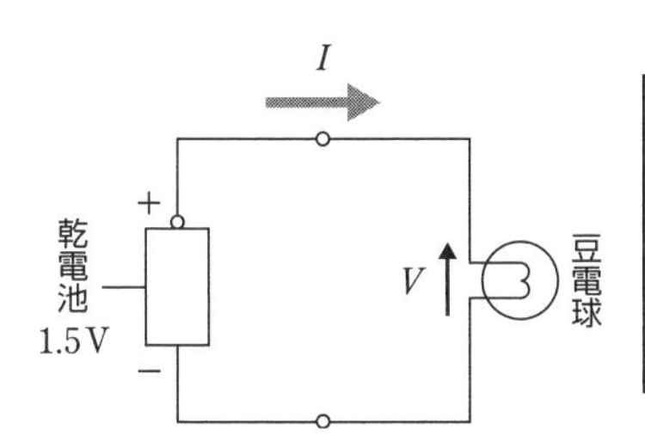

この乾電池で豆電球を光らせることを電気回路で示すと，図 1-13 のようになる。図中の「乾電池」が図 1-13 の「電圧源 E と内部抵抗 r」に対応する。「豆電球の抵抗」が図 1-13 の「抵抗 R_L」である。

図 1-12　単純な回路の例(負荷抵抗の消費電力を考える)

図 1−13 にあるように，電源電圧 E [V]，内部抵抗 r [Ω] の電源に負荷抵抗 R_L [Ω] を接続した回路を考えよう。

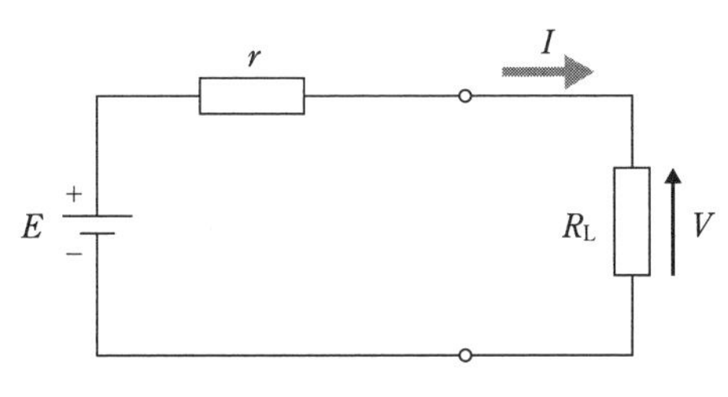

図 1-13　図 1-12 の電気回路

図 1−13 を用いて，負荷抵抗 R_L の消費電力が最大になる条件を求めてみよう。抵抗 R_L に流れる電流 I は

$$I=\frac{E}{r+R_L} \qquad (1-24)$$

である。抵抗の両端の電圧 V は

$$V=R_L I=\frac{R_L}{r+R_L}E \qquad (1-25)$$

であるから，消費電力 P [W]は

$$P=I\times V=\frac{R_L}{(r+R_L)^2}E^2 \qquad (1-26)$$

で与えられる。抵抗 R_L が消費する電力は，抵抗の値によって決まる。電力 P は抵抗 R_L の関数になることが，式 1−26 からわかる。

電力 P を最大にする抵抗 R_L を求めよう。P を極大にする R_L を計算するため，電力 P を抵抗 R_L で微分[10]する。E は一定値なので $\frac{R_L}{(r+R_L)^2}$ を最大にすればよい。

10. 分数の微分
微分は，本シリーズの「電気数学」を参照。

そこで，$\frac{R_L}{(r+R_L)^2}$ を R_L で微分して，極大にする R_L を求める。

$$\frac{d}{dR_L}\left(\frac{R_L}{(r+R_L)^2}\right)=\frac{(r+R_L)^2-R_L\times 2(r+R_L)}{(r+R_L)^4}=\frac{r^2-{R_L}^2}{(r+R_L)^4}=\frac{r-R_L}{(r+R_L)^3} \qquad (1-27)$$

11. 極値
極値は，本シリーズの「電気数学」を参照。

したがって，$R_L = r$ のとき，$\dfrac{dP}{dR_L} = 0$ となり，電力 P は極値(きょくち)(11) をとる。

式 1-27 から，$R_L < r$ で $\dfrac{dP}{dR_L} > 0$，また，$R_L > r$ で $\dfrac{dP}{dR_L} < 0$ となるので，$R_L = r$ で P は最大値を示す。

以上のことから，抵抗 R_L で消費される電力は，抵抗値が内部抵抗の値に等しいとき($R_L = r$)最大になることがわかる。その値は式 1-26 から

$$P = \frac{1}{4}\frac{E^2}{r} \tag{1-28}$$

（P：最大電力，$\frac{1}{4}\frac{E^2}{r}$ ← 電源電圧の 2 乗 ÷ 4 ÷ 内部抵抗）

となる。

例題

図 1-13 の回路図を用いて，抵抗 R_L [Ω] で消費する電力 P [W] を R_L の関数として図示せよ。

●略解——解答例

式 1-26 のグラフを作成すると，図 1-14 を得る。図からわかるように，抵抗 R_L の値を大きくしていくと，抵抗 R_L で消費される電力 P が増大し，$R_L = r$ のところで P は**最大となり** $\left(P = \dfrac{1}{4}\dfrac{E^2}{r}\right)$，その後，ゆっくりと減少していく。また，内部抵抗 r が小さいほど最大電力は**増大する**。

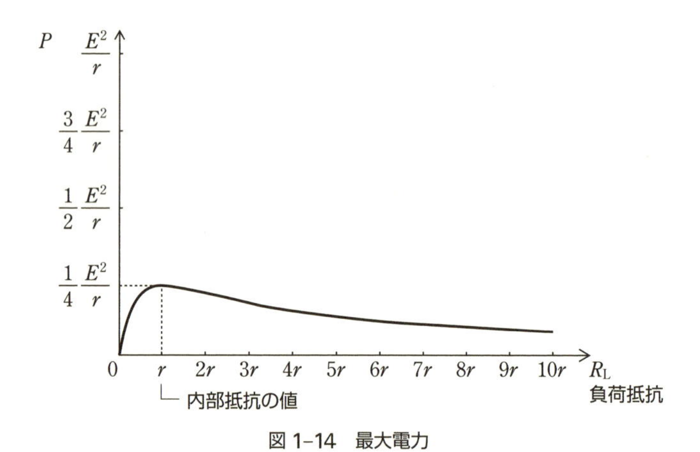

図 1-14　最大電力

例題

図 1-13 の回路図を用いて，抵抗 R_L [Ω] の値を変えたとき，内部抵抗 r [Ω] で消費される電力を求めよ。

●略解——解答例

内部抵抗で消費される電力 P [W] は，式 1-24 を用いて

$$P = rI^2 = r\left(\frac{E}{r + R_L}\right)^2 \tag{1-29}$$

を得る(答)。このグラフを図 1−15 に示す。

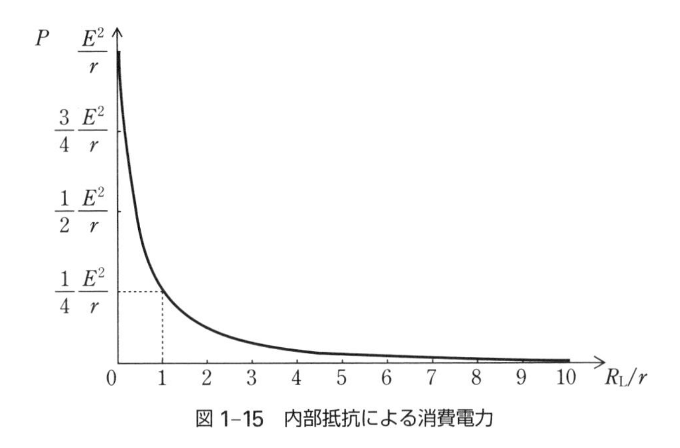

図 1−15　内部抵抗による消費電力

$R_L=0$ のとき，内部抵抗で消費される電力 P は，R_L が消費する最大電力の 4 倍である。抵抗 R_L の増大とともに，P は単調に減少する。

$R_L=r$ のとき，抵抗 R_L が消費する最大電力と等しい。図 1−14 と図 1−15 を比べると，負荷抵抗 R_L が内部抵抗 r に等しいとき，二つの抵抗で消費される電力は等しい。また，$R_L>r$ のときは，多くが負荷で消費され，逆に $R_L<r$ のときは，多くが内部抵抗で消費される電力が大きいことを示している。

1-2 ドリル問題

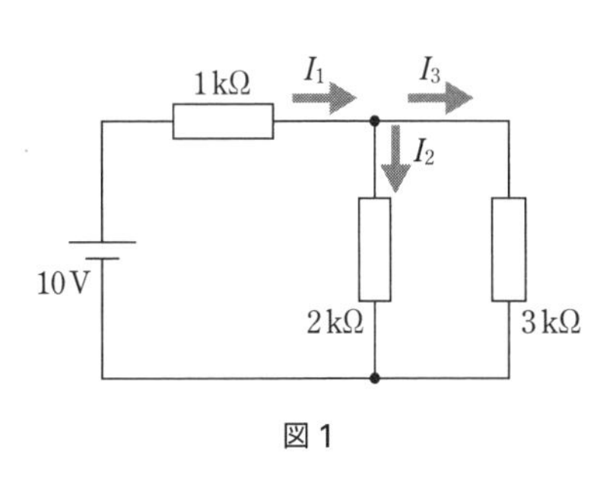

図 1

問題 1———図 1 の回路に流れる電流 I_1, I_2, I_3 [A] を求めよ。

問題 2———1.5 V のバッテリーの内部抵抗を測定したら 0.1 Ω であった。このバッテリーの最大電力は何 W か。

問題 3———内部抵抗が 0.1 Ω と 0.2 Ω と異なる二つの 3 V のバッテリーを直列接続して，抵抗につないだ。二つのバッテリーから得られる最大電力の条件を求めよ。また，そのときの最大電力を計算せよ。

問題 4———電圧源の電圧がゼロのとき($E=0$)，この電圧源の等価回路を示せ。また，電流源の電流がゼロのとき($J=0$)，この電流源の等価回路を示せ。

問題 5———図 2 の回路にある抵抗 R の電力を測ったところ 1 kW であった。抵抗 R の値を求めよ。

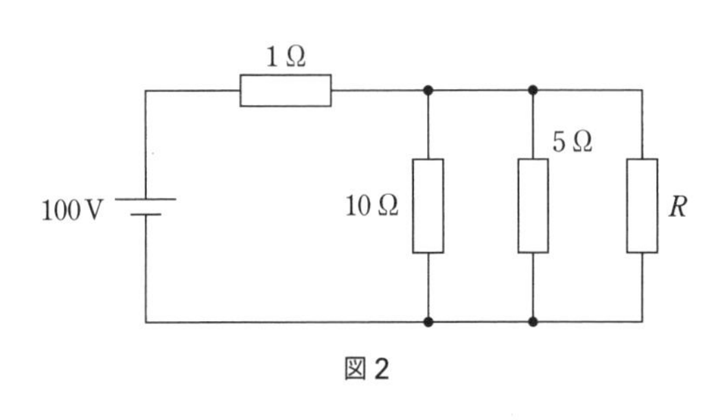

図 2

1-2 演習問題

1. 1.5 V の電池を四つ直列接続して，これを抵抗に接続した。内部抵抗はどれもみな，0.2 Ω とする。このときの最大消費電力は何 W か。

2. 3 V の電池を二つ並列に接続して，これを一つの抵抗 R に接続した。内部抵抗は一つが 0.1 Ω，もう一つが 5 Ω であった。この回路を図示せよ。また抵抗を何 Ω にすれば最大電力が得られるかを計算せよ。さらに，各電池の内部抵抗による消費電力を求めよ。

3. 電力を使って，10°C の水 250 g を温めて 100°C にするのに 10 分間を要した。使用した電力は何 W か。

4. 図 1 の回路について次の問いに答えよ。

(1) $V=10$ kV で $I=7$ mA のとき，抵抗 R の値は何 Ω か。

(2) $I=1$ μA で，抵抗の消費電力が 8 mW であった。このときの抵抗の電圧 V と抵抗 R の値を求めよ。

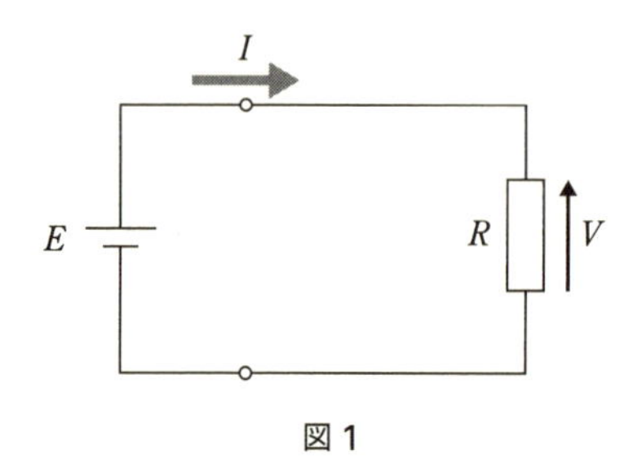

図 1

(3) 抵抗が $R=3$ Ω のとき，消費電力は 100 W であった。電源電圧 E と抵抗 R に流れる電流 I を求めよ。

5. 図 2 の回路について次の問いに答えよ。

(1) 電流源の電流が $J=10$ A，コンダクタンスが $G=70$ S のとき，抵抗の電圧 V と消費電力を求めよ。

(2) 抵抗の電圧が 75 V で，消費電力が 80 W のとき，抵抗に流れる電流 I と電流源の電流値 J を求めよ。

(3) 抵抗のコンダクタンスが $G=10$ mS，抵抗の消費電力が 10 W のとき，電流源の電流 J と抵抗の電圧 V を求めよ。

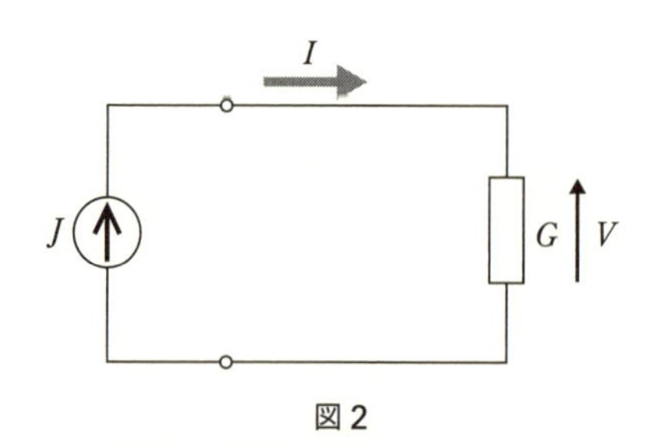

図 2

1-3 回路方程式

電気回路の各抵抗の電流と電圧を求めることを「**回路を解く**」という。抵抗が直列に，そして並列に接続され，その数が多くなると，回路は複雑になる。抵抗が複雑に接続された回路を解くには，一定の法則にしたがって系統的に**回路方程式**(後述)を立てて，これを数学的に解けばよい。以下にその方法を示す。

1-3-1 キルヒホッフの法則

オームの法則は，一つの抵抗の両端の電圧と電流との関係を示した。ここでは，複雑に接続された抵抗によって構成される回路内の電圧と電流の関係を導くキルヒホッフの法則を学ぶ。

キルヒホッフの第一法則(キルヒホッフの電流則)

抵抗を直列に，あるいは並列に複数個を接続してできる回路には，図 1-16 に示すように，**ノード**(**節点**(せってん))が現れる。

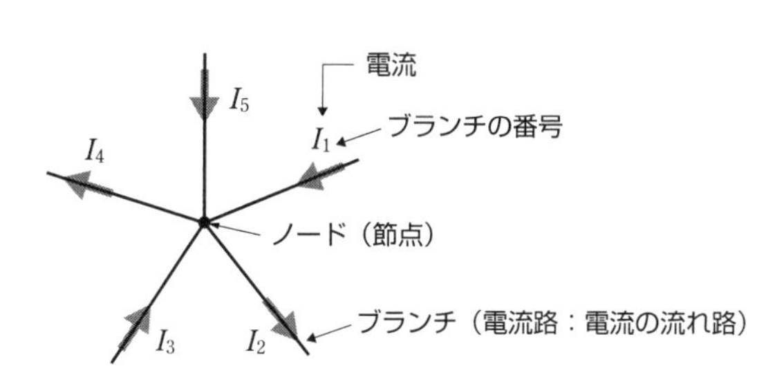

図 1-16　電気回路のノード

このノードに流れ込む，あるいは流れ出る電流路を**ブランチ**(**枝**(えだ))とよぶ。**ブランチを通してノードに流入する電流の総和と，流出する電流の総和は等しい**。電流は連続して流れるので，途中，ノードで電流が増えたり減ったりはしない。これを**キルヒホッフの第一法則**[(1)](**キルヒホッフの電流則**)という。式 1-30 はこれを表す。電流 I_k は，k 番目のブランチに流れる電流を示す。また，電流の符号は，たとえば，ノードに向かう方向をプラスに，あるいはマイナスにそろえる。

1. キルヒホッフの第一法則
以下，キルヒホッフの電流則と表記する。

$$\underbrace{\sum_{k=1}^{n} I_k}_{\text{電流の総和}} = 0 \quad \text{←入る電流と出る電流の和はゼロ} \tag{1-30}$$

例題

図 1-16 に示したノードについて，キルヒホッフの電流則を示せ。

●略解――解答例

ノードに入る電流の向きをプラスとすると

$$I_1 - I_2 + I_3 - I_4 + I_5 = 0 \quad (答) \tag{1-31}$$

を得る。これを整理して，キルヒホッフの電流則を示す次式を得る。

$$I_1 + I_3 + I_5 = I_2 + I_4 \tag{1-32}$$

この式は，図 1-16 の電気回路のノードに流入する電流と流出する電流の総和が等しいことを表している。

キルヒホッフの第二法則（キルヒホッフの電圧則）

図 1-17 の回路のノード A(エー) を出発して，回路に沿って一周すると，出発点のノードに戻る。これを**ループ**（**閉路**(へいろ)）という。図中のループに沿って順々に，たとえば，時計回りにいくと，もとのノード A に帰る。図中の矢印はループの方向を，電流 I はこのループに沿って流れる電流を示す。この回路には，起電力 E_a と E_b の二つの電源と三つの抵抗 R_1, R_2, R_3 が直列に接続されている。

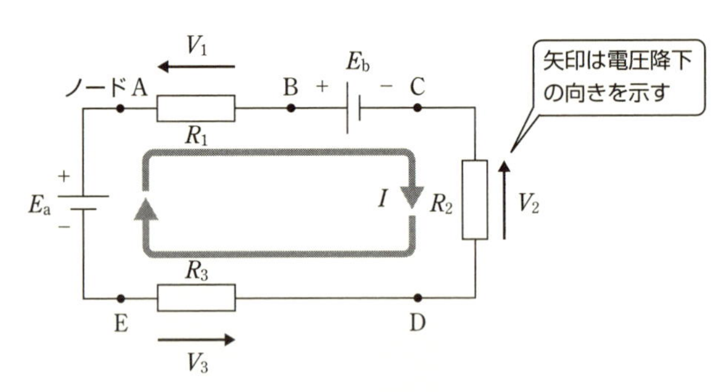

図 1-17　電気回路のループ

電源の電圧と抵抗の**電圧降下**(でんあつこうか)[2] (voltage drop)の向き（符号）に注意しよう。ループの向きをプラスとして各抵抗での電圧を加算すると，その総和は，ループ内の電源電圧を加算した総和に等しくなる。**各抵抗での電圧の総和と，ループ内にある電源の電圧の総和は等しい**。これを**キルヒホッフの第二法則**[3]（**キルヒホッフの電圧則**）という。式 1-33 はこの法則を式で表している。

$$\underbrace{\sum_{k=1}^{n} R_k \cdot I_k}_{\text{電圧降下の総和}} = \underbrace{\sum_{l=1}^{m} E_l}_{\text{電源電圧の総和(起電力の総和)}} \tag{1-33}$$

2. 電圧降下
抵抗に電流が流れると，電圧が低下する。これを**電圧降下**という。「抵抗での電圧」とは，この電圧降下分の電圧のことである。

3. キルヒホッフの第二法則
以下，**キルヒホッフの電圧則**と表記する。

例題

図 1-17 の電気回路について，キルヒホッフの電圧則を示す式 1-33 に対応する式を求めよ。

●**略解**——解答例

回路の右上の隅から時計回りに，抵抗の電圧（電圧降下）と電源の電圧（起電力）の総和をとる。

$$V_2 + V_3 - E_a + V_1 + E_b = 0 \quad (1\text{-}34)$$

抵抗の電圧と電源の電圧が平衡していることを示す。

次に，オームの法則を用いて，抵抗の値を入れる。

$$I \cdot R_2 + I \cdot R_3 - E_a + I \cdot R_1 + E_b = 0 \quad (1\text{-}35)$$

上式を整理する。

$$I \cdot (R_2 + R_3 + R_1) = E_a - E_b \quad \text{（答）} \quad (1\text{-}36)$$

左辺は各抵抗の電圧の総和で，右辺は電源の電圧の総和である。電圧の向きが考慮されている。式 1-36 はこの回路の式 1-33 に対応するキルヒホッフの電圧則である。

1-3-2 回路方程式

電気回路内の各素子についての電圧と電流との関係を満たす式を**回路方程式**（閉路（へいろ）方程式，網目（あみめ）方程式ともいう）とよぶ。回路方程式を組み立てるのに，次の三つの方法があげられる。

ループ電流法

第 1 の方法では，回路の中のループに対応させて，ループごとに周回する電流を仮定する。この電流を**ループ電流**とよぶ。各ループごとに，式 1-33 で示したキルヒホッフの電圧則を適用する。これにより，ループ電流[4]を未知数とした連立方程式を得る。この方法を**ループ電流法**（閉路電流法，網目電流法ともいう）とよぶ。

ループ電流法では，各抵抗に流れる実際の電流と，仮定して決めたループ電流は一致しない。もしも，一つのブランチに二つのループ電流があるときは，実際に抵抗に流れる電流は，**ループ電流の加算で求められる。ループ電流の流れる向きは，たとえば，すべてのループ電流を「時計回り」にそろえて考える。**

4. ループ電流の数
未知数となるループ電流の数は，電気回路の中のループの数に等しくする。しかし，例題にあるように，ループ電流の決め方は一意的でないことに注意しよう。
より複雑な電気回路で必要なループ電流の話は 4-2 節のグラフの理論を参照のこと。

例題

ループ電流法を用いて，図 1-18 に示す回路の 10 Ω の抵抗に流れる電流 I を求めよ。

●**略解**——解答例

ループ電流 I_1 と I_2 を図中に示すように仮定する。ループ電流 I_1 について，キルヒホッフの電圧則を適用して次式を得る。

$$-20 + 5I_1 + 10(I_1 - I_2) = 0 \quad (1\text{-}37)$$

ループ電流 I_2 についても，キルヒホッフの電圧則を用いて次式

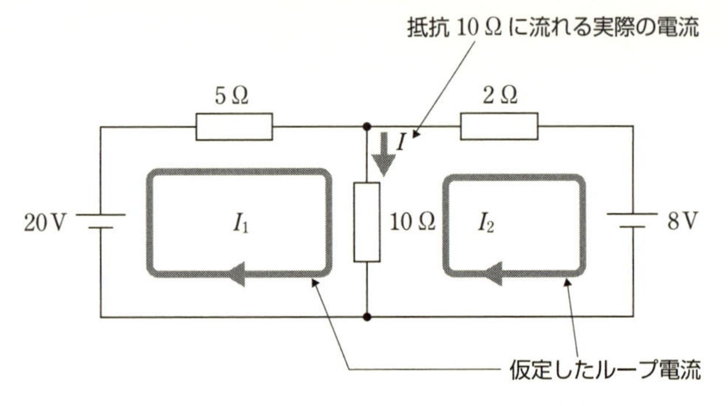

図 1-18　ループ電流法による回路方程式の作成

を得る。

$$8+10(I_2-I_1)+2I_2=0 \qquad (1-38)$$

式 1-37，1-38 をまとめると，

$$\left.\begin{aligned} 15I_1-10I_2&=20 \\ -10I_1+12I_2&=-8 \end{aligned}\right\} \qquad (1-39)$$

となる。この式 1-39 に示す一組の連立方程式が回路方程式である。

この連立方程式を I_1 と I_2 について解くと，$I_1=2$ A，$I_2=1$ A を得る。したがって 10 Ω の抵抗に流れる電流 I は，$I=I_1-I_2=2$ A$-$1 A$=$1 A である。（答）

ループ電流の決め方はかならずしも一通りではない。同じ回路でも，異なるループの数だけループ電流を割り当てることで，別の回路方程式が得られる。上の例題の回路について，図 1-19 のように別のループを仮定して，ループ電流を決める例を示す。

例題

図 1-19 のように，ループ電流を決めたときの回路方程式を求め，10 Ω の抵抗に流れる電流 I を求めよ。

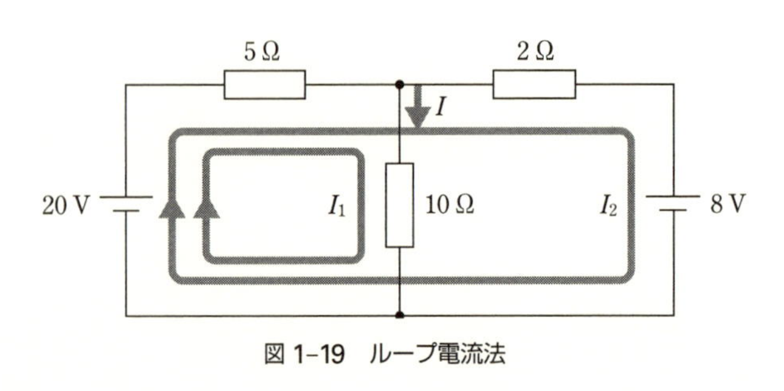

図 1-19　ループ電流法

●略解――解答例

ループ電流 I_1 について，キルヒホッフの電圧則を適用すると，

$$-20+5(I_1+I_2)+10I_1=0 \qquad (1\text{-}40)$$

を得る。ループ電流 I_2 についても，同様にして，

$$-20+5(I_1+I_2)+2I_2+8=0 \qquad (1\text{-}41)$$

を得る。この二つの回路方程式をまとめると，

$$\left.\begin{array}{l} 15I_1+5I_2=20 \\ 5I_1+7I_2=12 \end{array}\right\} \qquad (1\text{-}42)$$

となる。回路方程式 1−39 と 1−42 は明らかに異なる。

この連立方程式を解くと，$I_1=1$ A，$I_2=1$ A を得る。ループ電流の値は異なるが，抵抗に流れる電流は，5 Ω に 2 A，2 Ω に 1 A である。そして，10 Ω の抵抗の電流 I は I_1 に等しい。$I=1$ A（答）。この値は，当然，図 1−18 のループ電流を用いて得られた結果に一致する。

ノード電圧法

回路の中で抵抗が接続され，電流が集まる点(節点)をノードとよんだ。この第 2 の方法(**ノード電圧法**あるいは節点（せってん）電圧法)では，はじめに，**一つのノードを基準として，そこから測った他のノードの電圧を仮定する**。各ノードについて，キルヒホッフの電流則を適用して**回路方程式**(節点方程式ともいう)**を作成する**。求めた回路方程式を連立させて，これを解くと，**各ノード間の電圧が求まる**。これをもとに，各抵抗について，オームの法則から電流が求まる。

たとえば，図 1−20 の回路は四つのノード A, B, C, D をもつ。C と D のノード間には素子がないので共通の端子とみる。ノード C を基準にして，ノード A，B の電圧を V_A，V_B とする。はじめ，ノード A の電圧 V_A について，キルヒホッフの電流則を適用すると，次式を得る。

（r_1 を流れる電流 I_1，R_B を流れる電流 I_2，R_A を流れる電流 I_3）

$$\frac{E_1-V_A}{r_1}+\frac{(-V_A)}{R_B}+\frac{V_B-V_A}{R_A}=0 \qquad (1\text{-}43)$$

同様に，ノード B について，次式を得る。

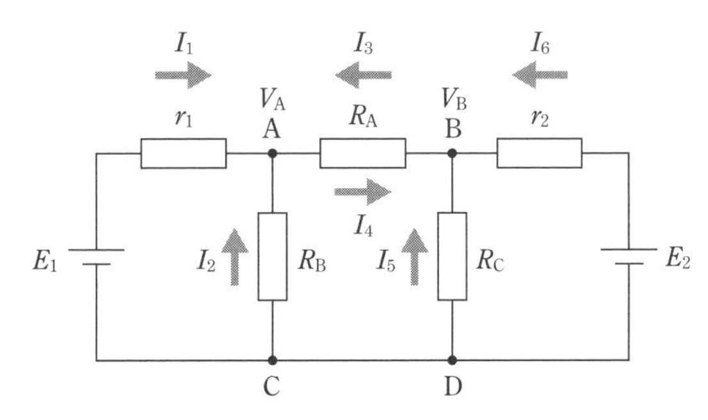

図 1-20　ノード電圧法による回路方程式の作成

$$\underbrace{\frac{V_A - V_B}{R_A}}_{R_A\text{を流れる電流}I_4(=-I_3)} + \underbrace{\frac{(-V_B)}{R_C}}_{R_C\text{を流れる電流}I_5} + \underbrace{\frac{E_2 - V_B}{r_2}}_{r_2\text{を流れる電流}I_6} = 0 \tag{1-44}$$

ノードに流れ込む電流を＋(プラス)とした。

式 1-43，1-44 を連立させ，未知数である V_A と V_B について整理して，次式を得る。

$$\left.\begin{aligned} \left(\frac{1}{r_1}+\frac{1}{R_A}+\frac{1}{R_B}\right)V_A - \frac{1}{R_A}V_B &= \frac{1}{r_1}E_1 \\ -\frac{1}{R_A}V_A + \left(\frac{1}{r_2}+\frac{1}{R_A}+\frac{1}{R_C}\right)V_B &= \frac{1}{r_2}E_2 \end{aligned}\right\} \tag{1-45}$$

この連立方程式を解くと，V_A と V_B が次式のように求まる。

$$\left.\begin{aligned} V_A &= \frac{\left(\frac{1}{r_2}+\frac{1}{R_A}+\frac{1}{R_C}\right)\frac{E_1}{r_1} + \left(\frac{1}{R_A}\right)\frac{E_2}{r_2}}{\left(\frac{1}{r_1}+\frac{1}{R_A}+\frac{1}{R_B}\right)\left(\frac{1}{r_2}+\frac{1}{R_A}+\frac{1}{R_C}\right) - \left(\frac{1}{R_A}\right)^2} \\ V_B &= \frac{\left(\frac{1}{R_A}\right)\frac{E_1}{r_1} + \left(\frac{1}{r_1}+\frac{1}{R_A}+\frac{1}{R_B}\right)\frac{E_2}{r_2}}{\left(\frac{1}{r_1}+\frac{1}{R_A}+\frac{1}{R_B}\right)\left(\frac{1}{r_2}+\frac{1}{R_A}+\frac{1}{R_C}\right) - \left(\frac{1}{R_A}\right)^2} \end{aligned}\right\} \tag{1-46}$$

COLUMN　行列(マトリックス)で表示すると

式 1-45 にある連立方程式を，V_A と V_B を変数として**行列(マトリックス)**[5]で表示することができる。

$$\begin{bmatrix} \frac{1}{r_1}+\frac{1}{R_A}+\frac{1}{R_B} & -\frac{1}{R_A} \\ -\frac{1}{R_A} & \frac{1}{r_2}+\frac{1}{R_A}+\frac{1}{R_C} \end{bmatrix} \begin{bmatrix} V_A \\ V_B \end{bmatrix} = \begin{bmatrix} \frac{E_1}{r_1} \\ \frac{E_2}{r_2} \end{bmatrix} \tag{1-47}$$

式 1-47 の行列は，回路の抵抗の値で構成される。回路方程式を行列で表示すると，その回路の特徴がとらえやすい。たとえば，行列の**対角要素**といわれる 1 行 1 列目と 2 行 2 列目に着目する。1 行 1 列目の要素は，ノード A に接続されている抵抗の値の逆数の和になっている。同様に，2 行 2 列目の要素はノード B に接続された抵抗の値の逆数の和になる。また，行列の**非対角要素**といわれる 1 行 2 列目と 2 行 1 列目をみてみよう。この要素はともに $\left(-\frac{1}{R_A}\right)$ で等しい。これを行列の要素が**対称**になっているという。1 行 2 列目と 2 行 1 列目の要素が等しく，負の符号がつく。その値はノード A とノード B の間にある抵抗の値の逆数である。計算して求めるべき未知数の V_A と V_B が列ベクトルで表示される。式 1-47 の右辺の列ベクトルは，回路に含まれる電圧源からの電流である。

以上のことから，回路がより複雑になったとき，行列表示を用いると，系統だって回路方程式をつくることができ，また，ミスを探すのに役立つことがわかる。

5. 行列(マトリックス)
連立方程式を解くのに消去法などがあげられるが，ここでは行列表示を用いて解くことを示す。

$$\begin{array}{r} \\ 1\text{行目}\rightarrow \\ 2\text{行目}\rightarrow \\ 3\text{行目}\rightarrow \end{array} \begin{array}{c} 1\text{列目}\quad 2\text{列目}\quad 3\text{列目} \\ \begin{bmatrix} a_1 & a_2 & a_3 \\ b_1 & b_2 & b_3 \\ c_1 & c_2 & c_3 \end{bmatrix} \end{array}$$

例題

ノード電圧法を用いて，図 1−21 に示す回路の回路方程式を作成し，各ブランチに流れる電流(I_1, I_2, I_3)を求めよ。

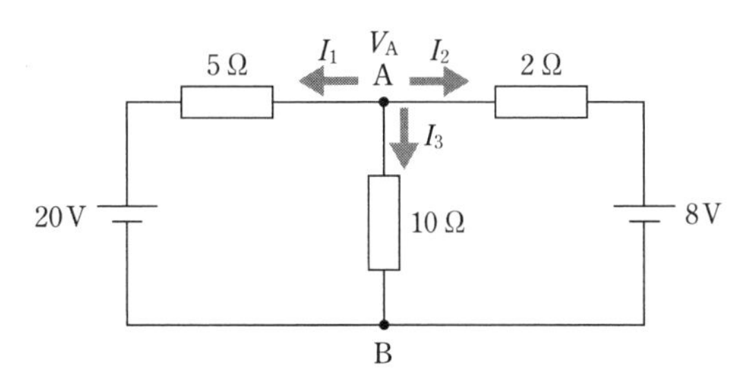

図 1-21　ノード電圧法の例

●**略解**——解答例

図 1−21 のようにノード A とノード B を決める。ノード B を基準にして，ノード A の電圧を V_A とする。ノード A から流出する電流をプラスとして，キルヒホッフの電流則を適用すると

$$\overbrace{\frac{V_A-20}{5}}^{I_1}+\overbrace{\frac{V_A}{10}}^{I_3}+\overbrace{\frac{V_A-8}{2}}^{I_2}=0 \tag{1-48}$$

を得る。この方程式を V_A について解くと，$V_A=10\ \mathrm{V}$ を得る。よって

$$I_1=\frac{10\ \mathrm{V}-20\ \mathrm{V}}{5\ \Omega}=-2\ \mathrm{A}\quad (答)$$

$$I_2=\frac{10\ \mathrm{V}-8\ \mathrm{V}}{2\ \Omega}=1\ \mathrm{A}\quad (答)$$

$$I_3=\frac{10\ \mathrm{V}}{10\ \Omega}=1\ \mathrm{A}\quad (答)$$

ブランチ電流法

回路を解く第 3 の方法に**ブランチ電流法**(枝(えだ)電流法ともいう)がある。電気回路の**各ブランチに流れる実際の電流を未知数として，それをそれぞれのブランチの電流に割り当てる**。ブランチの電流と，ブランチが接続するノード間の電圧の関係はオームの法則が成り立つ。すべてのブランチについて，キルヒホッフの電流則，電圧則にしたがい**電流と電圧の関係式を求める**。得られた関係式がブランチ電流法で求める回路方程式である。以下に例を示す。

例題

図 1−18 の回路をブランチ電流法で求めてみよう。もとの回路に，図 1−22 のようにブランチ電流を割り当てる。回路方程式を作成し，各ブランチ電流 I_1, I_2, I_3 を求めよう。

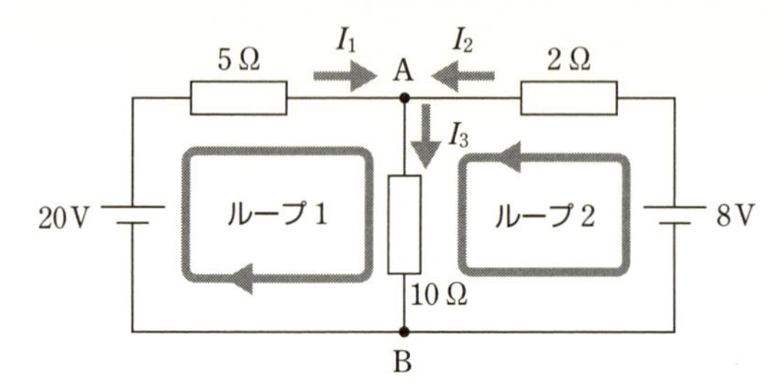

図 1-22　ブランチ電流法の例

●**略解**——解答例

ノード A について，キルヒホッフの電流則を適用すると，

$$I_1 + I_2 - I_3 = 0 \tag{1-49}$$

ループ 1 について，キルヒホッフの電圧則を適用すると

$$20 = 5I_1 + 10I_3 \tag{1-50}$$

ループ 2 について，同じくキルヒホッフの電圧則を適用して，

$$8 = 2I_2 + 10I_3 \tag{1-51}$$

この三つの式を連立して回路方程式を得る。これを，たとえば，消去法で解くと，電流 I_1，I_2，I_3 がそれぞれ求まる。$I_1 = 2$ A，$I_2 = -1$ A，$I_3 = 1$ A。（答）

この結果は，先に求めたループ電流法やノード電圧法で求めた値と，当然一致する。

ブランチ電流法は，電気回路を見ながら直感的に回路方程式が作成できる。

COLUMN　行列表示を使って回路方程式を解く（クラーメル：Cramer の解法）　＊電気数学（実教出版）を参照

回路方程式が連立方程式に帰着されることを学んだ。この連立方程式を解くのに，消去法や代入法の他に，**クラーメルの解法**がある。ここでは，回路の変数（未知数）が三つのときを例にして，その方法を示す。

三元連立方程式は一般化すると

$$\left.\begin{aligned} a_{11}x_1 + a_{12}x_2 + a_{13}x_3 &= b_1 \\ a_{21}x_1 + a_{22}x_2 + a_{23}x_3 &= b_2 \\ a_{31}x_1 + a_{32}x_2 + a_{33}x_3 &= b_3 \end{aligned}\right\} \tag{1-52}$$

と表せる。たとえば，ループ電流法による回路方程式では a_{ij} は抵抗[6]，x_i は電流，b_i は電源電圧に対応する。

式 1-52 を行列表示すると

$$A\boldsymbol{x} = \boldsymbol{b} \tag{1-53}$$

と表せる。ただし，A は行列，$\boldsymbol{x}$ と $\boldsymbol{b}$ は列ベクトルである（式 1-54）。

$$A = \begin{bmatrix} a_{11} & a_{12} & a_{13} \\ a_{21} & a_{22} & a_{23} \\ a_{31} & a_{32} & a_{33} \end{bmatrix},\quad \boldsymbol{x} = \begin{bmatrix} x_1 \\ x_2 \\ x_3 \end{bmatrix},\quad \boldsymbol{b} = \begin{bmatrix} b_1 \\ b_2 \\ b_3 \end{bmatrix} \tag{1-54}$$

6. a_{ij} の意味
直流回路では，a_{ij} は抵抗値を示す。2 章以降の交流回路に拡張するとき，a_{ij} はインピーダンス成分となる。

行列 A の行列式 $|A|$ を次式のように Δ と定義する。

$$\left.\begin{aligned}\Delta=|A|&=\begin{vmatrix}a_{11} & a_{12} & a_{13}\\ a_{21} & a_{22} & a_{23}\\ a_{31} & a_{32} & a_{33}\end{vmatrix}\\ &=a_{11}\begin{vmatrix}a_{22} & a_{23}\\ a_{32} & a_{33}\end{vmatrix}-a_{21}\begin{vmatrix}a_{12} & a_{13}\\ a_{31} & a_{33}\end{vmatrix}+a_{31}\begin{vmatrix}a_{12} & a_{13}\\ a_{22} & a_{23}\end{vmatrix}\\ &=a_{11}a_{22}a_{33}+a_{21}a_{32}a_{13}+a_{31}a_{12}a_{23}\\ &\quad-(a_{11}a_{23}a_{32}+a_{21}a_{12}a_{33}+a_{31}a_{22}a_{13})\end{aligned}\right\} \tag{1-55}$$

次に，行列 A の i 列を列ベクトル $\boldsymbol{b}$ で置換した行列 A_i の行列式を Δ_i とする。たとえば，第 1 列を置換すると

$$\Delta_1=|A_1|=\begin{vmatrix}b_1 & a_{12} & a_{13}\\ b_2 & a_{22} & a_{23}\\ b_3 & a_{32} & a_{33}\end{vmatrix} \tag{1-56}$$

となる。すると求める未知数 x_i は

$$x_i=\frac{\Delta_i}{\Delta} \tag{1-57}$$

と求められる。たとえば

$$x_1=\frac{\begin{vmatrix}b_1 & a_{12} & a_{13}\\ b_2 & a_{22} & a_{23}\\ b_3 & a_{32} & a_{33}\end{vmatrix}}{\begin{vmatrix}a_{11} & a_{12} & a_{13}\\ a_{21} & a_{22} & a_{23}\\ a_{31} & a_{32} & a_{33}\end{vmatrix}},\quad x_2=\frac{\begin{vmatrix}a_{11} & b_1 & a_{13}\\ a_{21} & b_2 & a_{23}\\ a_{31} & b_3 & a_{33}\end{vmatrix}}{\begin{vmatrix}a_{11} & a_{12} & a_{13}\\ a_{21} & a_{22} & a_{23}\\ a_{31} & a_{32} & a_{33}\end{vmatrix}},\quad x_3=\frac{\begin{vmatrix}a_{11} & a_{12} & b_1\\ a_{21} & a_{22} & b_2\\ a_{31} & a_{32} & b_3\end{vmatrix}}{\begin{vmatrix}a_{11} & a_{12} & a_{13}\\ a_{21} & a_{22} & a_{23}\\ a_{31} & a_{32} & a_{33}\end{vmatrix}} \tag{1-58}$$

クラーメルの解法を式 1-47 に適用すると，式 1-58 を用いて，たとえば

$$\left.\begin{aligned}V_{\mathrm{A}}&=\frac{\begin{vmatrix}\dfrac{E_1}{r_1} & -\dfrac{1}{R_{\mathrm{A}}}\\ \dfrac{E_2}{r_2} & \dfrac{1}{r_2}+\dfrac{1}{R_{\mathrm{A}}}+\dfrac{1}{R_{\mathrm{C}}}\end{vmatrix}}{\begin{vmatrix}\dfrac{1}{r_1}+\dfrac{1}{R_{\mathrm{A}}}+\dfrac{1}{R_{\mathrm{B}}} & -\dfrac{1}{R_{\mathrm{A}}}\\ -\dfrac{1}{R_{\mathrm{A}}} & \dfrac{1}{r_2}+\dfrac{1}{R_{\mathrm{A}}}+\dfrac{1}{R_{\mathrm{C}}}\end{vmatrix}}\\ &=\frac{\left(\dfrac{1}{r_2}+\dfrac{1}{R_{\mathrm{A}}}+\dfrac{1}{R_{\mathrm{C}}}\right)\dfrac{E_1}{r_1}+\dfrac{1}{R_{\mathrm{A}}}\dfrac{E_2}{r_2}}{\left(\dfrac{1}{r_1}+\dfrac{1}{R_{\mathrm{A}}}+\dfrac{1}{R_{\mathrm{B}}}\right)\left(\dfrac{1}{r_2}+\dfrac{1}{R_{\mathrm{A}}}+\dfrac{1}{R_{\mathrm{C}}}\right)-\left(\dfrac{1}{R_{\mathrm{A}}}\right)^2}\end{aligned}\right\} \tag{1-59}$$

$$\left.\begin{aligned}V_B&=\frac{\begin{vmatrix}\dfrac{1}{r_1}+\dfrac{1}{R_{\mathrm{A}}}+\dfrac{1}{R_{\mathrm{B}}} & \dfrac{E_1}{r_1}\\ -\dfrac{1}{R_{\mathrm{A}}} & \dfrac{E_2}{r_2}\end{vmatrix}}{\begin{vmatrix}\dfrac{1}{r_1}+\dfrac{1}{R_{\mathrm{A}}}+\dfrac{1}{R_{\mathrm{B}}} & -\dfrac{1}{R_{\mathrm{A}}}\\ -\dfrac{1}{R_{\mathrm{A}}} & \dfrac{1}{r_2}+\dfrac{1}{R_{\mathrm{A}}}+\dfrac{1}{R_{\mathrm{C}}}\end{vmatrix}}\\ &=\frac{\left(\dfrac{1}{r_1}+\dfrac{1}{R_{\mathrm{A}}}+\dfrac{1}{R_{\mathrm{B}}}\right)\dfrac{E_2}{r_2}+\dfrac{1}{R_{\mathrm{A}}}\dfrac{E_1}{r_1}}{\left(\dfrac{1}{r_1}+\dfrac{1}{R_{\mathrm{A}}}+\dfrac{1}{R_{\mathrm{B}}}\right)\left(\dfrac{1}{r_2}+\dfrac{1}{R_{\mathrm{A}}}+\dfrac{1}{R_{\mathrm{C}}}\right)-\left(\dfrac{1}{R_{\mathrm{A}}}\right)^2}\end{aligned}\right\} \tag{1-60}$$

この結果は式 1-46 で得られた結果に当然，一致している。

1-3 ドリル問題

問題 1———a 端子と b 端子に 500 Ω，200 Ω，600 Ω，300 Ω，400 Ω の五つの抵抗が直列に接続されている。ここに 1 A の電流が流れた。a–b 端子間の電圧を求めよ。

問題 2———あるノード A において，a から e のブランチが接続されている。ブランチ a，b，c からノード A に向かい 3 A，5 A，10 A の電流が流れ込んでいる。ブランチ d では，ノード A から 7 A の電流が流れ出ている。このとき，ブランチ e における電流の大きさと向きを求め，ノード A とブランチ a から e の関係を図示せよ。

問題 3———ある閉ループに，電圧源一つと五つの抵抗 R_1，R_2，R_3，R_4，R_5 [Ω] が直列に接続されている。それぞれの抵抗にかかる電圧は V_1，V_2，V_3，V_4，V_5 [V] であった。ループ内に存在する電圧源 E [V] の大きさを求め，電源と抵抗および各抵抗にかかる電圧の関係を図示せよ。

問題 4———図 1 の回路において以下の問いに答えよ。

(1) 各閉路に流れる電流 I_A, I_B [A] を図のように定義した。このとき，ループ電流法を用いて式を求めよ。

(2) ノード A の電圧を V_A [V] とした場合，ノード電圧法を用いて式を求めよ。

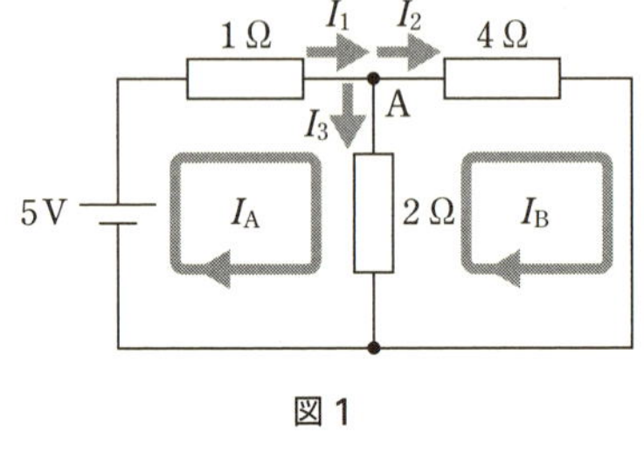

図 1

(3) ノード A について，ブランチ電流 I_1 から I_3 [A] を図のように定義した。このとき，ブランチ電流法を用いて式を求めよ。

問題 5———問題 4 で求めた式を用いて，図 1 の回路の各抵抗に流れる電流を求めよ。

(1) ループ電流法を用いた解法

(2) ノード電圧法を用いた解法

(3) ブランチ電流法を用いた解法

問題 6———図 2 の回路の抵抗 15 Ω に流れる電流 I [A] と電圧 V [V] を求め，消費電力を求めよ。

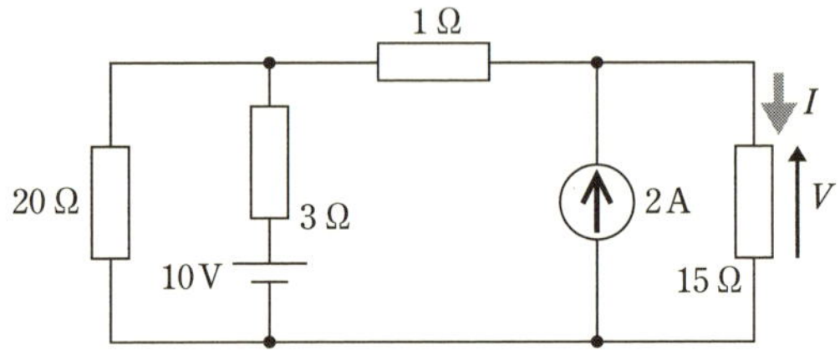

図 2

問題 7———図 3 の回路において，電流 I_1 と I_2 と I_3 [A] を図のように定義した。このとき，ループ電流法を用いて式を求めよ。

問題 8———図 4 の回路において，ループ電流 I_1 と I_2 [A] を図のように定義した。このとき，ループ電流法を用いて式を求めよ。

問題 9———ある抵抗に 5 A の電流を流したとき，抵抗での消費電力が 50 W であった。このときの抵抗の大きさを求めよ。

問題 10———ある閉ループに 50 V の電圧源と三つの抵抗 R_1，R_2，R_3 [Ω] が直列に接続されている。ループに流れる全電流は 5 A であった。抵抗 R_1, R_2 にかかる電圧はそれぞれ 15 V，25 V であった。抵抗 R_3 の大きさを求め，その関係を図示せよ。

問題 11———50 V の電圧源に対して，三つの抵抗 R_1，R_2，R_3 [Ω] が並列に接続されている。それぞれの抵抗に流れる電流は 5 A，25 A，10 A であった。このとき，抵抗の大きさを求め，その関係を図示せよ。

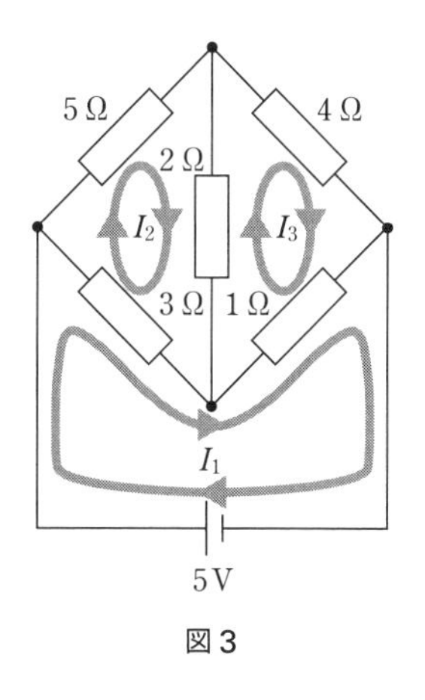

図 3

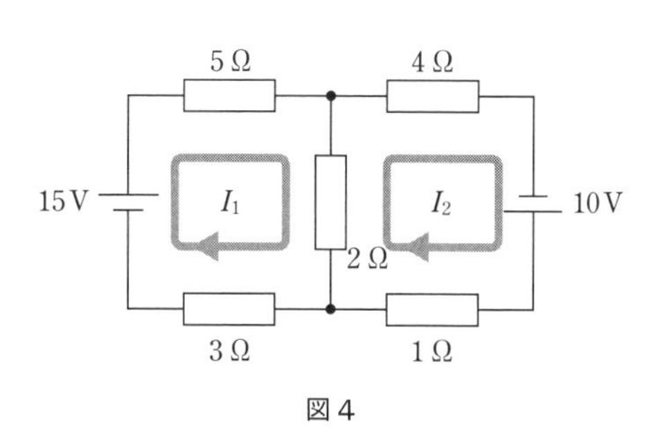

図 4

1-3 演習問題

1. 図 1 の 15 Ω の抵抗に流れる電流 I [A] を求めよ。

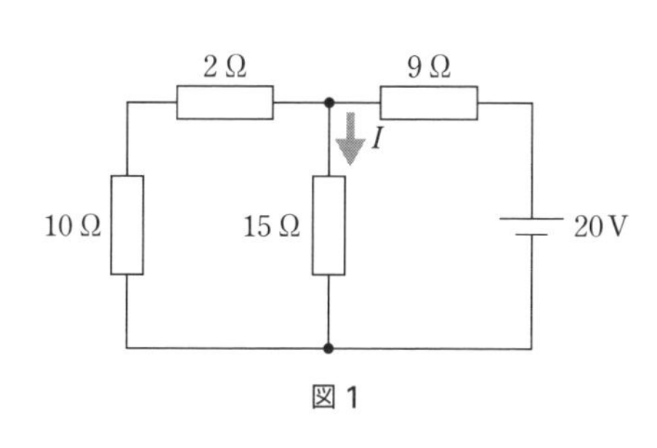

図 1

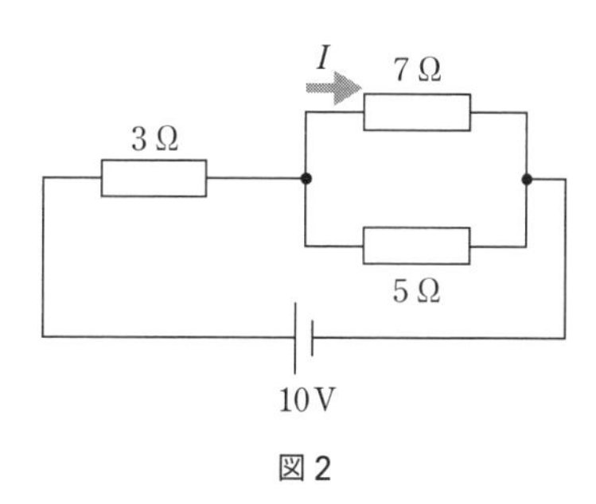

図 2

2. 図 2 の 7 Ω の抵抗に流れる電流 I [A] を求めよ。

3. 図 3 の 8 Ω の抵抗に流れる電流 I [A] を求めよ。

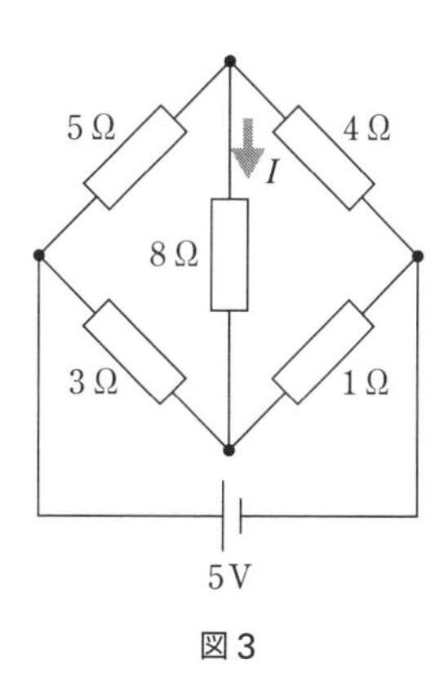

図 3

4. 図 4 の 25 Ω の抵抗にかかる電圧 V [V] を求めよ。

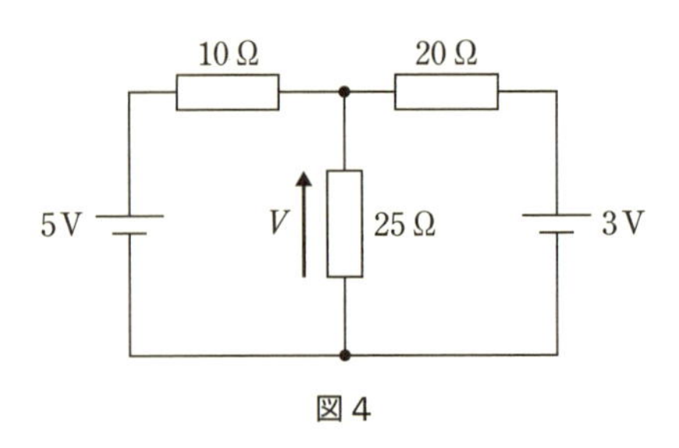

図 4

5. 図 5 の 25 Ω の抵抗に流れる電流 I_r [A] を求めよ。

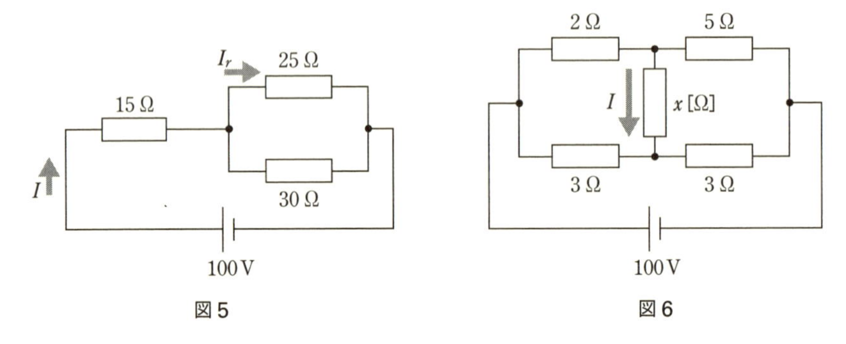

図 5　図 6

6. 図 6 の回路において，抵抗 x [Ω] に流れる電流 I が 3 A だった。このとき抵抗の大きさを求めよ。

7. 図 7 の回路において，ノード A の電圧 V_A が 5 V であった。このときの抵抗 x [Ω] の値を求めよ。

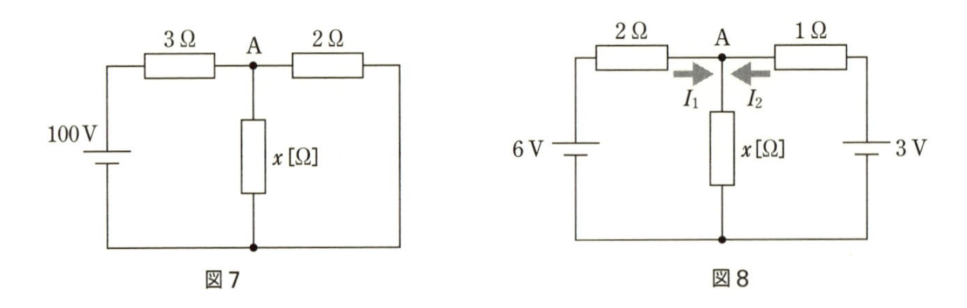

図 7　図 8

8. 図 8 の回路において，ノード A に対して電流 $I_1 = 1.8$ A が流れ込んでいる。このときの抵抗 x [Ω] の値を求めよ。

1-4 いろいろな回路

電気回路には，いくつかの特徴ある回路や定理などがある。ここでは，ブリッジ回路，Y結線(ワイけっせん)とΔ結線(デルタ)，重ね合わせの原理，テブナンの定理について学ぶ。

1-4-1 ブリッジ回路

図 1-23 は**ブリッジ回路**とよばれる。二つの抵抗(R_1 と R_4，そして R_2 と R_3 [Ω])が直列に接続され，それぞれの中間にある端子(C と D)に，ブリッジ(橋)をかけたように抵抗 R_5 [Ω] が接続されている。端子 A-B 間には，電源電圧 E [V] が接続されている。

ブリッジ回路の回路方程式を作成し，これを解くことで，その特徴を理解することができる。はじめ，ノード B を基準としたノード C と D の電圧が同じとき，抵抗 R_5 には電流は流れない。このとき，ブリッジ回路は**平衡**(へいこう)にあるという。

抵抗 R_5 がないものとして，ノード B を基準にして，ノード C と D の電圧 V_C と V_D [V] を求めると，式 1-11 を用いて

$$V_C = \frac{R_1}{R_1 + R_4}E,\quad V_D = \frac{R_2}{R_2 + R_3}E \tag{1-61}$$

平衡にあることから，$V_C = V_D$ なので

$$\frac{R_1}{R_1 + R_4} = \frac{R_2}{R_2 + R_3} \tag{1-62}$$

式 1-62 を整理して

$$R_1R_3 = R_2R_4 \tag{1-63}$$

を得る。これを**ブリッジ回路の平衡条件**という。式 1-63 は，ブリッジ回路を構成する四辺形の 4 辺に位置する四つの抵抗の，互いに対向する辺の抵抗の値の積が等しいことを示している。

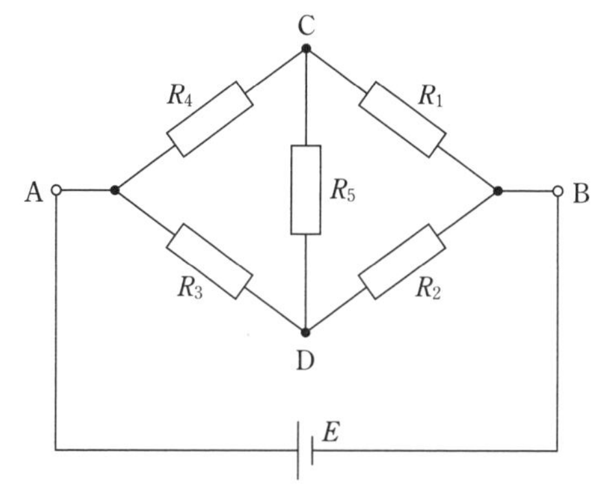

図 1-23　ブリッジ回路

ここで仮に，ブリッジ回路の R_4 の代わりに抵抗値が不明な R_x を接続したとする。そして，三つの抵抗 R_1, R_2, R_3 の値を変えて，ブリッジの平衡条件を求める。このときの値を用いて，

$$R_x = \frac{R_1 R_3}{R_2} \tag{1-64}$$

から R_x の値が計算される。このブリッジ回路を**ホイートストンブリッジ**とよび，計測などの応用に用いられる。

例題

図 1-24 に示す回路の端子 A-B 間の合成抵抗 R_0 を求めよ。

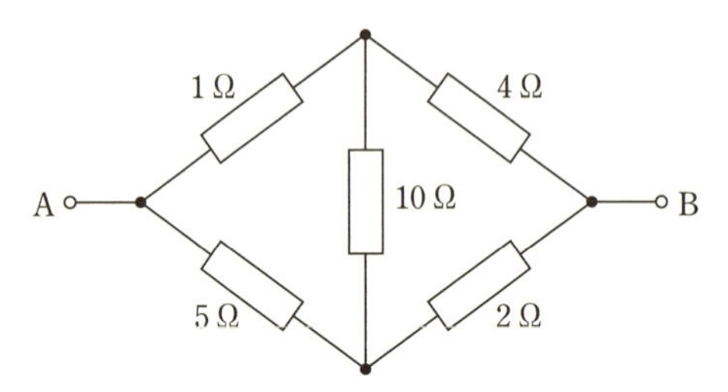

図 1-24　ブリッジ回路の合成抵抗を求める

●略解——解答例

図 1-25 のように端子 A-B 間に電圧源 E を接続し，端子 A-B 間に流れる電流 I_1 を求めよう。ループ電流 I_1, I_2, I_3 を図中に示すように仮定する。ループ電流法にしたがい，キルヒホッフの電圧則を各ループに適用する。すると，以下の三元連立方程式を得る。

$$\left.\begin{aligned} 7I_1 - 5I_2 - 2I_3 &= E \\ -5I_1 + 16I_2 - 10I_3 &= 0 \\ -2I_1 - 10I_2 + 16I_3 &= 0 \end{aligned}\right\} \tag{1-65}$$

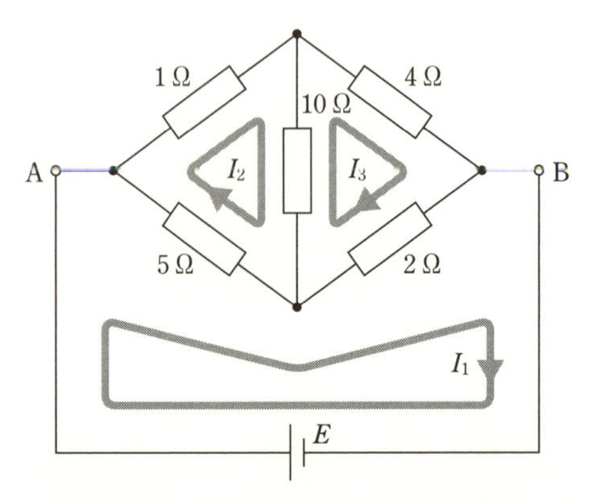

図 1-25　ブリッジ回路におけるループ電流法

消去法を用いて，I_2 と I_3 を消去し，I_1 が求まる。

$$I_1 = 0.364E \ [\mathrm{A}] \qquad (1\text{-}66)$$

ゆえに，合成抵抗 R_0 は

$$R_0 = \frac{E}{I_1} = \frac{E}{0.364E} = 2.74\ \Omega \quad \text{(答)} \qquad (1\text{-}67)$$

1-4-2 Y 結線と Δ 結線

図 1-26(a)と(b)は，それぞれ**Y**（ワイ）**結線**（あるいは**スター結線**），**Δ**（デルタ）**結線**とよばれる。この回路は，どちらも三つの端子をもつ。Y 結線の図 1-26(a)について，端子 A-B 間，B-C 間，C-A 間の抵抗を，それぞれ R_{AB}，R_{BC}，R_{CA} [Ω] とする。図中のノード n は**中性点**という。図から

$$\left.\begin{aligned} R_{AB} &= R_A + R_B \\ R_{BC} &= R_B + R_C \\ R_{CA} &= R_C + R_A \end{aligned}\right\} \qquad (1\text{-}68)$$

を得る。

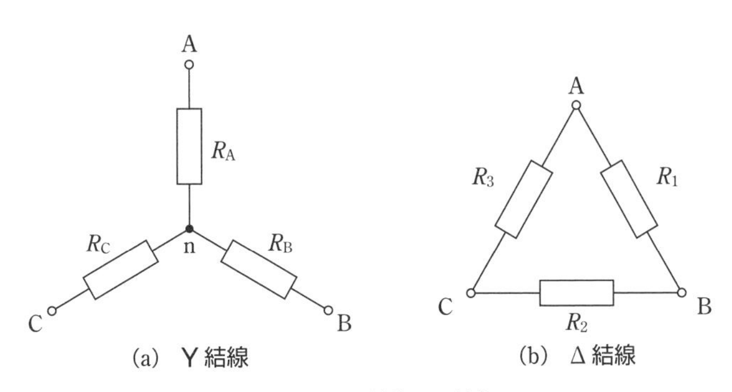

図 1-26 Y 結線と Δ 結線

図 1-26(b)についても，同様に，端子 A-B 間，B-C 間，C-A 間の抵抗を R_{AB}'，R_{BC}'，R_{CA}' とすると，次式を得る。

合成抵抗

$$\left.\begin{aligned} R_{AB}' &= \frac{1}{\dfrac{1}{R_1} + \dfrac{1}{R_2 + R_3}} = \frac{R_1(R_2 + R_3)}{R_1 + R_2 + R_3} \leftarrow R_1 \text{ と } R_2 + R_3 \text{ の並列接続の合成} \\ R_{BC}' &= \frac{1}{\dfrac{1}{R_2} + \dfrac{1}{R_3 + R_1}} = \frac{R_2(R_3 + R_1)}{R_1 + R_2 + R_3} \leftarrow R_2 \text{ と } R_3 + R_1 \text{ の並列接続の合成} \\ R_{CA}' &= \frac{1}{\dfrac{1}{R_3} + \dfrac{1}{R_1 + R_2}} = \frac{R_3(R_1 + R_2)}{R_1 + R_2 + R_3} \leftarrow R_3 \text{ と } R_1 + R_2 \text{ の並列接続の合成} \end{aligned}\right\} (1\text{-}69)$$

ここで，二つの回路の端子間の抵抗値が等しいとき

$$R_{AB} = R_{AB}', \quad R_{BC} = R_{BC}', \quad R_{CA} = R_{CA}' \qquad (1\text{-}70)$$

と書ける。

式 1−68 と式 1−69 を式 1−70 に代入すると，Y 結線の抵抗(R_A, R_B, R_C)と Δ 結線の抵抗(R_1, R_2, R_3)の関係が得られる。R_1, R_2, R_3 について求めると，次式が得られる。

$$\left.\begin{aligned} R_1 &= \frac{R_AR_B + R_BR_C + R_CR_A}{R_C} \\ R_2 &= \frac{R_AR_B + R_BR_C + R_CR_A}{R_A} \\ R_3 &= \frac{R_AR_B + R_BR_C + R_CR_A}{R_B} \end{aligned}\right\} \qquad (1-71)$$

これを **Y 結線から Δ 結線への変換(Y-Δ 変換)**という。

逆に，R_A, R_B, R_C を求めると

$$\left.\begin{aligned} R_A &= \frac{R_1R_3}{R_1 + R_2 + R_3} \\ R_B &= \frac{R_1R_2}{R_1 + R_2 + R_3} \\ R_C &= \frac{R_2R_3}{R_1 + R_2 + R_3} \end{aligned}\right\} \qquad (1-72)$$

を得る。これを **Δ 結線から Y 結線への変換(Δ-Y 変換)**という。式 1−72 と図 1−26 を見比べると，たとえば，Y 結線の端子 A に接続されている抵抗値 R_A は，Δ 結線の端子 A に接続されている**抵抗 R_1 と R_3 の積を 3 辺の抵抗の和で割った値**になっていることがわかる。また，Δ 結線の端子 A−B に接続されている抵抗 R_1 の値は，対向する端子 C の**抵抗 R_C で $R_AR_B+R_BR_C+R_CR_A$ を割った値**になっている。

例題

Y 結線と Δ 結線の変換を適用して，図 1−27 に示すブリッジ回路の合成抵抗 R_0 を求めよ。

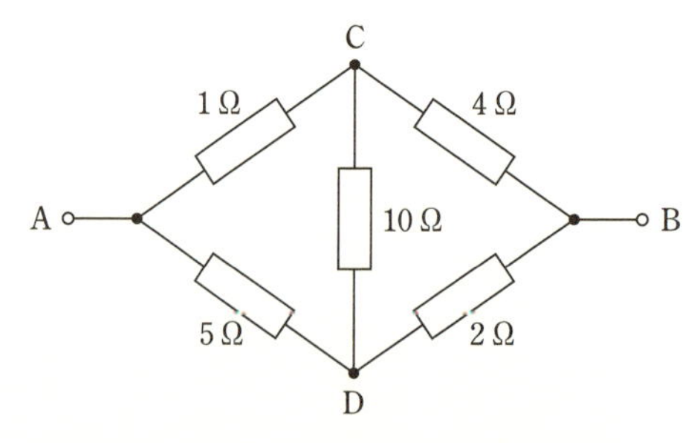

図 1−27　ブリッジ回路の合成抵抗を求める

●略解――解答例

図 1−27 のブリッジ回路について，ノード A，C と D の回路を Δ 結線とみて，Y 結線に変換する。式 1−71 を用いて，Y 結線の抵抗値を求めると，図 1−28(a)が得られる。

よって，端子 A–B 間の合成抵抗 R_0 は

$$R_0 = \frac{5}{16} + \frac{\left(4+\frac{10}{16}\right)\left(2+\frac{50}{16}\right)}{\left(4+\frac{10}{16}\right)+\left(2+\frac{50}{16}\right)} = 2.74\ \Omega \quad \text{(答)} \quad (1\text{–}73)$$

となる。よって，図 1–27 の合成抵抗は，図 1–28(b)のように表される。

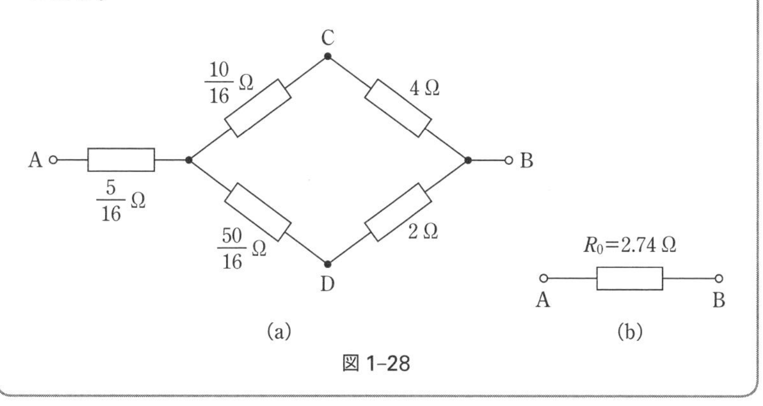

図 1–28

1-4-3 重ね合わせの原理

複数の電源が含まれる回路を解くとき，電源をそれぞれ個別に働かせて回路を解くことができる。複数の電源を個別に一つずつ働かせたときに流れる電流を求め，これを加算すると，複数の電源を作動させたときの電流が得られる。これを**重ね合わせの原理**という(1)。これは電圧と電流が比例の関係(線形)にあるから成り立つ。

1. 重ね合わせの原理
電流だけでなく，電圧についても成り立つ。4–1 節でも扱う。

例題

図 1–29(a)に二つの電圧源 E_1 と E_2 が接続された回路を示す。重ね合わせの原理を応用して，抵抗 R_3 に流れる電流 I_3 を求めよ。

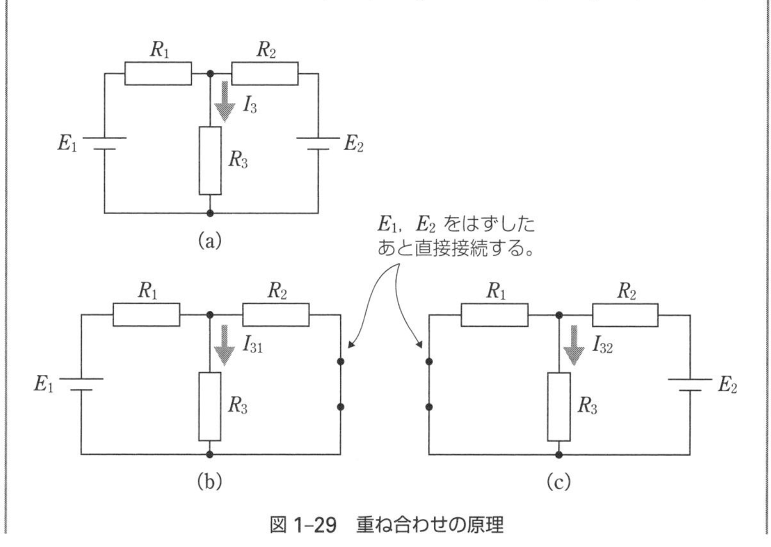

図 1–29　重ね合わせの原理

●略解――解答例

二つの電圧源 E_1 と E_2 を別々に働かせると，図 1-29(b)と(c)を得る(2)。E_1 を働かせたとき，抵抗 R_3 に流れる電流を I_{31}，また，E_2 を働かせたときの電流を I_{32} とする。図(b)と(c)から，分圧則を応用して，それぞれの電流を次式のように得られる。

$$I_{31}=\frac{E_1}{R_1+\underbrace{\dfrac{R_2R_3}{R_2+R_3}}_{R_2 \text{ と } R_3 \text{ の並列抵抗値}}}\cdot\overbrace{\frac{R_2}{R_2+R_3}}^{\text{分流比による}}=\frac{R_2E_1}{R_1R_2+R_2R_3+R_3R_1} \tag{1-74}$$

$$I_{32}=\frac{E_2}{R_2+\dfrac{R_1R_3}{R_1+R_3}}\cdot\frac{R_1}{R_1+R_3}=\frac{R_1E_2}{R_1R_2+R_2R_3+R_3R_1} \tag{1-75}$$

したがって，抵抗 R_3 に流れる電流 I_3 は，電流 I_{31} と I_{32} の和として，以下に求まる。

$$I_3=I_{31}+I_{32}=\frac{R_2E_1+R_1E_2}{R_1R_2+R_2R_3+R_3R_1} \quad \text{(答)} \tag{1-76}$$

2. 電源を休める
一つの電源を働かせるとき，他の電源をゼロにする。電圧源のときは，$E=0$ にする。$E=0$ は，その両端の電圧がゼロであることを意味するから，抵抗値がゼロの配線に置き換えることに等しい。同様に，電流源では $J=0$ にする。$J=0$ は，その端子に電流を流さないことを意味する。電流源では，その端子間が断線していることに等しい。

1-4-4 テブナンの定理とノートンの定理

これまで，直流回路を例にして電気回路を解くことを学んだ。回路方程式を作成し，数学的に連立方程式を解く方法である。これは，回路を構成するすべてのブランチの電流と，ノードの電圧を求めることにつきた。ここでは，回路の中の一つの端子に注目して，端子間の電圧と電流を求める方法を学ぶ。すべての素子の電流と電圧を求めなくともよいのが利点である。

電源を含む回路は，**一つの電圧源と直列抵抗で置き換える**ことができる。これを**テブナンの定理**(**鳳**(ほう)**-テブナンの定理**)とよぶ(3)。また，同様に，**一つの電流源と並列な抵抗で置き換える**ことができる。これを**ノートンの定理**とよぶ。テブナンの定理で得られる電圧を**テブナンの等価電圧**とよび，V' [V] で表す。ノートンの定理で得られる電流を**ノートンの等価電流**とよび，I' [A] で表す。テブナンの定理で得られる直列接続される抵抗とノートンの定理で得られる並列に接続した抵抗の値は等しく，これを R' [Ω] と表す。

3. テブナンの定理
もとの回路と，テブナンの定理で得られた回路はたがいに等価であるという。等価である回路を**テブナンの等価回路**という。

テブナンの等価回路

図 1-30 のように，回路の中にある端子 A-B に注目する。この端子 A-B が**開放**(**オープン**)(4)されると，その両端に電圧が生じる。これを**テブナンの開放電圧**という。この開放電圧は**テブナンの等価電圧** V' と同じである。そして，

4. 開放
二つの端子を，切り離したままの状態を，この端子は**開放**(**オープン**)にあるという。

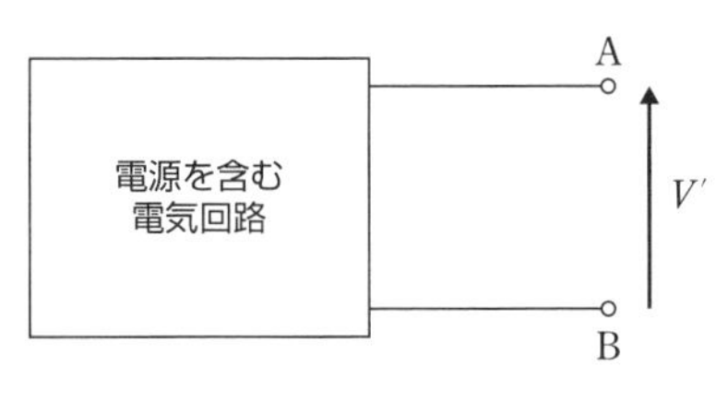

図 1-30　テブナンの定理

端子 A−B の合成抵抗を R' と表す。

すると，図 1−30 の回路は図 1−31 のように表される。これを**テブナンの等価回路**という。

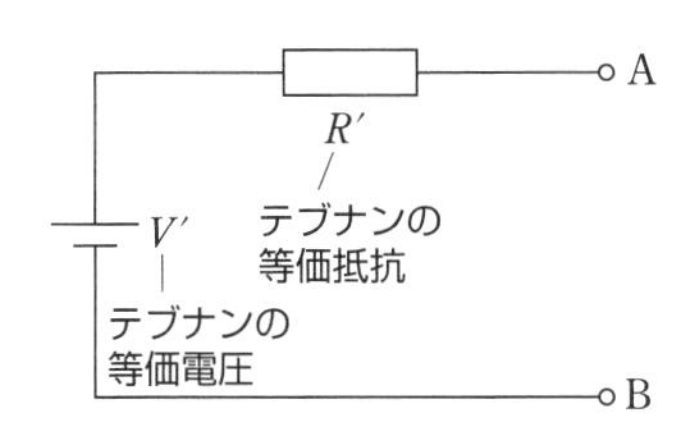

図 1-31　テブナンの等価回路

ノートンの等価回路

図 1−30 の端子 A−B 間を**短絡**(**ショート**)[5]したとする。するとそこに電流が流れる。これを**短絡電流**といい，I' で表す。この短絡電流は**ノートンの等価電流**と同じである。端子 A−B 間から見たもとの回路の合成抵抗をテブナンの等価抵抗 R' で表すと，図 1−32 の回路を得る。これを**ノートンの等価回路**という。

5. 短絡
二つの端子を，他の素子を入れず直接に接続した状態を，この端子は**短絡**(**ショート**)にあるという。

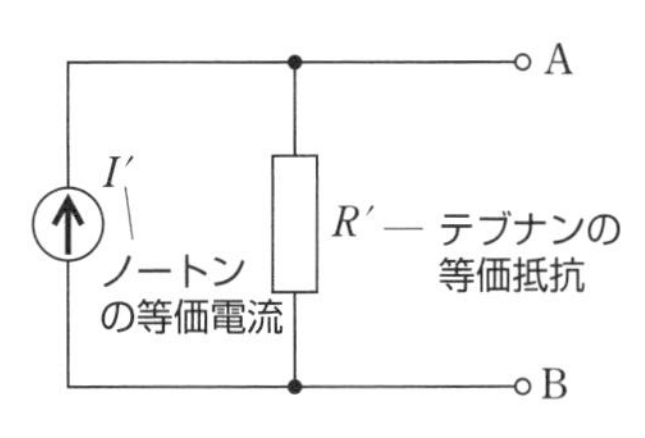

図 1-32　ノートンの等価回路

等価抵抗の求め方

図 1−31 と図 1−32 に得られた回路は，どちらも図 1−30 のもとの回路と等価である。したがって，新しく得られた図 1−31 と図 1−32 の回路はたがいに等価である。このとき，回路の端子 A−B 間について，V' と I' が測定などによってわかれば，内部抵抗(＝テブナンの等価抵抗) R' は次式から求められる。

$$R' = \frac{V'}{I'} \qquad (1-77)$$

例題

図 1−33 に，二つの電源を含む回路を示す。端子 A−B 間には何も接続されず，開放状態にある。この回路について，テブナンの等価回路とノートンの等価回路を求めよ。

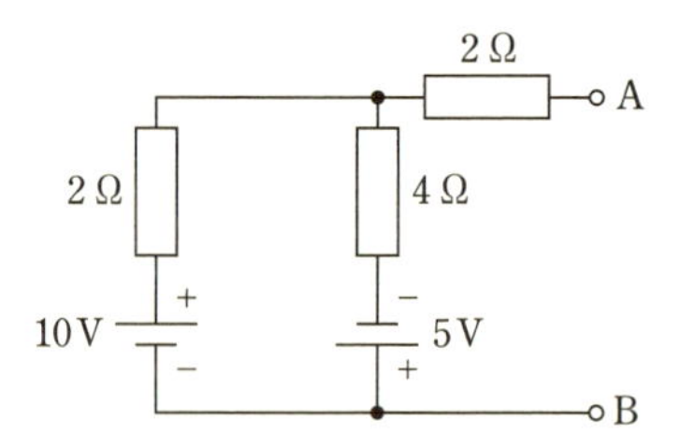

図 1-33　等価回路を求める

●略解——解答例

A−B 間には他に素子がつながっていないので，図 1−34 に示すように，時計方向にループ電流が流れるとする。キルヒホッフの電圧則を用いると，次式のようにループ電流 I が求まる。

$$I=\frac{10+5}{2+4}=\frac{15}{6}\,\mathrm{A}=\frac{5}{2}\,\mathrm{A}=2.5\,\mathrm{A} \tag{1-78}$$

端子 A に接続された抵抗 2 Ω には電流が流れない。テブナンの開放電圧は以下のように求められる。

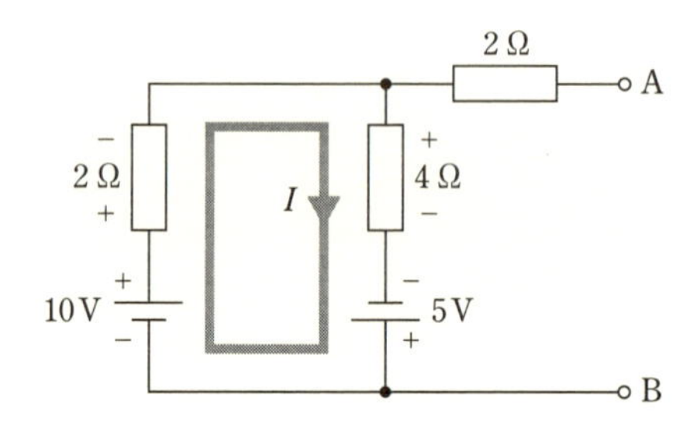

図 1-34　テブナンの等価電圧を求める

$$V_{\mathrm{AB}}=V'=10-2\times2.5=5\,\mathrm{V} \tag{1-79}$$

または，

$$V_{\mathrm{AB}}=V'=4\times2.5-5=5\,\mathrm{V} \tag{1-80}$$

また，等価抵抗 R' [Ω] は，図 1−35 のように，二つの電圧源の値を $E_1=0$ V，$E_2=0$ V として，求められる。

$$R'=2+\frac{1}{\frac{1}{2}+\frac{1}{4}}=2+\frac{2\times4}{2+4}=3.33\,\Omega \tag{1-81}$$

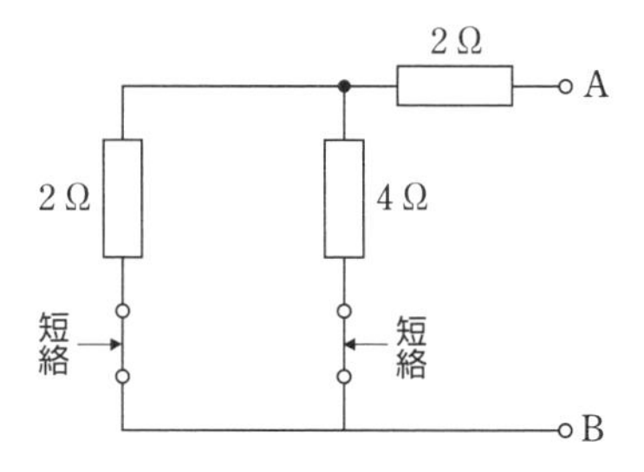

図 1-35　テブナンの等価電源を求める

次に，端子 A−B 間を短絡したとき，そこに流れる短絡電流 I' は，二つの電源について，重ね合わせの原理により

$$I_{AB} = I' = \frac{10}{2+\dfrac{2\times 4}{2+4}} \times \frac{4}{2+4} - \frac{5}{4+\dfrac{2\times 2}{2+2}} \times \frac{2}{2+2}$$

$$= 1.5\ \mathrm{A} \qquad (1-82)$$

となる。

以上，図 1−33 の回路について，R'，V'，I' を独立に求めた。これらの値はオームの法則により結びついているので，いずれかの二つの値が求まれば，他の一つも求められる。得られたテブナンの等価回路とノートンの等価回路を図 1−36(a)と(b)に示す。図 1−33 に示した回路は図 1−36(a)と，そして図 1−36(b)と等価にある。

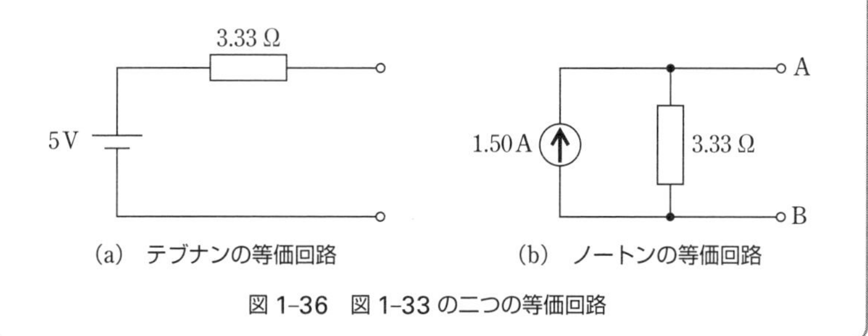

図 1-36　図 1-33 の二つの等価回路

1-4 ドリル問題

問題 1———次の式について，行列表示で表し，I_1 を求めよ。

（1） $3I_1+5I_2=10$ 　　（2） $R_1I_1+2R_2I_2=E_1$

$7I_1-3I_2=15$ 　　 $3R_1I_1+5R_2I_2=E_2$

問題 2———次の式について，I_1，I_2，I_3 を求めよ。

（1） $2I_1+I_2+3I_3=5$ 　　（2） $10I_1+5I_2+7I_3=9$

$I_1+5I_2+I_3=10$ 　　 $I_2+5I_3=6$

$3I_1+4I_2+2I_3=20$ 　　 $7I_1+10I_2+4I_3=25$

問題 3———式 1-72 を証明せよ。

問題 4———次の回路について，Δ-Y 変換または Y-Δ 変換せよ。

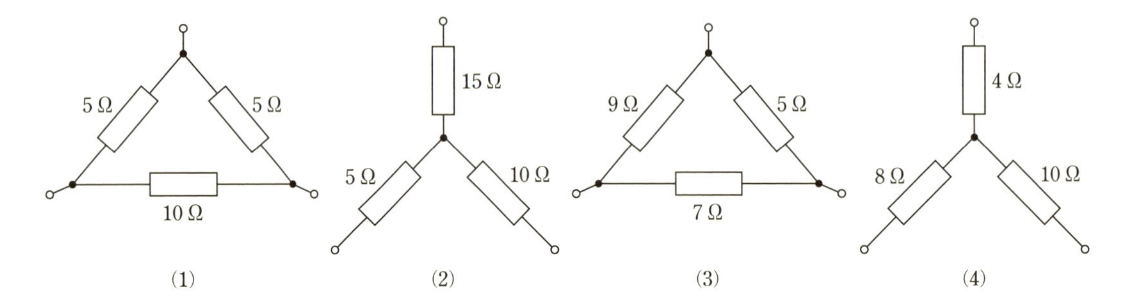

問題 5———図 1 の回路において以下の問いに答えよ。

（1） 電圧源を短絡した回路図を書け。

（2） a-b 間の開放電圧 V_{ab} を求めよ。

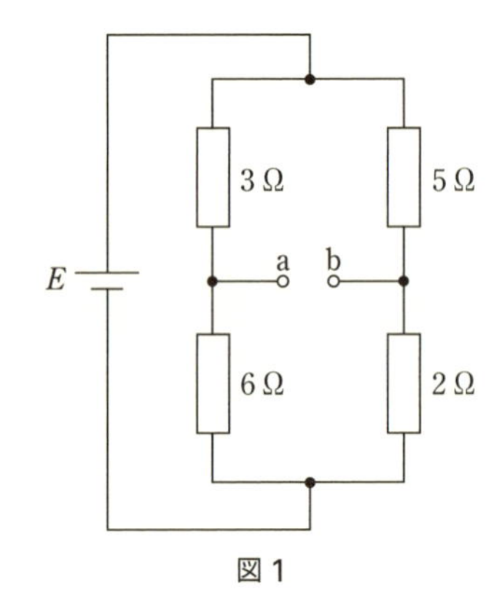

図 1

問題 6———図 2 の回路に対して，重ね合わせの原理を適用して解く場合に必要となる回路図を二つ書け。

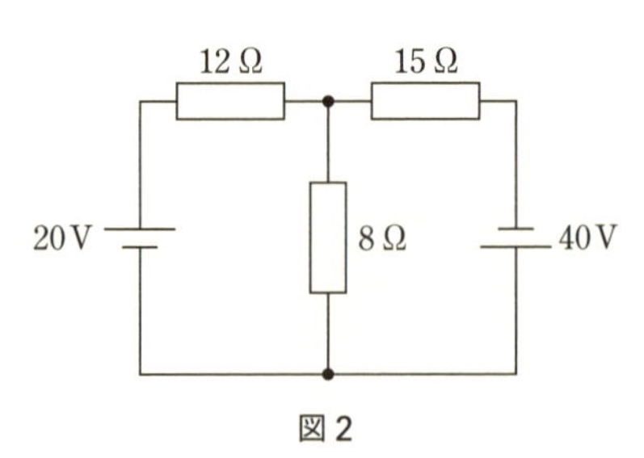

図 2

1-4　演習問題

1. 図 1 の回路において，中央の 2 Ω の抵抗に流れる電流を，テブナンの定理を用いて求めよ。

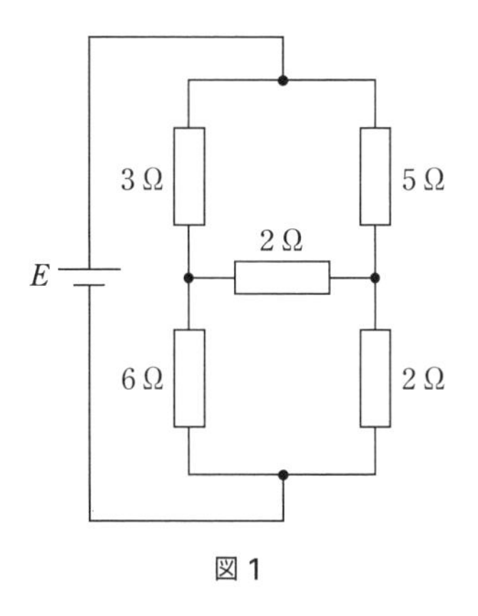

図 1

2. 図 2 の回路の a−b 間の合成抵抗を求めよ。

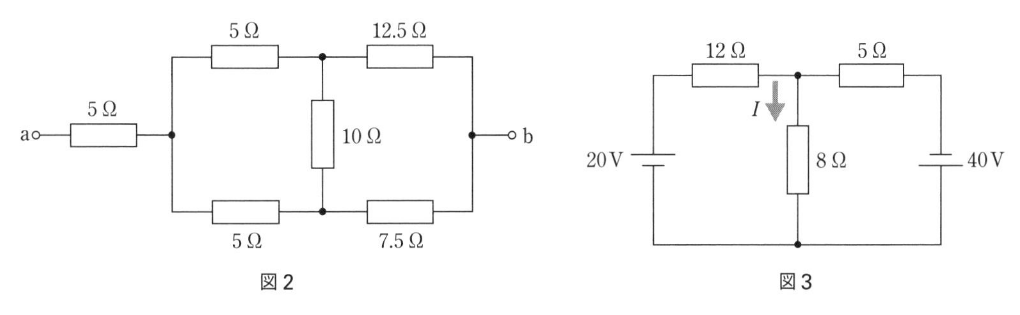

図 2　　図 3

3. 図 3 の回路において，8 Ω の抵抗に流れる電流 I を，重ね合わせの原理を用いて求めよ。

4. 図 4 の回路において，抵抗 R_L で消費される電力を求めよ。

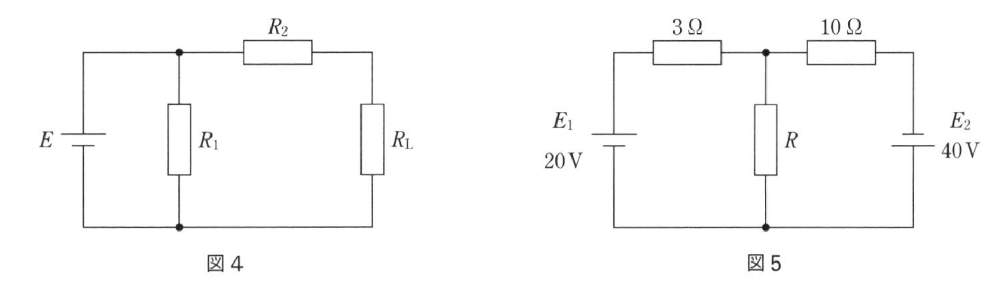

図 4　　図 5

5. 図 5 の回路において，重ね合わせの原理を用いた際，抵抗 R に流れる電流は，電源 E_1 のみのときは 5 A であった。抵抗 R の大きさを求めよ。次に，電源 E_2 のみのとき，抵抗 R に流れる電流を求めよ。また，二つの電源 E_1，E_2 が同時に働くとき，R に流れる電流を求めよ。

Tea Break

直流と交流

現在の社会生活において欠かすことのできない電力を供給する電気事業のスタートは意外にも新しい。

世界で最初の電気事業はエジソンにより，1882 年 9 月 4 日ニューヨーク　マンハッタンで始まった。このとき用いられた発電機は出力電圧 110 V の直流発電機であった。すなわち，世界最初の電力は直流で供給された。

この直流送電システムは数年のうちに世界の主要な大都市の中心部に普及した。しかしながら，大規模な電力供給にはこの直流送電システムは向いていなかった。これは，当時の直流送電システムでは電圧を上げることが困難で，大規模な供給を行おうとすると，送電時の損失が大きく，また，需要家端での電圧も大きく低下してしまうためであった。

同じころ，ヨーロッパでは交流送電システムのためのさまざまな機器（三相交流発電機，変圧器等）が開発され，1889 年にはイギリスで交流送電による電力供給が開始された。この時は，電圧 5 kV の交流発電機の電力を変圧器で 10 kV に昇圧して送電し，需要家付近で 100 V に降圧して電力を供給した。

このため，直流か交流かの大論争がまきおこった。

直流にこだわったエジソンに対し（すでに投資した直流システムを作り替えることを嫌ったためといわれている），当時，エジソン電燈会社の技術者で交流送電システムを唱えていたニコラ・テスラがウエスティングハウス社に移り，1896 年ナイアガラ発電所からの大規模な交流送電を開始した。これにより，交流の優位性が明らかとなり，現在の電力供給は交流が主体となっている。なお，この黎明期（れいめいき），直流派であったエジソンの依頼で，ブラウンは交流の危険性をアピールするために，野良猫や野良犬，場合によっては馬を使って，交流の方が早く感電死するといったイベントを実施，最後には，コニーアイランドの遊園地で象までも感電死させている。ただ，エジソンはこの「虐殺」にはほとんど関係していなかったといわれている。

日本では，1886 年に東京電燈が電力供給を開始，それに続いて名古屋，神戸，大阪でも電力供給が開始された。電気事業の黎明期は多数の事業者が電力供給を行い，直流，交流が混在していた。大規模な電力供給を行うため，東京電燈がドイツ AEG から輸入した交流発電機を使用したことが，東日本 50 Hz のきっかけとなった。一方，大阪電燈はアメリカ GE 社製の交流発電機を増設したことが，西日本 60 Hz のきっかけとなった。このような経緯から日本の電気は東日本が 50 Hz 交流，西日本が 60 Hz 交流となっているのである。なお，九州においては，第二次世界大戦後も 50 Hz，60 Hz の交流が混在していたが，1949 年から 1960 年にかけ改造を行い，60 Hz に統一したという歴史もある。

いずれにしろ，大規模，高効率電力供給という長所から，電力供給は交流が中心となっている。

参考文献：E & T, Vol. 11 Issue 6, IET, July, 2016

第2章 交流回路の基礎

1 章では，電圧や電流が時間によらず一定の値である直流回路について学んだ。本章では，電圧や電流が時間とともに周期的に変化する**交流回路**(alternating-current circuit)について，その基礎を学ぶ。

2-1 正弦波交流回路

交流回路では，正弦波で表される交流(**正弦波交流**(せいげんはこうりゅう)[1])の電圧と電流に対する電気回路を理解することが大切である。2 章では，一つの正弦波の交流電圧と電流を扱う。

2-1-1 正弦波交流

交流回路では，電圧や電流が時間とともに周期的に変化をしている。電圧が周期的に変化する代表的な例を図 2-1 に示す。時刻 t [s](秒) における電圧 $v(t)$ [V] は

$$v(t) = V_{\mathrm{m}} \sin(\omega t + \theta) \qquad (2\text{-}1)$$

（オメガ　シータ）

と表される。これを**正弦波交流電圧**(sine-wave alternating voltage)という。ここで，V_{m} [V] を**振幅**(しんぷく)(amplitude)といい，電圧の最大値を示す。ω[rad/s](ラジアン毎秒) を**角周波数**(かくしゅうはすう)(angular frequency)といい，$T = \dfrac{2\pi}{\omega}$ [s] の時間間隔で電圧が同じ値になることを示す。T を**周期**(しゅうき)(period)という。また

$$f = \frac{1}{T} = \frac{\omega}{2\pi} \qquad (2\text{-}2)$$

で表される f [Hz](ヘルツ) を**周波数**(frequency)といい，1 秒間に 1 周期の波形が繰り返される回数(振動の回数)を示す。三角関数の角度を表す $\omega t + \theta$ の部分を**位相**(いそう)(phase)といい，θ [rad] は $t = 0$ での位相を表すので，**初期位相**[2](initial phase)という。

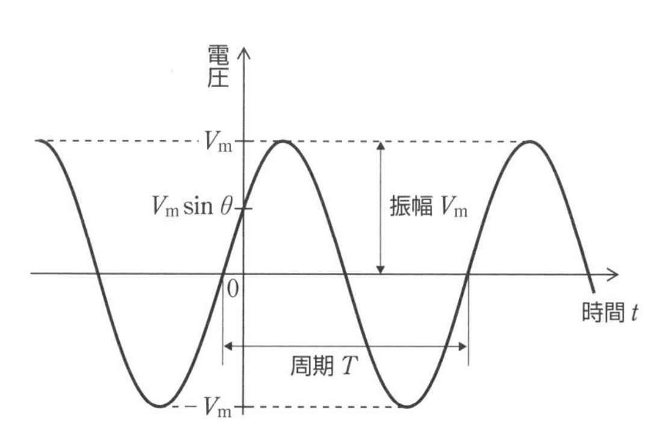

図 2-1　正弦波交流電圧 $v(t) = V_{\mathrm{m}} \sin(\omega t + \theta)$ のグラフ

1. 正弦波交流の表現

cos 関数でも，初期位相を $\phi = \theta - \dfrac{\pi}{2}$ とすれば，$v(t) = V_{\mathrm{m}} \cos(\omega t + \phi) = V_{\mathrm{m}} \sin(\omega t + \theta)$ として正弦波交流を表すことができる。sin 関数による表現と cos 関数による表現とは初期位相の値が $\dfrac{\pi}{2}$ だけ異なるだけである。初期位相の違いは時刻 $t = 0$ の定義の違いとも考えることができ，sin 関数による表現と cos 関数による表現との間には本質的な違いはない。

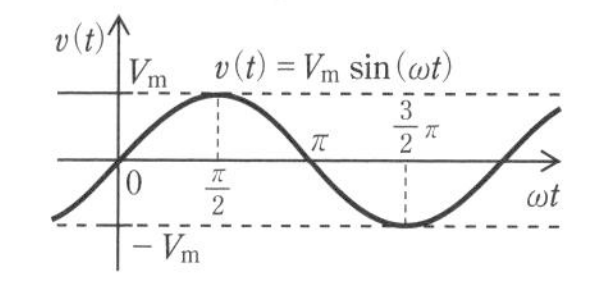

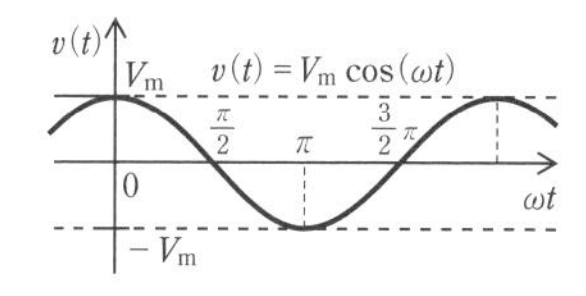

2. 初期位相

初期位相は通常，$-\pi < \theta < \pi$ の値を用いる。

同様に，電流が図 2-1 と同じような波形で変化するとき，時刻 t [s] における電流 $i(t)$ [A] は

$$i(t) = I_{\mathrm{m}} \sin(\omega t + \overset{\text{ファイ}}{\phi}) \tag{2-3}$$

と表され，これを**正弦波交流電流**(sine-wave alternating current)という。ここで，I_{m} [A]，ω [rad/s]，ϕ [rad] はそれぞれ電流の振幅，角周波数，初期位相である。

電気回路では，交流電圧や交流電流の大きさを表現するとき，振幅ではなく，**実効値**(じっこうち)(effective value)が用いられる。電圧および電流の実効値をそれぞれ V_{a} [V]，I_{a} [A] とすると，以下のように**2 乗平均値**で与えられる。

$$V_{\mathrm{a}} = \sqrt{\frac{1}{T}\int_0^T v(t)^2 dt} \tag{2-4}$$

$$I_{\mathrm{a}} = \sqrt{\frac{1}{T}\int_0^T i(t)^2 dt} \tag{2-5}$$

式 2-1 および式 2-3 で示される正弦波交流では，電圧および電流の実効値は

$$V_{\mathrm{a}} = \sqrt{\frac{1}{T}\int_0^T V_{\mathrm{m}}{}^2 \sin^2(\omega t + \theta)\, dt} = \frac{V_{\mathrm{m}}}{\sqrt{2}} \tag{2-6}$$

$$I_{\mathrm{a}} = \sqrt{\frac{1}{T}\int_0^T I_{\mathrm{m}}{}^2 \sin^2(\omega t + \phi)\, dt} = \frac{I_{\mathrm{m}}}{\sqrt{2}} \tag{2-7}$$

となり，**実効値は振幅(最大値)の $\frac{1}{\sqrt{2}}$ 倍**となる。

例題

時刻 t [s] での電圧 $v(t)$ [V] が

$$v(t) = 50 \sin\left(200\pi t + \frac{\pi}{4}\right)$$

で表されるとき，以下の量を求めよ。

(1) 周期　(2) 周波数　(3) 初期位相　(4) 実効値

●略解——解答例

(1) $T = \frac{2\pi}{\omega} = \frac{2\pi}{200\pi} = 0.01\,\mathrm{s}$ (答)

(2) $f = \frac{1}{T} = \frac{1}{0.01} = 100\,\mathrm{Hz}$ (答)

(3) $\theta = \frac{\pi}{4}\,\mathrm{rad}$ (答)

(4) $V_{\mathrm{a}} = \frac{V_{\mathrm{m}}}{\sqrt{2}} = 25\sqrt{2}\,\mathrm{V}$ (答)

2-1-2 回路素子

交流回路では，二つの端子をもつ素子の両端にかかる電圧 $v(t)$ [V] と端子に流れる電流 $i(t)$ [A] との関係に基づいて，3 種類の素子（**抵抗**，**インダクタ**，**キャパシタ**）に区別される。

抵抗

素子の両端にかかる電圧 $v(t)$ が素子を流れる電流 $i(t)$ に比例する特性をもつ素子を**抵抗**(resistor)といい，電圧 $v(t)$ と $i(t)$ の関係を

$$v(t) = R\,i(t) \tag{2-8}$$

で表す。ここで，R [Ω] は**電気抵抗**(electric resistance)あるいは単に**抵抗**という。また，**1-1-2** 項で述べたように，この関係は $v(t)$，$i(t)$ が時間によらず一定である直流回路と同じく成り立つ。

また，電圧と電流の関係を逆にすると

$$i(t) = \frac{v(t)}{R} = Gv(t) \tag{2-9}$$

$$G = \frac{1}{R} \tag{2-10}$$

と表される。G [S]（ジーメンス）は**コンダクタンス**(conductance)という。抵抗の記号を図 2-2 に示す。

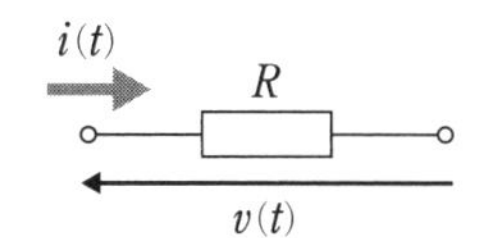

電流 $i(t)$ は矢印の方向（図では左から右）に電流が流れているときを正とする。電圧 $v(t)$ は矢印の矢の方（図では左側）の端子の電位が矢印の根元の方（図では右側）の端子の電位より高いときを正とする。

図 2-2　抵抗の記号

インダクタ（誘導素子）

素子を流れる電流 $i(t)$ の時間微分に比例した電圧 $v(t)$ が両端にかかる素子を**インダクタ**[3] (inductor)といい，電圧 $v(t)$ と電流 $i(t)$ の関係は

$$v(t) = L\frac{di(t)}{dt} \tag{2-11}$$

（$\frac{di(t)}{dt}$：$i(t)$ の時間的変化）

で表される。ここで，L [H]（ヘンリー）を**インダクタンス**(inductance)という。

式 2-11 の関係は，**ファラデーの法則**（**電磁誘導の法則**：Faraday's law）と同じように，電流の時間微分量 $\frac{di(t)}{dt}$ に比例した電圧が発生することを示す。

電流 $i(t)$ が時間的に一定である直流では，電流の時間微分は 0 であるから，電圧 $v(t)$ は 0 である。

また，電圧と電流の関係を逆にすると

$$i(t) = \frac{1}{L}\int v(t)\,dt \tag{2-12}$$

と表される。インダクタの記号を図 2-3 に示す。

3. インダクタ
インダクタ L は**コイル**とよばれることもあるが，ここでは**インダクタ**という語を使用する。また，L はインダクタンスの値を表すこともある。

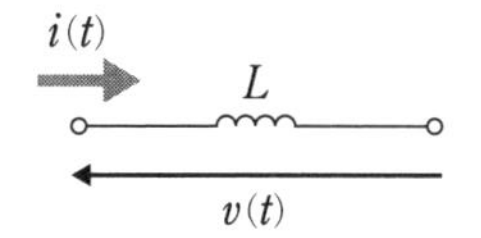

電流 $i(t)$，電圧 $v(t)$ については図 2-2 の説明と同じである。

図 2-3　インダクタの記号

キャパシタ（静電容量素子）

素子を流れる電流 $i(t)$ を蓄積（積分）した量に比例した電圧 $v(t)$ が両端にかかる素子を**キャパシ**

4. キャパシタ
C はコンデンサとよばれることもあるが，ここではキャパシタという語を使用する。また，C はキャパシタンスの値を表すこともある。

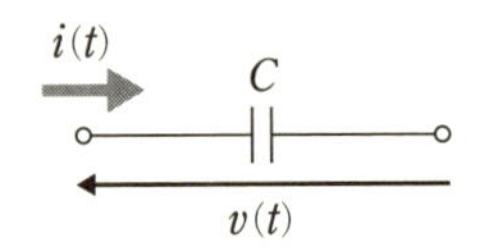

$i(t)$，$v(t)$については図 2-2 の説明と同じである。

図 2-4　キャパシタの記号

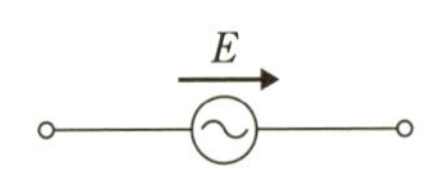

図 2-5　交流電圧源の記号

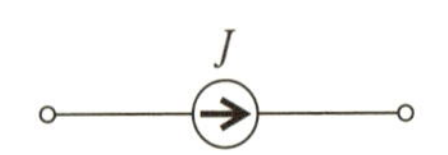

図 2-6　交流電流源の記号

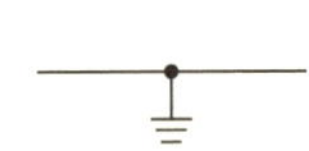

図 2-7　接地の記号

タ[4](capacitor)といい，電圧と電流の関係は

$$v(t) = \frac{1}{C}\int i(t)\,dt \tag{2-13}$$

で表される。ここで，C [F]（ファラド）を**キャパシタンス**(capacitance)あるいは**静電容量**(electrostatic capacity)という(単に，**容量**ということもある)。

また，電圧と電流の関係を逆にすると

$$i(t) = C\frac{dv(t)}{dt} \tag{2-14}$$

と表される。キャパシタの記号を図 2-4 に示す。

電源

電気回路は電気信号を処理したり，エネルギーを伝送するのに用いる。その際に元となる電気エネルギーを供給する装置を**電源**(power source, power supply)という。

交流での電源も直流と同様に，機能的に**電圧源**(voltage source)と**電流源**(current source)とに大別される。

交流での電圧源は一定の振幅の正弦波電圧を発生する。図 2-5 は交流電圧源の記号で，図中の E は電源電圧の実効値を示す。図中の矢印→は電圧の向きの定義を表すもので，初期位相が $0 \sim \pi$ のとき，時刻 $t=0$ での電圧の正の向きを表す。また，電圧の向きを記号＋と－で示すこともある。

交流での電流源は一定の振幅の正弦波電流を発生する。図 2-6 は交流電流源の記号で，図中の J は電源電流の実効値を示す。図中の矢印→は，電流の向きの定義を表すもので，初期位相が $0 \sim \pi$ のとき，時刻 $t=0$ での電流が流れる向きを表す。

接地

実際に電気回路が使用されるとき，とくに複数の回路を同時に使うときには，それぞれの回路の電位を一つにそろえることが必要となる(安全の面で，機能(雑音)の面で，問題を引き起こす恐れがある)。そのため，回路の基準とすべき電位を表す端子を設け，この端子を**接地**（せっち）(**アース**：earth，あるいは**グランド**：ground)という。通常，接地は地球(大地)にすることが多い。図 2-7 に接地の記号を示す。

2-1-3 止弦波交流に対する回路素子での電圧と電流の関係

ここでは，回路素子に交流電圧源を接続したときの，素子を流れる電流を求めてみよう。

抵抗を流れる電流

図 2-8 に示すような抵抗 R [Ω] に電圧源を接続した回路を考える。時刻 t [s] における電圧源の電圧 $e(t)$ [V] を

$$e(t) = E_{\mathrm{m}}\sin(\omega t + \theta) \tag{2-15}$$

とする。ここで，E_{m} [V] は電源の電圧の振幅，ω [rad/s] は角周波数，θ [rad] は初期位相である。

抵抗にかかる電圧は $e(t)$ に等しいので，抵抗を流れる電流 $i(t)$ [A] は

$$i(t) = \frac{e(t)}{R} \tag{2-16}$$

で与えられる。したがって

$$i(t) = \frac{e(t)}{R} = \frac{E_{\mathrm{m}}}{R}\sin(\omega t + \theta) \tag{2-17}$$

となる。電流の振幅は電源電圧の振幅に比例し，$\dfrac{E_{\mathrm{m}}}{R}$ で与えられる。電流の位相は電圧の位相と同じである。

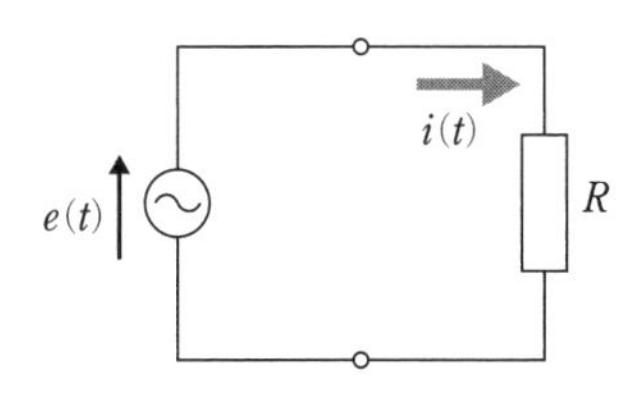

図 2-8　抵抗回路

インダクタを流れる電流

図 2-9 に示すようなインダクタ（インダクタンス L [H]）に電圧源を接続した回路を考える。電圧源の電圧 $e(t)$ [V] は式 2-15 であるとする。

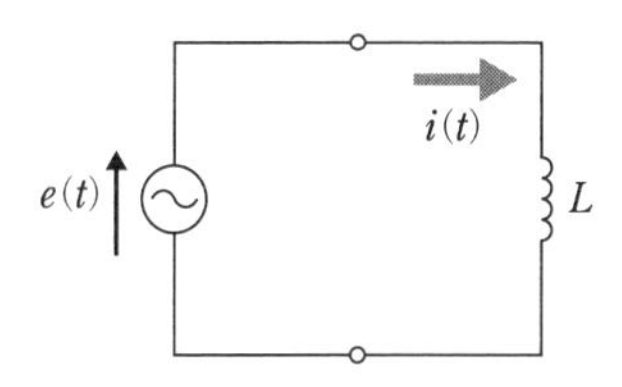

図 2-9　インダクタ回路

インダクタにかかる電圧は $e(t)$ に等しいので，インダクタを流れる電流 $i(t)$ は

$$L\frac{di(t)}{dt} = e(t) = E_{\mathrm{m}}\sin(\omega t + \theta) \tag{2-18}$$

から求まる。すなわち

$$\begin{aligned} i(t) &= \frac{1}{L}\int E_{\mathrm{m}}\sin(\omega t + \theta)\,dt \\ &= -\frac{E_{\mathrm{m}}}{\omega L}\cos(\omega t + \theta) \\ &= \frac{E_{\mathrm{m}}}{\omega L}\sin\left(\omega t + \theta - \frac{\pi}{2}\right) \end{aligned} \tag{2-19}$$

となる。電流の振幅は電源電圧の振幅に比例し，$\dfrac{E_{\mathrm{m}}}{\omega L}$ で与えられる。抵

抗のときと比較すると，ωL は抵抗値 R と同じ次元の物理量で，単位が Ω であることがわかる。また，電流 $i(t)$ は電圧 $v(t)$ より $\frac{\pi}{2}$ だけ位相が遅れる（図 2−10）。

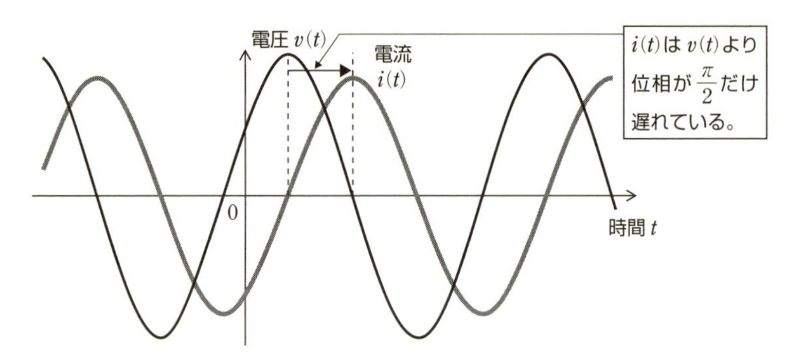

図 2−10　インダクタでの電圧と電流の関係

キャパシタを流れる電流

図 2−11 に示すように，キャパシタ（キャパシタンス C [F]）に電圧源を接続したとする。電圧源の電圧 $e(t)$ [V] は式 2−15 であるとする。

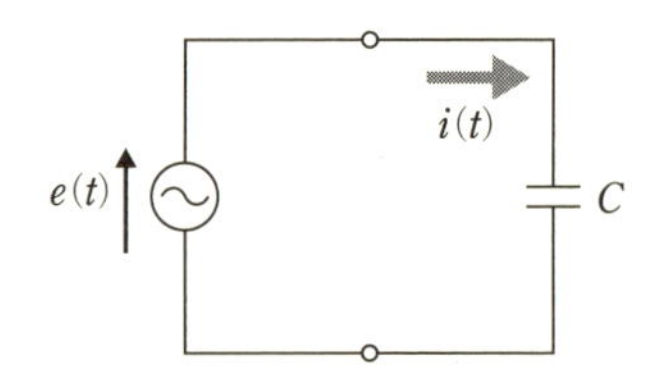

図 2−11　キャパシタ回路

キャパシタにかかる電圧は $e(t)$ に等しいから，キャパシタを流れる電流 $i(t)$ は

$$\frac{1}{C}\int i(t)\,dt = e(t) = E_{\mathrm{m}}\sin(\omega t+\theta) \qquad (2\text{−}20)$$

から求まる。式 2−20 の両辺を微分すると

$$\begin{aligned} i(t) &= C\frac{d}{dt}\{E_{\mathrm{m}}\sin(\omega t+\theta)\} \\ &= C\omega E_{\mathrm{m}}\cos(\omega t+\theta) \\ &= \omega C E_{\mathrm{m}}\sin\left(\omega t+\theta+\frac{\pi}{2}\right) \\ &= \frac{E_{\mathrm{m}}}{\dfrac{1}{\omega C}}\sin\left(\omega t+\theta+\frac{\pi}{2}\right) \qquad (2\text{−}21) \end{aligned}$$

となる。電流の振幅は電源電圧の振幅に比例し，$\omega C E_{\mathrm{m}}$ である。抵抗の応答と比較すると，$\frac{1}{\omega C}$ は抵抗値 R と同じ次元の物理量で，単位が Ω であることがわかる。また，電流は電圧より $\frac{\pi}{2}$ だけ位相が進む（図 2−12）。

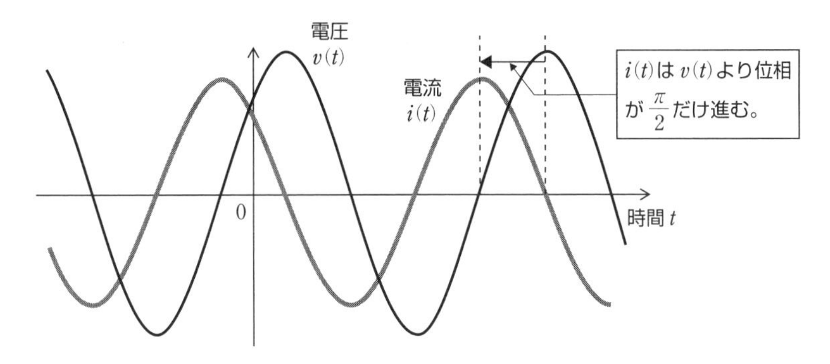

図 2-12　キャパシタでの電圧と電流の関係

2-1-4　正弦波交流に対する複数の回路素子で構成された回路での電流と電圧

前項では，一つの回路素子のみの動作を解析した。実用の電気回路は複数の回路素子で構成されている。ここでは，二つの回路素子を組み合わせた回路における電流と電圧を求めてみる。

抵抗とインダクタによる RL 直列回路

図 2−13 に示すような抵抗(R [Ω])とインダクタ(インダクタンス L [H])を直列に接続し，電圧源を接続した回路を考える。電圧源の電圧 $e(t)$ [V] は式 2−15 であるとする。

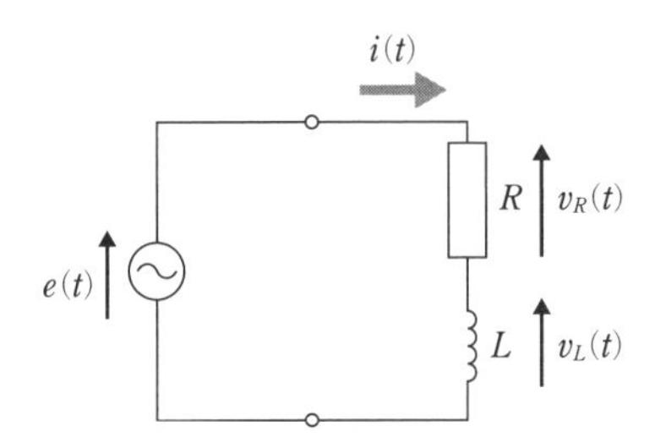

図 2-13　抵抗とインダクタの直列回路

この回路では抵抗およびインダクタには同じ電流 $i(t)$ [A] が流れる。抵抗にかかる電圧を $v_R(t)$ [V]，インダクタにかかる電圧を $v_L(t)$ [V] とすると

$$v_R(t) = Ri(t)$$

$$v_L(t) = L\frac{di(t)}{dt}$$

である。また，抵抗にかかる電圧とインダクタにかかる電圧の和は電源電圧に等しいので

$$v_R(t) + v_L(t) = e(t)$$

である。したがって

$$Ri(t) + L\frac{di(t)}{dt} = e(t) = E_{\mathrm{m}}\sin(\omega t + \theta) \qquad (2-22)$$

が得られる。

ここで，回路を流れる電流 $i(t)$ を

$$i(t) = I_{\mathrm{m}} \sin(\omega t + \phi) \tag{2-23}$$

と仮定し，式 2-22 を満たすような I_{m} [A] および ϕ [rad] を求める。式 2-22 の左辺は次のようになる[(5)]。

$$\begin{aligned} Ri(t) + L\frac{di(t)}{dt} &= RI_{\mathrm{m}} \sin(\omega t + \phi) + \omega L I_{\mathrm{m}} \cos(\omega t + \phi) \\ &= \sqrt{R^2 + \omega^2 L^2}\, I_{\mathrm{m}} \sin(\omega t + \phi + \alpha) \end{aligned}$$

ここで

$$\tan\alpha = \frac{\omega L}{R} \tag{2-24}$$

である。したがって

$$\sqrt{R^2 + \omega^2 L^2}\, I_{\mathrm{m}} \sin(\omega t + \phi + \alpha) = E_{\mathrm{m}} \sin(\omega t + \theta)$$

となるので

$$\left.\begin{aligned} I_{\mathrm{m}} &= \frac{E_{\mathrm{m}}}{\sqrt{R^2 + \omega^2 L^2}} \\ \phi &= \theta - \alpha \end{aligned}\right\} \tag{2-25}$$

が得られる。

したがって，電圧源 $e(t)$ に接続された RL 直列回路を流れる電流は

$$i(t) = \frac{E_{\mathrm{m}}}{\sqrt{R^2 + \omega^2 L^2}} \sin(\omega t + \theta - \alpha) \tag{2-26}$$

と求まる。また

$$\begin{aligned} v_R(t) &= Ri(t) \\ &= \frac{R}{\sqrt{R^2 + \omega^2 L^2}} E_{\mathrm{m}} \sin(\omega t + \theta - \alpha) \end{aligned} \tag{2-27}$$

$$\begin{aligned} v_L(t) &= L\frac{di(t)}{dt} \\ &= \frac{\omega L}{\sqrt{R^2 + \omega^2 L^2}} E_{\mathrm{m}} \cos(\omega t + \theta - \alpha) \\ &= \frac{\omega L}{\sqrt{R^2 + \omega^2 L^2}} E_{\mathrm{m}} \sin\left(\omega t + \theta - \alpha + \frac{\pi}{2}\right) \end{aligned} \tag{2-28}$$

となる。

電流の振幅をみると，式 2-26 に示されるように，抵抗の R の 2 乗とインダクタの ωL の 2 乗との和の平方根が抵抗値 R と同じ次元の物理量で単位が [Ω] になっている。

図 2-14 に電源電圧 $e(t)$，抵抗の電圧 $v_R(t)$，インダクタの電圧 $v_L(t)$ の関係を示す。電流 $i(t)$ および抵抗の電圧 $v_R(t)$ の位相は電源電圧 $e(t)$

5. ここで使用する公式

$$A\sin\alpha + B\cos\alpha = \sqrt{A^2 + B^2}\,\sin(\alpha + \beta)$$

ただし，$\tan\beta = \dfrac{B}{A}$

の位相に比べ，式 2−24，2−25 にある α だけ遅れ，抵抗のみのとき（位相変化なし）とインダクタのみのとき$\left(\dfrac{\pi}{2}\text{の遅れ}\right)$との中間の遅れとなる。直列接続されているので，式 2−27 と式 2−28 を比べると，$\dfrac{\pi}{2}$ だけインダクタ電圧の位相が進むことがわかる。

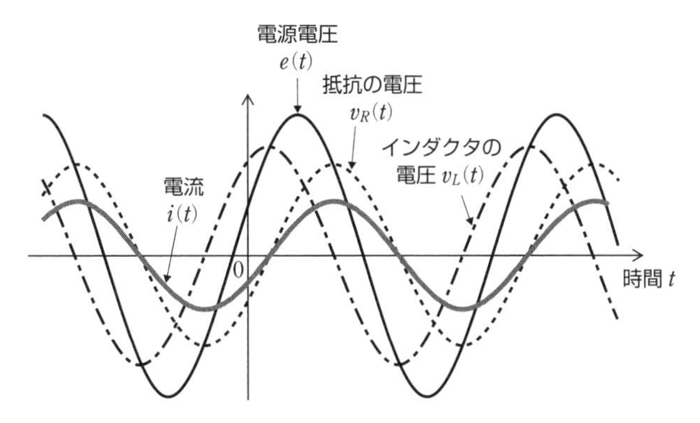

図 2−14　電源電圧 $e(t)$，抵抗の電圧 $v_R(t)$，インダクタの電圧 $v_L(t)$ および電流 $i(t)$ の関係

抵抗とキャパシタによる *RC* 直列回路

図 2−15 に示すように抵抗（R［Ω］）とキャパシタ（キャパシタンス C［F］）を直列接続して，電圧源を接続した回路を考える。電圧源の電圧 $e(t)$［V］は式 2−15 であるとする。

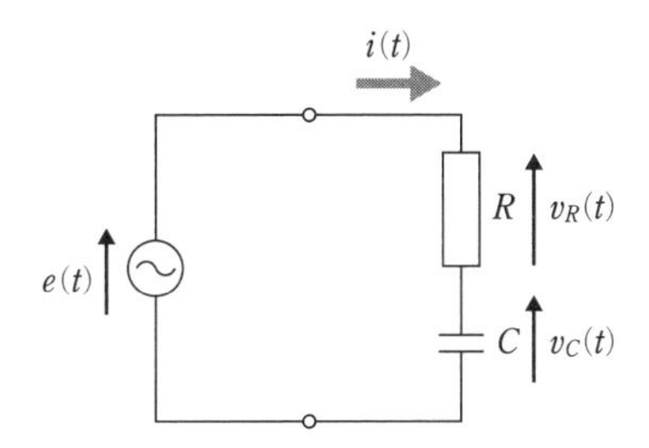

図 2−15　抵抗とキャパシタの直列回路

この回路では，抵抗およびキャパシタには同じ電流 $i(t)$［A］が流れる。抵抗にかかる電圧を $v_R(t)$［V］，キャパシタにかかる電圧を $v_C(t)$［V］とすると

$$v_R(t) = Ri(t)$$

$$v_C(t) = \frac{1}{C}\int i(t)\,dt$$

である。また，抵抗にかかる電圧とキャパシタにかかる電圧の和は電源電圧に等しいので

$$v_R(t) + v_C(t) = e(t)$$

である。したがって

$$Ri(t)+\frac{1}{C}\int i(t)\,dt=e(t)=E_m\sin(\omega t+\theta) \qquad (2\text{-}29)$$

が得られる。ここで電流 $i(t)$ を

$$i(t)=I_m\sin(\omega t+\phi) \qquad (2\text{-}30)$$

と仮定して代入し，I_m と ϕ を求める。すると

$$RI_m\sin(\omega t+\phi)-\frac{I_m}{\omega C}\cos(\omega t+\phi)=E_m\sin(\omega t+\theta)$$

$$\sqrt{R^2+\frac{1}{\omega^2C^2}}\,I_m\sin(\omega t+\phi-\overset{ベータ}{\beta})=E_m\sin(\omega t+\theta) \qquad (2\text{-}31)$$ [(6)]

6. ここで使用する公式
$A\sin\alpha-B\cos\alpha$
$=\sqrt{A^2+B^2}\sin(\alpha-\beta)$
ただし，$\tan\beta=\frac{B}{A}$

である。ここで

$$\tan\beta=\frac{1}{\omega CR} \qquad (2\text{-}32)$$

である。式 2-31 より

$$\left.\begin{aligned}I_m&=\frac{E_m}{\sqrt{R^2+\frac{1}{\omega^2C^2}}}\\ \phi-\beta&=\theta\end{aligned}\right\} \qquad (2\text{-}33)$$

が得られる。これより

$$i(t)=\frac{E_m}{\sqrt{R^2+\frac{1}{\omega^2C^2}}}\sin(\omega t+\theta+\beta) \qquad (2\text{-}34)$$

となる。

また

$$\begin{aligned}v_R(t)&=Ri(t)\\&=\frac{R}{\sqrt{R^2+\frac{1}{\omega^2C^2}}}E_m\sin(\omega t+\theta+\beta)\end{aligned} \qquad (2\text{-}35)$$

$$\begin{aligned}v_C(t)&=\frac{1}{C}\int i(t)\,dt\\&=\frac{\frac{1}{\omega C}}{\sqrt{R^2+\frac{1}{\omega^2C^2}}}E_m\sin\left(\omega t+\theta+\beta-\frac{\pi}{2}\right)\end{aligned} \qquad (2\text{-}36)$$

である。

電流の振幅についてみると，式 2-33 に示されるように，抵抗の R の 2 乗とキャパシタの $\frac{1}{\omega C}$ の 2 乗との和の平方根が抵抗値 R と同じ次元の物理量で単位が [Ω] になっている。

図 2−16 に電源電圧 $e(t)$，抵抗の電圧 $v_R(t)$，キャパシタの電圧 $v_C(t)$ の関係を示す。抵抗の電圧 $v_R(t)$ および電流 $i(t)$ の位相は電源電圧 $e(t)$ の位相に比べ，β だけ進み，抵抗のみのとき（位相変化なし）とキャパシタのみのとき$\left(\dfrac{\pi}{2}\text{の進み}\right)$との中間の進みとなる。

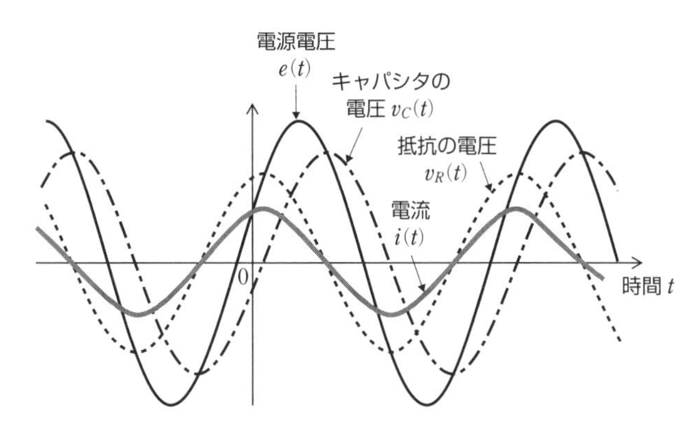

図 2−16　電源電圧 $e(t)$，抵抗の電圧 $v_R(t)$，キャパシタの電圧 $v_C(t)$ および電流 $i(t)$ の関係

2-1 ドリル問題

問題 1———周期が 20 ms の正弦波電圧の周波数および角周波数を求めよ。

問題 2———角周波数が 400 π rad/s の正弦波電流の周期を求めよ。

問題 3———振幅が 15 A の正弦波電流で，$t=0$ での電流値が 7.5 A であるとき，初期位相を求めよ。ただし，初期位相は $-\dfrac{\pi}{2}$ と $\dfrac{\pi}{2}$ の間であるとする。

問題 4———振幅が 40 V の正弦波電圧の実効値を求めよ。

問題 5———実効値が 50 A の正弦波電流の振幅を求めよ。

問題 6———5 kΩ の抵抗に振幅 150 V，周波数 2 kHz の電圧源をつないだとき，抵抗を流れる電流の振幅を求めよ。

問題 7———4 mH のインダクタに振幅 50 V，周波数 200 Hz の電圧源をつないだとき，インダクタを流れる電流の振幅を求めよ。

問題 8———0.2 μF のキャパシタに振幅 25 V，周波数 10 kHz の電圧源をつないだとき，キャパシタを流れる電流の振幅を求めよ。

問題 9———30 Ω の抵抗と 4 mH のインダクタの直列回路に振幅 40 V，周波数 300 Hz の電圧源をつないだとき，抵抗を流れる電流の振幅，電流と電源電圧との位相差を求めよ。

問題 10———50 Ω の抵抗と 2 μF のキャパシタの直列回路に振幅 60 V，周波数 5 kHz の電圧源をつないだとき，抵抗を流れる電流の振幅と，電流と電源電圧との位相差を求めよ。

2-1 演習問題

1. ある電圧源に対して，以下の設問に答えよ。

(1) 振幅 10 V，周波数 50 Hz，初期位相 $\frac{\pi}{6}$ rad のとき，電圧 $e(t)$ [V] を時刻 t [s] の関数として表示せよ。

(2) (1)で求めた電圧の実効値，周期を求めよ。

2. 振幅 $V_{\rm m}$ [V]，周期 T [s]，角周波数 ω [rad/s] の交流電圧 $e(t)$ [V] の実効値が $\frac{V_{\rm m}}{\sqrt{2}}$ [V] になることを示せ。

3. 図 1 に示すような振幅 $V_{\rm m}$ [V]，周期 T [s] の三角波電圧 $e(t)$ [V] の実効値を求めよ。

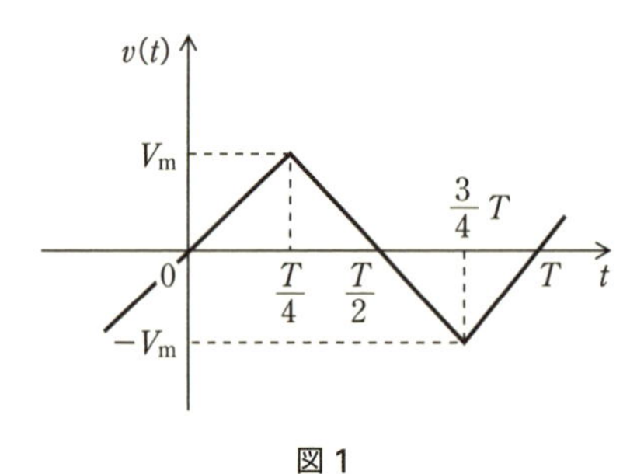

図 1

4. 図 2 の回路に，交流電圧源 $e(t)$ [V] が接続されている。このとき，回路に流れる電流 $i(t)$ [A] を $i(t) = I_{\rm m}\sin\omega t$ として，抵抗 R [Ω]，インダクタンス L [H] にかかる電圧 $v_R(t)$ [V]，$v_L(t)$ [V] を求め，$i(t)$ と $v_R(t)$, $v_L(t)$の時間関係を図示せよ。

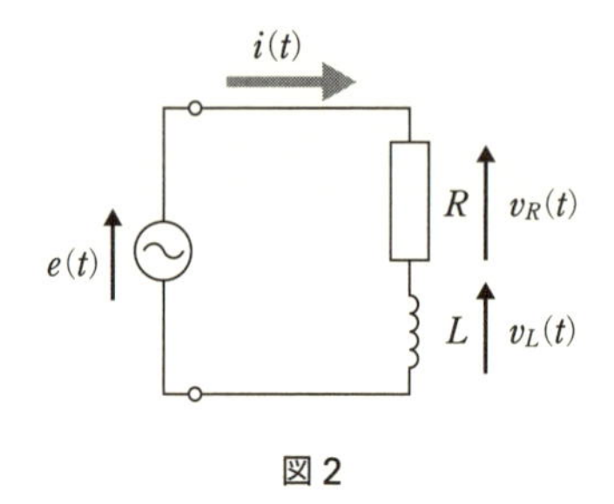

図 2

5. 図 3 の回路に，$e(t) = E_{\rm m}\sin\omega t$ [V] の電源が接続されている。このとき抵抗 R [Ω] とキャパシタンス C [F] に流れる電流 $i_R(t)$ [A]，$i_C(t)$ [A] を求め，i_R と i_C の時間関係を図示せよ。

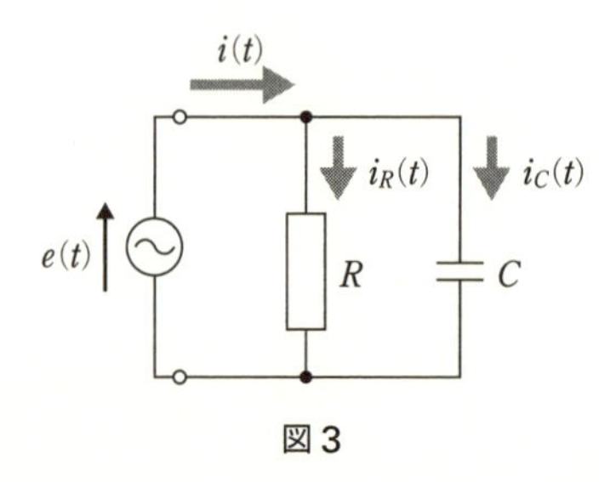

図 3

2-2 正弦波交流の複素数表示

2-1 節では，正弦波交流に対する素子の電圧と電流応答を，三角関数の微分と積分の演算を用いて解析した。本節では，正弦波電圧と電流を複素数(complex number)で表すことを学ぶ。複素数表示することで，微分や積分の演算を用いず四則演算で解析することができる。

2-2-1 複素数の表示

正弦波電圧と電流を複素数表示するため，まず，複素数の性質を学ぶ。

複素数

複素数 $\boldsymbol{Z}$[1]は，

$$\boldsymbol{Z}=a+jb \quad (a,\ b \text{ は実数}) \qquad (2\text{-}37)$$ [2]

と表現される。ただし，$j=\sqrt{-1}$(**虚数単位**(きょすう)：imaginary unit)とする。a の部分を**実部**(じつぶ)(real part)，b の部分を**虚部**(きょぶ)(imaginary part)といい，

$$\text{実部：}\mathrm{Re}(\boldsymbol{Z})=a \qquad (2\text{-}38)$$

$$\text{虚部：}\mathrm{Im}(\boldsymbol{Z})=b \qquad (2\text{-}39)$$

と書く。この形式は**直交形式**(orthogonal form)とよばれる。この複素数を，横軸を実軸，縦軸を虚軸とした**複素平面**(complex plane，**ガウス平面**：Gaussian plane)上に表す(図 2-17)。

1. 複素数の記号
本書では，これ以降，複素数は $\boldsymbol{Z}$ のように，大文字の太字で表記する。その他の複素数の表し方として，$\dot{Z}$ のようにドットをつけるときもある。

2. 虚数単位
数学では虚数単位は i で表記されるが，電気回路では電流の i との混同を避けるため，j を虚数単位として用いる。また，積の表現では，虚数単位を項の先頭に置いて表す。

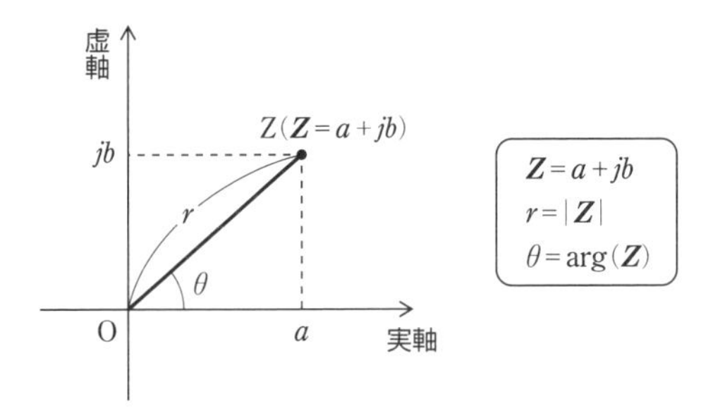

図 2-17　複素平面

図 2-17 に示した r は複素数 $\boldsymbol{Z}$ の絶対値 $|\boldsymbol{Z}|$ で，複素数 $\boldsymbol{Z}$ を示す点 Z と原点 O の距離に相当する。また，θ は複素数 $\boldsymbol{Z}$ の**偏角**(へんかく)(argument)で，$\arg(\boldsymbol{Z})$(アーギュメント)と表し，直線 OZ と実軸のなす角である。絶対値および偏角は実部 a および虚部 b を用いて

$$r=|\boldsymbol{Z}|=\sqrt{a^2+b^2} \qquad (2\text{-}40)$$

$$\theta=\arg(\boldsymbol{Z})=\tan^{-1}\left(\frac{b}{a}\right) \qquad (2\text{-}41)$$ [3]

で与えられる。また，式 2-40 および式 2-41 の関係より

$$\left.\begin{aligned} a&=r\cos\theta \\ b&=r\sin\theta \end{aligned}\right\} \qquad (2\text{-}42)$$

となる。

3. $\tan^{-1}$(アークタンジェント)
$\tan\theta=c$ のとき，$\theta=\tan^{-1}(c)$ と表す。$\arctan(c)$ と書くこともある。なお，他の三角関数(sin，cos など)に対しても同様な表現($\sin^{-1}$，$\cos^{-1}$ など)があり，このような関数を**逆三角関数**という。

極形式での表示

複素数のもう一つの表示方法に**極形式**(polar form)がある。式2-42を用いて，式2-37を書き直すと

$$\boldsymbol{Z}=a+jb=r(\cos\theta+j\sin\theta) \tag{2-43}$$

が得られる。

三角関数と指数関数の関係を示す公式の一つとして，**オイラーの公式**(Euler's formula)とよばれる式

$$e^{j\theta}=\overset{\text{エクスポネンシャル}}{\exp}(j\theta)=\cos\theta+j\sin\theta \tag{2-44}$$ [4]

が知られている。この公式を用いると，絶対値 r と偏角 θ を用いた表現として

$$\begin{aligned}\boldsymbol{Z}&=r(\cos\theta+j\sin\theta)\\&=re^{j\theta}\end{aligned} \tag{2-45}$$

を得る。これを**極形式**という。なお，$e^{j\theta}$ は虚数単位 j を含む指数関数である。

4. 指数関数の表記
指数関数を表記するときに，e^x とする代わりに $\exp(x)$ とするときもある。指数部に j が含まれるが，指数部が複素数であっても，実数のみのときと同様な計算ができる。たとえば，$\exp(j\theta)\times\exp(j\phi)=\exp(j(\theta+\phi))$，$\exp(a)\times\exp(jb)=\exp(a+jb)$ である。

複素数の四則演算

二つの複素数 $\boldsymbol{Z}_1$, $\boldsymbol{Z}_2$ を

$$\boldsymbol{Z}_1=a_1+jb_1=r_1e^{j\theta_1}$$

$$\boldsymbol{Z}_2=a_2+jb_2=r_2e^{j\theta_2}$$

とおくと，それらの四則演算は以下のように行える。

加算　$\boldsymbol{Z}_1+\boldsymbol{Z}_2=(a_1+a_2)+j(b_1+b_2)$ 　(2-46)

減算　$\boldsymbol{Z}_1-\boldsymbol{Z}_2=(a_1-a_2)+j(b_1-b_2)$ 　(2-47)

乗算

$$\begin{aligned}\boldsymbol{Z}_1\boldsymbol{Z}_2&=(a_1+jb_1)(a_2+jb_2)\\&=(a_1a_2-b_1b_2)+j(a_1b_2+a_2b_1)\\&=r_1r_2e^{j(\theta_1+\theta_2)}\end{aligned} \tag{2-48}$$

除算

$$\begin{aligned}\frac{\boldsymbol{Z}_1}{\boldsymbol{Z}_2}&=\frac{a_1+jb_1}{a_2+jb_2}\\&=\frac{(a_1+jb_1)(a_2-jb_2)}{(a_2+jb_2)(a_2-jb_2)}\ {}^{(5)}\\&=\frac{a_1a_2+b_1b_2}{a_2^2+b_2^2}+j\frac{a_2b_1-a_1b_2}{a_2^2+b_2^2}\\&=\frac{r_1}{r_2}e^{j(\theta_1-\theta_2)}\end{aligned} \tag{2-49}$$

5. 式の操作
この式では，分母の共役複素数を分子と分母に掛けて，分母を実数にしている(有理化)。

共役複素数

複素数 $\boldsymbol{Z}=a+jb$　(a, b は実数)に対して，虚部の符号を変えた複素数 $a-jb$ を**共役複素数**(conjugate complex number)といい

$$\overline{\boldsymbol{Z}}=a-jb \tag{2-50}$$

のように記号の上に「―(バー)」をつけて書く[6]。

$$\boldsymbol{Z}+\overline{\boldsymbol{Z}}=(a+jb)+(a-jb)=2a=2\mathrm{Re}(\boldsymbol{Z}) \tag{2-51}$$

6. 共役複素数の極形式での表現
極形式では，θ を $-\theta$ とすればよい。すなわち

$\boldsymbol{Z}=re^{j\theta}$

に対して

$\overline{\boldsymbol{Z}}=re^{-j\theta}$

となる。

$$\boldsymbol{Z}-\overline{\boldsymbol{Z}}=(a+jb)-(a-jb)=j2b=j2\mathrm{Im}(\boldsymbol{Z}) \qquad (2\text{-}52)$$

$$\boldsymbol{Z}\overline{\boldsymbol{Z}}=(a+jb)(a-jb)=a^2+b^2=|\boldsymbol{Z}|^2 \qquad (2\text{-}53)$$

$$\frac{1}{\boldsymbol{Z}}=\frac{\overline{\boldsymbol{Z}}}{\boldsymbol{Z}\overline{\boldsymbol{Z}}}=\frac{\overline{\boldsymbol{Z}}}{|\boldsymbol{Z}|^2} \qquad (2\text{-}54)$$

の関係が成り立つ。なお，最後の関係は，分母に複素数があるときに，有理化(分母を実数にする)する方法として利用されており，前頁の除算(式 2-49)ではこの有理化が行われている。

例題

$\boldsymbol{Z}_1=1+j\sqrt{3}$，$\boldsymbol{Z}_2=1-j$ とするとき

(1) $\boldsymbol{Z}_1$ の極形式　(2) $\boldsymbol{Z}_2$ の極形式　(3) $\boldsymbol{Z}_1+\boldsymbol{Z}_2$

(4) $\boldsymbol{Z}_1-\boldsymbol{Z}_2$　(5) $\boldsymbol{Z}_1\boldsymbol{Z}_2$　(6) $\dfrac{\boldsymbol{Z}_1}{\boldsymbol{Z}_2}$

を求めよ。

●略解——解答例

(1) $|\boldsymbol{Z}_1|=|1+j\sqrt{3}|=\sqrt{1^2+(\sqrt{3})^2}=2$，$\arg(\boldsymbol{Z}_1)=\tan^{-1}(\sqrt{3})$

$=\dfrac{\pi}{3}$，したがって，$\boldsymbol{Z}_1=2e^{j\frac{\pi}{3}}$ (答)

(2) $|\boldsymbol{Z}_2|=|1-j|=\sqrt{2}$，$\arg(\boldsymbol{Z}_2)=\tan^{-1}(-1)=-\dfrac{\pi}{4}$，

したがって，$\boldsymbol{Z}_2=\sqrt{2}e^{-j\frac{\pi}{4}}$ (答)

(3) $\boldsymbol{Z}_1+\boldsymbol{Z}_2=2+j(\sqrt{3}-1)$ (答)

(4) $\boldsymbol{Z}_1-\boldsymbol{Z}_2=j(\sqrt{3}+1)$ (答)

(5) $\boldsymbol{Z}_1\boldsymbol{Z}_2=(1+j\sqrt{3})(1-j)=1+\sqrt{3}+j(\sqrt{3}-1)$ (答)

または，$\boldsymbol{Z}_1\boldsymbol{Z}_2=2e^{j\frac{\pi}{3}}\sqrt{2}e^{-j\frac{\pi}{4}}=2\sqrt{2}e^{j\frac{\pi}{12}}$ (答)

(6)
$$\frac{\boldsymbol{Z}_1}{\boldsymbol{Z}_2}=\frac{1+j\sqrt{3}}{1-j}$$
$$=\frac{(1+j\sqrt{3})(1+j)}{(1-j)(1+j)}$$
$$=-\frac{\sqrt{3}-1}{2}+j\frac{\sqrt{3}+1}{2}$$

または，
$$\frac{\boldsymbol{Z}_1}{\boldsymbol{Z}_2}=\frac{2e^{j\frac{\pi}{3}}}{\sqrt{2}e^{-j\frac{\pi}{4}}}$$
$$=\sqrt{2}e^{j\frac{7\pi}{12}}$$ (答)

虚数単位の積

虚数単位 $j=\sqrt{-1}$ は，それ自身複素数であることはいうまでもない。虚数単位 j を極形式で示すと

$j=0+j1$　：実部 0，虚部 1

$=1e^{j\frac{\pi}{2}}$　：絶対値 1，偏角 $\dfrac{\pi}{2}$　(2-55)

である。

このjと他の複素数$\boldsymbol{Z}(=a+jb=re^{j\theta}$：$a, b, r, \theta$ は実数)との演算を考えてみる。

加減算では

$$\boldsymbol{Z}+j=a+jb+j=a+j(b+1) \tag{2-56}$$

であり，実部は変わらず，虚部が1だけ変化し，絶対値と偏角が変わる。減算でも虚部が1だけ引き算される。

乗算と除算では

$$j\boldsymbol{Z}=j(a+jb)=-b+ja=re^{j\left(\theta+\frac{\pi}{2}\right)} \tag{2-57}$$

$$\frac{\boldsymbol{Z}}{j}=\frac{a+jb}{j}=b-ja=re^{j\left(\theta-\frac{\pi}{2}\right)} \tag{2-58}$$

であり，実部，虚部が入れ替わり，符号も変わる。しかし，絶対値は変わらず，乗算では偏角が$\frac{\pi}{2}$だけ増し，除算では$\frac{\pi}{2}$だけ減少する。

また，$j^2=-1=e^{j\pi}$であるから，-1を掛けることは，符号を反転させる(正負を逆にする)ことであり，偏角をπだけ進めることになる。

$\boldsymbol{Z}$，$j\boldsymbol{Z}$，$j^2\boldsymbol{Z}$，$\dfrac{\boldsymbol{Z}}{j}$の関係を図2−18に示す。

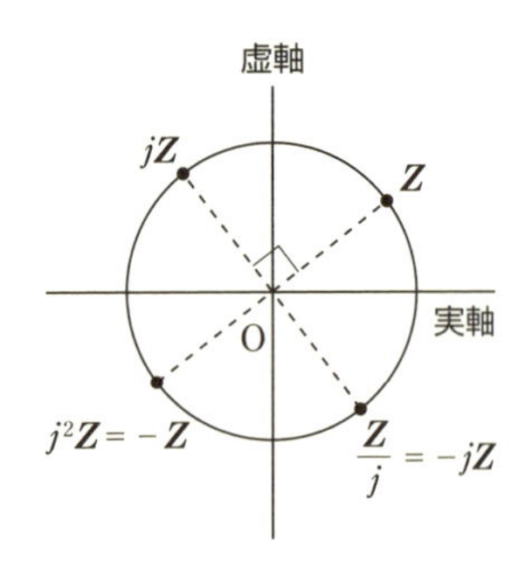

図2−18　$\boldsymbol{Z}, j\boldsymbol{Z}, j^2\boldsymbol{Z}, \dfrac{\boldsymbol{Z}}{j}$の関係

2-2-2 三角関数と指数関数の関係

オイラーの公式(式2−44)に示されるように，三角関数と指数関数は

$$e^{j\theta}=\cos\theta+j\sin\theta \tag{2-44 再掲}$$

$$e^{-j\theta}=\cos\theta-j\sin\theta \tag{2-59}$$

の関係にある。

したがって，逆に三角関数を指数関数で表示すると

$$\cos\theta=\frac{1}{2}\left(e^{j\theta}+e^{-j\theta}\right) \tag{2-60}$$

$$\sin\theta=\frac{1}{2j}\left(e^{j\theta}-e^{-j\theta}\right) \tag{2-61}$$

となることがわかる。

2-2-3 正弦波交流の複素数表示

すでに**2-1**節では，正弦波交流電圧はsin関数を用いて

$$v(t)=V_{\mathrm{m}}\sin(\omega t+\theta) \tag{2-1 再掲}$$

と表した。

この表現と式2−61を用いて指数関数で書き表すと

$$v(t)=\frac{V_{\mathrm{m}}}{2j}\left(e^{j(\omega t+\theta)}-e^{-j(\omega t+\theta)}\right) \tag{2-62}$$

となる。なお，第1項と第2項の違いは指数関数の指数部分(位相)の符号の違いのみである。そこで，逆に，係数$\frac{1}{2j}$も省略して，第1項のみを用いて，単に

$$
\begin{aligned}
\boldsymbol{V}(t) &= V_{\mathrm{m}}\, e^{j(\omega t+\theta)} \\
&= V_{\mathrm{m}}\, e^{j\theta} e^{j\omega t} \\
&= V_{\mathrm{m}} \cos(\omega t+\theta) + jV_{\mathrm{m}} \sin(\omega t+\theta) \qquad (2\text{-}63)
\end{aligned}
$$

と表現するものを考えてみる。この表現で正弦波の特徴（振幅，角周波数，初期位相）がすべて表示される。逆に，式 2-63 から，その虚部をみると，式 2-1 の sin 関数によるもとの表現が得られる。

また，$V_{\mathrm{m}}\, e^{j\theta}\, e^{j\omega t}$ の表現から角周波数に関する因子 $e^{j\omega t}$ を省き，さらに振幅 V_{m} の代わりに実効値 $V_{\mathrm{a}} = \dfrac{V_{\mathrm{m}}}{\sqrt{2}}$ を用いたものとして，

$$
\boldsymbol{V} = \underbrace{V_{\mathrm{a}}}_{\text{実効値}}\, e^{j\theta \leftarrow \text{偏角（初期位相）}} \qquad (2\text{-}64)^{(7)}
$$

が得られ，正弦波交流電圧の表現として利用することができる。電気回路では，式 2-64 を**正弦波交流電圧の複素数表示**という。

同様に，正弦波交流電流の表現は式 2-3 に対して

$$
\boldsymbol{I} = \underbrace{I_{\mathrm{a}}}_{\text{実効値}}\, e^{j\phi \leftarrow \text{偏角（初期位相）}} \qquad (2\text{-}65)^{(8)}
$$

と書き，これを**正弦波交流電流の複素数表示**という。なお，I_{a} は正弦波交流電流の実効値で，$I_{\mathrm{a}} = \dfrac{I_{\mathrm{m}}}{\sqrt{2}}$ である。

7. **電圧の大きさと偏角（初期位相）**
電圧の大きさ（絶対値）は，$|\boldsymbol{V}| = V_{\mathrm{a}}$ [V]（実効値）であり，電圧の偏角（初期位相）は θ [rad] である。

8. **電流の大きさと偏角（初期位相）**
電流の大きさ（絶対値）は，$|\boldsymbol{I}| = I_{\mathrm{a}}$ [A]（実効値）であり，電流の偏角（初期位相）は ϕ [rad] である。

例題

正弦波交流電圧 $v(t)$ [V] が時刻 t [s] において

$$
v(t) = 80 \sin\left(400\pi t + \frac{\pi}{4}\right)
$$

で表されるとき，これを複素数表示で表せ。

●略解――解答例

実効値が $\dfrac{80}{\sqrt{2}} = 40\sqrt{2}$ V，初期位相が $\dfrac{\pi}{4}$ であるから，複素数表示では

$$
\boldsymbol{V} = 40\sqrt{2}\, e^{j\frac{\pi}{4}} = 40 + j40 \text{ V} \quad \text{（答）}
$$

例題

周波数が 500 Hz の電流が複素数表示で

$$
\boldsymbol{I} = 60 e^{j\frac{\pi}{3}} = 30 + j30\sqrt{3} \text{ A}
$$

と表されるとき，この電流の正弦波表示 $i(t)$ [A] を求めよ。

●略解――解答例

電流の実効値（大きさ）が 60 A, 初期位相が $\dfrac{\pi}{3}$ rad, 角周波数 $\omega = 2\pi f = 1000\pi$ rad/s である。したがって，振幅が $60\sqrt{2}$ A であるか

ら，正弦波表示では

$$i(t)=60\sqrt{2}\sin\left(1000\pi t+\frac{\pi}{3}\right) \quad \text{（答）}$$

となる。

2-2-4 複素数表示での微分と積分——$j\omega$ の意味

いま，時間 t を含む表現として，電流を

$$\boldsymbol{I}(t)=I_{\mathrm{a}}e^{j\phi}e^{j\omega t} \tag{2-66}$$

と表してみる。

この電流 $\boldsymbol{I}(t)$ の時間微分は

$$\begin{aligned}\frac{d\boldsymbol{I}(t)}{dt}&=j\omega I_{\mathrm{a}}e^{j\phi}e^{j\omega t}\\&=j\omega\boldsymbol{I}(t)\end{aligned} \tag{2-67}$$

となり，電流 $\boldsymbol{I}(t)$ の時間微分は $j\omega\boldsymbol{I}(t)$ で表現できる。これを複素数表示の電流 $\boldsymbol{I}=I_{\mathrm{a}}e^{j\phi}$ に適用すると，電流の時間微分は $j\omega\boldsymbol{I}$ で表現できることになる。

また，式 2−66 の電流を時間 t で積分すると

$$\begin{aligned}\int\boldsymbol{I}(t)\,dt&=\frac{1}{j\omega}I_{\mathrm{a}}e^{j\phi}e^{j\omega t}\\&=\frac{1}{j\omega}\boldsymbol{I}(t)\end{aligned} \tag{2-68}$$

となり，電流 $\boldsymbol{I}(t)$ の時間積分は $\dfrac{1}{j\omega}\boldsymbol{I}(t)$ で表現できる。これを複素数表示の電流 $\boldsymbol{I}=I_{\mathrm{a}}e^{j\phi}$ に適用すると，電流の時間積分は $\dfrac{1}{j\omega}\boldsymbol{I}$ で表現できることになる。

これらの結果から，複素数表示においては，**時間微分は $j\omega$ を掛ける**ことで，**時間積分は $j\omega$ で割る**ことで，実現できることがわかる。これは，三角関数の微分や積分では sin 関数と cos 関数が交互に交換して現れるのとは異なっている。正弦波を複素数表示で表現することにより，$j\omega$ の掛け算や割り算で微分や積分が実行できる便利さが得られる。

また，複素数表示の電流の時間微分は $j\omega$ を掛けることにより求められるが，j が乗数に含まれているので，電流を時間微分した量の偏角はもとの電流の偏角より $\dfrac{\pi}{2}$ だけ増す。このことは，$\sin(\omega t+\theta)$ を時間 t で微分すると

$$\begin{aligned}\frac{d}{dt}\sin(\omega t+\theta)&=\omega\cos(\omega t+\theta)\\&=\omega\sin\left(\omega t+\theta+\frac{\pi}{2}\right)\end{aligned} \tag{2-69}$$

となり，**微分することで振幅が ω 倍され，位相が $\frac{\pi}{2}$ だけ進む**ことに対応する。

同様に，複素数表示の電流の時間積分は $j\omega$ で割ることにより求められるが，j が除数に含まれているので，電流を時間積分した量の偏角はもとの電流の偏角より $\frac{\pi}{2}$ だけ遅れる。このことは，$\sin(\omega t+\theta)$ を時間 t で積分すると

$$\int \sin(\omega t+\theta)\,dt = -\frac{1}{\omega}\cos(\omega t+\theta)$$

$$= \frac{1}{\omega}\sin\left(\omega t+\theta-\frac{\pi}{2}\right) \qquad (2\text{-}70)$$

となり，**振幅が $\frac{1}{\omega}$ 倍になり，位相が $\frac{\pi}{2}$ 遅れる**ことに対応している。

2-2 ドリル問題

問題 1———複素数 $3+j3\sqrt{3}$ の絶対値と偏角を求めよ。

問題 2———複素数 $20\,e^{j\frac{-\pi}{6}}$ の実部と虚部を求めよ。

問題 3———$5-j2$ の共役複素数を求めよ。

問題 4———$3\,e^{j\frac{\pi}{3}}$ の共役複素数を求めよ。

問題 5———$\boldsymbol{Z}_1=1+j5$，$\boldsymbol{Z}_2=2-j3$ のとき，積 $\boldsymbol{Z}_1\boldsymbol{Z}_2$ および商 $\frac{\boldsymbol{Z}_1}{\boldsymbol{Z}_2}$ を求めよ。

問題 6———$\boldsymbol{Z}_1=6\,e^{j\frac{\pi}{4}}$，$\boldsymbol{Z}_2=2e^{-j\frac{\pi}{3}}$ のとき，積 $\boldsymbol{Z}_1\boldsymbol{Z}_2$ および商 $\frac{\boldsymbol{Z}_1}{\boldsymbol{Z}_2}$ を求めよ。

問題 7———時刻 t における電圧 $v(t)$ [V] が $v(t)=30\sin\left(200\,t+\frac{\pi}{4}\right)$ で表されるとき，電圧を複素数表示で求めよ。

問題 8———時刻 t における電流 $i(t)$ [A] が $i(t)=10\sin\left(4000\,t-\frac{\pi}{6}\right)$ で表されるとき，電流を複素数表示で求めよ。

問題 9———角周波数 200 rad/s の正弦波電圧が複素数表示で $\boldsymbol{V}=20\,e^{j\frac{\pi}{3}}$ V と表示されるとき，時刻 t における電圧 $v(t)$ [V] を求めよ。

問題 10———周波数 200 Hz の正弦波電流が複素数表示で $\boldsymbol{I}=40\,e^{j\frac{\pi}{12}}$ A と表示されるとき，時刻 t における電流 $i(t)$ [A] を求めよ。

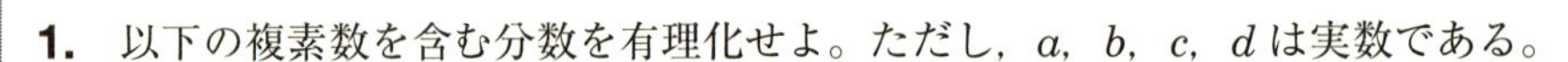

2-2 演習問題

1. 以下の複素数を含む分数を有理化せよ。ただし，a，b，c，d は実数である。

(1) $\dfrac{a+jb}{c+jd}$　(2) $\dfrac{7a-j5b}{a-jb}$

(3) $\dfrac{10+j12}{3-j11}$　(4) $\dfrac{5-j2}{8+j5}$

2. 以下の複素数に関する設問に答えよ。ただし，r は複素数の絶対値，θ は複素数の偏角である。また a，b は実数である。

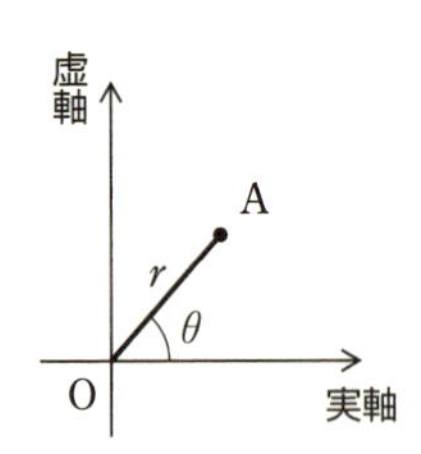

(1) $r=10$，$\theta=\dfrac{\pi}{6}$ のとき，A 点を $\boldsymbol{A}=a+jb$ の形式で表せ。

(2) $r=4$，$\theta=\dfrac{7}{4}\pi$ のとき，A 点を $\boldsymbol{A}=a+jb$ の形式で表せ。

(3) A 点が $\boldsymbol{A}=1+j2$ で表されるとき，r と θ を求めよ。

(4) A 点が $\boldsymbol{A}=5-j7$ で表されるとき，r と θ を求めよ。

3. 以下の複素数に対して，それぞれ演算を行え。

$\boldsymbol{A}=2-j2\sqrt{3}$　$\boldsymbol{B}=\sqrt{2}+j\sqrt{2}$

(1) $\boldsymbol{A}+\boldsymbol{B}$　(2) $\boldsymbol{AB}$　(3) $\dfrac{\boldsymbol{A}}{\boldsymbol{B}}$　(4) $\overline{\boldsymbol{A}}\boldsymbol{B}$

4. 以下の複素数に対して，それぞれ演算を行え。

$\boldsymbol{C}=20\,e^{j\frac{\pi}{6}}$　$\boldsymbol{D}=40\,e^{j\frac{\pi}{6}}$

(1) $\boldsymbol{CD}$　(2) $\overline{\boldsymbol{C}}\boldsymbol{D}$　(3) $\dfrac{\boldsymbol{C}}{\boldsymbol{D}}$　(4) $\dfrac{\overline{\boldsymbol{C}}}{\boldsymbol{D}}$

5. **3**～**4** の複素数 $\boldsymbol{A}, \boldsymbol{B}, \boldsymbol{C}, \boldsymbol{D}$ に対して，それぞれ演算を行え。

(1) $\boldsymbol{A}+\boldsymbol{C}$　(2) $\boldsymbol{BD}$　(3) $\dfrac{\boldsymbol{B}}{\boldsymbol{C}}$　(4) $\dfrac{\boldsymbol{A}}{\boldsymbol{D}}$

2-3 フェーザ表示とインピーダンス

本節では，複素数表示された電圧，電流に対する回路素子の特性(インピーダンス)について学ぶ。

2-3-1 フェーザ表示

前節で正弦波電圧や電流が，複素数表示では電圧や電流の実効値と初期位相で表示できることがわかった。

実効値 V_a [V]，初期位相 θ [rad] の電圧 $\boldsymbol{V}$ [V] は，複素数表示で

$$\boldsymbol{V} = V_a e^{j\theta} \qquad (2\text{-}64 再掲)$$

と表せる。この表現はさらに指数関数での表現をやめて，実効値と初期位相のみを表示して

$$\boldsymbol{V} = V_a \angle \theta \qquad (2\text{-}71)$$

(ブイエーカクドシータ)

と表せる。これを**電圧のフェーザ(phasor)表示**あるいは**電圧フェーザ**という。図 2-19 に複素平面上に表示した複素数表示の電圧と電圧フェーザを示す。

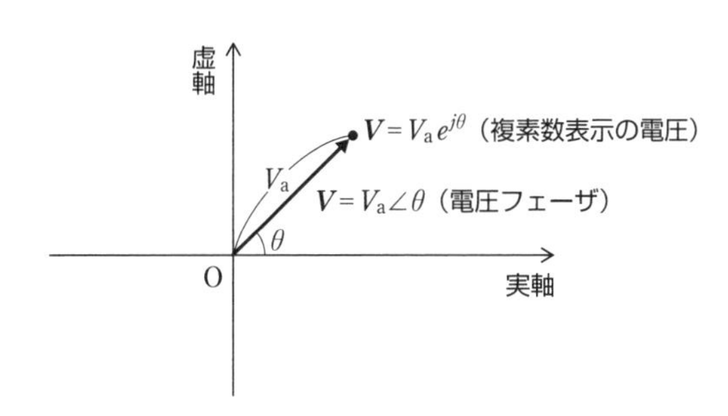

図 2-19　電圧の複素数表示とフェーザ表示の関係

同様に，複素数表示の電流 $\boldsymbol{I}$ [A] は，実効値を I_a [A]，初期位相を ϕ [rad] とすると

$$\boldsymbol{I} = I_a e^{j\phi} \qquad (2\text{-}65 再掲)$$

と表せるので，**電流フェーザ**は

$$\boldsymbol{I} = I_a \angle \phi \qquad (2\text{-}72)$$

と表される。

2-3-2 回路素子のインピーダンス

複素数表示された電圧と電流を用いて，抵抗，インダクタ，キャパシタの各素子の電圧と電流の関係をみてみよう。

抵抗

抵抗(R [Ω])の場合，電圧 $v(t)$ [V] と電流 $i(t)$ [A] の関係は

$$v(t) = R\,i(t) \quad \text{(2-8 再掲)}$$

である。これを複素数表示すると

$$\boldsymbol{V} = R\boldsymbol{I} \quad (2\text{-}73)$$

と表せる。フェーザ表示の電圧 $\boldsymbol{V} = V_a \angle \theta$, 電流 $\boldsymbol{I} = I_a \angle \phi$ の諸量の関係は

$$V_a = RI_a \quad (2\text{-}74)$$

$$\theta = \phi \quad (2\text{-}75)$$

である。

複素数表示の電圧と電流の比を**インピーダンス**(impedance)といい

$$\boldsymbol{Z} = \frac{\boldsymbol{V}}{\boldsymbol{I}} \quad (2\text{-}76)$$

と表す。**抵抗のインピーダンス**は

$$\boldsymbol{Z} = R \quad (2\text{-}77)$$

となり，正の実数である。

インダクタ

インダクタ(インダクタンス L [H])では

$$v(t) = L\frac{di(t)}{dt} \quad \text{(2-11 再掲)}$$

であるから，複素数表示では

$$\boldsymbol{V} = j\omega L\boldsymbol{I} \quad (2\text{-}78)$$

と表せる。フェーザ表示での諸量の関係は

$$V_a = \omega L I_a \quad (2\text{-}79)$$

電圧の初期位相

$$\theta = \phi + \frac{\pi}{2} \quad (2\text{-}80)$$

電流の初期位相　進み位相

となる。**インダクタのインピーダンス**は

$$\boldsymbol{Z} = \frac{\boldsymbol{V}}{\boldsymbol{I}} = j\omega L \quad (2\text{-}81)$$

である。このインピーダンスは純虚数で，虚部は正である。インピーダンスの大きさ(絶対値)は ωL [Ω] である。インピーダンスの偏角は $\frac{\pi}{2}$ であり，これは式 2-80 のように，電圧の位相 θ が電流の位相 ϕ より $\frac{\pi}{2}$ (=90°)進んでいることを示している。

キャパシタ

キャパシタ(キャパシタンス C [F])では

$$v(t) = \frac{1}{C}\int i(t)\,dt \quad \text{(2-13 再掲)}$$

であるので，複素数表示では

$$\boldsymbol{V} = \frac{1}{j\omega C}\boldsymbol{I} \quad (2\text{-}82)$$

と表せる。フェーザ表示での諸量の関係は

$$V_a = \frac{1}{\omega C} I_a \tag{2-83}$$

$$\theta = \phi - \frac{\pi}{2} \tag{2-84}$$

となる。**キャパシタのインピーダンス**は

$$\boldsymbol{Z} = \frac{\boldsymbol{V}}{\boldsymbol{I}} = \frac{1}{j\omega C} \tag{2-85}$$

である。このインピーダンスは純虚数で，虚部は負である。インピーダンスの大きさ(絶対値)は $\frac{1}{\omega C}$ [Ω] である。インピーダンスの偏角は $-\frac{\pi}{2}$ であり，これは式 2-84 のように，電圧の位相 θ が電流の位相 ϕ より $\frac{\pi}{2}$ $(=90°)$ 遅れていることを示している。

まとめ

三つの素子(抵抗，インダクタ，キャパシタ)にかかる電圧と流れる電流は，複素数表示では同じ形式

$$\boldsymbol{Z} = \frac{\boldsymbol{V}}{\boldsymbol{I}} \tag{2-86}$$

で表せる。ここで，$\boldsymbol{Z}$ [Ω] を**インピーダンス**[1] (impedance)といい

抵抗のインピーダンスは	$\boldsymbol{Z} = R$	(実数：正)
インダクタのインピーダンスは	$\boldsymbol{Z} = j\omega L$	(純虚数：虚部は正)
キャパシタのインピーダンスは	$\boldsymbol{Z} = \frac{1}{j\omega C}$	(純虚数：虚部は負)

である。

1. インピーダンス
複素インピーダンス(complex impedance)ともいう。本書ではインピーダンスとよぶ。

例題

周波数 200 Hz の交流におけるインピーダンス $\boldsymbol{Z}$ [Ω] を求めよ。

(1)　50 Ω の抵抗　　　(2)　30 mH のインダクタ

(3)　40 μF のキャパシタ

●略解——解答例

角周波数 $\omega = 2\pi f = 400\pi$ rad/s である。

(1)　抵抗のインピーダンスは周波数によらないので

$\boldsymbol{Z} = 50\ \Omega$　(答)

(2)　インダクタのインピーダンスは

$\boldsymbol{Z} = j\omega L = j400\pi \times 0.03 = j12\pi = j37.7\ \Omega$　(答)

(3)　キャパシタのインピーダンスは

$$\boldsymbol{Z} = \frac{1}{j\omega C} = \frac{1}{j \times 400\pi \times 0.000040} = \frac{1}{j0.016\pi} = \frac{1}{j0.0503}$$

$= -j19.9\ \Omega$　(答)

2-3-3 回路素子のアドミタンス

式 2-76 に示した複素数表示の電圧と電流の関係を逆にして

$$\boldsymbol{Y}=\frac{1}{\boldsymbol{Z}}=\frac{\boldsymbol{I}}{\boldsymbol{V}} \tag{2-87}$$

と表すこともできる。このときの $\boldsymbol{Y}$ [S] を**アドミタンス**(admittance)といい，インピーダンス $\boldsymbol{Z}$ [Ω] の逆数であり

2. G
このGは，式 2-10 のコンダクタンスである。

抵抗のアドミタンスは　$\boldsymbol{Y}=\dfrac{1}{R}(=G)$[2]　(実数：正)

インダクタのアドミタンスは　$\boldsymbol{Y}=\dfrac{1}{j\omega L}$　(純虚数：虚部は負)

キャパシタのアドミタンスは　$\boldsymbol{Y}=j\omega C$　(純虚数：虚部は正)

である。

例題

周波数 500 Hz の交流におけるアドミタンス $\boldsymbol{Y}$ [S] を求めよ。

(1)　20 Ω の抵抗　　(2)　40 mH のインダクタ

(3)　5 μF のキャパシタ

●略解──解答例

角周波数 $\omega=2\pi f=1000\pi$ rad/s である。

(1)　抵抗のアドミタンスは $\boldsymbol{Y}=0.05$ S　(答)

(2)　インダクタのアドミタンスは

$$\boldsymbol{Y}=\frac{1}{j\omega L}=\frac{1}{j1000\pi\times0.04}=\frac{1}{j40\pi}=-j0.00796\ \text{S} \quad (答)$$

(3)　キャパシタのアドミタンスは

$$\boldsymbol{Y}=j\omega C=j\times1000\pi\times0.000005=j0.005\pi=j0.0157\ \text{S} \quad (答)$$

2-3-4 回路素子の直列接続と並列接続

電気回路は，回路素子を直列や並列に接続して構成する。

直列接続

直列接続は，図 2-20 に示すように素子を接続するもので，二つの素子を流れる電流は同じであり，全体にかかる電圧はそれぞれの素子にかかる電圧の和になる。

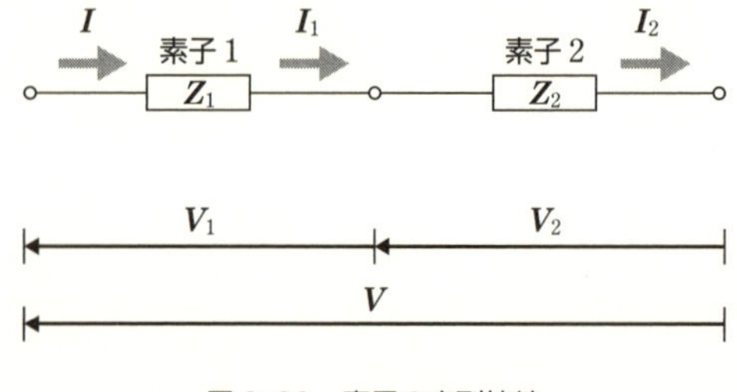

図 2-20　素子の直列接続

$$\boldsymbol{V} = \boldsymbol{V}_1 + \boldsymbol{V}_2 \tag{2-88}$$

$$\boldsymbol{I} = \boldsymbol{I}_1 = \boldsymbol{I}_2 \tag{2-89}$$

個々の素子のインピーダンスを $\boldsymbol{Z}_1, \boldsymbol{Z}_2$ [Ω] とすると

$$\boldsymbol{V}_1 = \boldsymbol{Z}_1\boldsymbol{I}_1 \tag{2-90}$$

$$\boldsymbol{V}_2 = \boldsymbol{Z}_2\boldsymbol{I}_2 \tag{2-91}$$

なので，全体では

$$\boldsymbol{V} = \boldsymbol{Z}_1\boldsymbol{I} + \boldsymbol{Z}_2\boldsymbol{I} = (\boldsymbol{Z}_1 + \boldsymbol{Z}_2)\boldsymbol{I} = \boldsymbol{Z}\boldsymbol{I} \tag{2-92}$$

$$\boldsymbol{Z} = \boldsymbol{Z}_1 + \boldsymbol{Z}_2 \tag{2-93}$$

となる。$\boldsymbol{Z}$ [Ω] を**合成インピーダンス**(または**等価インピーダンス**：equivalent impedance)という。また，式 2−93 の関係をアドミタンス $\boldsymbol{Y}$ [S] で表現すると

$$\boldsymbol{Y} = \frac{1}{\boldsymbol{Z}} = \frac{1}{\boldsymbol{Z}_1 + \boldsymbol{Z}_2} = \frac{1}{\dfrac{1}{\boldsymbol{Y}_1} + \dfrac{1}{\boldsymbol{Y}_2}} \tag{2-94}$$

となる。ここで，$\boldsymbol{Y}_1 = \dfrac{1}{\boldsymbol{Z}_1}$，$\boldsymbol{Y}_2 = \dfrac{1}{\boldsymbol{Z}_2}$ である。

直列接続では，インピーダンスは加算して求まる。

並列接続

並列接続は，図 2−21 に示すように素子を接続するもので，二つの素子にかかる電圧は同じであり，全体を流れる電流はそれぞれの素子を流れる電流の和になる。

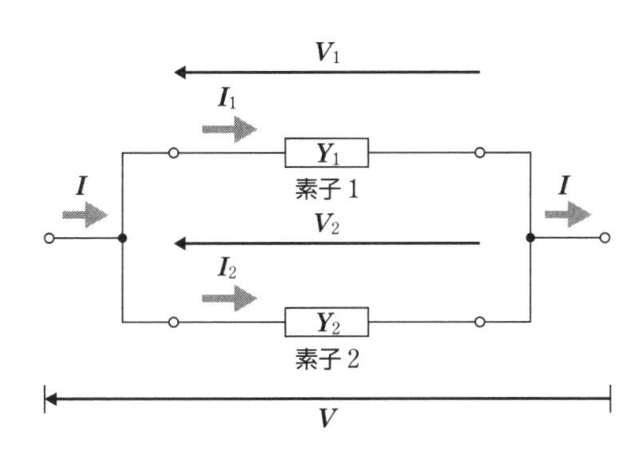

図 2-21　素子の並列接続

$$\boldsymbol{V} = \boldsymbol{V}_1 = \boldsymbol{V}_2 \tag{2-95}$$

$$\boldsymbol{I} = \boldsymbol{I}_1 + \boldsymbol{I}_2 \tag{2-96}$$

である。個々の素子のアドミタンスを $\boldsymbol{Y}_1$，$\boldsymbol{Y}_2$ [S] とすると

$$\boldsymbol{I}_1 = \boldsymbol{Y}_1\boldsymbol{V}_1 \tag{2-97}$$

$$\boldsymbol{I}_2 = \boldsymbol{Y}_2\boldsymbol{V}_2 \tag{2-98}$$

であるので，全体での電圧と電流の関係は

$$\boldsymbol{I} = \boldsymbol{Y}_1\boldsymbol{V} + \boldsymbol{Y}_2\boldsymbol{V} = \boldsymbol{Y}\boldsymbol{V} \tag{2-99}$$

$$\boldsymbol{Y} = \boldsymbol{Y}_1 + \boldsymbol{Y}_2 \tag{2-100}$$

となる。$\boldsymbol{Y}$ [S] を**合成アドミタンス**(または**等価アドミタンス**：equivalent admitance)という。なお，これをインピーダンス $\boldsymbol{Z}$ [Ω] で表現すると

$$\boldsymbol{Z}=\frac{1}{\boldsymbol{Y}}=\frac{1}{\boldsymbol{Y}_1+\boldsymbol{Y}_2}=\frac{1}{\dfrac{1}{\boldsymbol{Z}_1}+\dfrac{1}{\boldsymbol{Z}_2}} \tag{2-101}$$

となる。ここで，$\boldsymbol{Z}_1=\dfrac{1}{\boldsymbol{Y}_1}$，$\boldsymbol{Z}_2=\dfrac{1}{\boldsymbol{Y}_2}$ である。

並列接続では，アドミタンスは加算して求まる。

例題

周波数 3 kHz の交流に対する次の回路のインピーダンスの大きさと偏角を求めよ。

(1)　40 Ω の抵抗と 0.5 mH のインダクタの直列回路

(2)　20 Ω の抵抗と 4 μF のキャパシタの並列回路

●略解——解答例

角周波数は $\omega=2\pi f=6000\pi$ rad/s であるので

(1)　回路のインピーダンスは

$$R+j\omega L=40+j6000\pi\times0.0005=40+j3\pi$$
$$=40+j9.42\ \Omega$$

インピーダンスの大きさ(絶対値)は

$\sqrt{40^2+9.42^2}=41.1\ \Omega$　(答)

インピーダンスの偏角は[3]

$\tan^{-1}\left(\dfrac{9.42}{40}\right)=0.231\ \text{rad}=13.2°$　(答)

(2)　回路のインピーダンスは

$$\frac{1}{\dfrac{1}{R}+j\omega C}=\frac{1}{0.05+j0.024\pi}=\frac{1}{0.05+j0.0754}$$
$$=6.11-j9.21\ \Omega,$$

インピーダンスの大きさ(絶対値)は

$\sqrt{6.11^2+9.21^2}=11.1\ \Omega$　(答)

インピーダンスの偏角は

$\tan^{-1}\left(\dfrac{-9.21}{6.11}\right)=-0.985\ \text{rad}=-56.4°$　(答)

3. $\tan^{-1}$
アークタンジェントについては，2-2-1 項を参照。

回路のインピーダンスとアドミタンス

図 2-22 に，素子(抵抗，インダクタ，キャパシタ)を接続して構成した回路から一組の端子対(2 個の端子の組)を取り出したところを示す。この端子間の電圧を $\boldsymbol{V}$ [V]，端子を流れる電流を $\boldsymbol{I}$ [A] として，その比 $\boldsymbol{Z}$ [Ω] を

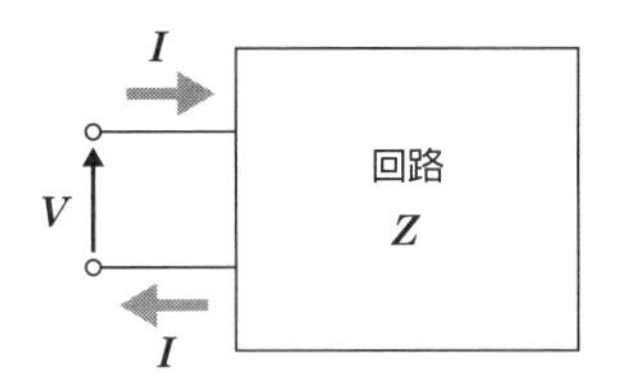

図 2-22　回路のインピーダンス

$$\boldsymbol{Z} = \frac{\boldsymbol{V}}{\boldsymbol{I}} \tag{2-102}$$

として定義する。これを，この**端子対から見た回路のインピーダンス**という。

$\boldsymbol{Z}$ は複素数であるから

$$\boldsymbol{Z} = R + jX \tag{2-103}$$

とおける。ここで，インピーダンスの実部 R を**抵抗成分**，虚部 X を**リアクタンス**（**成分**）という。抵抗成分はゼロか正の量であるが，リアクタンスは正にも負にもなる量である。インダクタ（誘導素子）のリアクタンスは正であることから，回路のリアクタンスが正であるとき，その回路を**誘導性の回路**(ゆうどうせい)（inductive circuit）という。キャパシタ（容量素子）のリアクタンスが負であることから，回路のリアクタンスが負であるとき，その回路を**容量性の回路**(ようりょうせい)（capacitive circuit）という。

端子対から見た回路のアドミタンス $\boldsymbol{Y}$［S］は

$$\boldsymbol{Y} = \frac{1}{\boldsymbol{Z}} = \frac{\boldsymbol{I}}{\boldsymbol{V}} \tag{2-104}$$

と求まる。$\boldsymbol{Y}$ は複素数であるから

$$\boldsymbol{Y} = G + jB \tag{2-105}$$

とおける。ここで，アドミタンスの実部 G を**コンダクタンス**（**成分**），虚部 B を**サセプタンス**（susceptance）（**成分**）という。アドミタンスはインピーダンスの逆数であるので，コンダクタンス成分は必ず負でない量であるが，サセプタンスは正にも負にもなる量である。

回路解析の基本　前項で述べたように，回路は端子対から見たインピーダンス $\boldsymbol{Z}$ あるいはアドミタンス $\boldsymbol{Y}$ によって表すことができる。したがって，回路に電源を接続したときは，図 2-23

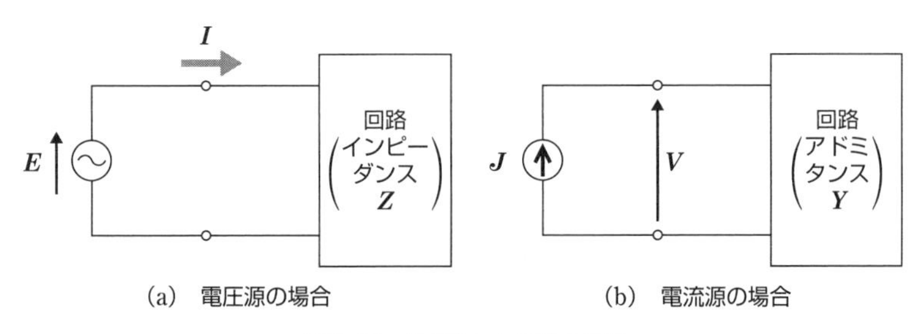

(a)　電圧源の場合　　(b)　電流源の場合

図 2-23　単純化した回路の解析

に示すような形に単純化して解析できる。

図 2-23(a)に示したような電圧源を回路に接続したとき，電源から流れる電流 $\boldsymbol{I}$ [A] をまず求める。電源電圧を $\boldsymbol{E}=E_\mathrm{a}e^{j\theta}$ [V]，回路のインピーダンスを $\boldsymbol{Z}=|\boldsymbol{Z}|e^{j\alpha}$ [Ω] とすれば

$$\boldsymbol{I}=\frac{\boldsymbol{E}}{\boldsymbol{Z}}=\frac{E_\mathrm{a}}{|\boldsymbol{Z}|}e^{j(\theta-\alpha)} \qquad (2\text{-}106)$$

となる。電流の大きさは $|\boldsymbol{I}|=\dfrac{E_\mathrm{a}}{|\boldsymbol{Z}|}$ [A] である。電流の位相は電源電圧の位相に比べてインピーダンスの偏角 α [rad] だけ遅れることになる。

図 2-23(b)に示した電流源を回路に接続したときには，電源にかかる電圧 $\boldsymbol{V}$ [V] をまず求める。電源電流を $\boldsymbol{J}=J_\mathrm{a}e^{j\phi}$ [A]，回路のアドミタンスを $\boldsymbol{Y}=|\boldsymbol{Y}|e^{j\beta}$ [S] とすれば

$$\boldsymbol{V}=\frac{\boldsymbol{J}}{\boldsymbol{Y}}=\frac{J_\mathrm{a}}{|\boldsymbol{Y}|}e^{j(\phi-\beta)} \qquad (2\text{-}107)$$

となる。電圧の大きさは $|\boldsymbol{V}|=\dfrac{J_\mathrm{a}}{|\boldsymbol{Y}|}$ [V] である。電圧の位相は電源電流の位相に比べてアドミタンスの偏角 β [rad] だけ遅れることになる。

2-3 ドリル問題

問題 1———複素数表示で $\boldsymbol{I}=8+j8\sqrt{3}$ A の正弦波電流を，フェーザ表示で表せ。

問題 2———200 Hz の正弦波交流における 50 Ω の抵抗のインピーダンスおよびアドミタンスを求めよ。

問題 3———200 Hz の正弦波交流における 500 mH のインダクタのインピーダンスおよびアドミタンスを求めよ。

問題 4———50 Hz の正弦波交流における 20 μF のキャパシタのインピーダンスおよびアドミタンスを求めよ。

問題 5———200 Ω の抵抗と 5 mH のインダクタの直列回路で，5 kHz でのインピーダンスを求めよ。

問題 6———400 Ω の抵抗と 3 μF のキャパシタの直列回路で，500 Hz でのインピーダンスを求めよ。

問題 7———インピーダンス $\boldsymbol{Z}_1=2+j3$ Ω と $\boldsymbol{Z}_2=5-j2$ Ω とを直列接続した回路のインピーダンスを求めよ。

問題 8———アドミタンス $\boldsymbol{Y}_1=3+j4$ S と $\boldsymbol{Y}_2=4-j3$ S とを直列接続した回路のインピーダンスを求めよ。

問題 9———インピーダンス $\boldsymbol{Z}_1=4+j6$ Ω と $\boldsymbol{Z}_2=3-j2$ Ω を並列接続した回路のインピーダンスを求めよ。

問題 10———アドミタンス $\boldsymbol{Y}_1=1-j3$ S と $\boldsymbol{Y}_2=6+j2$ S とが並列接続した回路のインピーダンスを求めよ。

2-3 演習問題

1. 以下の設問に答えよ。

(1) 電圧 $e(t)=10\sqrt{2}\sin\left(100\pi t+\dfrac{\pi}{6}\right)$ [V] の電圧フェーザを求めよ。

(2) 電流 $i(t)=5\sqrt{2}\sin\left(120\pi t+\dfrac{\pi}{4}\right)$ [A] の電流フェーザを求めよ。

2. 図の回路において，$e(t)=10\sqrt{2}\sin 120\pi t$ [V] の電源と $R=10\ \Omega$，$L=500$ mH，$C=20\ \mu$F の各素子が直列に接続されている。

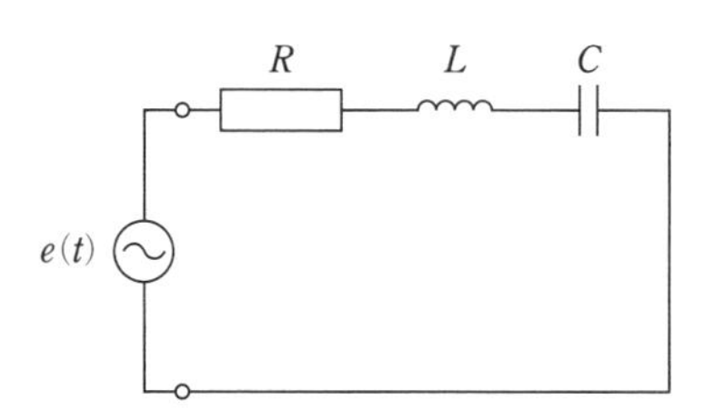

(1) 電源電圧の実効値，周波数を求めよ。

(2) 抵抗，インダクタ，キャパシタのインピーダンス $\boldsymbol{Z}_R$, $\boldsymbol{Z}_L$, $\boldsymbol{Z}_C$ [Ω] を求めよ。

(3) 抵抗，インダクタ，キャパシタのアドミタンス $\boldsymbol{Y}_R$, $\boldsymbol{Y}_L$, $\boldsymbol{Y}_C$ [S] を求めよ。

3. 以下の回路のインピーダンスを求めよ。ただし周波数は 50 Hz とする。

(1) $R=10$ kΩ　$L=100$ μH

(2)

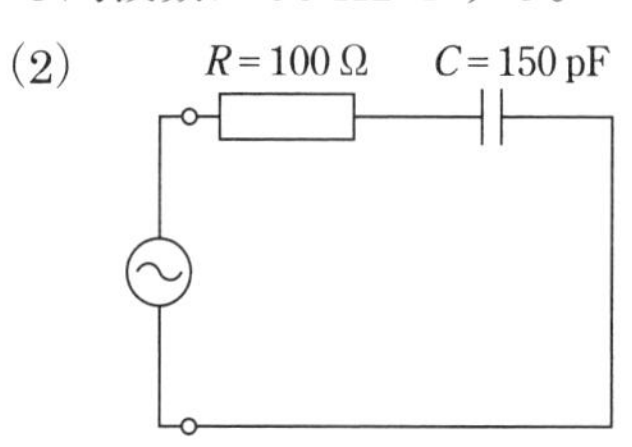

4. 以下の回路の合成インピーダンスを求めよ。ただし周波数は 50Hz とする。

(1)

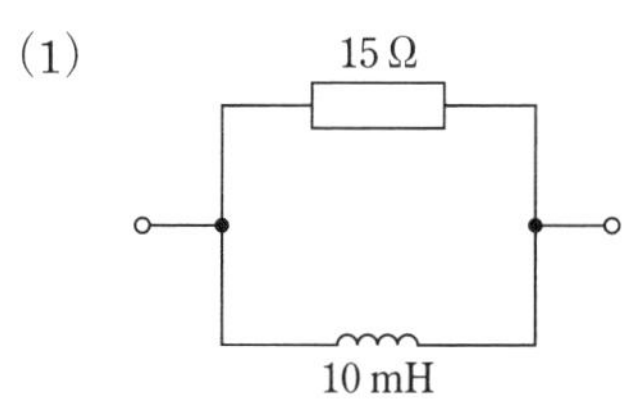

(2)

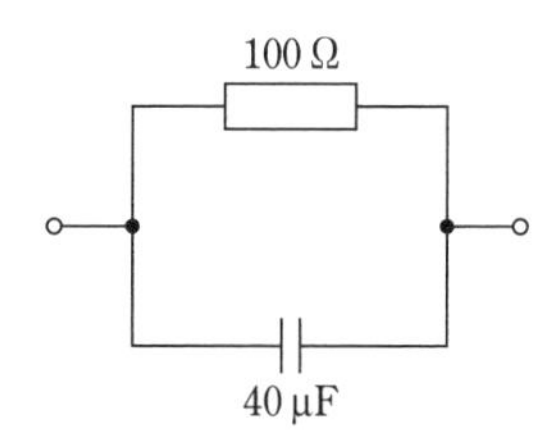

5. ある回路の電圧 $v(t)$ [V] および電流 $i(t)$ [A] が $v(t)=100\sqrt{2}\sin\left(120\pi t+\dfrac{\pi}{4}\right)$, $i(t)=5\sqrt{2}\sin 120\pi t$ のとき，以下の設問に答えよ。

(1) 電圧と電流をそれぞれフェーザ表示 $\boldsymbol{V}$，$\boldsymbol{I}$ で表せ。

(2) インピーダンス $\boldsymbol{Z}$ を複素数表示で表せ。

(3) アドミタンス $\boldsymbol{Y}$ を複素数表示で表せ。

2-4 交流電力

交流回路における電力を，正弦波表示および複素数表示を用いて学ぶ。

2-4-1 瞬時電力

交流回路で，時刻 t [s] における電力 $p(t)$ を**瞬時電力**(instantaneous power)といい，$p(t)$ [W] は，電圧 $v(t)$ [V] と電流 $i(t)$ [A] を用いて

$$p(t) = v(t)\,i(t) \tag{2-108}$$

で与えられる。

瞬時電力は，時間とともに変わり，一定ではない。正弦波交流のとき，電圧と電流を

$$v(t) = V_{\mathrm{m}} \sin(\omega t + \theta) \tag{2-109}$$

$$i(t) = I_{\mathrm{m}} \sin(\omega t + \phi) \tag{2-110}$$

とする。ここで，V_{m} [V] は電圧の振幅，I_{m} [A] は電流の振幅，θ [rad] は電圧の初期位相，ϕ [rad] は電流の初期位相，ω [rad/s] は電圧および電流の角周波数である。このとき，瞬時電力は

$$\begin{aligned} p(t) &= V_{\mathrm{m}} I_{\mathrm{m}} \sin(\omega t + \theta) \sin(\omega t + \phi) \\ &= V_{\mathrm{m}} I_{\mathrm{m}} \frac{\cos(\theta - \phi) - \cos(2\omega t + \theta + \phi)}{2} \end{aligned} \tag{2-111}$$ (1)

1. 三角関数の積から和への変換
式 2-111 では，この変換を使っている。

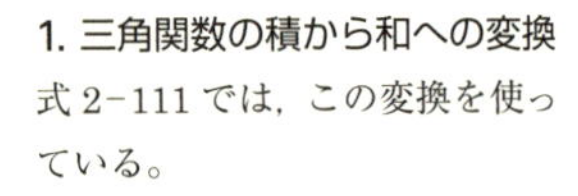

$$\sin\alpha \sin\beta = \frac{1}{2}\{\cos(\alpha - \beta) - \cos(\alpha + \beta)\}$$

となる。これらの関係を図 2-24 に示す。瞬時電力 $p(t)$ は，電流と電圧の角周波数の 2 倍で変化することがわかる。また，電圧と電流の位相差 $(\theta - \phi)$ で決まり，時間によらず一定値を示す成分が含まれる。

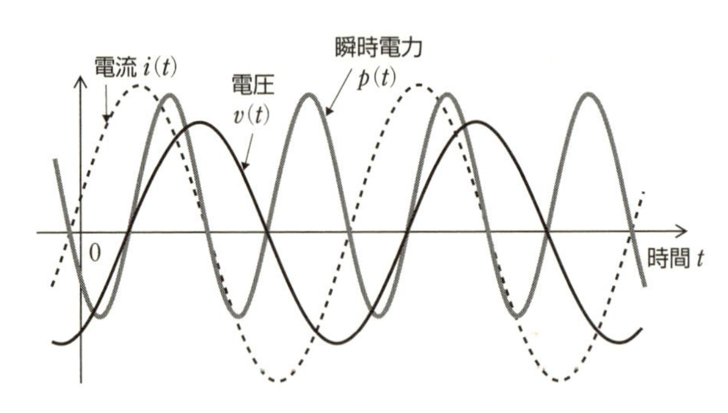

図 2-24　電圧 $v(t)$，電流 $i(t)$，瞬時電力 $p(t)$ の関係

2-4-2 正弦波交流の平均電力

瞬時電力 $p(t)$ [W] を時間平均した電力が**平均電力**(average power)である。正弦波交流での平均電力 P_{a} [W] は，電圧および電流の周期 T [s] について平均をとることで求められる。

$$P_a = \frac{1}{T}\int_0^T p(t)\,dt$$

$$= \frac{1}{T}\int_0^T v(t)\,i(t)\,dt \qquad (2\text{-}112)$$

いま，正弦波交流での電圧 $v(t)$ [V] と電流 $i(t)$ [A] を **2-4-1** 項で示したように

$$v(t) = V_m \sin(\omega t + \theta) \qquad (2\text{-}109\ 再掲)$$

$$i(t) = I_m \sin(\omega t + \phi) \qquad (2\text{-}110\ 再掲)$$

と表すと，式 2-111 を参考にして，周期 $T = \frac{2\pi}{\omega}$ [s] を用いて

$$P_a = \frac{1}{T}\int_0^T V_m I_m \sin(\omega t + \theta)\sin(\omega t + \phi)\,dt$$

$$= \frac{V_m I_m}{2T}\int_0^T \{\cos(\theta - \phi) - \cos(2\omega t + \theta + \phi)\}\,dt$$

$$= \frac{1}{2} V_m I_m \cos(\theta - \phi)$$

$$= V_a I_a \cos(\theta - \phi) \qquad (2\text{-}113)$$

と求まる。V_a と I_a は電流と電圧の実効値である。

電圧と電流の位相差 $\theta - \phi$ は $-\frac{\pi}{2}$ から $\frac{\pi}{2}$ の間であるので，$\cos(\theta - \phi)$ は 0 から 1 の間の値をとる。電圧と電流の初期位相が等しく，その差 $\theta - \phi$ が 0 のとき，平均電力は最大となる。また，位相差が $-\frac{\pi}{2}$ あるいは $\frac{\pi}{2}$ のとき，平均電力は 0 となる。

2-4-3 電力の複素数表示

複素数表示での電圧 $\boldsymbol{V}$ [V]，電流 $\boldsymbol{I}$ [A]

$$\boldsymbol{V} = V_a e^{j\theta} \qquad (2\text{-}114)$$

$$\boldsymbol{I} = I_a e^{j\phi} \qquad (2\text{-}115)$$

を用いると，平均電力 P_a [W] は次式のように求められる。

$$P_a = \mathrm{Re}(\boldsymbol{V}\bar{\boldsymbol{I}}) = \mathrm{Re}(V_a e^{j\theta} I_a e^{-j\phi})$$

$$= \mathrm{Re}(V_a I_a e^{j(\theta - \phi)})$$

$$= V_a I_a \cos(\theta - \phi) \qquad (2\text{-}116)$$

そこで，**複素電力**（complex power）$\boldsymbol{P}$ [VA（ボルトアンペア）][2] を

$$\boldsymbol{P} = \boldsymbol{V}\bar{\boldsymbol{I}} = V_a I_a e^{j(\theta - \phi)}$$

$$= V_a I_a \{\cos(\theta - \phi) + j\sin(\theta - \phi)\}$$

$$= P_a + jP_r \qquad (2\text{-}117)$$

として定義する。

複素電力の絶対値 $|\boldsymbol{P}|$ [VA] を**皮相電力**（ひそうでんりょく）（apparent power），複素電力の実部 P_a [W] を**有効電力**（active power），虚部 P_r [var（バール）] を**無効電力**

2. 複素電力の単位
複素電力の単位として，本書では VA を用いる。本文の記述のように，複素電力の実部である有効電力の単位は W，その虚部である無効電力の単位は var となる。var は volt ampere reactive の略である。

(reactive power)という。また，有効電力と皮相電力の比 $\dfrac{P_a}{|\boldsymbol{P}|}$ を**力率**(りきりつ)(power factor)という。これらの関係をまとめて，以下に示す。

$$有効電力：P_a = V_a I_a \cos(\theta - \phi) \tag{2-118}$$

$$無効電力：P_r = V_a I_a \sin(\theta - \phi) \tag{2-119}$$

$$皮相電力：|\boldsymbol{P}| = V_a I_a \tag{2-120}$$

$$力率：\frac{P_a}{|\boldsymbol{P}|} = \cos(\theta - \phi) \tag{2-121}$$

有効電力は回路で消費される実際の電力で，平均電力に等しい。皮相電力は電源から供給される最大の電力を表すものであり，力率は回路における電力の利用の割合を表す[(3)]。

3. 力率の表現

複素電力を複素平面上に描くと，下図のようになる。

図より $\cos(\theta - \phi)$ は皮相電力に対する有効電力の割合を表していることがわかる。そこで，力率を[$\cos(\theta - \phi)$]の記号を使って

$$\cos(\theta - \phi) = \frac{P_a}{|\boldsymbol{P}|}$$

と表すときがある。

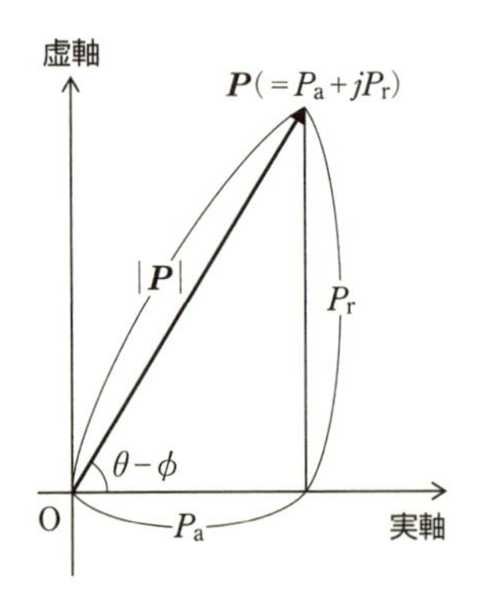

2-4-4 電気回路の素子での電力

三つの素子の電力を求めてみる。

抵抗での電力

抵抗 R [Ω] の電圧 $\boldsymbol{V}$ [V] と電流 $\boldsymbol{I}$ [A] の関係は

$$\boldsymbol{V} = R\boldsymbol{I} \tag{2-122}$$

となるので，複素電力 $\boldsymbol{P}$ [VA] は

$$\boldsymbol{P} = \boldsymbol{V}\bar{\boldsymbol{I}} = R|\boldsymbol{I}|^2 = RI_a^2 = \frac{|\boldsymbol{V}|^2}{R} = \frac{V_a^2}{R} = V_a I_a = \frac{1}{2}V_m I_m \tag{2-123}$$

となる。ここで，V_a [V] と I_a [A] は電圧と電流の実効値，V_m [V] と I_m [A] は電圧と電流の振幅である。

抵抗での複素電力は実数で有効電力のみであり，無効電力は 0，力率は 1 である。

インダクタでの電力

L [H] のインダクタでは

$$\boldsymbol{V} = j\omega L\boldsymbol{I} \tag{2-124}$$

から，複素電力は次式となり，純虚数である。

$$\boldsymbol{P} = j\omega L\boldsymbol{I}\bar{\boldsymbol{I}} = j\omega L|\boldsymbol{I}|^2 = j\omega L I_a^2 \tag{2-125}$$

したがって，複素電力の実数部である有効電力(平均電力)は 0 であり，力率は 0 である。無効電力のみで電力を消費しない。

キャパシタでの電力

C [F] のキャパシタでは

$$\boldsymbol{V} = \frac{1}{j\omega C}\boldsymbol{I} \tag{2-126}$$

から，複素電力は次式となり，純虚数である。

$$\boldsymbol{P} = \frac{1}{j\omega C}\boldsymbol{I}\bar{\boldsymbol{I}} = \frac{1}{j\omega C}|\boldsymbol{I}|^2 = -j\frac{1}{\omega C}I_a^2 \tag{2-127}$$

したがって，複素電力の実数部である有効電力(平均電力)は 0 であり，

力率は0である。無効電力のみで電力を消費しない。

インピーダンスと電力の関係

図2−25に示すように，インピーダンス $\boldsymbol{Z}=R+jX$ [Ω] の回路に電圧源(電圧 $\boldsymbol{E}$ [V])を接続したときを考える。

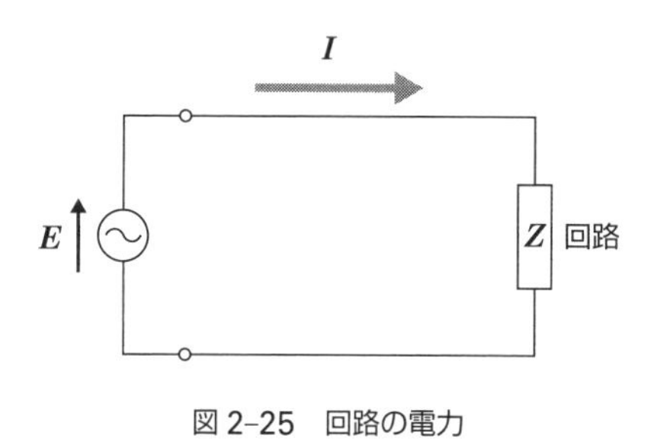

図2−25　回路の電力

インピーダンスが $\boldsymbol{Z}$ [Ω] の回路を流れる電流 $\boldsymbol{I}$ [A] は

$$\boldsymbol{I}=\frac{\boldsymbol{E}}{\boldsymbol{Z}} \qquad (2-128)$$

であるから，この回路での複素電力は

$$\begin{aligned}\boldsymbol{P}&=\boldsymbol{E}\bar{\boldsymbol{I}}=\boldsymbol{E}\overline{\left(\frac{\boldsymbol{E}}{\boldsymbol{Z}}\right)}=\frac{|\boldsymbol{E}|^2}{\bar{\boldsymbol{Z}}}=\boldsymbol{Z}\frac{|\boldsymbol{E}|^2}{|\boldsymbol{Z}|^2}\\&=\boldsymbol{Z}\boldsymbol{I}\bar{\boldsymbol{I}}=\boldsymbol{Z}|\boldsymbol{I}|^2\\&=(R+jX)|\boldsymbol{I}|^2\end{aligned} \qquad (2-129)$$

となる。皮相電力 $|\boldsymbol{P}|$ [VA]，有効電力 P_{a} [W]，無効電力 P_{r} [var] および力率 $\frac{P_{\mathrm{a}}}{|\boldsymbol{P}|}$ は

$$\text{皮相電力：}|\boldsymbol{P}|=\frac{|\boldsymbol{E}|^2}{|\boldsymbol{Z}|}=|\boldsymbol{Z}||\boldsymbol{I}|^2 \qquad (2-130)$$

$$\text{有効電力：}P_{\mathrm{a}}=R\frac{|\boldsymbol{E}|^2}{|\boldsymbol{Z}|^2}=R|\boldsymbol{I}|^2 \qquad (2-131)$$

$$\text{無効電力：}P_{\mathrm{r}}=X\frac{|\boldsymbol{E}|^2}{|\boldsymbol{Z}|^2}=X|\boldsymbol{I}|^2 \qquad (2-132)$$

$$\text{力率：}\frac{P_{\mathrm{a}}}{|\boldsymbol{P}|}=\frac{R}{|\boldsymbol{Z}|}=\cos(\arg(\boldsymbol{Z})) \qquad (2-133)$$

となる。

2-4-5 最大有効電力の供給条件

電源を回路につないで働かせるとき，この回路を**負荷**(ふか)(load)とよぶ。負荷での最大有効電力と最大となる条件を求めよう。

図2−26に示すように，内部インピーダンス $\boldsymbol{Z}_{\mathrm{i}}$ [Ω] がある電源 $\boldsymbol{E}$ [V] に負荷インピーダンス $\boldsymbol{Z}_{\mathrm{L}}$ [Ω] の回路を接続した。

電圧源の電圧を $\boldsymbol{E}$ [V]，電源の内部回路のインピーダンス $\boldsymbol{Z}_{\mathrm{i}}=R_{\mathrm{i}}+jX_{\mathrm{i}}$

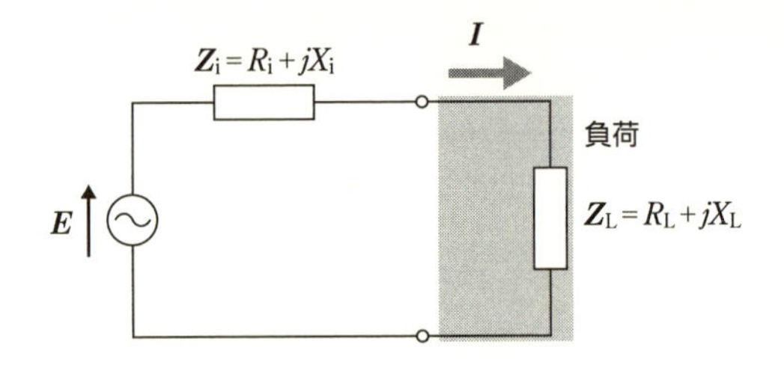

図 2-26　最大有効電力の供給条件

[Ω]，負荷の回路のインピーダンス $\boldsymbol{Z}_L = R_L + jX_L$ [Ω]，負荷を流れる電流を $\boldsymbol{I}$ [A] とすると，全体のインピーダンスは $\boldsymbol{Z}_i + \boldsymbol{Z}_L$ であるから

$$(\boldsymbol{Z}_i + \boldsymbol{Z}_L)\boldsymbol{I} = \boldsymbol{E}$$

$$\boldsymbol{I} = \frac{\boldsymbol{E}}{\boldsymbol{Z}_i + \boldsymbol{Z}_L} \qquad (2\text{-}134)$$

であり，負荷にかかる電圧は

$$\boldsymbol{V}_L = \boldsymbol{Z}_L \boldsymbol{I} = \frac{\boldsymbol{Z}_L}{\boldsymbol{Z}_i + \boldsymbol{Z}_L}\boldsymbol{E} \qquad (2\text{-}135)$$

となる。よって，負荷での複素電力 $\boldsymbol{P}$ [VA] は

$$\boldsymbol{P} = \boldsymbol{V}_L \bar{\boldsymbol{I}} = \frac{\boldsymbol{Z}_L}{\boldsymbol{Z}_i + \boldsymbol{Z}_L}\boldsymbol{E}\overline{\left(\frac{\boldsymbol{E}}{\boldsymbol{Z}_i + \boldsymbol{Z}_L}\right)}$$

$$= \frac{\boldsymbol{Z}_L}{|\boldsymbol{Z}_i + \boldsymbol{Z}_L|^2}|\boldsymbol{E}|^2$$

となる。有効電力 P_a [W] は

$$P_a = \mathrm{Re}(\boldsymbol{P})$$

$$= \frac{\mathrm{Re}(\boldsymbol{Z}_L)|\boldsymbol{E}|^2}{|\boldsymbol{Z}_i + \boldsymbol{Z}_L|^2}$$

$$= \frac{R_L}{(R_i + R_L)^2 + (X_i + X_L)^2}|\boldsymbol{E}|^2 \qquad (2\text{-}136)$$

と求まる。

P_a が最大となる条件(**負荷整合条件**)は

負荷の抵抗成分　　負荷のリアクタンス

$$R_L = R_i, \quad X_L = -X_i \qquad (2\text{-}137)$$

電源内部の抵抗成分　　電源内部のリアクタンス

で，負荷での最大電力は

$$P_a = \frac{|\boldsymbol{E}|^2}{4R_L} \qquad (2\text{-}138)$$

となる。

例題

電源電圧 100 V, 内部インピーダンス $\boldsymbol{Z}_{\mathrm{i}}=10+j20\ \Omega$ の電圧源がある。この電源から最大電力を得る負荷のインピーダンスと，最大電力を求めよ。

●略解——解答例

負荷整合条件は，電源の内部リアクタンス X_{i} と負荷リアクタンス X_{L} が相殺$(X_{\mathrm{L}}+X_{\mathrm{i}}=0)$し，電源の内部抵抗 R_{i} と負荷の抵抗 R_{L} が等しいときである。

負荷のインピーダンス　$\boldsymbol{Z}_{\mathrm{L}}=10-j20\ \Omega$　(答)

最大電力　$P=\dfrac{|\boldsymbol{E}|^2}{4R_{\mathrm{L}}}=\dfrac{100^2}{4\times10}=250\ \mathrm{W}$　(答)

を得る。

2-4 ドリル問題

問題 1———電圧 $v(t)=20\sin\left(1000t+\dfrac{\pi}{12}\right)$ [V]，電流 $i(t)=10\sin\left(1000t+\dfrac{\pi}{4}\right)$ [A] とするとき，平均電力を求めよ。

問題 2———複素電力が $\boldsymbol{P}=20-j20$ VA であるとき，有効電力，無効電力，皮相電力，力率を求めよ。

問題 3———複素電力が $\boldsymbol{P}=40+j30$ VA であるとき，有効電力と力率を求めよ。

問題 4———電圧 $\boldsymbol{V}=100$ V，電流 $\boldsymbol{I}=2e^{j\frac{\pi}{3}}$ A とするとき，複素電力を求めよ。

問題 5———電圧 $\boldsymbol{V}=50e^{-j\frac{\pi}{6}}$ V，電流 $\boldsymbol{I}=6e^{-j\frac{\pi}{3}}$ A のとき，有効電力および力率を求めよ。

問題 6———50 Ω の抵抗に交流電圧 $\boldsymbol{V}=100$ V を印加(いんか)したときの有効電力を求めよ。

問題 7———4 mH のインダクタに 50 kHz の交流電流 $\boldsymbol{I}=0.1$ A が流れた。複素電力を求めよ。

問題 8———0.5 μF のキャパシタに 2 kHz の交流電圧 $\boldsymbol{V}=10$ V を印加したときの複素電力を求めよ。

問題 9———負荷 $\boldsymbol{Z}=3+j4\ \Omega$ に交流電圧 $\boldsymbol{V}=50$ V を印加したときの有効電力および力率を求めよ。

問題 10———負荷 $\boldsymbol{Z}=5-j5\ \Omega$ に交流電流 $\boldsymbol{I}=30$ A を流したときの有効電力および力率を求めよ。

2-4 演習問題

1. $\boldsymbol{Z}_1=3+j4\ \Omega$，$\boldsymbol{Z}_2=4+j6\ \Omega$，$\boldsymbol{Z}_3=6-j6\ \Omega$ として，以下の回路の合成インピーダンスを求めよ。

(1)

Z_1 Z_2 Z_3

(2)

Z_2
Z_1
Z_3

2. 図 1 の回路において，$i(t)=I_m \sin\omega t$ [A] の電流が流れている。このとき，回路の瞬時電力と平均電力を求めよ。

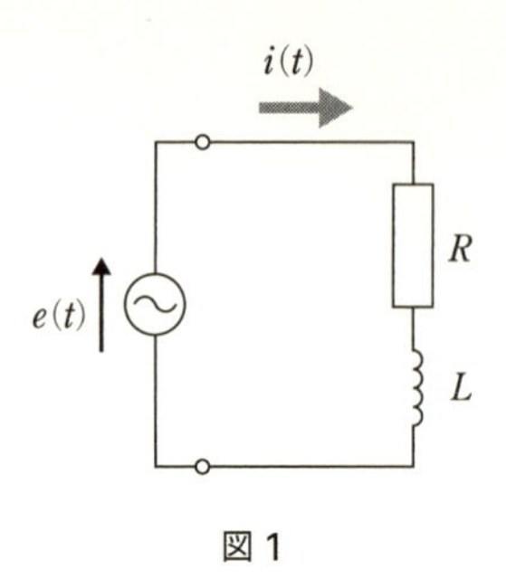

図 1

3. 図 2 の回路において $e(t)=E_m \sin\omega t$ [V] の電源が接続されている。このとき，回路の瞬時電力と平均電力を求めよ。

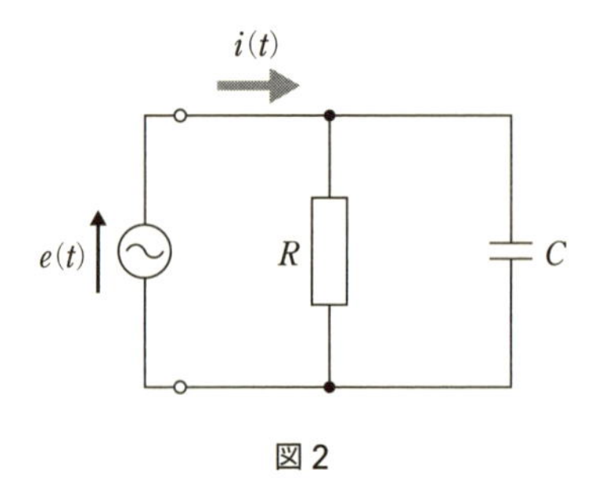

図 2

4. 図 3 の抵抗 $R=5\,\Omega$ とインダクタ $L=10$ mH の直列回路に $e(t)=100\sqrt{2}\sin 1000\,t$ [V] の電圧をかけた。

(1)　回路の合成インピーダンスを求めよ。

(2)　有効電力，無効電力，複素電力と力率を求めよ。

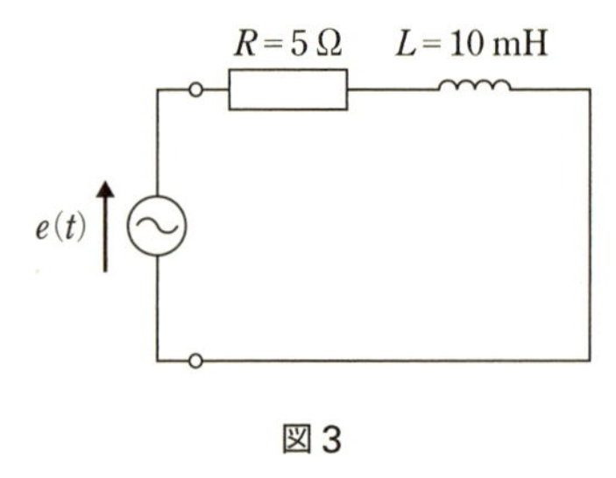

図 3

5. 図 4 の抵抗 $R=2\,\Omega$ とキャパシタ $C=0.5$ mF の並列回路に $i(t)=100\sqrt{2}\sin 1000\,t$ [A] の電流を流した。

(1)　回路の合成アドミタンスを求めよ。

(2)　有効電力，無効電力，複素電力と力率を求めよ。

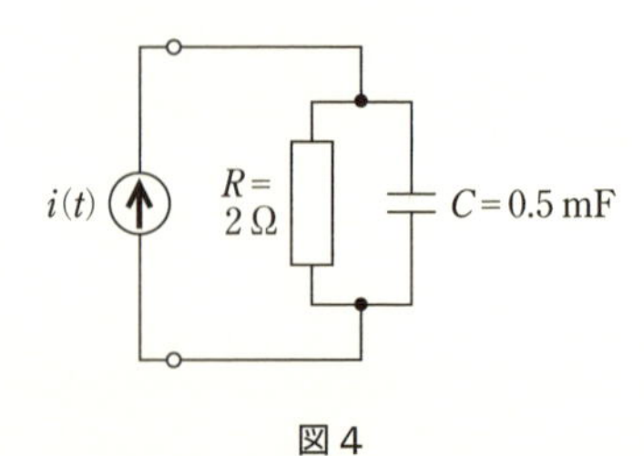

図 4

交流の複素表現

交流の解析において複素表現は非常にパワフルなツールである。

この複素表現を用いた最初の論文は 1893 年 AIEE(現在の IEEE：アメリカ電気電子学会)にケネリー（A. E. Kennelly）が発表した論文で，時を同じくして，スタインメッツ(C. P. Steinmetz)がシカゴで開催された国際電気会議で相次いで発表した。1893 年といえば，まだ，交流か直流かの大論争が行われていた時代でもある。すなわち，交流現象が理論としてあまりわかっていない時代で，発表された見慣れぬ数学手法による交流理論を当時はだれも理解できなかったといわれている。

スタインメッツがその後書いたいくつかの論文によって，ようやく広く理解されるようになり，その後の交流理論発展の大きな原動力となった。

次に交流解析で重要な出来事が対称座標法(4 章参照)の提案である。これは，1918 年の AIEE 論文として，フォルテスキュー（C. L. Fortescue）が発表したものである。これにより，交流系統，就中(なかんずく)，三相交流の解析が容易となった。

このように，現在の交流解析の基礎理論は 100 年前に確立したのである。

しかしながら，これらの手法はいかにパワフルであるとはいえ，あくまでも記号法による解析手法である。このため，単純にこれら手法を適用して，交流の電圧，電流が複素数であるとか，ベクトルであるといった間違いを起こさぬことが初学者にとって非常に重要であろう。

出典：長谷良秀著　「電力技術の実用理論 第 3 版」(丸善 2015)　丸善出版
Yoshihide Hase 「Handbook of PowerSystem Engineering with Power Electronics Application　Second ed.」（Wiley 2014）

第3章 交流回路の解析

3-1 回路解析の具体例

3-1-1 RL 直列回路

図3-1に示す抵抗RとインダクタLを直列接続した**RL 直列回路**（RL serial circuit）に電圧源をつないだときの動作を，複素数表示を用いて解析する。

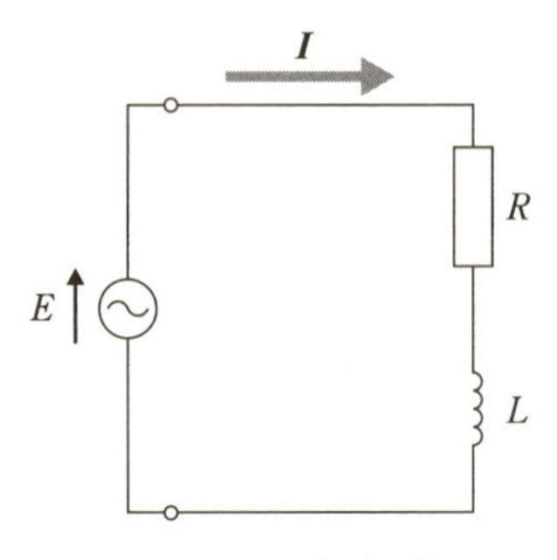

図3-1　RL 直列回路

1. 電源電圧の表示
この章では，電源電圧の実効値をE[V]，初期位相を0として扱う。このため，電源電圧$\boldsymbol{E}$は，単に実数値でEとして表示する。

電圧源の電圧(1)をE[V]，角周波数をω[rad/s]，抵抗をR[Ω]，インダクタンスをL[H]とする。抵抗のインピーダンスはR[Ω]，インダクタのインピーダンスは$j\omega L$[Ω]であるから，RL直列回路のインピーダンス$\boldsymbol{Z}$[Ω]は

$$\boldsymbol{Z}=R+j\omega L \tag{3-1}$$

となる。すると，回路を流れる電流$\boldsymbol{I}$[A]は

$$\boldsymbol{I}=\frac{E}{\boldsymbol{Z}}=\frac{E}{R+j\omega L}=\frac{E}{\sqrt{R^2+\omega^2L^2}}e^{-j\theta} \tag{3-2}$$

ただし，$\tan\theta=\dfrac{\omega L}{R}$

となる。電流の大きさは$\dfrac{E}{\sqrt{R^2+\omega^2L^2}}$であり，電流の初期位相は$-\theta$である。電源電圧の初期位相を0としているので，電流の位相は電源電圧の位相よりθだけ遅れる。

抵抗の電圧$\boldsymbol{V}_R$[V]およびインダクタの電圧$\boldsymbol{V}_L$[V]はそれぞれ

$$\boldsymbol{V}_R=R\boldsymbol{I}=\frac{RE}{R+j\omega L}=\frac{RE}{\sqrt{R^2+\omega^2L^2}}e^{-j\theta} \tag{3-3}$$

$$\boldsymbol{V}_L=j\omega L\boldsymbol{I}=\frac{j\omega LE}{R+j\omega L}=\frac{\omega LE}{\sqrt{R^2+\omega^2L^2}}e^{j\left(\frac{\pi}{2}-\theta\right)} \tag{3-4}$$ (2)

となる。

2. jの偏角
すでに**2-2-1**項の式2-55で示したように，jの絶対値は1，jの偏角は$\dfrac{\pi}{2}$であることに注意しよう。

式 3-2 からわかるように，回路を流れる電流 $\boldsymbol{I}$ は電源電圧 E より位相が θ だけ遅れる。なお，R，L，ω の値にかかわらず，この位相の遅れは $\frac{\pi}{2}$ よりは小さい。また，式 3-3 から，抵抗の電圧 $\boldsymbol{V}_R$ の位相は電流 $\boldsymbol{I}$ の位相と同じで，電源電圧 E より θ だけ遅れる。これに対し，式 3-4 から，インダクタの電圧 $\boldsymbol{V}_L$ の位相は電流 $\boldsymbol{I}$ より $\frac{\pi}{2}$ だけ進み，電源電圧 E より $\frac{\pi}{2}-\theta$ だけ進む。RL 直列回路における電圧 E，$\boldsymbol{V}_R$，$\boldsymbol{V}_L$ および電流 $\boldsymbol{I}$ の複素平面での関係を図 3-2 に示す。なお，この図では，すでに注 1 で述べたように，電源電圧の初期位相を 0 としてある。

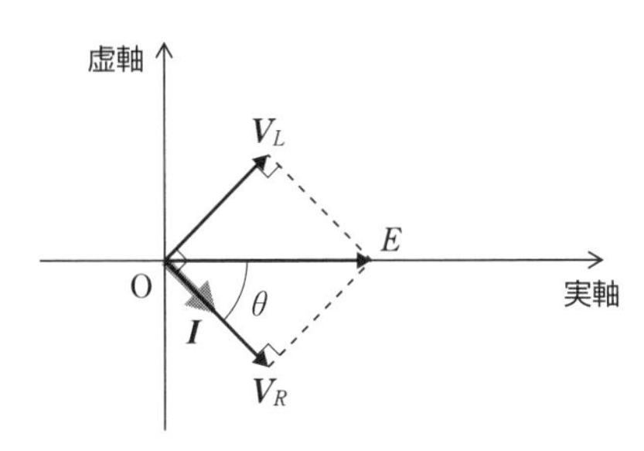

図 3-2　RL 直列回路の電圧，電流の複素平面での関係

インピーダンスの軌跡

a アドバンス

次に，角周波数 ω を 0 から∞まで変えたときのインピーダンス $\boldsymbol{Z}$ の変化を考えよう。式 3-1 における $\boldsymbol{Z}$ の実部 R は ω にかかわらずつねに一定の大きさで，正である。$\boldsymbol{Z}$ の虚部 ωL は，$\omega=0$ では 0 であり，ω が増加すると増加し，$\omega\to\infty$ では無限大となる。したがって，ω を変化させたときの複素平面での $\boldsymbol{Z}$ の軌跡は，図 3-3 に示すように，実軸上の点 R から始まり虚部が正の虚軸に平行な半直線となる。

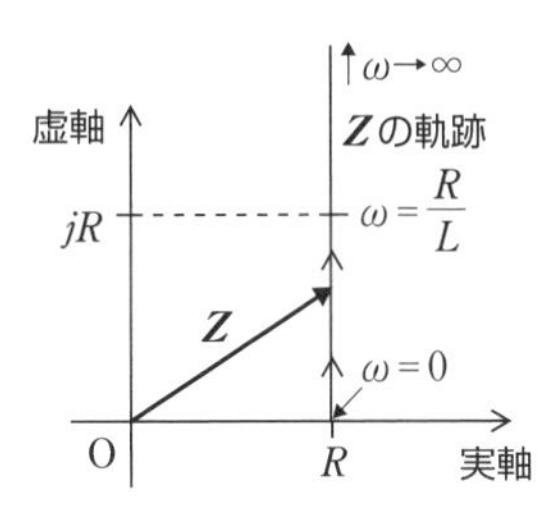

図 3-3　RL 直列回路のインピーダンスの複素平面での軌跡

電流の軌跡

a アドバンス

RL 直列回路の電流 $\boldsymbol{I}=\frac{E}{\boldsymbol{Z}}=E\boldsymbol{Y}$（$\boldsymbol{Y}$［S］はアドミタンス）を用いて，$\omega$ を 0 から∞まで変えたときの電流 $\boldsymbol{I}$ の複素平面での軌跡を求めることができる。

$$\boldsymbol{Y}=\frac{1}{\boldsymbol{Z}}=\frac{1}{R+j\omega L}=\frac{R}{R^2+\omega^2L^2}-j\frac{\omega L}{R^2+\omega^2L^2} \qquad (3\text{-}5)$$

から，図 3-4 を得る。なお，電源電圧の初期位相を 0 として，E を正の実数とした。ω が 0 から∞にかわるとき，複素平面の第 4 象限（しょうげん）で，半円弧上を時計回りの方向に $\dfrac{E}{R}$ から 0 に移動する。

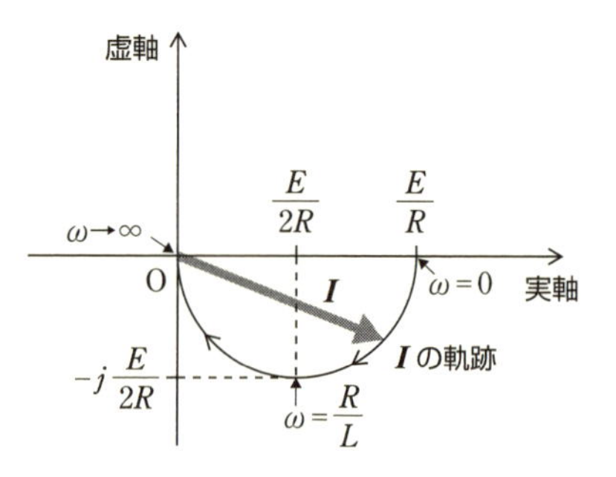

図 3-4　RL 直列回路の電流 I の複素平面での軌跡

各部の電力

また，RL 直列回路における回路全体(電源)での複素電力 $\boldsymbol{P}$ [VA] および力率 $\dfrac{P_a}{|\boldsymbol{P}|}$ は

$$\boldsymbol{P} = E\bar{\boldsymbol{I}} = \boldsymbol{Z}|\boldsymbol{I}|^2 = \frac{R + j\omega L}{R^2 + \omega^2 L^2}E^2 \quad (3\text{-}6)$$

$$力率\ \frac{P_a}{|\boldsymbol{P}|} = \frac{\mathrm{Re}(\boldsymbol{Z})}{|\boldsymbol{Z}|} = \frac{R}{\sqrt{R^2 + \omega^2 L^2}} = \cos\theta \quad (3\text{-}7)$$

となる。なお，電圧と電流の位相差を θ としてある。抵抗およびインダクタでの複素電力 $\boldsymbol{P}_R$, $\boldsymbol{P}_L$ [VA] はそれぞれ

$$\boldsymbol{P}_R = \boldsymbol{V}_R\bar{\boldsymbol{I}} = R|\boldsymbol{I}|^2 = \frac{R}{R^2 + \omega^2 L^2}E^2 \quad (3\text{-}8)$$

$$\boldsymbol{P}_L = \boldsymbol{V}_L\bar{\boldsymbol{I}} = j\omega L|\boldsymbol{I}|^2 = j\frac{\omega L}{R^2 + \omega^2 L^2}E^2 \quad (3\text{-}9)$$

となる。電源での有効電力は，抵抗での電力(有効電力のみ)に等しく，電源での無効電力は，インダクタでの電力(無効電力のみ)に等しい。

式 3-7 から，力率が $\cos\theta$ で与えられることに注意しよう。

例題

抵抗 20 Ω，インダクタンス 20 mH の直列回路に 100 V，50 Hz の電源を接続した。この回路の電流を求めて，電源での皮相電力，有効電力，無効電力，力率を求めよ。

●**略解**──解答例

角周波数 $\omega = 2\pi \times 50 = 100\pi$ rad/s，$\boldsymbol{Z} = R + j\omega L = 20 + j2\pi$ Ω，$E = 100$V，電流 $\boldsymbol{I} = \dfrac{E}{\boldsymbol{Z}} = 4.55 - j1.43$ A であるから

複素電力 $\boldsymbol{P} = E\bar{\boldsymbol{I}} = 455 + j143$ VA となる。

皮相電力 $|\boldsymbol{P}| = \sqrt{455^2 + 143^2} = 477$ VA　(答)

有効電力 $P_a = \mathrm{Re}(\boldsymbol{P}) = 455$ W　(答)

無効電力 $P_r = \mathrm{Im}(\boldsymbol{P}) = 143$ var　（答）

力率 $\dfrac{P_a}{|\boldsymbol{P}|} = 0.954$　（答）

3-1-2 RC 直列回路

図 3-5 に示す抵抗 R とキャパシタ C を直列接続した **RC 直列回路**（RC serial circuit）に電圧源をつないだときの動作を，複素数表示を用いて解析する。

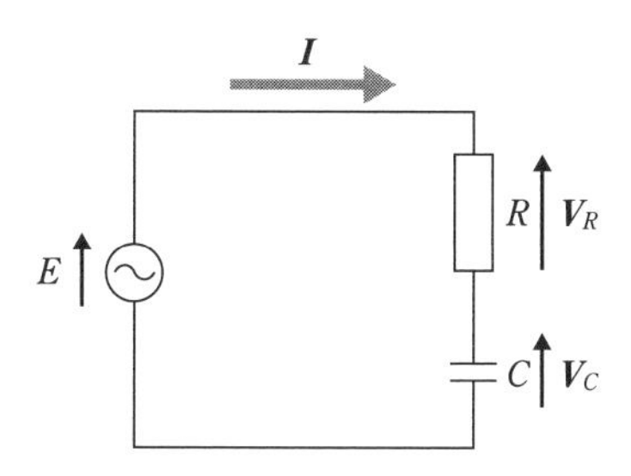

図 3-5　RC 直列回路

電圧源の電圧を E [V]，角周波数を ω [rad/s]，抵抗を R [Ω]，キャパシタンスを C [F] とすると，抵抗のインピーダンスは R [Ω]，キャパシタのインピーダンスは $\dfrac{1}{j\omega C}$ [Ω] で，RC 直列回路のインピーダンス $\boldsymbol{Z}$ [Ω] は

$$\boldsymbol{Z} = R + \frac{1}{j\omega C} \tag{3-10}$$

であるから，回路に流れる電流 $\boldsymbol{I}$ [A] は

$$\boldsymbol{I} = \frac{E}{\boldsymbol{Z}} = \frac{E}{R + \frac{1}{j\omega C}} = \frac{E}{\sqrt{R^2 + \frac{1}{\omega^2 C^2}}} e^{j\phi} \tag{3-11}$$

ただし，$\tan\phi = \dfrac{1}{\omega CR}$（ファイ）

となる。電流の大きさは $\dfrac{E}{\sqrt{R^2 + \frac{1}{\omega^2 C^2}}}$ であり，電流の初期位相は ϕ である。電源電圧の初期位相を 0 としているので，電流の位相は電源電圧の位相より ϕ だけ進んでいることになる。

抵抗の電圧 $\boldsymbol{V}_R$ [V] およびキャパシタの電圧 $\boldsymbol{V}_C$ [V] は

$$\boldsymbol{V}_R = R\boldsymbol{I} = \frac{RE}{R + \frac{1}{j\omega C}} = \frac{RE}{\sqrt{R^2 + \frac{1}{\omega^2 C^2}}} e^{j\phi} \tag{3-12}$$

$$\boldsymbol{V}_C = \frac{1}{j\omega C}\boldsymbol{I} = \frac{1}{j\omega C} \times \frac{E}{R + \frac{1}{j\omega C}} = \frac{E}{\sqrt{1 + \omega^2 C^2 R^2}} e^{j\left(\phi - \frac{\pi}{2}\right)} \tag{3-13}$$

となる。

式 3−11 からわかるように，回路を流れる電流 $\boldsymbol{I}$ は電源電圧 E より位相が ϕ [rad] だけ進む。なお，R, C, ω の値によらず，この位相の進みは $\frac{\pi}{2}$ rad よりは小さい。また，式 3−12 から，抵抗の電圧 $\boldsymbol{V}_R$ の位相は電流 $\boldsymbol{I}$ の位相と同じで，電源電圧 E より ϕ [rad] だけ進む。これに対し，式 3−13 から，キャパシタの電圧 $\boldsymbol{V}_C$ の位相は電流 $\boldsymbol{I}$ より $\frac{\pi}{2}$ rad だけ遅れ，電源電圧 E より $\frac{\pi}{2}-\phi$ [rad] だけ遅れる。RC 直列回路における電圧 E, $\boldsymbol{V}_R$, $\boldsymbol{V}_C$，および電流 $\boldsymbol{I}$ の複素平面での関係を図 3−6 に示す。なお，この図では，電源電圧の初期位相を 0 としてある。

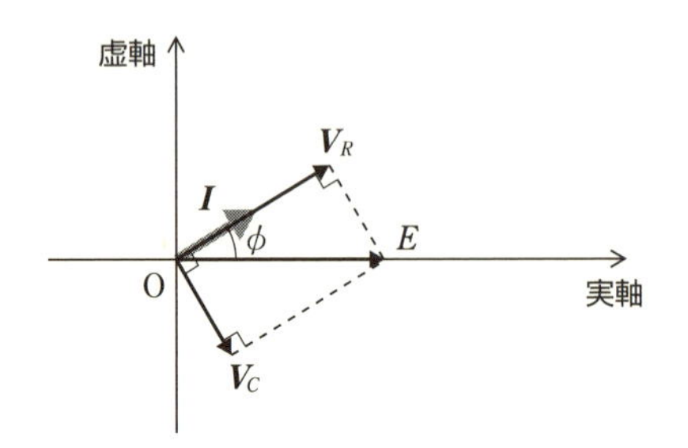

図 3−6　RC 直列回路の電流と電圧の複素平面での関係

インピーダンスの軌跡

アドバンス

角周波数 ω が 0 から無限大まで変化したとき，インピーダンス $\boldsymbol{Z}$ は式 3−10 にしたがい，複素平面上で図 3−7 に示す軌跡をとる。ω の増加にともない，$\boldsymbol{Z}$ は虚部が負の無限遠より始まり実軸上の点 (R) で終わる虚軸に平行な半直線となる。

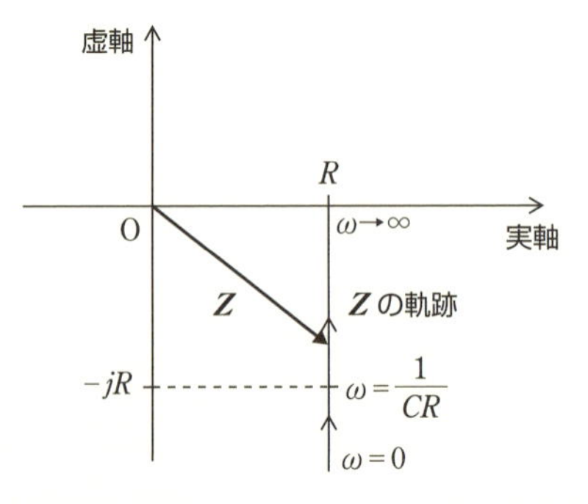

図 3−7　RC 直列回路のインピーダンスの複素平面での軌跡

電流の軌跡

アドバンス

次に，ω を 0 から∞まで変化させたときの電流 $\boldsymbol{I}$ の軌跡を考えてみる。

$$\boldsymbol{I}=\frac{E}{\boldsymbol{Z}}=\frac{E}{R+\dfrac{1}{j\omega C}}=\frac{j\omega C}{1+j\omega CR}E=\left(\frac{\omega^2C^2R}{1+\omega^2C^2R^2}+j\frac{\omega C}{1+\omega^2C^2R^2}\right)E \tag{3-14}$$

であるから，これを複素平面上に図示すると，図 3−8 に示すような電流 $\boldsymbol{I}$ の軌跡を得る。電流 $\boldsymbol{I}$ は，実部，虚部とも負にはならない。また，$\omega=0$ で，電流は 0 である。ω が増加するとともに，$\boldsymbol{I}$ の絶対値は増加し，$\boldsymbol{I}$ の実部も増加する。$\boldsymbol{I}$ の虚部は 0 から増加し，$\omega=\dfrac{1}{CR}$ で最大となった後，減少し 0 に近づく。$\omega\to\infty$ では，$\boldsymbol{I}\to\dfrac{E}{R}$ となる。結局，電流 $\boldsymbol{I}$ の軌跡は原点 O と実軸上の点 $\left(\dfrac{E}{R}\right)$ を直径の両端とする円の実軸より上の部分(半円)を，原点 O から右回り(時計回り)に実軸上の点 $\left(\dfrac{E}{R}\right)$ に向かう。

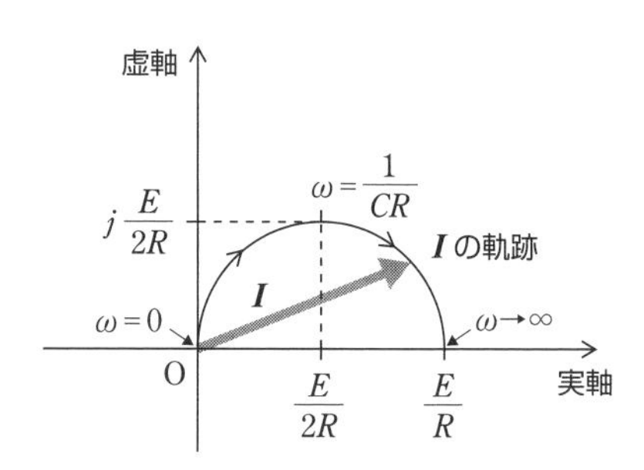

図 3−8　RC 直列回路の電流 $\boldsymbol{I}$ の複素平面での軌跡

各部の電力

また，RC 直列回路における回路全体(電源)での複素電力 $\boldsymbol{P}$ [VA] および力率 $\dfrac{P_a}{|\boldsymbol{P}|}$ は

$$\boldsymbol{P}=E\bar{\boldsymbol{I}}=\boldsymbol{Z}|\boldsymbol{I}|^2=\frac{R+\dfrac{1}{j\omega C}}{R^2+\dfrac{1}{\omega^2C^2}}E^2=\frac{\omega^2C^2R-j\omega C}{1+\omega^2C^2R^2}E^2 \qquad (3\text{−}15)$$

$$\text{力率}\ \frac{P_a}{|\boldsymbol{P}|}=\frac{\mathrm{Re}(\boldsymbol{Z})}{|\boldsymbol{Z}|}=\frac{R}{\sqrt{R^2+\dfrac{1}{\omega^2C^2}}}=\frac{\omega CR}{\sqrt{1+\omega^2C^2R^2}}=\cos\phi \qquad (3\text{−}16)$$

となる。抵抗およびキャパシタの複素電力 $\boldsymbol{P}_R$，$\boldsymbol{P}_C$ [VA] はそれぞれ

$$\boldsymbol{P}_R=\boldsymbol{V}_R\bar{\boldsymbol{I}}=R|\boldsymbol{I}|^2=\frac{R}{R^2+\dfrac{1}{\omega^2C^2}}E^2=\frac{\omega^2C^2R}{1+\omega^2C^2R^2}E^2 \qquad (3\text{−}17)$$

$$\boldsymbol{P}_C=\boldsymbol{V}_C\bar{\boldsymbol{I}}=\frac{1}{j\omega C}|\boldsymbol{I}|^2=-j\frac{\dfrac{1}{\omega C}}{R^2+\dfrac{1}{\omega^2C^2}}E^2=-j\frac{\omega C}{1+\omega^2C^2R^2}E^2 \qquad (3\text{−}18)$$

となる。電源での有効電力は抵抗での電力(有効電力のみ)に等しく，電源での無効電力はキャパシタでの電力(無効電力のみ)に等しい。

例題

抵抗 50 Ω，キャパシタンス 20 μF のキャパシタの直列回路に 60 V，100 Hz の電源を接続した。この回路の電流を求めて，電源での皮相電力，有効電力，無効電力，力率を求めよ。

●略解――解答例

角周波数 $\omega = 2\pi \times 100 = 200\pi$ rad/s, $\boldsymbol{Z} = R + \dfrac{1}{j\omega C} = 50 - j79.6\ \Omega$,

$E = 60$ V，電流 $\boldsymbol{I} = \dfrac{E}{\boldsymbol{Z}} = 0.340 + j0.540$ A であるから，

複素電力は，$\boldsymbol{P} = E\bar{\boldsymbol{I}} = 20.4 - j32.4$ VA となり

皮相電力 $|\boldsymbol{P}| = \sqrt{20.4^2 + 32.4^2} = 38.3$ VA　(答)

有効電力 $P_{\mathrm{a}} = \mathrm{Re}(\boldsymbol{P}) = 20.4$ W　(答)

無効電力 $P_{\mathrm{r}} = \mathrm{Im}(\boldsymbol{P}) = -32.4$ var　(答)

力率 $\dfrac{P_{\mathrm{a}}}{|\boldsymbol{P}|} = 0.533$　(答)

3-1-3 *RL* 並列回路

図 3-9 に示す抵抗 R とインダクタ L を並列接続した **RL 並列回路**(*RL* parallel circuit)に電流源 J をつないだときの動作を，複素数表示を用いて解析する。

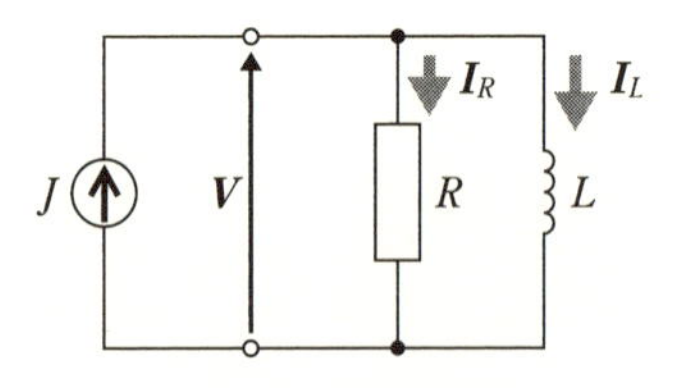

図 3-9　*RL* 並列回路

電流源の電流[3]を J [A]，角周波数を ω [rad/s]，抵抗を R [Ω]，インダクタのインダクタンスを L [H] とすると，*RL* 並列回路のアドミタンス $\boldsymbol{Y}$ [S] は

$$\boldsymbol{Y} = \frac{1}{R} + \frac{1}{j\omega L} \tag{3-19}$$

であるから，回路にかかる電圧 $\boldsymbol{V}$ [V] は

$$\boldsymbol{V} = \frac{J}{\boldsymbol{Y}} = \frac{J}{\dfrac{1}{R} + \dfrac{1}{j\omega L}} = \frac{j\omega LR}{R + j\omega L} J = \frac{\omega LR}{\sqrt{R^2 + \omega^2 L^2}} Je^{j\left(\frac{\pi}{2} - \theta\right)} \tag{3-20}$$

ただし，$\tan\theta = \dfrac{\omega L}{R}$（θ：シータ）

となる。

3. 電源電流の表示
この章の以下では，電源電流の実効値を J [A]，初期位相を $\phi = 0$ として扱う。このため，電源電流 $\boldsymbol{J}$ は単に実数値で，「J」として表示する。

抵抗を流れる電流 $\boldsymbol{I}_R$ [A] およびインダクタを流れる電流 $\boldsymbol{I}_L$ [A] は

$$\boldsymbol{I}_R=\frac{1}{R}\boldsymbol{V}=\frac{\frac{1}{R}}{\frac{1}{R}+\frac{1}{j\omega L}}\boldsymbol{J}=\frac{j\omega L}{R+j\omega L}\boldsymbol{J}=\frac{\omega L}{\sqrt{R^2+\omega^2L^2}}Je^{j\left(\frac{\pi}{2}-\theta\right)} \tag{3-21}$$

$$\boldsymbol{I}_L=\frac{1}{j\omega L}\boldsymbol{V}=\frac{\frac{1}{j\omega L}}{\frac{1}{R}+\frac{1}{j\omega L}}\boldsymbol{J}=\frac{R}{R+j\omega L}\boldsymbol{J}=\frac{R}{\sqrt{R^2+\omega^2L^2}}Je^{-j\theta} \tag{3-22}$$

となる。

RL 並列回路における電圧および電流の複素平面での関係を，電源電流 $\boldsymbol{J}$ を基準として図 3-10 に示す。回路の電圧 $\boldsymbol{V}$ の位相は電源電流 $\boldsymbol{J}$ より $\frac{\pi}{2}-\theta$ [rad] だけ進む。抵抗を流れる電流 $\boldsymbol{I}_R$ の位相は電圧 $\boldsymbol{V}$ と同じで，電源電流 $\boldsymbol{J}$ より $\frac{\pi}{2}-\theta$ [rad] だけ進む。これに対し，インダクタを流れる電流 $\boldsymbol{I}_L$ の位相は電圧 $\boldsymbol{V}$ より $\frac{\pi}{2}$ rad だけ遅れ，電源電流 $\boldsymbol{J}$ より θ [rad] だけ遅れる。

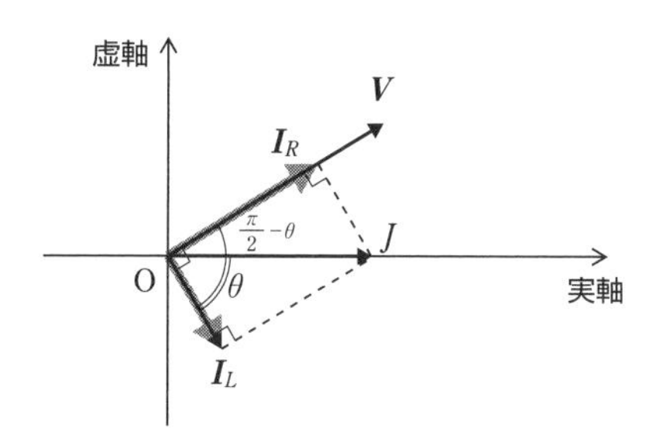

図 3-10　RL 並列回路の電流と電圧の複素平面での関係

アドミタンスの軌跡

a アドバンス

角周波数 ω が 0 から無限大まで変化するときの RL 並列回路のアドミタンス $\boldsymbol{Y}$ の複素平面での軌跡を，式 3-19 より求めると，図 3-11 となる。虚部が負の無限遠より始まり実軸上の点 $\left(\frac{1}{R}\right)$ に終わる虚軸に平行な半直線となる。

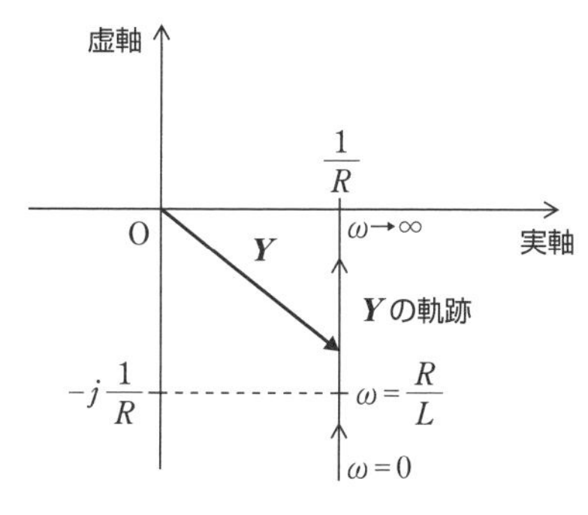

図 3-11　RL 並列回路のアドミタンスの複素平面での軌跡

アドバンス

電圧の軌跡

電圧 $\boldsymbol{V}=\dfrac{J}{\boldsymbol{Y}}$ は

$$\boldsymbol{V}=\frac{J}{\boldsymbol{Y}}=\frac{J}{\dfrac{1}{R}+\dfrac{1}{j\omega L}}=\frac{j\omega LR}{R+j\omega L}J=\left(\frac{\omega^2L^2R}{R^2+\omega^2L^2}+j\frac{\omega LR^2}{R^2+\omega^2L^2}\right)J \tag{3-23}$$

であるから，電圧 $\boldsymbol{V}$ の複素平面での軌跡は図 3-12 となる。原点 O から右回り（時計回り）に半円弧（えんこ）上を実軸上の点（RJ）に向かう。

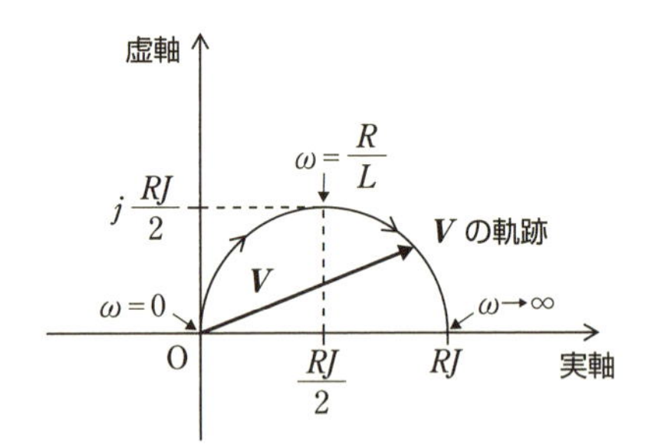

図 3-12　*RL* 並列回路の電圧 *V* の複素平面での軌跡

各部の電力

RL 並列回路における回路（電源）での複素電力 $\boldsymbol{P}$［VA］および力率 $\dfrac{P_a}{|\boldsymbol{P}|}$ は

$$\boldsymbol{P}=\boldsymbol{V}\bar{\boldsymbol{J}}=\frac{J^2}{\boldsymbol{Y}}=\frac{J^2}{\dfrac{1}{R}+\dfrac{1}{j\omega L}}=\frac{\omega^2L^2R+j\omega LR^2}{R^2+\omega^2L^2}J^2 \tag{3-24}$$

$$\text{力率}\quad \frac{P_a}{|\boldsymbol{P}|}=\frac{\mathrm{Re}\left(\dfrac{1}{\boldsymbol{Y}}\right)}{\left|\dfrac{1}{\boldsymbol{Y}}\right|}=\frac{\mathrm{Re}(\bar{\boldsymbol{Y}})}{|\bar{\boldsymbol{Y}}|}=\frac{\dfrac{1}{R}}{\sqrt{\dfrac{1}{R^2}+\dfrac{1}{\omega^2L^2}}}=\frac{\omega L}{\sqrt{R^2+\omega^2L^2}} \tag{3-25}$$

となる。抵抗およびインダクタの複素電力 $\boldsymbol{P}_R$, $\boldsymbol{P}_L$［VA］はそれぞれ

$$\boldsymbol{P}_R=\boldsymbol{V}\overline{\boldsymbol{I}_R}=R|\boldsymbol{I}_R|^2=\frac{\omega^2L^2R}{R^2+\omega^2L^2}J^2 \tag{3-26}$$

$$\boldsymbol{P}_L=\boldsymbol{V}\overline{\boldsymbol{I}_L}=j\omega L|\boldsymbol{I}_L|^2=j\frac{\omega LR^2}{R^2+\omega^2L^2}J^2 \tag{3-27}$$

となる。電源での有効電力は抵抗での電力（有効電力）に等しく，電源での無効電力はインダクタでの電力（無効電力）に等しい。

例題

抵抗 5 Ω，インダクタンス 20 mH の並列回路に 5 A，50 Hz の電流源を接続した。この回路の電圧を求めて，電源での皮相電力，有効電力，無効電力，力率を求めよ。

●**略解**――解答例

角周波数 $\omega=2\pi\times50=100\pi$ rad/s，$\boldsymbol{Y}=\dfrac{1}{R}+\dfrac{1}{j\omega L}=0.2-j0.159$ Ω，$J=5$ A，電圧 $\boldsymbol{V}=\dfrac{\boldsymbol{J}}{\boldsymbol{Y}}=15.3+j12.2$ V であるから，

複素電力 $\boldsymbol{P}=\boldsymbol{V}\bar{\boldsymbol{J}}=76.5+j61.0$ VA となり

皮相電力 $|\boldsymbol{P}|=97.8$ VA，有効電力 $P_a=\mathrm{Re}(\boldsymbol{P})=76.5$ W

無効電力 $P_r=\mathrm{Im}(\boldsymbol{P})=61.0$ var，力率 $\dfrac{P_a}{|\boldsymbol{P}|}=0.782$ （答）

3-1-4 *RC* 並列回路

図 3-13 に示す抵抗 R とキャパシタ C を並列接続した ***RC* 並列回路**（*RC* parallel circuit）に電流源 J をつないだときの動作を，複素数表示を用いて解析する。

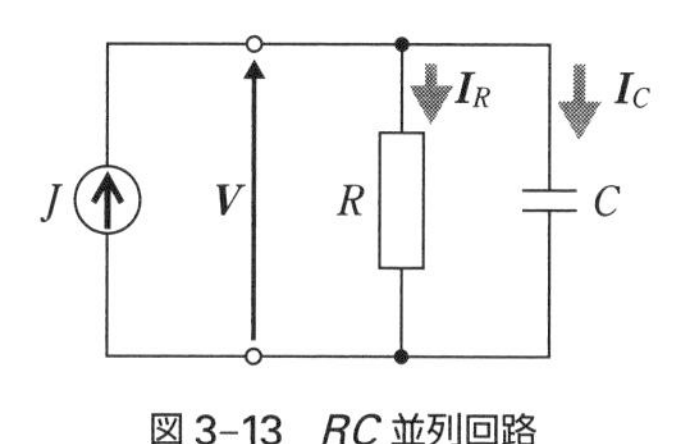

図 3-13 *RC* 並列回路

電流源の電流を J [A]，角周波数を ω [rad/s]，抵抗を R[Ω]，キャパシタンスを C [F] とすると，*RC* 並列回路のアドミタンス $\boldsymbol{Y}$ [S] は

$$\boldsymbol{Y}=\frac{1}{R}+j\omega C \tag{3-28}$$

となるので，電圧 $\boldsymbol{V}$ [V] は

$$\boldsymbol{V}=\frac{\boldsymbol{J}}{\boldsymbol{Y}}=\frac{J}{\dfrac{1}{R}+j\omega C}=\frac{R}{1+j\omega CR}J=\frac{R}{\sqrt{1+\omega^2C^2R^2}}Je^{-j\left(\frac{\pi}{2}-\theta\right)} \tag{3-29}$$

ただし，$\tan\theta=\dfrac{1}{\omega CR}$

となる。

抵抗を流れる電流 $\boldsymbol{I}_R$ [A] とキャパシタを流れる電流 $\boldsymbol{I}_C$ [A] はそれぞれ

$$\boldsymbol{I}_R=\frac{1}{R}\boldsymbol{V}=\frac{1}{1+j\omega CR}J=\frac{1}{\sqrt{1+\omega^2C^2R^2}}Je^{-j\left(\frac{\pi}{2}-\theta\right)} \tag{3-30}$$

$$\boldsymbol{I}_C=j\omega C\boldsymbol{V}=\frac{j\omega CR}{1+j\omega CR}J=\frac{\omega CR}{\sqrt{1+\omega^2C^2R^2}}Je^{j\theta} \tag{3-31}$$

となる。

RC 並列回路における電圧および電流の複素平面での関係を，電源電

流 J を基準として図 3-14 に示す。回路の電圧 $\boldsymbol{V}$ の位相は電源電流 J より $\frac{\pi}{2}-\theta$ [rad] だけ遅れる。抵抗を流れる電流 $\boldsymbol{I}_R$ の位相は電圧 $\boldsymbol{V}$ と同じで，電源電流 J より $\frac{\pi}{2}-\theta$ [rad] だけ遅れる。これに対し，キャパシタを流れる電流 $\boldsymbol{I}_C$ の位相は電圧 $\boldsymbol{V}$ より $\frac{\pi}{2}$ rad だけ進み，電源電流 J より θ [rad] だけ進む。

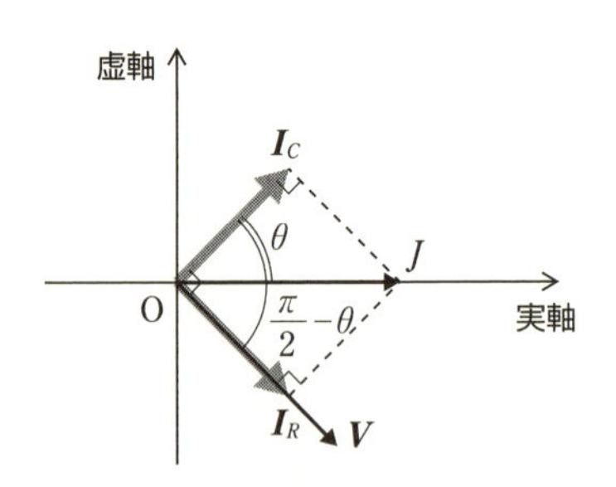

図 3-14 RC 並列回路の電圧，電流の複素平面での関係

アドミタンスの軌跡（アドバンス）

角周波数 ω が 0 から無限大まで変化するときの RC 並列回路のアドミタンス $\boldsymbol{Y}$ の複素平面上での軌跡を，式 3-28 より求めると，図 3-15 となる。実軸上の点 $\left(\frac{1}{R}\right)$ から始まり虚部が正の虚軸に平行な半直線となる。

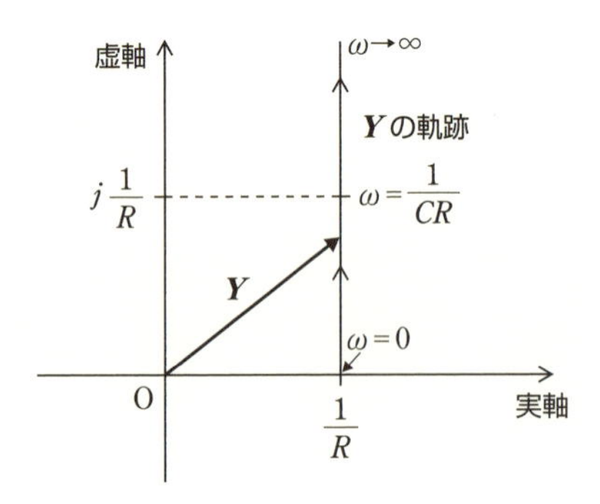

図 3-15 RC 並列回路のアドミタンス $\boldsymbol{Y}$ の複素平面での軌跡

電圧の軌跡（アドバンス）

RC 並列回路の電圧 $\boldsymbol{V}$ は

$$\boldsymbol{V}=\frac{J}{\boldsymbol{Y}}=\frac{J}{\frac{1}{R}+j\omega C}=\frac{R}{1+j\omega CR}J=\left(\frac{R}{1+\omega^2C^2R^2}-j\frac{\omega CR^2}{1+\omega^2C^2R^2}\right)J \tag{3-32}$$

となるので，$\boldsymbol{V}$ のフェーザの軌跡は，図 3-16 に示すようになる。$\boldsymbol{V}$ は実軸上の点 (RJ) から右回り（時計回り）に半円弧上を原点 O に向かう。

各部の電力

RC 並列回路の複素電力 $\boldsymbol{P}$ [VA] および力率 $\frac{P_a}{|\boldsymbol{P}|}$ は

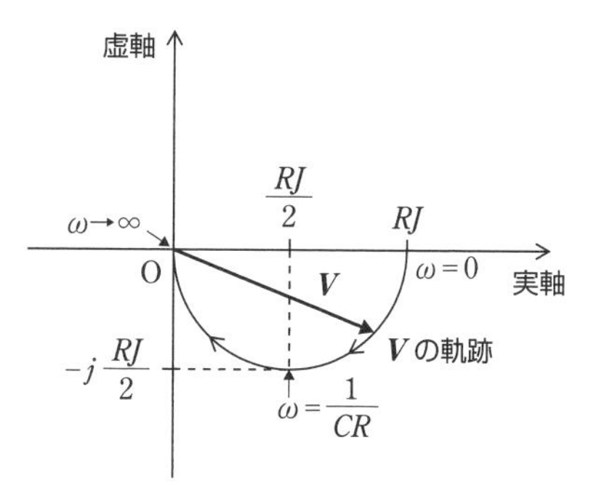

図 3-16　RC 並列回路の電圧 V の複素平面での軌跡

$$\boldsymbol{P}=\boldsymbol{V}\bar{\boldsymbol{J}}=\frac{|\boldsymbol{J}|^2}{\boldsymbol{Y}}=\frac{J^2}{\frac{1}{R}+j\omega C}=\frac{R}{1+j\omega CR}J^2=\frac{R-j\omega CR^2}{1+\omega^2C^2R^2}J^2 \tag{3-33}$$

$$\text{力率}\ \frac{P_{\mathrm{a}}}{|\boldsymbol{P}|}=\frac{\mathrm{Re}\left(\frac{1}{\boldsymbol{Y}}\right)}{\left|\frac{1}{\boldsymbol{Y}}\right|}=\frac{\mathrm{Re}(\bar{\boldsymbol{Y}})}{|\bar{\boldsymbol{Y}}|}=\frac{\frac{1}{R}}{\sqrt{\frac{1}{R^2}+\omega^2C^2}}=\frac{1}{\sqrt{1+\omega^2C^2R^2}} \tag{3-34}$$

となる。抵抗およびキャパシタの複素電力 $\boldsymbol{P}_R$，$\boldsymbol{P}_C$ [VA] はそれぞれ

$$\boldsymbol{P}_R=\boldsymbol{V}\bar{\boldsymbol{I}}_R=R|\boldsymbol{I}_R|^2=\frac{R}{1+\omega^2C^2R^2}J^2 \tag{3-35}$$

$$\boldsymbol{P}_C=\boldsymbol{V}\bar{\boldsymbol{I}}_C=\frac{1}{j\omega C}|\boldsymbol{I}_C|^2=-j\frac{\omega CR^2}{1+\omega^2C^2R^2}J^2 \tag{3-36}$$

となる。電源の有効電力は抵抗での電力(有効電力)に等しく，電源の無効電力はキャパシタでの電力(無効電力)に等しい。

例題

抵抗 20 Ω，キャパシタンス 40 μF の並列回路に 8 A，200 Hz の電流源を接続した。この回路の電圧を求めて，電源の皮相電力，有効電力，無効電力，力率を求めよ。

●略解――解答例

角周波数 $\omega=2\pi\times200=400\pi$ rad/s，$\boldsymbol{Y}=\frac{1}{R}+j\omega C=0.05+j0.0503$ Ω，$J=8$ A，電圧 $\boldsymbol{V}=\frac{\boldsymbol{J}}{\boldsymbol{Y}}=79.5-j80.0$ V であるから

複素電力 $\boldsymbol{P}=\boldsymbol{V}\bar{\boldsymbol{J}}=(79.5-j80.0)\times8=636-j640$ VA となり，

皮相電力 $|\boldsymbol{P}|=$ 902 VA，有効電力 $P_{\mathrm{a}}=\mathrm{Re}(\boldsymbol{P})=636$ W，

無効電力 $P_{\mathrm{r}}=\mathrm{Im}(\boldsymbol{P})=$ 640 var，力率 $\frac{P_{\mathrm{a}}}{|\boldsymbol{P}|}=0.705$　(答)

3-1-5 交流ブリッジ回路

交流ブリッジ回路(AC-bridge circuit)を図 3−17 に示す。四角形の四つの辺にインピーダンス $\boldsymbol{Z}_1$, $\boldsymbol{Z}_2$, $\boldsymbol{Z}_3$, $\boldsymbol{Z}_4$ [Ω] が配置され，一つの対角の位置のノード間(AD)に交流電圧源 E が接続される。もう一方の対角のノード間(BC)にインピーダンス $\boldsymbol{Z}_5$ [Ω] が接続される。

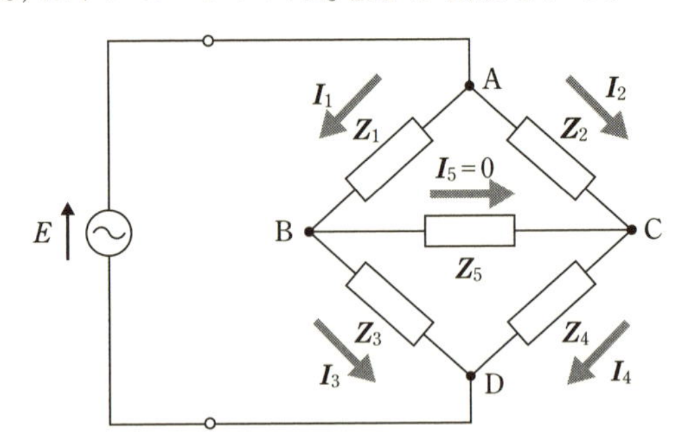

図 3−17　交流ブリッジ回路とその平衡状態での電流

インピーダンス $\boldsymbol{Z}_5$ を流れる電流が 0 の状態を，ブリッジ回路は**平衡にある**(balance)という。平衡状態では，インピーダンス $\boldsymbol{Z}_5$ には電流が流れないので，両端 B，C の電位は等しい。よって，インピーダンス $\boldsymbol{Z}_1$ および $\boldsymbol{Z}_3$ に電流 $\boldsymbol{I}_1$ [A] が流れ，インピーダンス $\boldsymbol{Z}_2$ および $\boldsymbol{Z}_4$ に電流 $\boldsymbol{I}_2$ [A] が流れる。このとき

$$\boldsymbol{Z}_1\boldsymbol{I}_1 = \boldsymbol{Z}_2\boldsymbol{I}_2, \quad \boldsymbol{Z}_3\boldsymbol{I}_1 = \boldsymbol{Z}_4\boldsymbol{I}_2 \qquad (3-37)$$

が成り立つ。よって

$$\frac{\boldsymbol{Z}_1}{\boldsymbol{Z}_2} = \frac{\boldsymbol{Z}_3}{\boldsymbol{Z}_4}\left(=\frac{\boldsymbol{I}_2}{\boldsymbol{I}_1}\right) \qquad (3-38)$$

あるいは

$$\boldsymbol{Z}_1\boldsymbol{Z}_4 = \boldsymbol{Z}_2\boldsymbol{Z}_3 \qquad (3-39)$$

となる。これを，**交流ブリッジ回路の平衡条件**という。

例題

交流ブリッジ回路の一例として，図 3−18 にウィーン・ブリッジ回路を示す。$\boldsymbol{Z}_1 = R_1$, $\boldsymbol{Z}_2 = R_2$, $\boldsymbol{Z}_3 = \dfrac{1}{\dfrac{1}{R_3}+j\omega C_3}$, $\boldsymbol{Z}_4 = R_4 + \dfrac{1}{j\omega C_4}$ [Ω] とするとき，平衡状態での交流電源の角周波数 ω [rad/s] を求めよ。

●略解——解答例

交流ブリッジの平衡条件より

$$R_1\left(R_4+\frac{1}{j\omega C_4}\right) = R_2\frac{1}{\dfrac{1}{R_3}+j\omega C_3}$$

が成り立つ。これを整理すると

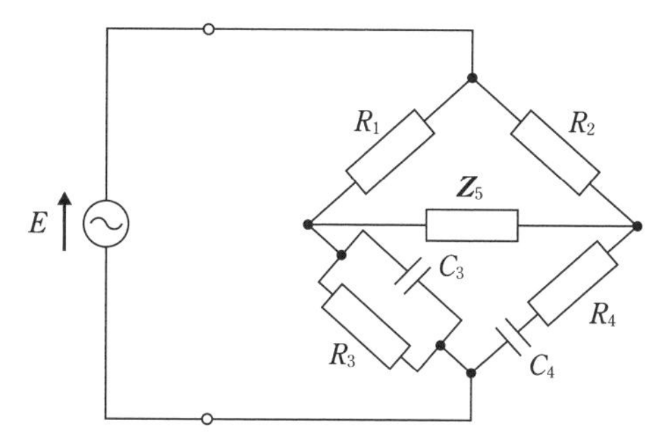

図 3-18　ウィーン・ブリッジ回路

$$\left(R_4+\frac{1}{j\omega C_4}\right)\left(\frac{1}{R_3}+j\omega C_3\right)=\frac{R_2}{R_1}$$

$$\frac{R_4}{R_3}+\frac{C_3}{C_4}+j\left(\omega C_3R_4-\frac{1}{\omega C_4R_3}\right)=\frac{R_2}{R_1}$$

両辺の実部と虚部をそれぞれ比較して

実部：$\dfrac{R_4}{R_3}+\dfrac{C_3}{C_4}=\dfrac{R_2}{R_1}$

虚部：$\omega C_3R_4-\dfrac{1}{\omega C_4R_3}=0$

が得られる。

よって，虚部の関係より，交流電源の角周波数は以下のようになる。

$$\omega=\frac{1}{\sqrt{C_3C_4R_3R_4}}\ \text{[rad/s]}$$

なお，平衡したときの C_3，C_4，R_3，R_4 の値から，電源の周波数 $f=\dfrac{\omega}{2\pi}$ [Hz] も求めることができる。

3-1 ドリル問題

問題 1———抵抗 $R=2\,\text{k}\Omega$，インダクタンス $L=50\,\text{mH}$ の RL 直列回路で，周波数 $f=5\,\text{kHz}$ のときのインピーダンス $\boldsymbol{Z}$ [Ω]，インピーダンスの大きさ $|\boldsymbol{Z}|$ [Ω]，インピーダンスの偏角 $\arg(\boldsymbol{Z})$ [rad] を求めよ。

問題 2———抵抗 $R=50\,\Omega$，インダクタンス $L=2\,\text{mH}$ の RL 直列回路で，周波数 $f=400\,\text{Hz}$，電圧 50 V の電圧源をつないだとき，回路の電流 $\boldsymbol{I}$ [A]，その電流の大きさ $|\boldsymbol{I}|$ [A]，電流の位相 $\arg(\boldsymbol{I})$ [rad] を求めよ。

問題 3———抵抗 $R=300\,\Omega$，インダクタンス $L=200\,\text{mH}$ の RL 直列回路で，周波数 $f=50\,\text{Hz}$，電圧 10 V の電圧源をつないだときの抵抗での有効電力を求めよ。

問題 4———抵抗 $R=5\,\Omega$，キャパシタンス $C=50\,\mu\text{F}$ の RC 直列回路で，周波数 $f=5\,\text{kHz}$ でのインピーダンス $\boldsymbol{Z}$ [Ω]，インピーダンスの大きさ $|\boldsymbol{Z}|$ [Ω]，インピーダンスの偏角 $\arg(\boldsymbol{Z})$ [rad] を求めよ。

問題 5———抵抗 $R = 300\ \Omega$，キャパシタンス $C = 20\ \mu\mathrm{F}$ の RC 直列回路で，周波数 $f = 50\ \mathrm{Hz}$，電圧 100 V の電圧源をつないだとき，抵抗での有効電力を求めよ。

問題 6———抵抗 $R = 50\ \Omega$，インダクタンス $L = 2\ \mathrm{mH}$ の RL 並列回路で，周波数 $f = 400\ \mathrm{Hz}$，電流 5A の電流源をつないだとき，回路の電圧 $\boldsymbol{V}$ [V]，電圧の大きさ $|\boldsymbol{V}|$ [V]，電圧の位相 $\arg(\boldsymbol{V})$ [rad] を求めよ。

問題 7———抵抗 $R = 300\ \Omega$，インダクタンス $L = 200\ \mathrm{mH}$ の RL 並列回路で，周波数 $f = 50\ \mathrm{Hz}$，電流 2 A の電流源をつないだとき，抵抗での有効電力を求めよ。

問題 8———抵抗 $R = 50\ \Omega$，キャパシタンス $C = 2\ \mu\mathrm{F}$ の RC 並列回路で，周波数 $f = 200\ \mathrm{Hz}$，電流 2 A の電流源をつないだとき，回路の電圧 $\boldsymbol{V}$ [V]，電圧の大きさ $|\boldsymbol{V}|$ [V]，電圧の位相 $\arg(\boldsymbol{V})$ [rad] を求めよ。

問題 9———抵抗 $R = 300\ \Omega$，キャパシタンス $C = 20\ \mu\mathrm{F}$ の RC 並列回路で，周波数 $f = 50\ \mathrm{Hz}$，電流 0.1 A の電流源をつないだときの抵抗での有効電力を求めよ。

問題 10———図 3-17 に示す交流ブリッジ回路で，$\boldsymbol{Z}_1 = 50\ \Omega$，$\boldsymbol{Z}_2 = 20\ \Omega$，$\boldsymbol{Z}_3 = 40 + j100\ \Omega$ とするとき，平衡条件が成り立つための $\boldsymbol{Z}_4$ [Ω] を求めよ。

3-1 演習問題

1. $R = 5\ \Omega \quad \omega L = 5\ \Omega \quad \dfrac{1}{\omega C} = 2\ \Omega$ として以下の回路の合成インピーダンスを求めよ。

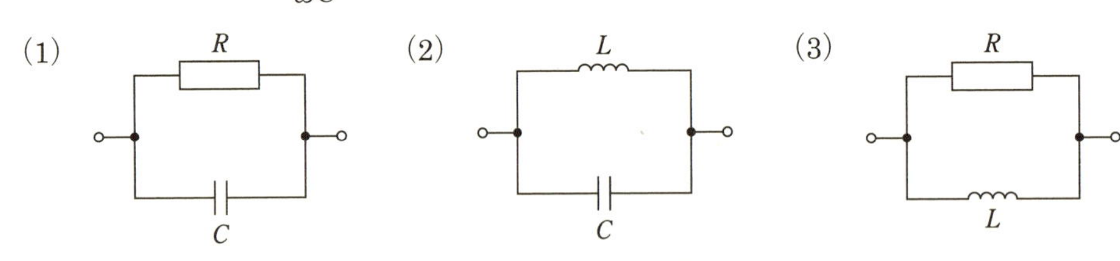

2. 下の回路について以下の設問に答えよ。ただし角周波数を $\omega = 5000\ \mathrm{rad/s}$ とする。

(1) 合成インピーダンスを求めよ。

(2) 回路を流れる電流 $\boldsymbol{I}_1$，$\boldsymbol{I}_2$，$\boldsymbol{I}_3$ のフェーザを複素平面に表せ。ただし，回路全体にかかる電圧は 50 V とする。

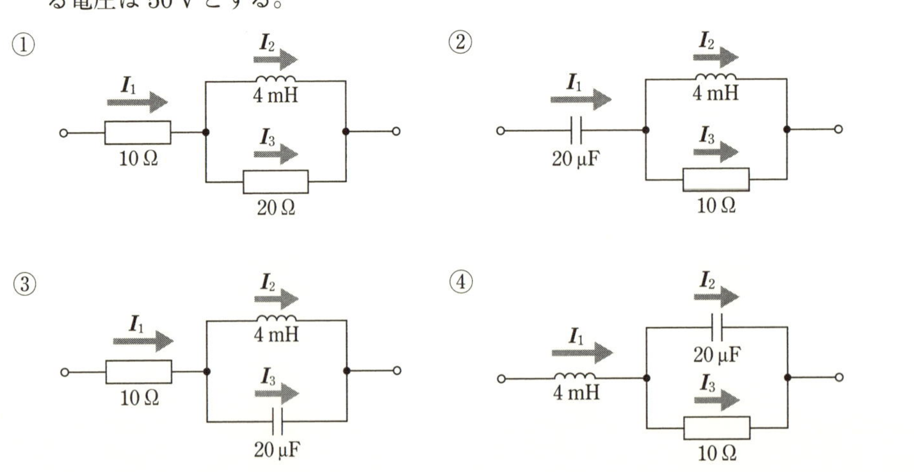

3-2 共振回路

3-2-1 RLC 直列回路

抵抗 R，インダクタ L，キャパシタ C を直列に接続した **RLC 直列回路**（RLC serial circuit）に電圧源 E が接続された回路を図 3-19 に示す。

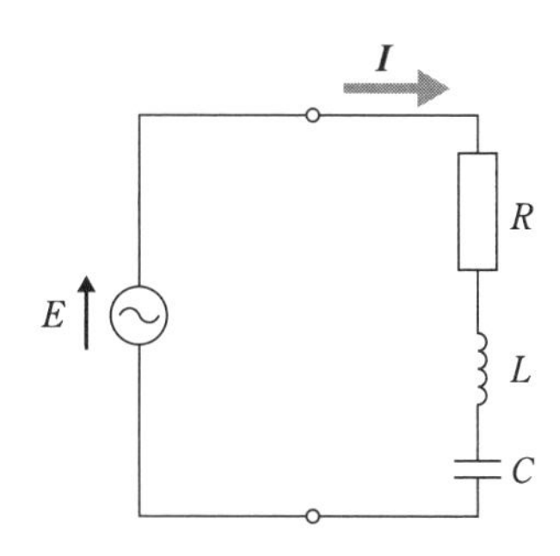

図 3-19　RLC 直列回路

抵抗を R [Ω]，インダクタンスを L [H]，キャパシタンスを C [F]，交流電圧源の角周波数を ω [rad/s] とすると，RLC 直列回路のインピーダンス $\boldsymbol{Z}$ [Ω] は

$$\boldsymbol{Z}=R+j\omega L+\frac{1}{j\omega C}=R+j\left(\omega L-\frac{1}{\omega C}\right) \tag{3-40}$$

である。角周波数 ω が変わると，インピーダンスの実部は R で一定であるが，虚部 X は

$$X=\omega L-\frac{1}{\omega C} \tag{3-41}$$

であるから，負の無限大から増加し，正の無限大まで変化する。

ω_0 [rad/s] を回路インピーダンスの虚部 X が 0 となる角周波数と定義する。

$$\omega_0=\frac{1}{\sqrt{LC}} \tag{3-42}$$

また，図 3-20 の ω_1 [rad/s] および ω_2 [rad/s] は虚部 X の絶対値が実部 R と等しくなり，$|\boldsymbol{Z}|=\sqrt{2}R$ となる角周波数とする。すなわち

$$\omega_1 L-\frac{1}{\omega_1 C}=-R,\quad \omega_2 L-\frac{1}{\omega_2 C}=R$$

であるから，ω_1，ω_2 が正であることを考慮すると

$$\omega_1=-\frac{R}{2L}+\sqrt{\frac{R^2}{4L^2}+\frac{1}{LC}},\quad \omega_2=\frac{R}{2L}+\sqrt{\frac{R^2}{4L^2}+\frac{1}{LC}}$$

$$\omega_1\omega_2=\frac{1}{LC}={\omega_0}^2 \tag{3-43}$$

を得る。

RLC 直列回路の共振

RLC 直列回路を流れる電流 $\boldsymbol{I}$ は，電源電圧を E [V]（初期位相を 0 とし，E は正の実数）とすると

$$\boldsymbol{I}=\frac{E}{\boldsymbol{Z}}=\frac{E}{R+j\left(\omega L-\dfrac{1}{\omega C}\right)} \tag{3-44}$$

である。

図 3-20 に電流の大きさ $|\boldsymbol{I}|$ および位相 $\arg(\boldsymbol{I})$ の ω_0 付近での角周波数による変化を示している。$\boldsymbol{I}=\dfrac{E}{\boldsymbol{Z}}$ であるから，E を正の実数としたので，$|\boldsymbol{I}|=\dfrac{E}{|\boldsymbol{Z}|}$，$\arg(\boldsymbol{I})=-\arg(\boldsymbol{Z})$ である。$\omega=\omega_0$ のとき，$|\boldsymbol{I}|$ は最大となり，$|\boldsymbol{I}|=\dfrac{E}{R}$，$\arg(\boldsymbol{I})=0$ である。また，$\omega=\omega_1$ および $\omega=\omega_2$ のとき，$|\boldsymbol{I}|=\dfrac{E}{\sqrt{2}R}$ であり，$\omega=\omega_1$ で $\arg(\boldsymbol{I})=\dfrac{\pi}{4}$，$\omega=\omega_2$ で $\arg(\boldsymbol{I})=-\dfrac{\pi}{4}$ である。

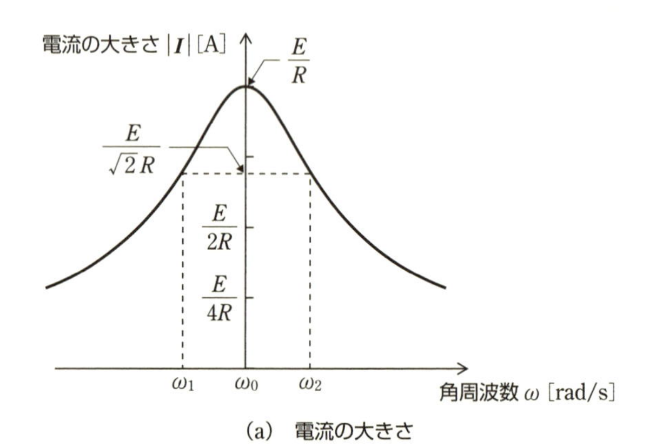

(a) 電流の大きさ

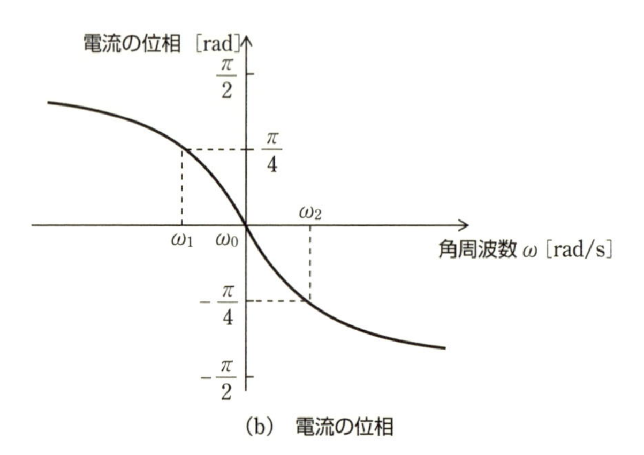

(b) 電流の位相

図 3-20 電流 $\boldsymbol{I}$ の大きさと位相の角周波数との関係

図 3-20 に示されるような，ある角周波数 ω_0 付近で電流の大きさが急激に増大する現象を**共振**（resonance）という。RLC 直列回路では，**直列共振回路**（series resonsnce circuit）という。また，ω_0 を**共振角周波数**（resonance angular frequency），$f_0=\dfrac{\omega_0}{2\pi}$ [Hz] を**共振周波数**（resonance frequency），$\Delta\omega=\omega_2-\omega_1$ を**半値幅**（はんちはば）（full width at half maximum）という。

キューち
Q 値

インピーダンス $\boldsymbol{Z}$ の式 3-40 を書き直すと

$$\boldsymbol{Z}=R\left\{1+j\left(\frac{\omega L}{R}-\frac{1}{\omega CR}\right)\right\}$$

$$=R\left\{1+jQ\left(\frac{\omega}{\omega_0}-\frac{\omega_0}{\omega}\right)\right\} \tag{3-45}$$

を得る。ただし

$$Q=\frac{\omega_0 L}{R}=\frac{1}{\omega_0 CR}=\frac{1}{R}\sqrt{\frac{L}{C}}=\frac{\omega_0}{\omega_2-\omega_1} \tag{3-46}$$

であり，Q は共振特性を示すパラメータで，**Q 値**という。

また，回路を流れる電流 $\boldsymbol{I}$ は

$$\boldsymbol{I}=\frac{E}{\boldsymbol{Z}}=\frac{E}{R\left\{1+jQ\left(\frac{\omega}{\omega_0}-\frac{\omega_0}{\omega}\right)\right\}} \tag{3-47}$$

となる。電流の絶対値(実効値) $|\boldsymbol{I}|$ は

$$|\boldsymbol{I}|=\frac{E}{|\boldsymbol{Z}|}=\frac{E}{R\sqrt{1+Q^2\left(\frac{\omega}{\omega_0}-\frac{\omega_0}{\omega}\right)^2}} \tag{3-48}$$

となる。Q 値が大きくなるにしたがい，電流の大きさの半値幅が小さくなり，電流の大きさと位相の変化が急になる。Q 値が大きい共振回路を用いると，種々の角周波数を含んだ信号から，ω_0 付近の信号のみを取り出すことができる。

RLC 直列回路の各素子の電圧は

$$\text{抵抗：}\boldsymbol{V}_R=R\boldsymbol{I}=\frac{1}{1+jQ\left(\frac{\omega}{\omega_0}-\frac{\omega_0}{\omega}\right)}E\ [\mathrm{V}] \tag{3-49}$$

$$\text{インダクタ：}\boldsymbol{V}_L=j\omega L\boldsymbol{I}=\frac{\omega}{\omega_0}\frac{jQ}{1+jQ\left(\frac{\omega}{\omega_0}-\frac{\omega_0}{\omega}\right)}E\ [\mathrm{V}] \tag{3-50}$$

$$\text{キャパシタ：}\boldsymbol{V}_C=\frac{1}{j\omega C}\boldsymbol{I}=-\frac{\omega_0}{\omega}\frac{jQ}{1+jQ\left(\frac{\omega}{\omega_0}-\frac{\omega_0}{\omega}\right)}E\ [\mathrm{V}] \tag{3-51}$$

となる。

$\omega=\omega_0$ のとき

$$\boldsymbol{V}_R=E,\quad \boldsymbol{V}_L=jQE,\quad \boldsymbol{V}_C=-jQE \tag{3-52}$$

となり，$\boldsymbol{V}_L$ および $\boldsymbol{V}_C$ の大きさは電源電圧 E の Q 倍になる。もし，Q 値を 1 より大きくすれば，$|\boldsymbol{V}_L|$，$|\boldsymbol{V}_C|$ は電源電圧 E に比べて大きな値となる。また，$\boldsymbol{V}_L+\boldsymbol{V}_C=0$ となり，あたかも RLC 直列共振回路はインダクタとキャパシタのない抵抗だけの回路のように電流が決まり，抵抗 R には，電源電圧 E がそのまま加わることがわかる。

例題

RLC 直列共振回路において，$R=50\,\Omega$，$L=200$ mH，$C=0.04$ μF としたときの共振周波数と Q 値と半値幅を求めよ。

●略解――解答例

共振周波数は

$$f_0=\frac{\omega_0}{2\pi}=\frac{1}{2\pi\sqrt{LC}}=\frac{1}{2\pi\sqrt{0.2\times0.04\times10^{-6}}}=1780\text{ Hz}\quad(答)$$

Q 値は

$$Q=\frac{1}{R}\sqrt{\frac{L}{C}}=\frac{1}{50}\sqrt{\frac{0.2}{0.04\times10^{-6}}}=44.7\quad(答)$$

半値幅を周波数で表すと，

$$\Delta f=\frac{\Delta\omega}{2\pi}=\frac{\omega_2-\omega_1}{2\pi}=\frac{\omega_0}{2\pi Q}=\frac{f_0}{Q}=39.8\text{ Hz}\quad(答)$$

ちなみに，インピーダンス $\boldsymbol{Z}$ を複素平面で示すと，図 3-21 の軌跡をとる。

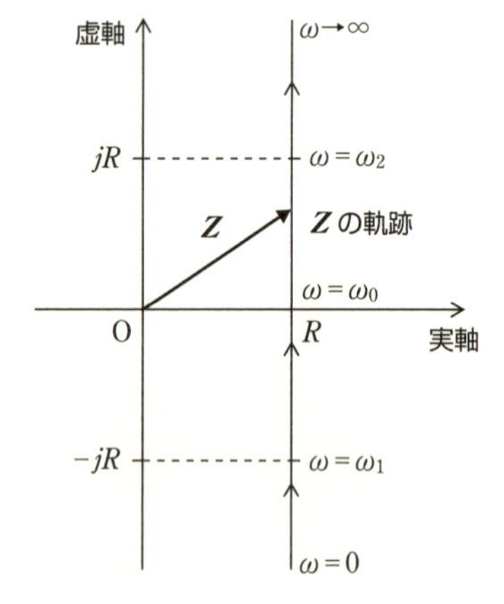

図 3-21　RLC 直列回路のインピーダンス $\boldsymbol{Z}$ の複素平面での軌跡

また，式 3-44 の複素電流 $\boldsymbol{I}$ [A] は複素平面で図 3-22 の軌跡をとる。$\boldsymbol{Z}$ の軌跡は原点 O と実軸上の点 $\left(\dfrac{E}{R}\right)$ を結ぶ線分を直径とする円で，原点

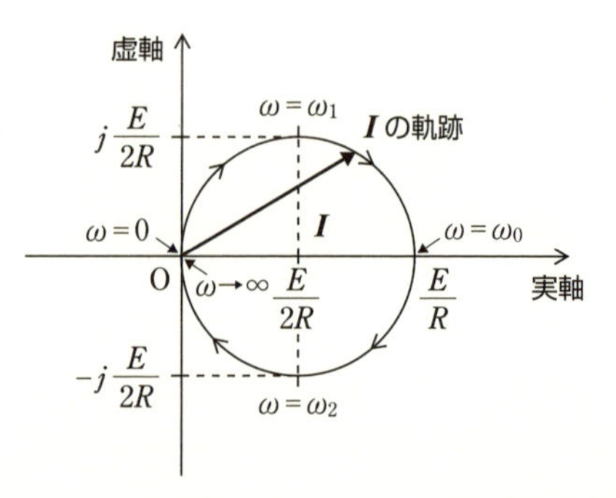

図 3-22　RLC 直列回路を流れる電流 $\boldsymbol{I}$ の複素平面での軌跡

Oから出発し，時計回りして原点Oに戻る。なお，また，式3−44で$E=1$とすれば，アドミタンス$\boldsymbol{Y}=\dfrac{1}{\boldsymbol{Z}}$ [S] になるので，アドミタンス$\boldsymbol{Y}$の軌跡は円である。

3-2-2 *RLC*並列回路

抵抗，インダクタ，キャパシタを並列に接続した***RLC*並列回路**(*RLC* parallel circuit)に電流源をつないだ回路を図3−23に示す。

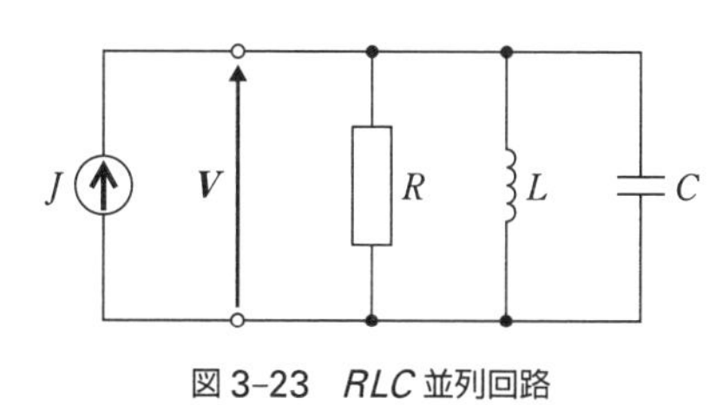

図3−23　*RLC*並列回路

抵抗をR [Ω]，インダクタンスをL [H]，キャパシタンスをC [F]，電流源Jの角周波数をω [rad/s] とすると，*RLC*並列回路のアドミタンス$\boldsymbol{Y}$ [S] は

$$\boldsymbol{Y}=\frac{1}{R}+\frac{1}{j\omega L}+j\omega C$$

$$=\frac{1}{R}+j\left(\omega C-\frac{1}{\omega L}\right) \qquad (3-53)$$

であり，その複素平面での軌跡を図3−24に示す。ωの増加とともに虚軸に平行な直線上を$-\infty$から$+\infty$までたどる。

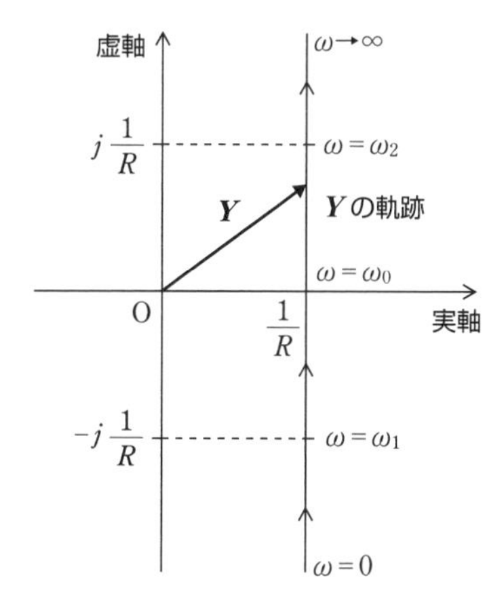

図3−24　*RLC*並列回路のアドミタンス$\boldsymbol{Y}$の複素平面での軌跡

$$\omega_0=\frac{1}{\sqrt{LC}} \qquad (3-54)$$

とすると，$\omega=\omega_0$では，$\boldsymbol{Y}=\dfrac{1}{R}$とアドミタンスは実数になり，$|\boldsymbol{Y}|$は最小の値$\dfrac{1}{R}$となる。また，図中で$\omega_1$，$\omega_2$のときは，$|\boldsymbol{Y}|=\dfrac{\sqrt{2}}{R}$となる。

RLC 並列回路にかかる電圧 $\boldsymbol{V}$ は，電流源の電流を J [A]（初期位相を 0 とし，J は正の実数）とすれば

$$\boldsymbol{V}=\frac{J}{\boldsymbol{Y}}=\frac{J}{\dfrac{1}{R}+j\left(\omega C-\dfrac{1}{\omega L}\right)} \qquad (3\text{–}55)$$

となる。

電圧の大きさ $|\boldsymbol{V}|$ および位相 $\arg(\boldsymbol{V})$ [rad] の ω_0 付近での角周波数による変化を図 3–25 に示す。$\boldsymbol{V}=\dfrac{J}{\boldsymbol{Y}}$ であるから，J を正の実数とすれば $|\boldsymbol{V}|=\dfrac{J}{|\boldsymbol{Y}|}$，$\arg(\boldsymbol{V})=-\arg(\boldsymbol{Y})$ である。$\omega=\omega_0$ のとき，$|\boldsymbol{V}|$ は最大となり，$|\boldsymbol{V}|=RJ$，$\arg(\boldsymbol{V})=0$ である。また，$\omega=\omega_1$ および $\omega=\omega_2$ のとき，$|\boldsymbol{V}|=\dfrac{RJ}{\sqrt{2}}$ であり，$\omega=\omega_1$ で $\arg(\boldsymbol{V})=\dfrac{\pi}{4}$，$\omega=\omega_2$ で $\arg(\boldsymbol{V})=-\dfrac{\pi}{4}$ である。

図 3–25 に示される共振現象は，RLC 直列回路の共振と区別し，**反共振**（anti-resonance）あるいは**並列共振**（parallel resonance）という。ω_0 は共振角周波数であり，$\Delta\omega=\omega_2-\omega_1$ は半値幅である（**3–2–1** 項「RLC 直列回路の共振」参照）。

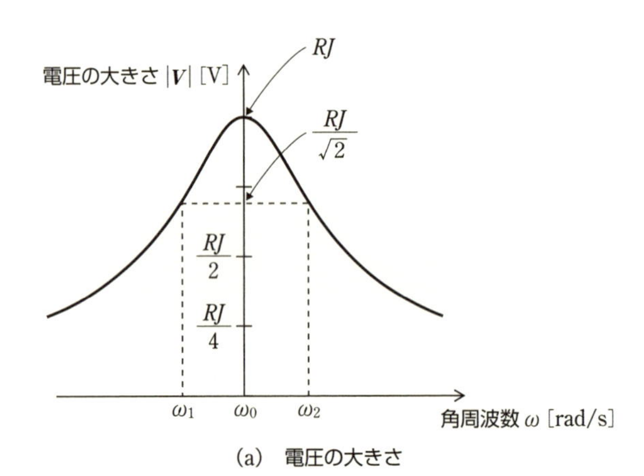

(a) 電圧の大きさ

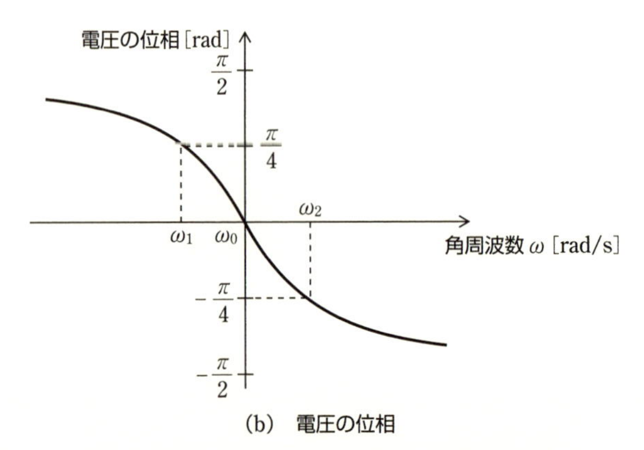

(b) 電圧の位相

図 3–25 電圧 $\boldsymbol{V}$ の大きさおよび位相と角周波数の関係

アドミタンス $\boldsymbol{Y}$ の式 3−53 を書き直すと

$$\boldsymbol{Y}=\frac{1}{R}\left\{1+j\left(\omega CR-\frac{R}{\omega L}\right)\right\}$$

$$=\frac{1}{R}\left\{1+jQ\left(\frac{\omega}{\omega_0}-\frac{\omega_0}{\omega}\right)\right\} \qquad (3\text{-}56)$$

となる。ただし Q 値は

$$Q=\omega_0 CR=\frac{R}{\omega_0 L}=R\sqrt{\frac{C}{L}} \qquad (3\text{-}57)$$

である。また，回路にかかる電圧 $\boldsymbol{V}$ は

$$\boldsymbol{V}=\frac{J}{\boldsymbol{Y}}=\frac{J}{\dfrac{1}{R}\left\{1+jQ\left(\dfrac{\omega}{\omega_0}-\dfrac{\omega_0}{\omega}\right)\right\}} \qquad (3\text{-}58)$$

となる。

$\omega=\omega_0$ のとき，抵抗，インダクタ，キャパシタを流れる電流 $\boldsymbol{I}_R$, $\boldsymbol{I}_L$, $\boldsymbol{I}_C$ [A] はそれぞれ

$$\boldsymbol{I}_R=J,\quad \boldsymbol{I}_L=-jQJ,\quad \boldsymbol{I}_C=jQJ \qquad (3\text{-}59)$$

となる，$|\boldsymbol{I}_L|$ および $|\boldsymbol{I}_C|$ は電源電流 J の Q 倍になる。また，$\boldsymbol{I}_L+\boldsymbol{I}_C=0$ となる。

式 3−55 の複素電圧 $\boldsymbol{V}$ は図 3−26 に示す軌跡をとる。電圧は，原点 O と実軸上の点 (RJ) とを直径とする円上を，原点 O から出発し時計回りに移動して原点 O に戻る。$J=1$ とすればインピーダンス $\boldsymbol{Z}$ の軌跡を得る。

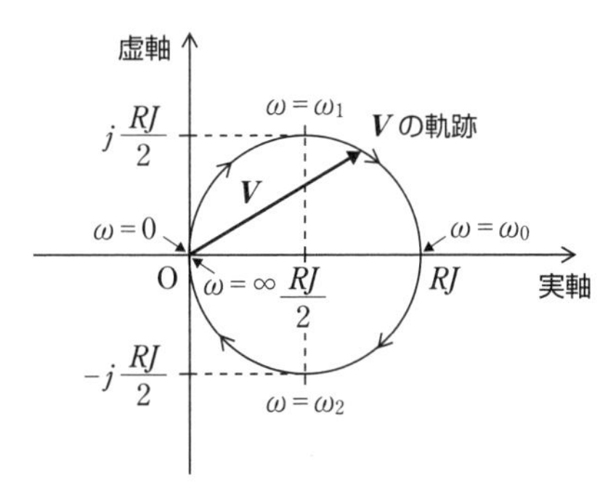

図 3−26　RLC 並列回路にかかる電圧 $\boldsymbol{V}$ の複素平面での軌跡

3-2 ドリル問題

問題 1———抵抗 $R=4\,\Omega$，インダクタンス $L=20\,\mathrm{mH}$，キャパシタンス $C=8\,\mu\mathrm{F}$ の RLC 直列共振回路での，共振周波数 f_0 [Hz] と Q 値を求めよ。

問題 2———共振周波数 5 kHz，Q 値 20 の RLC 直列共振回路がある。抵抗 $R=5\,\Omega$ であるとして，インダクタンス L [H] とキャパシタンス C [F] を求めよ。

問題 3———抵抗 $R=10\,\Omega$，インダクタンス $L=50\,\mathrm{mH}$，キャパシタンス $C=2\,\mu\mathrm{F}$ の RLC 直列共振回路がある。この回路に 20V の交流電圧源をつないだとき，共振周波数での各素子の電圧 $\boldsymbol{V}_R$，$\boldsymbol{V}_L$，$\boldsymbol{V}_C$ [V] を求めよ。

問題 4———抵抗 $R=8\,\Omega$，インダクタンス $L=40\,\mathrm{mH}$，キャパシタンス $C=5\,\mu\mathrm{F}$ の RLC 直列共振回路がある。この回路に交流電圧源をつないだとき，電流の大きさが最大値の $\frac{1}{\sqrt{2}}$ になる角周波数 ω_1，ω_2 [rad/s] $(\omega_1<\omega_2)$ を求めよ。

問題 5———RLC 直列共振回路において，電流の大きさが最大値の $\frac{1}{\sqrt{2}}$ になる角周波数が $\omega_1=950\,\mathrm{rad/s}$，$\omega_2=1000\,\mathrm{rad/s}$ であるとき，共振角周波数 ω_0 [rad/s] と Q 値を求めよ。

問題 6———RLC 直列共振回路において，共振角周波数 $\omega_0=2000\,\mathrm{rad/s}$，$Q=30$ であるとき，ω_1，ω_2 [rad/s] を求めよ。

問題 7———抵抗 $R=200\,\Omega$，インダクタンス $L=4\,\mathrm{mH}$，キャパシタンス $C=20\,\mu\mathrm{F}$ の RLC 並列共振回路での，共振周波数 f_0 [Hz] と Q 値を求めよ。

問題 8———共振周波数 500 Hz，Q 値 40 の RLC 並列共振回路がある。抵抗 $R=500\,\Omega$ であるとして，インダクタンス L [H] とキャパシタンス C [F] を求めよ。

問題 9———抵抗 $R=500\,\Omega$，インダクタンス $L=8\,\mathrm{mH}$，キャパシタンス $C=30\,\mu\mathrm{F}$ の RLC 並列共振回路がある。この回路に 50 mA の交流電流源をつないだとき，共振周波数での各素子の電流 $\boldsymbol{I}_R$，$\boldsymbol{I}_L$，$\boldsymbol{I}_C$ [A] を求めよ。

問題 10———抵抗 $R=800\,\Omega$，インダクタンス $L=40\,\mathrm{mH}$，キャパシタンス $C=5\,\mu\mathrm{F}$ の RLC 並列共振回路がある。この回路に交流電流源をつないだとき，電圧の大きさが最大値の $\frac{1}{\sqrt{2}}$ になる角周波数 ω_1，ω_2 [rad/s] $(\omega_1<\omega_2)$ を求めよ。

3-2 演習問題

1. 図 1 の回路において，$R=5\,\Omega$，$L=2\,\mathrm{mH}$，$C=50\,\mu\mathrm{F}$ である。交流電流源の電流 J を 2 A，角周波数を 2000 rad/s とするとき，各部の電流と電圧のフェーザ表示を複素平面に表せ。

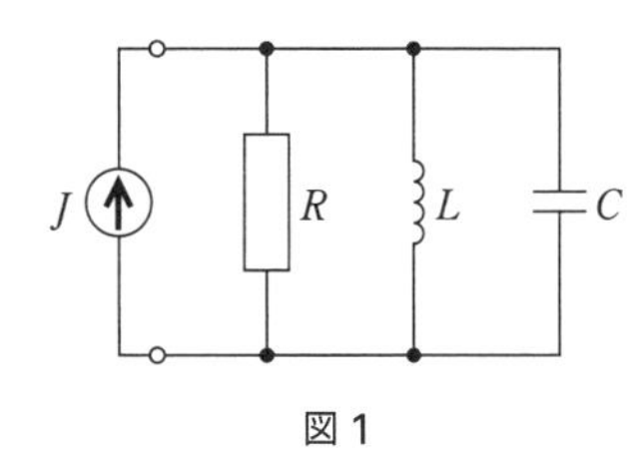

図 1

2. 図 2 の回路において，$R=20\,\Omega$，$L=4\,\mathrm{mH}$，$C=20\,\mu\mathrm{F}$ である。交流電圧源の電圧 E を 10 V，角周波数を 5000 rad/s とするとき，各部の電流と電圧のフェーザ表示を複素平面に表せ。

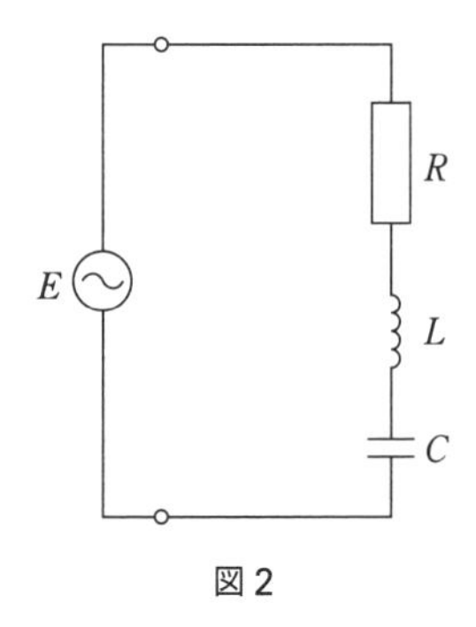

図 2

3. 共振周波数が 800 kHz で，Q 値が 20 の RLC 直列共振回路を設計したい。$R=10\,\Omega$ として，このときの L, C の値を求めよ。

4. $R=100\,\Omega$　$L=10\,\mu\mathrm{H}$　$C=10\,\mathrm{pF}$ の素子を用いて直列共振回路をつくるとき，共振周波数，Q 値，半値幅を求めよ。

3-3 相互誘導回路

二つのインダクタを互いに近づけると，電磁誘導によって電流と電圧が相互誘導される。この現象を用いた交流回路を学ぶ。

3-3-1 相互誘導回路のインピーダンス

相互誘導回路(そうごゆうどうかいろ)[1] (mutual inductive coupled circuit)を図 3-27 に示す。**一次側**(左側：**一次コイル**，primary coil)および**二次側**(右側：**二次コイル**，secondary coil)の端子間にかかる電圧をそれぞれ $v_1(t)$，$v_2(t)$ [V] とし，一次側および二次側の端子を流れる電流をそれぞれ $i_1(t)$，$i_2(t)$ [A] とすると，次のような関係が成り立つ。

$$\left.\begin{aligned} v_1(t) &= L_1\frac{di_1(t)}{dt} + M\frac{di_2(t)}{dt} \\ v_2(t) &= M\frac{di_1(t)}{dt} + L_2\frac{di_2(t)}{dt} \end{aligned}\right\} \qquad (3\text{-}60)$$

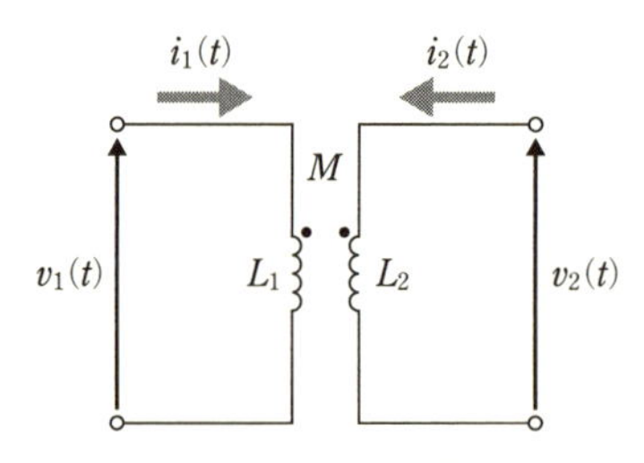

図 3-27　相互誘導回路

ここで，L_1 [H]，L_2 [H] を**自己インダクタンス**[2] (self inductance)，M [H] を**相互**(そうご)**インダクタンス**[3] (mutual inductance)という。図 3-27 中の「•」[4]は一次側および二次側の電圧と電流の向きを示す。

正弦波交流(角周波数 ω [rad/s])で，複素数表示すると

$$\left.\begin{aligned} \boldsymbol{V}_1 &= j\omega L_1\boldsymbol{I}_1 + j\omega M\boldsymbol{I}_2 \\ \boldsymbol{V}_2 &= j\omega M\boldsymbol{I}_1 + j\omega L_2\boldsymbol{I}_2 \end{aligned}\right\} \qquad (3\text{-}61)$$

となる。

この相互誘導回路を用いた回路(図 3-28)を考える。

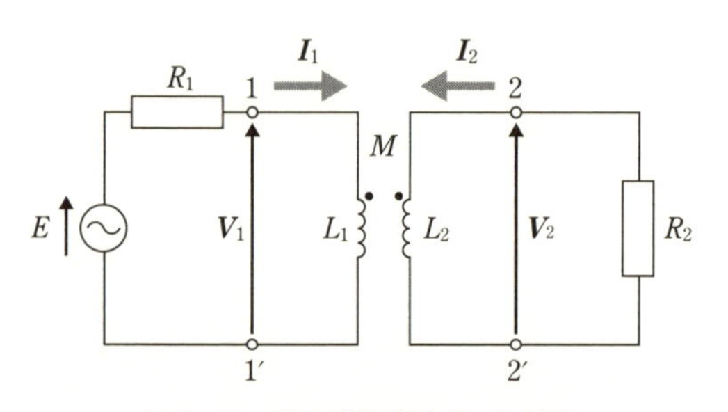

図 3-28　相互誘導回路を用いた回路

1. 相互誘導回路
トランスともよぶ。交流電流や電圧，インピーダンスの変換に用いる。

2. 自己インダクタンス
単独のインダクタにおけるインダクタンスと同じ量であるが，相互インダクタンスとの区別を明確にするため，相互誘導回路では自己インダクタンスとよばれる。

3. 相互インダクタンス
二つのインダクタを近接して置くと，片方のインダクタから発生した磁束(本シリーズの「基礎物理 2」または「電磁気学」を参照)により，他方のインダクタに電圧が発生する。この相互作用を表すものが相互インダクタンスである。

4. 極性の記号
図 3-27 のように，一次側の上側が + になるように電圧を加えたとき，二次側の電圧が + になる端子(図では上側)に点をつける。

電圧源の電圧を E [V]，一次側と二次側に接続された抵抗をそれぞれ R_1 [Ω]，R_2 [Ω] とすると

$$\left.\begin{aligned} E &= R_1\boldsymbol{I}_1 + \boldsymbol{V}_1 = (R_1 + j\omega L_1)\boldsymbol{I}_1 + j\omega M\boldsymbol{I}_2 \\ 0 &= R_2\boldsymbol{I}_2 + \boldsymbol{V}_2 = j\omega M\boldsymbol{I}_1 + (R_2 + j\omega L_2)\boldsymbol{I}_2 \end{aligned}\right\} \quad (3\text{-}62)$$

を得る。ここで

$$\boldsymbol{Z}_1 = R_1 + j\omega L_1,\quad \boldsymbol{Z}_2 = R_2 + j\omega L_2,\quad \boldsymbol{Z}_M = j\omega M$$

とおくと

$$\left.\begin{aligned} \boldsymbol{Z}_1\boldsymbol{I}_1 + \boldsymbol{Z}_M\boldsymbol{I}_2 &= E \\ \boldsymbol{Z}_M\boldsymbol{I}_1 + \boldsymbol{Z}_2\boldsymbol{I}_2 &= 0 \end{aligned}\right\} \quad (3\text{-}63)$$

となる。これを解いて

$$\left.\begin{aligned} \boldsymbol{I}_1 &= \frac{\boldsymbol{Z}_2}{\boldsymbol{Z}_1\boldsymbol{Z}_2 - \boldsymbol{Z}_M{}^2}E \\ \boldsymbol{I}_2 &= \frac{-\boldsymbol{Z}_M}{\boldsymbol{Z}_1\boldsymbol{Z}_2 - \boldsymbol{Z}_M{}^2}E \end{aligned}\right\} \quad (3\text{-}64)$$

を得る。

電源からみたインピーダンス $\boldsymbol{Z}$ [Ω] は

$$\begin{aligned} \boldsymbol{Z} &= \frac{E}{\boldsymbol{I}_1} = \frac{\boldsymbol{Z}_1\boldsymbol{Z}_2 - \boldsymbol{Z}_M{}^2}{\boldsymbol{Z}_2} = \boldsymbol{Z}_1 - \frac{\boldsymbol{Z}_M{}^2}{\boldsymbol{Z}_2} \\ &= R_1 + j\omega L_1 + \frac{\omega^2 M^2}{R_2 + j\omega L_2} \\ &= R_1 + j\omega L_1 + \frac{\omega^2 M^2}{R_2{}^2 + \omega^2 L_2{}^2}(R_2 - j\omega L_2) \end{aligned} \quad (3\text{-}65)$$

となる。電源からみたインピーダンス $\boldsymbol{Z}$ は，二次側と結合がないとき（$M=0$）の一次側だけのインピーダンス $\boldsymbol{Z}_1$ [Ω] に対して $-\dfrac{M^2}{\boldsymbol{Z}_2}$ だけ変化し，抵抗成分は増加し，リアクタンス成分は減少する。

二次側を流れる電流 $\boldsymbol{I}_2$ [A] は

$$\boldsymbol{I}_2 = \frac{-\boldsymbol{Z}_M}{\boldsymbol{Z}_1\boldsymbol{Z}_2 - \boldsymbol{Z}_M{}^2}E = -\frac{\boldsymbol{Z}_M}{\boldsymbol{Z}_2}\boldsymbol{I}_1 = -\frac{j\omega M}{R_2 + j\omega L_2}\boldsymbol{I}_1 \quad (3\text{-}66)$$

となる。

電源から回路に供給される有効電力 P_{a} [W] は

$$\begin{aligned} P_{\mathrm{a}} &= \mathrm{Re}(E\bar{\boldsymbol{I}}_1) = \mathrm{Re}(\boldsymbol{Z})|\boldsymbol{I}_1|^2 \\ &= \left(R_1 + \frac{\omega^2 M^2}{R_2{}^2 + \omega^2 L_2{}^2}R_2\right)|\boldsymbol{I}_1|^2 \\ &= R_1|\boldsymbol{I}_1|^2 + R_2|\boldsymbol{I}_2|^2 \end{aligned} \quad (3\text{-}67)$$

となる。この式 3-67 は，電源から供給される電力が一次側および二次側に接続された抵抗で消費される電力の和に等しいことを示す。

3-3-2 相互誘導回路の等価回路

相互誘導回路(図 3-27)の等価回路として，図 3-29 に示すように，インピーダンス $\boldsymbol{Z}_{\rm A}, \boldsymbol{Z}_{\rm B}, \boldsymbol{Z}_{\rm C}$ [Ω] の素子が T 字形に接続された回路を考えてみる。

図 3-28 と図 3-29 の回路が等価であると仮定しよう。

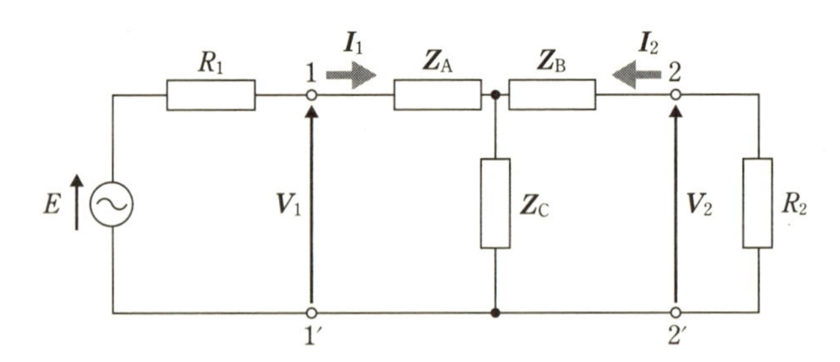

図 3-29　相互誘導回路の等価回路を求めるための T 形回路

図 3-29 の回路では

$$\left.\begin{aligned}(R_1+\boldsymbol{Z}_{\rm A}+\boldsymbol{Z}_{\rm C})\boldsymbol{I}_1+\boldsymbol{Z}_{\rm C}\boldsymbol{I}_2=E\\ \boldsymbol{Z}_{\rm C}\boldsymbol{I}_1+(R_2+\boldsymbol{Z}_{\rm B}+\boldsymbol{Z}_{\rm C})\boldsymbol{I}_2=0\end{aligned}\right\}\qquad(3\text{-}68)$$

が成り立つので，式 3-62 と比較すると

$$\left.\begin{aligned}\boldsymbol{Z}_{\rm A}+\boldsymbol{Z}_{\rm C}=j\omega L_1\\ \boldsymbol{Z}_{\rm C}=j\omega M\\ \boldsymbol{Z}_{\rm B}+\boldsymbol{Z}_{\rm C}=j\omega L_2\end{aligned}\right\}\qquad(3\text{-}69)$$

を得る。これを整理すると

$$\left.\begin{aligned}\boldsymbol{Z}_{\rm A}=j\omega(L_1-M)\\ \boldsymbol{Z}_{\rm B}=j\omega(L_2-M)\\ \boldsymbol{Z}_{\rm C}=j\omega M\end{aligned}\right\}\qquad(3\text{-}70)$$

となり，相互誘導回路の等価回路が図 3-30 に示すように，三つのインダクタで表される。

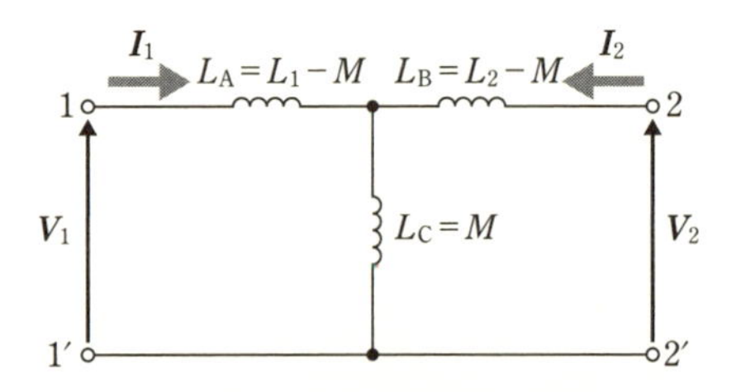

図 3-30　相互誘導回路の等価回路

3-3-3 結合係数と理想変成器

結合係数

相互誘導回路の自己インダクタンスと相互インダクタンスとの関係を表す量として，**結合係数**(coefficient of coupling) k を定義する。図 3-28 の回路で，一次側インダクタと二次側インダクタの自己インダクタンスをそれぞれ L_1, L_2 [H]，相互インダクタンスを M [H] とすると

$$k=\frac{M}{\sqrt{L_1 L_2}} \tag{3-71}$$

となる。通常 $L_1 L_2 \geqq M^2$ である。k は $0<k\leqq 1$ の範囲にあり，一次側インダクタと二次側インダクタとの結合の強さによって値が決まる。

理想変成器

相互誘導回路の特殊なものとして，**理想変成器**[5] (ideal transformer)（理想変圧器ともいう）がある。理想変成器は，L_1 と L_2 と M の値は十分大きく，かつ

$$M=\sqrt{L_1 L_2} \quad (k=1) \tag{3-72}$$

$$a=\sqrt{\frac{L_2}{L_1}} \tag{3-73}$$[6]

として定義される。

このような理想変成器は，交流電圧あるいは交流電流の大きさを変換する機能をもつ。以下に，その原理を説明する。

式 3-72 と式 3-73 より，$M=a\,L_1$, $L_2=a\,M$ であるから，式 3-60 を書き直すと

$$\left.\begin{aligned} v_1(t)&=L_1\frac{d}{dt}\{i_1(t)+a\,i_2(t)\} \\ v_2(t)&=M\frac{d}{dt}\{i_1(t)+a\,i_2(t)\} \end{aligned}\right\} \tag{3-74}$$

となる。したがって

$$\frac{d}{dt}\{i_1(t)+a\,i_2(t)\}=\frac{v_2(t)}{M} \tag{3-75}$$

である。M が十分大きいので

$$\frac{d}{dt}\{i_1(t)+a\,i_2(t)\}=0 \tag{3-76}$$

が得られる。これを t で積分すると

$$i_1(t)+a\,i_2(t)=\text{一定（積分定数 } C\text{）} \tag{3-77}$$

となる。ある時刻で $i_1(t)=i_2(t)=0$ とすれば，この一定値は 0 となる。したがって

$$i_1(t)=-a\,i_2(t) \tag{3-78}$$

を得る。また，式 3-74 から

$$v_1(t)=\frac{v_2(t)}{a} \tag{3-79}$$

が成り立つ。式 3-78 および式 3-79 を複素数表示で表すと

$$\boldsymbol{I}_1=-a\,\boldsymbol{I}_2 \tag{3-80}$$

5. 変圧器
実際の変圧器あるいはトランスは，理想変成器に近く，主として交流電圧の変換に使用される。

6. a の意味
コイルでは，自己インダクタンス L は巻き数 n の 2 乗に比例する。したがって，二つのコイルで作製した変成器では，a は二次側と一次側のコイルの**巻数比** $\frac{n_2}{n_1}$ に相当する（$n_1 : n_2 = 1 : \frac{n_2}{n_1} = 1 : a$）。

$$V_1 = \frac{V_2}{a} \quad (V_1 : V_2 = 1 : a) \tag{3-81}$$

である。式 3-80 と式 3-81 から，**二次側の電流は $\frac{1}{a}$ 倍に，二次側の電圧は a 倍になる**ことがわかる。なお，電流の関係式での負号は電流の位相が π だけ違うことを表す。

また，式 3-80 および式 3-81 を用いると，一次側および二次側の複素電力の和に対して

$$V_1\overline{I_1} + V_2\overline{I_2} = \frac{V_2}{a}(-a\overline{I_2}) + V_2\overline{I_2} = 0 \tag{3-82}$$

が成り立ち，エネルギーを蓄えることも消費することもない。

理想変成器では，図 3-31 に示すように，相互インダクタンス M の代わりに，巻数比 1：a で表すことが多い。

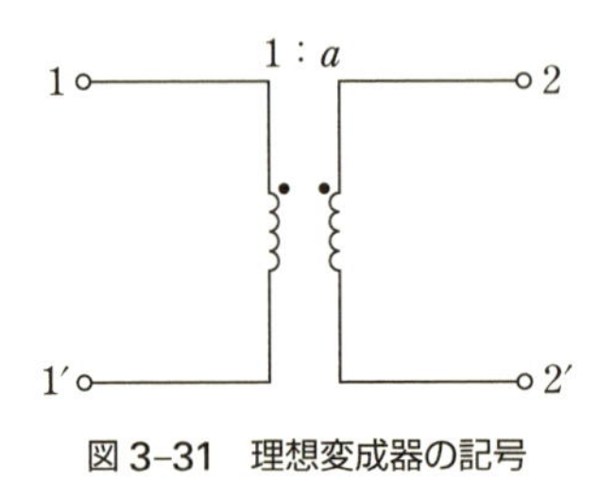

図 3-31　理想変成器の記号

次に，理想変成器の二次側にインピーダンス Z_L [Ω] の回路をつないだときを考える(図 3-32)。

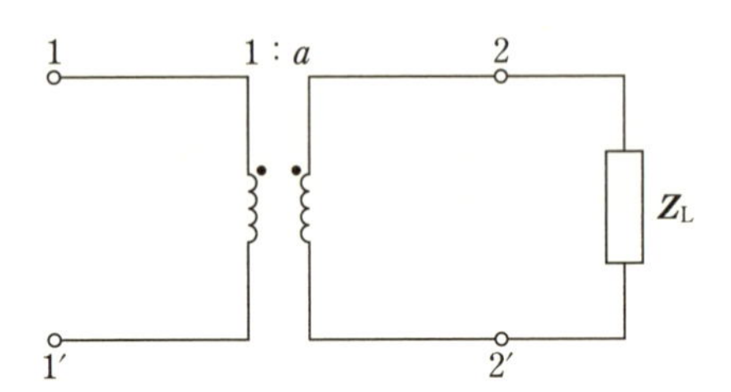

図 3-32　理想変成器の二次側にインピーダンス Z をつないだ回路

理想変成器では，一次側，二次側の間に

$$I_1 = -a\,I_2$$

$$V_1 - \frac{V_2}{a} \qquad (3\text{-}80,\ 3\text{-}81 \text{ 再掲})$$

の関係が成り立つ。また，二次側では

$$V_2 + Z_L I_2 = 0 \tag{3-83}$$

が成り立つ。したがって，一次側からみたインピーダンス Z_{in} [Ω] は

$$Z_{in} = \frac{V_1}{I_1} = \frac{\frac{V_2}{a}}{-a\,I_2} = -\frac{1}{a^2}\frac{V_2}{I_2} = \frac{1}{a^2}Z_L \tag{3-84}$$

となり，二次側に接続された素子のインピーダンス $\boldsymbol{Z}_{\mathrm{L}}$ は，一次側からみると $\dfrac{1}{a^2}$ 倍になる（図 3–33）。

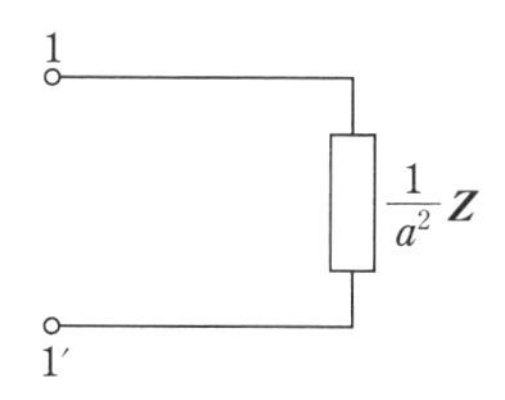

図 3–33　図 3–32 の回路の一次側からみたインピーダンス

3-3 ドリル問題

問題 1———図 3–28 の相互誘導回路で $L_1 = 80$ mH，$L_2 = 60$ mH，$M = 50$ mH であるとき，図 3–30 の T 形等価回路のインダクタンス L_{A}，L_{B}，L_{C}［H］を求めよ。

問題 2———相互誘導回路で自己インダクタンス $L_1 = 80$ mH，$L_2 = 50$ mH，相互インダクタンス $M = 60$ mH であるとき，結合係数 k を求めよ。

問題 3———相互誘導回路で自己インダクタンス $L_1 = 20$ mH，$L_2 = 30$ mH，結合係数 $k = 0.9$ のとき，相互インダクタンス M［H］を求めよ。

問題 4———図 3–28 の相互誘導回路を用いた回路において，$R_1 = R_2 = 20\ \Omega$，$L_1 = 5$ mH，$L_2 = 8$ mH，$M = 6$ mH，交流電圧源の電圧 $E = 20$ V，周波数 $f = 500$ Hz であるとき，一次側と二次側の電流 $\boldsymbol{I}_1$，$\boldsymbol{I}_2$［A］，電流の大きさ $|\boldsymbol{I}_1|$，$|\boldsymbol{I}_2|$［A］，位相 $\arg(\boldsymbol{I}_1)$，$\arg(\boldsymbol{I}_2)$［rad］を求めよ。

問題 5———図 3–28 の相互誘導回路を用いた回路において，$R_1 = 3\Omega$，$R_2 = 4\Omega$，$L_1 = 8$ mH，$L_2 = 9$ mH，$M = 8$ mH，交流電圧源の電圧 $E = 20$ V，周波数 $f = 200$ Hz であるとき，電源からみたインピーダンス $\boldsymbol{Z}_i$［Ω］，インピーダンスの大きさ $|\boldsymbol{Z}_i|$［Ω］，インピーダンスの偏角 $\arg(\boldsymbol{Z}_i)$［rad］を求めよ。

問題 6———図 3–28 の相互誘導回路を用いた回路において，$R_1 = 5\ \Omega$，$R_2 = 2\ \Omega$，$L_1 = 40$ mH，$L_2 = 50$ mH，$M = 40$ mH，交流電圧源の電圧 $E = 30$ V，周波数 $f = 50$ Hz であるとき，一次側の電流 $\boldsymbol{I}_1$［A］と電源での有効電力 P_{a}［W］を求めよ。

問題 7———相互誘導回路で自己インダクタンス $L_1 = 0.8$ mH，$L_2 = 40$ mH，相互インダクタンス $M = \sqrt{L_1 L_2}$ のとき，理想変成器（1：a）の a を求めよ。

問題 8———1：5（$a = 5$）の理想変成器の二次側に 400 Ω の抵抗がつながれているとき，一次側に交流電圧源をつないだところ，二次側に 2 A の電流が流れた。一次側での電圧 $\boldsymbol{V}_1$［V］と電流 $\boldsymbol{I}_1$［A］を求めよ。

問題 9———1：0.25（$a = 0.25$）の理想変成器の二次側に 200 Ω の抵抗がつながれている。一次側に交流電源をつないだところ，一次側に 15 mA の電流が流れた。二次側の抵抗にかかる電圧 $\boldsymbol{V}_2$［V］を求めよ。

問題 10———1：2（$a = 2$）の理想変成器があり，一次側に電圧 30 V，内部抵抗 5 Ω の交流電圧源が，二次側に 40 Ω の抵抗がつながれている。このときの電源での有効電力 P_{a}［W］を求めよ。

3-3 演習問題

1. 以下の回路において，変成器をT形等価回路に置き換えて図示せよ。また，合成インピーダンスも求めよ。

(1)

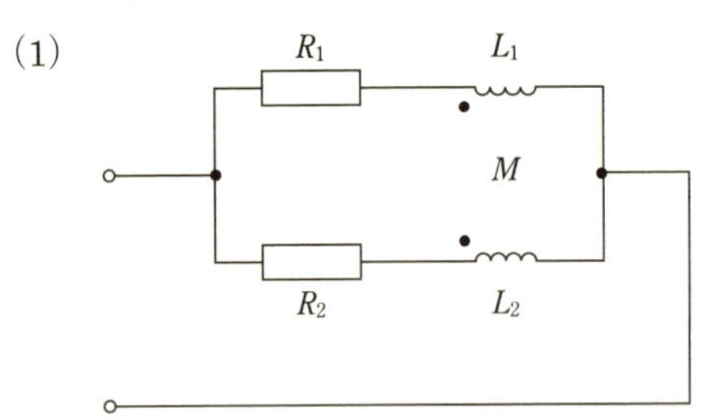

(2)

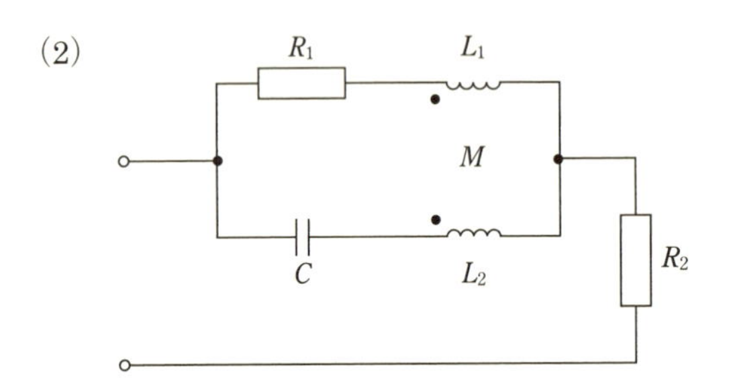

(3)

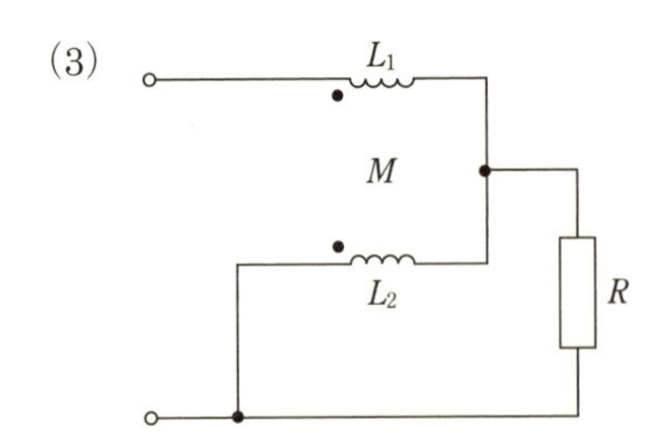

(4)

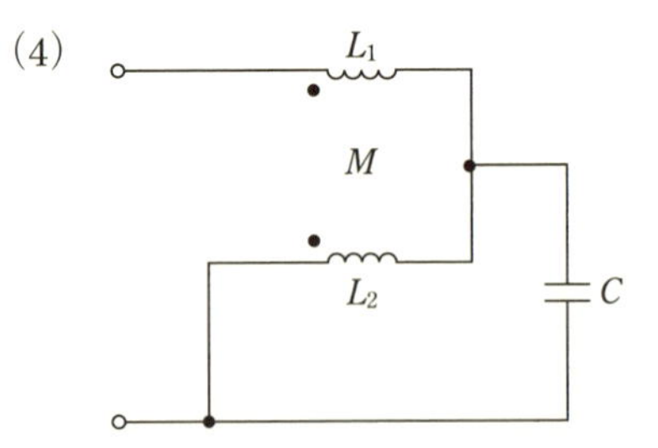

(5)

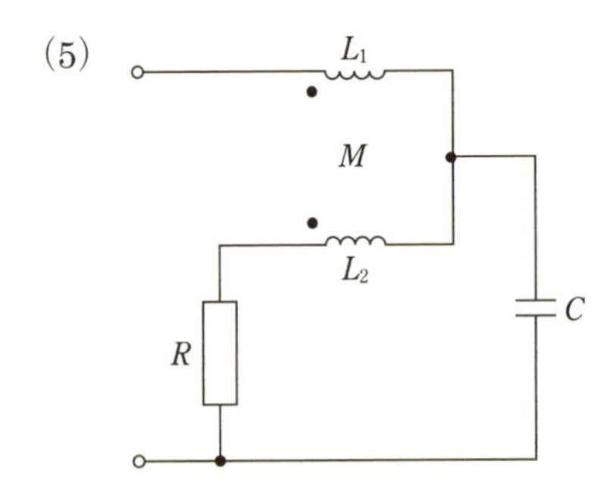

3-4 周期変量

交流回路の角周波数 ω は，これまでは一つに限ってきた。この節では角周波数が異なる二つ以上の正弦波が重なった電圧や電流を考え，その特徴を表す諸量(**周期変量**)を紹介する。

3-4-1 交流信号の諸量

二つの角周波数が異なる正弦波が重なった電圧の例を図 3-34 に示す。

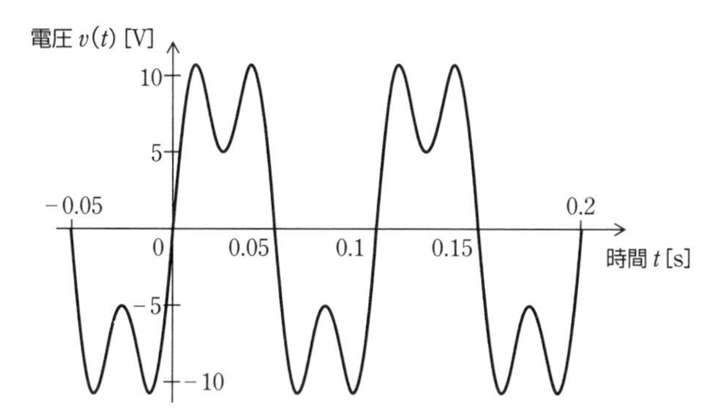

図 3-34　二つの正弦波で構成された交流電圧の例

交流電圧 $v(t)$ [V] は，次式で表される。

$$v(t) = 10\sin(20\pi t) + 5\sin(60\pi t) \qquad (3\text{-}85)$$

以下では，交流電圧を中心に記述する。交流電流に対しても同様な周期変量が用いられる。

平均値

交流電圧 $v(t)$ [V] に対して，その**平均値**(average value) V_0 [V] は平均時間を T [s] として

$$V_0 = \frac{1}{T}\int_0^T v(t)\,dt \qquad (3\text{-}86)$$

で与えられる。周期的な電圧変化のときにはその**周期を平均時間とする**。正弦波電圧の場合はその周期を平均時間とすると，その平均値は 0 である。周期的な電圧変化でない場合には，十分長い時間に対する平均をとり，平均値とする。

交流電圧の平均値は交流電圧の**直流成分**ともいう。交流電圧から直流成分を引いたものの平均値はもちろん 0 である。

交流電流 $i(t)$ [A] に対して，その平均値 I_0 [A] は平均時間を T [s] として

$$I_0 = \frac{1}{T}\int_0^T i(t)\,dt \qquad (3\text{-}87)$$

で与えられる。電流の平均値も，電圧の平均値と同様に適用できる。

実効値

すでに **2-1-1** 項「正弦波交流」で説明したが，再度説明する。交流電圧 $v(t)$ の**実効値**(effective value: root-mean-square value, RMS) V_a [V] は周期 T [s] を用いて

$$V_a = \sqrt{\frac{1}{T}\int_0^T v(t)^2 dt} \tag{3-88}$$

で与えられる。なお，波形そのものの平均値が 0 でない場合には，$v(t)$ から平均値 V_0 を引いたものを 2 乗平均した値

$$V_a = \sqrt{\frac{1}{T}\int_0^T \{v(t) - V_0\}^2 dt} \tag{3-89}$$

を交流成分の実効値という。

単一の正弦波交流電圧では，実効値は振幅の $\frac{1}{\sqrt{2}}$ ($=0.707$) 倍である。

交流電流 $i(t)$ の実効値 I_a [A] は，交流電圧に対するものと同様に

$$I_a = \sqrt{\frac{1}{T}\int_0^T i(t)^2 dt} \tag{3-90}$$

で与えられる。

波形率

実効値と平均値の比を**波形率**(form factor)という。

$$波形率 = \frac{実効値}{平均値} \tag{3-91}$$

平均値が 0 のときは定義できない。

単一の正弦波交流電圧のとき，平均値として半周期の平均を用いると，波形率は $\frac{\pi}{2\sqrt{2}}$ ($=1.11$) となる。

波高値(ピーク値)

交流電圧の最大値を**波高値**(crest value, **ピーク値**：peak value)という。単一の正弦波による交流電圧のときは，波高値は振幅に等しい。

波高率

最大値と実効値の比を**波高率**(crest factor, peak factor)という。すなわち

$$波高率 = \frac{最大値}{実効値} \tag{3-92}$$

である。通常 1 以上の値になる。

単一の正弦波の交流電圧のときは，最大値は振幅であり，実効値は振幅の $\frac{1}{\sqrt{2}}$ 倍であるから，波高率は $\sqrt{2}$ ($=1.41$) となる。

例題

式 3-85 で表された交流電圧では，交流電圧そのものの平均値は 0 V であるが，その絶対値の平均値を求めよ。また，実効値，波高

値，波形率，波高率を求めよ。

●略解——解答例

絶対値の平均値 V_0 [V] は，周期が $T=0.1\,\mathrm{s}$ であるので

$$V_0=\frac{1}{T}\int_0^T\left|10\sin(20\pi t)+5\sin(60\pi t)\right|dt$$

$$=\frac{2}{T}\int_0^{\frac{T}{2}}\{10\sin(20\pi t)+5\sin(60\pi t)\}dt$$

$$=\frac{2}{T}\left[-\frac{10\cos(20\pi t)}{20\pi}-\frac{5\cos(60\pi t)}{60\pi}\right]_0^{\frac{T}{2}}$$

$$=20\left(\frac{1}{\pi}+\frac{1}{6\pi}\right)=\frac{70}{3\pi}=7.43\,\mathrm{V}\quad(答)$$

実効値 V_a [V] は

$$V_a=\sqrt{\frac{1}{T}\int_0^T\{10\sin(20\pi t)+5\sin(60\pi t)\}^2dt}$$

$$=\sqrt{\frac{1}{T}\int_0^T\left[\{10\sin(20\pi t)\}^2+\{5\sin(60\pi t)\}^2+100\sin(20\pi t)\sin(60\pi t)\right]dt}$$

$$=\sqrt{50+\frac{25}{2}}=\sqrt{\frac{125}{2}}=7.91\,\mathrm{V}\quad(答)$$

波高値は

$$v(t)=10\sin(20\pi t)+5\sin(60\pi t)$$

$$=25\sin(20\pi t)-20\sin^3(20\pi t)$$

であるので

$$\frac{dv(t)}{dt}=20\pi\{25\cos(20\pi t)-60\sin^2(20\pi t)\cos(20\pi t)\}=0$$

とおくと，最大となるのは，$25-60\sin^2(20\pi t)=0$, すなわち

$\sin(20\pi t)=\sqrt{\frac{5}{12}}$ のときで，波高値（最大値）は

$$v(t)=25\sqrt{\frac{5}{12}}-20\left(\sqrt{\frac{5}{12}}\right)^3=\frac{25\sqrt{15}}{9}=10.8\,\mathrm{V}\,(答)$$

したがって

波形率は $\dfrac{7.91}{7.43}=1.06$ （答）

波高率は $\dfrac{10.76}{7.91}=1.36$ （答）

例題

次式で示される交流電圧は $v(t)$ [V] **全波整流波**（ぜんはせいりゅうは）(rectified full-wave) という。平均値，実効値，波高値，波形率，波高率を求めよ。

$$v(t) = |20\sin(200\pi t)|$$

●略解――解答例

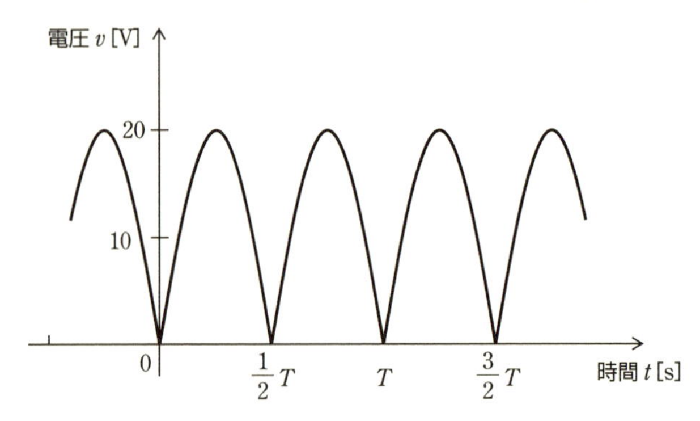

図 3-35　全波整流波電圧

図 3-35 に波形を示す。波高値は 20 V である。平均値は正弦波の半周期を平均すればよく，その値は $\dfrac{40}{\pi}$ V である。実効値は 2 乗平均値であるので，正弦波と同じになり，その値は $10\sqrt{2}$ V である。p.118 の定義にあてはめてみると，波形率は $\dfrac{\pi}{2\sqrt{2}}$，波高率は $\sqrt{2}$ である。（答）

3-4-2　複数の正弦波による交流

周波数の異なる複数の正弦波を含む交流電圧や交流電流に対して，基本的にはそれぞれの周波数について，個別に計算し，その結果を重ね合わせればよい。ただし，**数式として表現するときには，複素数表示ではなく，周波数の値を明示できる表現（たとえば，三角関数での正弦波表現）を用いなくてはいけない。**

いま，図 3-36 に示すように，角周波数 ω_1 [rad/s]，実効値 E_1 [V] の電圧源 1 と，角周波数 ω_2 [rad/s]，実効値 E_2 [V] の電圧源 2 の二つの正弦波電圧源が直列に接続されて負荷 $\boldsymbol{Z}$ [Ω] につながれているとする。

負荷には，それぞれの電圧源からの電流がいっしょに流れる。すなわ

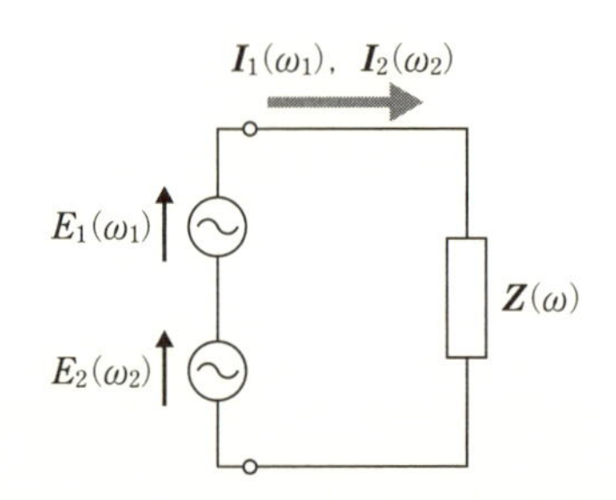

図 3-36　二つの交流電圧源による回路

ち，角周波数 ω_1 の電圧源による電流 $i_1(t)$ [A] と，角周波数 ω_2 の電圧源による電流 $i_2(t)$ [A] が流れる。このとき，たとえば式 3−1 や図 3−3 のように，周波数によってインピーダンスは変わるので，$\boldsymbol{I}_1$ と $\boldsymbol{I}_2$ [A] は同じではない。

角周波数 ω_1 の電圧源 1 による電流の複素数表示 $\boldsymbol{I}_1$ [A] は，電圧源 1 の電圧を E_{a1} [V]，角周波数 ω_1 での負荷のインピーダンスを $\boldsymbol{Z}_1$ [Ω] として

$$\boldsymbol{I}_1 = \frac{E_{a1}}{\boldsymbol{Z}_1} = I_{a1} e^{-j\phi_1} \tag{3-93}$$

ただし，$I_{a1} = \dfrac{E_{a1}}{|\boldsymbol{Z}_1|} \qquad \boldsymbol{Z}_1 = |\boldsymbol{Z}_1| e^{j\phi_1}$

と書け，正弦波表示の電流 $i_1(t)$ [A] は

$$i_1(t) = \sqrt{2} I_{a1} \sin(\omega_1 t - \phi_1) \tag{3-94}$$

と書ける。同様に，角周波数 ω_2 の電圧源 2 による電流は，角周波数 ω_2 での負荷のインピーダンスを $\boldsymbol{Z}_2$ [Ω] として，複素数表示で

$$\boldsymbol{I}_2 = \frac{E_{a2}}{\boldsymbol{Z}_2} = I_{a2} e^{-j\phi_2} \tag{3-95}$$

ただし，$I_{a2} = \dfrac{E_{a2}}{|\boldsymbol{Z}_2|} \qquad \boldsymbol{Z}_2 = |\boldsymbol{Z}_2| e^{j\phi_2}$

と，正弦波表示で

$$i_2(t) = \sqrt{2} I_a \sin(\omega_2 t - \phi_2) \tag{3-96}$$

と書ける。同一の負荷でも周波数が変わるとインピーダンスが異なることに注意しよう。回路に流れる全電流 $i(t)$ [A] は，二つの電流の和で

$$\begin{aligned} i(t) &= i_1(t) + i_2(t) \\ &= \sqrt{2} I_{a1} \sin(\omega_1 t - \phi_1) + \sqrt{2} I_{a2} \sin(\omega_2 t - \phi_2) \end{aligned} \tag{3-97}$$

となる。

なお，複素数表示においても，時間を含んだ周波数の項 $e^{j\omega t}$ を付け加えて

$$I_a e^{j\phi} e^{j\omega t} = I_a e^{j(\omega t + \phi)} \tag{3-98}$$

の形式で

$$\begin{aligned} \boldsymbol{I}(t) &= i_1(t) + i_2(t) \\ &= I_{a1} e^{j(\omega_1 t + \phi_1)} + I_{a2} e^{j(\omega_2 t + \phi_2)} \end{aligned} \tag{3-99}$$

とすれば，異なる角周波数の複数の信号を扱うことができる。式 3−99 の虚部は式 3−97 と同様な sin 関数による表現になる。ただし，実効値と振幅との相違はある。

実効値は，式 3−97 に対して

$$I_a{}^2 = \frac{1}{T} \int_0^T \left\{ \sqrt{2} I_{a1} \sin(\omega_1 t - \phi_1) + \sqrt{2} I_{a2} \sin(\omega_2 t - \phi_2) \right\}^2 dt$$

$$= \frac{1}{T}\int_0^T \left\{2I_{a1}{}^2 \sin^2(\omega_1 t - \phi_1) + 2I_{a2}{}^2 \sin^2(\omega_2 t - \phi_2) + 4I_{a1}I_{a2}\sin(\omega_1 t - \phi_1)\sin(\omega_2 t - \phi_2)\right\}dt$$

$$= I_{a1}{}^2 + I_{a2}{}^2 \quad (3\text{-}100)$$

すなわち

$$I_a = \sqrt{I_{a1}{}^2 + I_{a2}{}^2} \quad (3\text{-}101)$$

となり，電流 $i_1(t)$ の実効値の 2 乗と電流 $i_2(t)$ の実効値の 2 乗との和の平方根となる。

3-4-3 フーリエ級数による波形の表現

時間間隔 T [s] ごとに同じ波形が繰り返される交流電圧 $v(t)$ [V]，すなわち $v(t+T) = v(t)$ が成り立つ交流電圧 $v(t)$ は，周期 T の**周期関数** (periodic function) であるという。図 3-37 にその一例を示す。

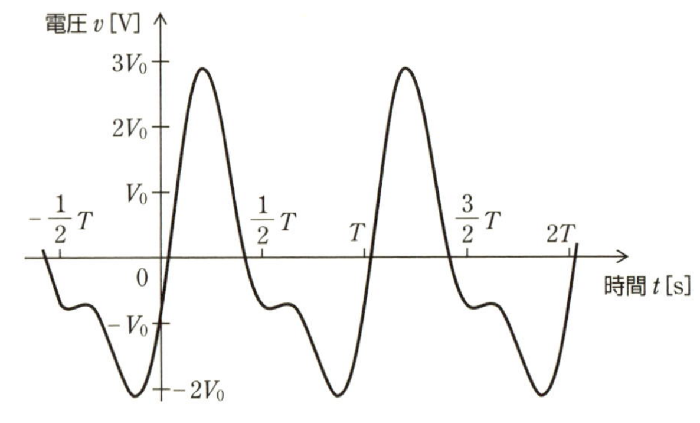

図 3-37 周期関数である交流電圧

このような周期関数は，$\omega = \frac{2\pi}{T}$ [rad/s] の整数倍を角周波数とする三角関数 (sin 関数，cos 関数) の無限個の和で表される。これを**フーリエ級数** (Fourier series) という。

$$v(t) = V_0 + \sum_{n=1}^{\infty}(V_{An}\cos n\omega t + V_{Bn}\sin n\omega t) \quad (3\text{-}102)$$

ただし，$V_0 = \frac{1}{T}\int_0^T v(t)\,dt$ (3-103)

$$V_{An} = \frac{2}{T}\int_0^T v(t)\cos n\omega t\,dt \quad (3\text{-}104)$$

$$V_{Bn} = \frac{2}{T}\int_0^T v(t)\sin n\omega t\,dt \quad (3\text{-}105)$$

ここで，n は自然数である ($n = 1, 2, 3, \cdots$)。

また，同じ角周波数 ω の sin 関数と cos 関数は

$$a\cos\omega t + b\sin\omega t = A\sin(\omega t + \theta) \quad (3\text{-}106)$$

ただし，(1) $A = \sqrt{a^2 + b^2}$，$\theta = \tan^{-1}\left(\frac{a}{b}\right)$

1. $\tan^{-1}$
アークタンジェントについては，**2-2-1** 項の注を参照。

と表される。単一の sin 関数にまとめられることを利用すると

$$v(t) = V_0 + \sum_{n=1}^{\infty} V_{mn} \sin(n\omega t + \theta_n) \quad (3\text{-}107)$$

ただし，$V_0 = \frac{1}{T}\int_0^T v(t)\,dt$

$V_{mn} = \sqrt{V_{An}^{\ 2} + V_{Bn}^{\ 2}}$（$V_{mn}$ は n 次の電圧の振幅）

$\theta_n = \tan^{-1}\left(\frac{V_{An}}{V_{Bn}}\right)$

とも表される[2]。

2. 正弦波電圧のフーリエ級数
これまで述べてきた正弦波電圧は，もちろん周期関数である。$v(t) = V_m \sin(\omega t + \theta)$ のように三角関数で表示されていたが，式 3−107 と比較するとわかるように，$n = 1$ の項のみをもつフーリエ級数の表現にあたる。

式 3−102 と式 3−107 における V_0 [V] は $v(t)$ の平均値（**3-4-1** 項参照）で，交流電圧 $v(t)$ の**直流成分**という。

式 3−102 と式 3−107 の周波数の最も低い正弦波（角周波数 ω：$n = 1$ に対応）の項

$$V_{A1}\cos\omega t + V_{B1}\sin\omega t = V_{m1}\sin(\omega t + \phi_1) \quad (3\text{-}108)$$

を**基本波**（fundamental wave）といい，V_{m1} [V] は基本波の振幅である。

また，式 3−102 と式 3−107 の基本波の周波数の整数倍の周波数をもつ正弦波（角周波数 $n\omega$）（$n \neq 1$）の項

$$V_{An}\cos n\omega t + V_{Bn}\sin n\omega t = V_{mn}\sin(n\omega t + \phi_n) \quad (3\text{-}109)$$

を**高調波**（こうちょうは）（high harmonic）（**第 n 高調波**）といい，V_{mn}（$n \neq 1$）は第 n 高調波の振幅である。

これらの振幅を周波数の関数として表示したものを $v(t)$ の**スペクトル**（spectrum）という。式 3−107 のフーリエ級数で表現した周期関数は，図 3−38 に示すように，周波数 $f = \frac{\omega}{2\pi}$ おきに振幅が飛び飛びの値をとるスペクトル（**離散的スペクトル**：discrete spectrum）を示す。

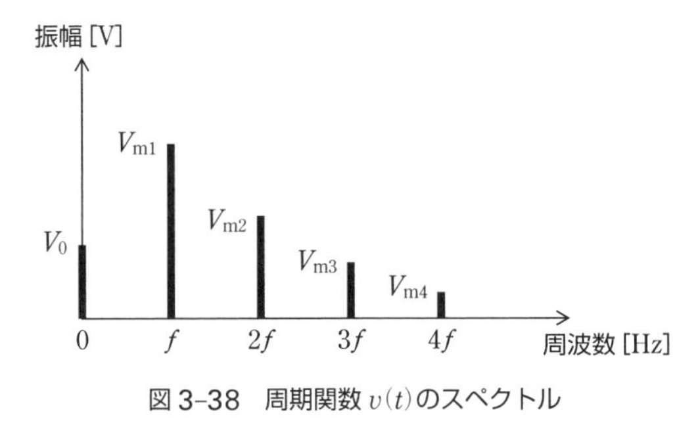

図 3−38　周期関数 $v(t)$ のスペクトル

フーリエ級数で表現された交流電圧の実効値

3-4-2 項で示したように，周期的な交流電圧は，複数の角周波数の正弦波電圧の合成として理解できる。したがって，このような周期的な交流電圧が電源であるときには，前項での扱いにより解析できる。

ここではその扱いの一例として，電圧の実効値について紹介する。

交流電圧が式 3−107 のフーリエ級数で与えられるとき，その実効値

V_a [V] を求めよう。

$$v(t)=V_0+\sum_{n=1}^{\infty}V_{mn}\sin(n\omega t+\phi_n) \text{ であるから}$$

$$\begin{aligned}v(t)^2&=\left\{V_0+\sum_{n=1}^{\infty}V_{mn}\sin(n\omega t+\phi_n)\right\}^2\\&=\{V_0+V_{m1}\sin(\omega t+\phi_1)+V_{m2}\sin(2\omega t+\phi_2)+\cdots\}^2\\&=\{V_0^2+V_{m1}^2\sin^2(\omega t+\phi_1)+V_{m2}^2\sin^2(2\omega t+\phi_2)+\cdots\}\\&\quad+2V_0\{V_{m1}\sin(\omega t+\phi_1)+V_{m2}\sin(2\omega t+\phi_2)+\cdots\}\\&\quad+2\{V_{m1}V_{m2}\sin(\omega t+\phi_1)\sin(2\omega t+\phi_2)+\cdots\}\end{aligned} \quad (3-110)$$

となる。

$v(t)^2$ の周期 T の区間での積分では V_0^2 の項と $V_{mn}^2\sin^2(n\omega t+\phi_n)$ の項以外の項は 0 となる(3)。結局，$v(t)$ の実効値は

$$\begin{aligned}V_a&=\sqrt{V_0^2+\frac{1}{2}V_{m1}^2+\frac{1}{2}V_{m2}^2+\cdots}\\&=\sqrt{V_0^2+V_{a1}^2+V_{a2}^2+\cdots}\end{aligned}$$

$$\text{ただし，}\ V_{an}=\frac{1}{\sqrt{2}}V_{mn} \quad (3-111)$$

となる。ここで，V_{an} は角周波数 $n\omega$ の正弦波の実効値である。直流成分を含めて種々の周波数の正弦波の実効値の 2 乗の和の平方根が全体の**実効値** V_a となる。また，直流成分を除いた正弦波の実効値の和の平方根を**交流成分の実効値**(V_{AC})という。すなわち

$$V_{AC}=\sqrt{V_{a1}^2+V_{a2}^2+V_{a3}^2+\cdots} \quad (3-112)$$

である。もちろん，交流電流 $i(t)$ [A] の実効値 I_a [A] についても同様な式が成り立つ。

3. 三角関数の平均値
すでに **3-4-1** 項で述べたように，三角関数は 1 周期積分すると，その値は 0 となる。そのため，式 3-110 の(2 行目の)項 $\{V_{m1}\sin(\omega t+\phi_1)+V_{m2}\sin(2\omega t+\phi_2)+\cdots\}$ の積分は 0 となる。また，三角関数の積は三角関数の和に変換できるので，3 行目以降の項 $\{V_{m1}V_{m2}\sin(\omega t+\phi_1)\sin(2\omega t+\phi_2)+\cdots\}$ の積分も 0 となる。

3-4-4 フーリエ級数の例

交流電圧に対するフーリエ級数を見てみよう。

半波整流波のフーリエ級数

図 3-39 は，正弦波の正の部分を切り取ったような波形を示し，**半波整流波**(はんぱせいりゅうは)(rectifi-

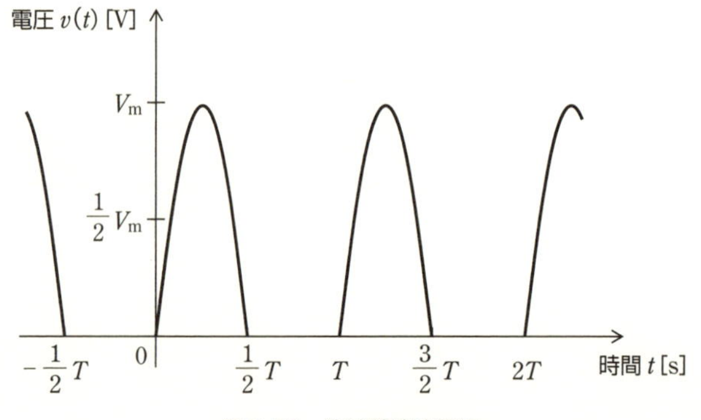

図 3-39　半波整流波電圧

ed half-wave）という。この波形の交流電圧 $v(t)$［V］は，電圧の振幅（最大値）を V_m とすると

$$v(t)=\begin{cases} V_m\sin\omega t & \left(0\leqq t<\dfrac{T}{2}\right) \\ 0 & \left(\dfrac{T}{2}\leqq t<T\right) \end{cases} \quad (3\text{-}113)$$

と表せる。この電圧波形を式 3-102 のフーリエ級数で表す。

$$V_0=\frac{1}{T}\int_0^{\frac{T}{2}}V_m\sin\omega t dt=\frac{V_m}{\pi}$$

$$V_{A1}=\frac{2}{T}\int_0^{\frac{T}{2}}V_m\sin\omega t\cos\omega t dt=\frac{1}{T}\int_0^{\frac{T}{2}}V_m\sin 2\omega t dt=0$$

$$V_{An}=\frac{2}{T}\int_0^{\frac{T}{2}}V_m\sin\omega t\cos n\omega t dt$$

$$=\frac{V_m}{T}\int_0^{\frac{T}{2}}\{\sin(n+1)\omega t-\sin(n-1)\omega t\}dt$$

$$=\frac{V_m}{2\pi}\left\{\frac{1-(-1)^{n+1}}{n+1}-\frac{1-(-1)^{n-1}}{n-1}\right\}$$

この式を整理すると，k を自然数として

$$V_{A2k-1}=0$$

$$V_{A2k}=\frac{V_m}{\pi}\left(\frac{1}{2k+1}-\frac{1}{2k-1}\right)=-\frac{2V_m}{\pi(2k-1)(2k+1)}$$

$$V_{B1}=\frac{2}{T}\int_0^{\frac{T}{2}}V_m\sin\omega t\sin\omega t dt=\frac{V_m}{T}\int_0^{\frac{T}{2}}(1-\cos 2\omega t)dt=\frac{V_m}{2}$$

$$V_{Bn}=\frac{2}{T}\int_0^{\frac{T}{2}}V_m\sin\omega t\sin n\omega t dt$$

$$=\frac{V_m}{T}\int_0^{\frac{T}{2}}\{\cos(n-1)\omega t-\cos(n+1)\omega t\}dt=0$$

となる。したがって，半波整流波電圧のフーリエ級数は次式となる。

$$v(t)=\frac{V_m}{\pi}+\frac{V_m}{2}\sin\omega t-\frac{2V_m}{\pi}\left\{\frac{1}{1\times 3}\cos 2\omega t+\frac{1}{3\times 5}\cos 4\omega t+\cdots\right\} \quad (3\text{-}114)$$

方形波のフーリエ級数

方形波[4]（square wave）とよばれる電圧 $v(t)$［V］波形を図 3-40 に示す。

$$v(t)=\begin{cases} V_m & \left(0\leqq t<\dfrac{T}{2}\right) \\ -V_m & \left(\dfrac{T}{2}\leqq t<T\right) \end{cases} \quad (3\text{-}115)$$

と表せる。この波形を式 3-102 のフーリエ級数で表す。

この波形は $v(-t)=-v(t)$ で，$t=-\frac{1}{2}T\sim 0$ と $t=0\sim\frac{1}{2}T$ では正負が逆になる波形であるので，平均値 $V_0=0$ である。

また，式 3-104 の V_{An} についても，$\cos n\omega(-t)=\cos n\omega t$ であるの

4. 方形波（矩形波）
方形波は，矩形波（rectangular wave）ともよばれる。

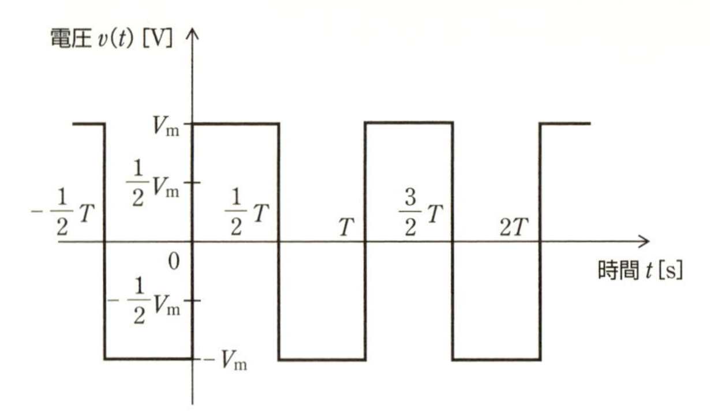

図 3-40　方形波電圧

で，$v(t)\cos n\omega t$ も $t=-\frac{1}{2}T\sim 0$ と $t=0\sim\frac{1}{2}T$ とでは正負が逆になり，$V_{An}=0$ である。

$\sin n\omega(-t)=-\sin n\omega t$ であるので，$v(t)\sin n\omega t$ は縦軸に対して対称であり，$t=-\frac{1}{2}T\sim 0$ の積分と $t=0\sim\frac{1}{2}T$ の積分は同じになる。したがって

$$V_{Bn}=\frac{2}{T}\int_{-\frac{T}{2}}^{\frac{T}{2}}v(t)\sin n\omega t dt=\frac{2}{T}\times 2\int_0^{\frac{T}{2}}v(t)\sin n\omega t dt$$

$$=\frac{2}{T}\times 2\int_0^{\frac{T}{2}}V_m\sin n\omega t dt=\frac{4}{T}V_m\left[-\frac{\cos n\omega t}{n\omega}\right]_0^{\frac{T}{2}}$$

$$=\frac{4}{n\omega T}V_m\left(-\cos\frac{n\omega T}{2}+1\right)=\frac{2V_m}{n\pi}(1-\cos n\pi)$$

$$=\frac{2}{n\pi}V_m\left\{1-(-1)^n\right\}$$

したがって，k を自然数として $n=2k$ のとき　$V_{B2k}=0$

$n=2k-1$ のとき　$V_{B2k+1}=\frac{4V_m}{\pi}\times\frac{1}{2k+1}$

となる。したがって，方形波はフーリエ級数で

$$v(t)=\frac{4V_m}{\pi}\left(\sin\omega t+\frac{1}{3}\sin 3\omega t+\frac{1}{5}\sin 5\omega t+\cdots\right)\quad(3\text{-}116)$$

と表せる。

三角波のフーリエ級数

三角波(triangle wave)の電圧波形を図 3-41 に示す。この電圧 $v(t)$[V]を式にすると

$$v(t)=\begin{cases}\frac{4V_m}{T}t & \left(-\frac{T}{4}\leqq t<\frac{T}{4}\right)\\ -\frac{4V_m}{T}\left(t-\frac{T}{2}\right) & \left(\frac{T}{4}\leqq t<\frac{3T}{4}\right)\end{cases}\quad(3\text{-}117)$$

と表せる。この波形を式 3-102 のフーリエ級数で表す。

この波形は $v(-t)=-v(t)$ であるので，方形波の場合と同じように $V_0=0$，$V_{An}=0$ である。また

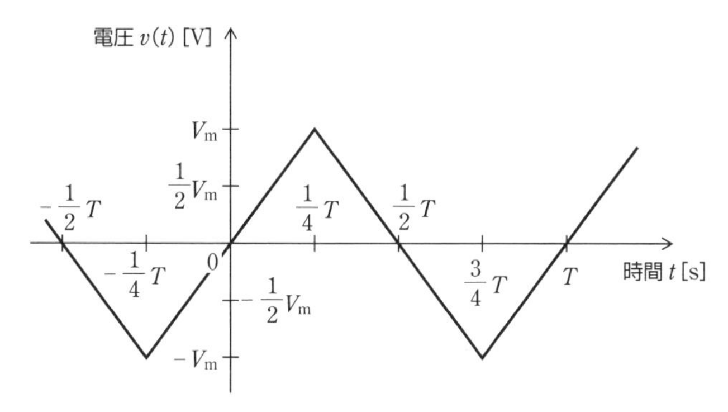

図 3-41　三角波電圧

$$V_{Bn}=\frac{2}{T}\int_{-\frac{T}{2}}^{\frac{T}{2}}v(t)\sin n\omega t dt$$

$$=\frac{4}{T}\int_{0}^{\frac{T}{2}}v(t)\sin n\omega t dt$$

となる。さらに，$t=\dfrac{T}{2}-u$ とすると $dt=-du$ であり

$$\int_{\frac{T}{4}}^{\frac{T}{2}}v(t)\sin n\omega t dt=-\int_{\frac{T}{4}}^{0}\frac{4V_m}{T}(-u)\sin n\omega\left(\frac{T}{2}-u\right)(-du)$$

$$=-\int_{0}^{\frac{T}{4}}\frac{4V_m}{T}u\sin(n\omega u-n\pi)du$$

$$=(-1)^{n+1}\int_{0}^{\frac{T}{4}}\frac{4V_m}{T}u\sin n\omega u du$$

であるから

$$V_{Bn}=\frac{4}{T}\left\{1+(-1)^{n+1}\right\}\int_{0}^{\frac{T}{4}}\frac{4V_m}{T}t\sin n\omega t dt$$

よって，$n=2k$（k：自然数）のとき　　$V_{B2k}=0$

$n=2k-1$ のとき

$$V_{B2k-1}=\frac{8}{T}\int_{0}^{\frac{T}{4}}\frac{4V_m}{T}t\sin(2k-1)\omega t dt$$

$$=\frac{32V_m}{T^2}\int_{0}^{\frac{T}{4}}t\sin(2k-1)\omega t dt$$

$$=\frac{32V_m}{T^2}\left[-\frac{t\cos(2k-1)\omega t}{(2k-1)\omega}+\frac{\sin(2k-1)\omega t}{(2k-1)^2\omega^2}\right]_{0}^{\frac{T}{4}}$$

$$=\frac{8V_m}{\pi^2(2k-1)^2}(-1)^{k-1}$$

となる。したがって，三角波電圧のフーリエ級数

$$v(t)=\frac{8V_m}{\pi^2}\left(\sin\omega t-\frac{1}{3^2}\sin 3\omega t+\frac{1}{5^2}\sin 5\omega t-\cdots\right) \quad (3\text{-}118)$$

を得る。

3-4 ドリル問題

問題 1———次の式で表される周期 5 ms の半波整流波の電圧 $v(t)$ [V]（図 3−39 参照）の平均値 V_0 [V] と実効値 V_a [V] を求めよ。

$$v(t)=\begin{cases}10\sin(400\pi t) & (0\leqq t<2.5\mathrm{ms})\\ 0 & (2.5\mathrm{ms}\leqq t<5\mathrm{ms})\end{cases}$$

問題 2———次の式で表される周期 10 ms の のこぎり波電流 $i(t)$ [A] の波形率を求めよ。

$$i(t)=500\,t \qquad (0\leqq t<10\ \mathrm{ms})$$

問題 3———次の式で表される周期 1 ms の方形波の電圧 $v(t)$ [V] の波高率を求めよ。

$$v(t)=\begin{cases}4 & (0\leqq t<0.5\ \mathrm{ms})\\ 0 & (0.5\ \mathrm{ms}\leqq t<1\ \mathrm{ms})\end{cases}$$

問題 4———周波数 100 Hz，実効値 50 V の正弦波電圧と，周波数 200 Hz，実効値 100 V の正弦波電圧が同時に加わったとき，電圧の実効値 V_a [V] を求めよ。

問題 5———周波数 20 Hz，実効値 10 A の正弦波電流と，周波数 50 Hz，実効値 24 A の正弦波電流が同時に流れているときの電流の実効値 I_a [A] を求めよ。

問題 6———電圧 $v(t)$ [V] が次式で表せるとき，実効値 V_a [V] と交流成分の実効値 V_{AC} [V] を求めよ。

$$v(t)=40+50\sin(100\pi t)+20\sin(200\pi t)$$

問題 7———周波数 100 Hz，電圧 5 V の正弦波電圧と周波数 200 Hz，電圧 4 V の正弦波電圧の和を発生する電圧源が RL 直列回路（$R=5\Omega$, $L=10$ mH）に接続されたとき，電流の実効値 I_a [A] を求めよ。

問題 8———回路に直流と交流を同時に流したところ，電圧 $v(t)$ [V] と電流 $i(t)$ [A] は

$$v(t)=25+20\sin(100\pi t)$$

$$i(t)=5+2\sin\left(100\pi t+\frac{\pi}{6}\right)$$

であった。このとき，有効電力 P_a [W] と皮相電力 $|\boldsymbol{P}|$ [VA] を求めよ。

問題 9———次式で表される周期 8 ms の方形波の電圧 $v(t)$ [V] の直流成分 V_0 [V]，基本波成分 $v_1(t)$ [V] を求めよ。

$$v(t)=\begin{cases}10 & (0\leqq t<4\ \mathrm{ms})\\ 0 & (4\ \mathrm{ms}\leqq t<8\ \mathrm{ms})\end{cases}$$

問題 10———次式で表される周期 0.1 s の のこぎり波の電流 $i(t)$ [A] について，直流成分 I_0 [A] と基本波成分 $i_1(t)$ [A] を求めよ。

$$i(t)=40\,t \qquad (0\leqq t<0.1\ \mathrm{s})$$

3-4 演習問題

1. 図 1 の電圧 $v(t)$ [V] の平均値，実効値，波高率，波形率を求めよ。

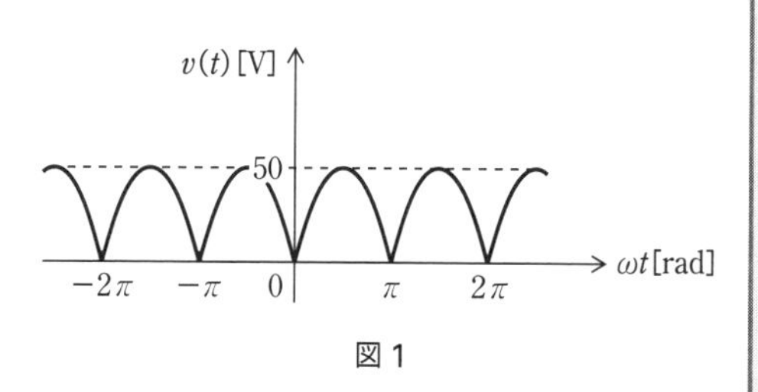

図 1

2. 図 2 の電圧 $v(t)$ [V] の平均値，実効値，波高率，波形率を求めよ。

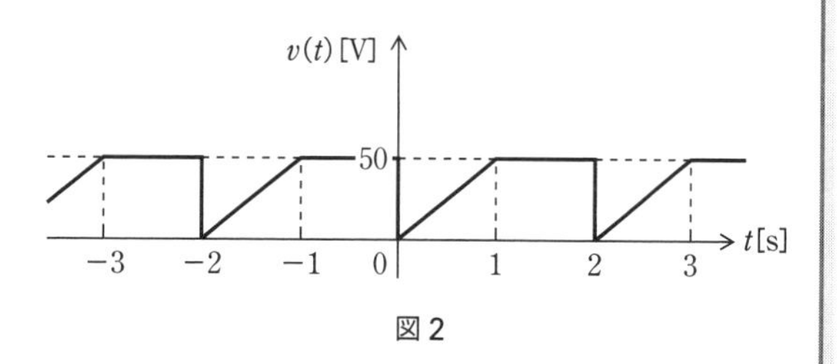

図 2

3. 図 3 のように，角周波数の異なる二つの交流電圧の和 $v(t)$ [V] が存在する。$v(t) = 10\cos(20\pi t) + 5\sin(60\pi t)$ として，$v(t)$ の実効値を求めよ。ここで，周期は 0.1 s である。

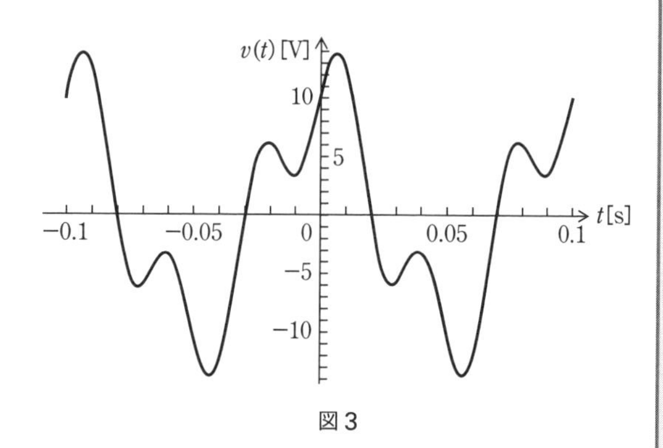

図 3

4. 図 4 の電圧 $v(t)$ [V] のフーリエ級数を求めよ。

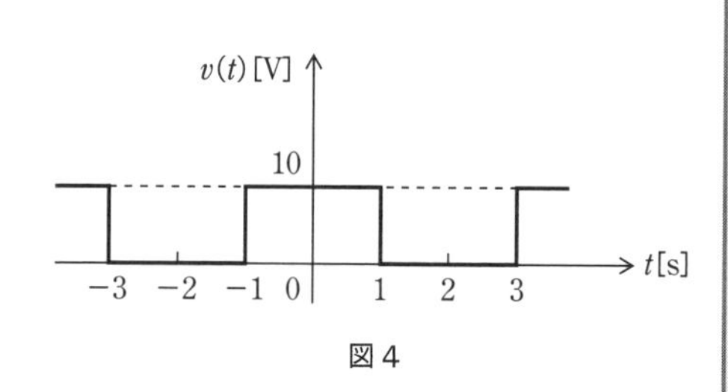

図 4

5. 図 5 の電圧 $v(t)$ [V] のフーリエ級数を求めよ。

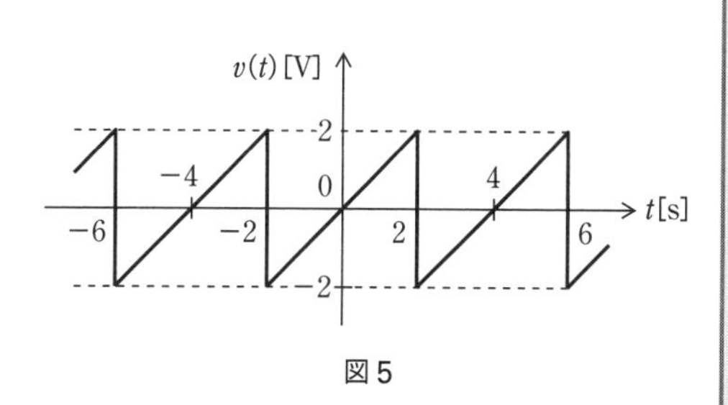

図 5

第4章 回路解析と三相交流

1章では，直流回路の電圧，電流，電力の計算法について学んだ。交流回路に対しても同様の計算法が適用できるが，電気回路が複雑になると，電圧，電流を計算することが難しくなる。一般的な手法として**ループ電流法**や**ノード電圧法**を利用した回路解析の方法が用いられる。これらの方法と背景にある考え方を説明する。

また，交流回路の一種である三相交流回路の解析についても説明する。**三相交流**は，電気エネルギーを供給する現在の電力系統において基礎となる重要なものである。

4-1 線形性と双対性

4-1-1 交流回路における線形性と重ね合わせの原理

線形性

抵抗 $R\,[\Omega]$ に流れる電流 $i\,[\mathrm{A}]$ と，抵抗の両端の電圧（電位差）$v\,[\mathrm{V}]$ の関係を考えよう。

たとえば，100 Ω の抵抗に 10 mA の電流が流れれば，その両端に 1 V の電圧が現れ，50 mA の電流が流れれば，5 V の電圧が現れる。一方，この抵抗に 10 mA + 50 mA = 60 mA の電流が流れると，抵抗の両端には 6 V の電圧，すなわち，10 mA の電流が流れるときの電圧 1 V と，50 mA の電流が流れた際の電圧 5 V の和が現れる。これを式で表すと，$R \times 10\ \mathrm{mA} = 100 \times 0.01 = 1\ \mathrm{V}$，$R \times 50\ \mathrm{mA} = 100 \times 0.05 = 5\ \mathrm{V}$ であり，$R \times (10\ \mathrm{mA} + 50\ \mathrm{mA}) = R \times 100\ \mathrm{mA} + R \times 50\ \mathrm{mA}$ となる。すなわち，$v(i_1 + i_2) = Ri_1 + Ri_2 = v(i_1) + v(i_2)$ が成り立つ。

このように，抵抗値が定数であれば，抵抗を流れる電流と両端の電圧の関係は**線形**（せんけい）[1]であるという。同様に，インダクタンス，キャパシタンスが定数であれば，下記の関係が成り立つので，電圧，電流の関係は線形である。

1. 線形
一般に，a，b を任意の定数として，関数 $f(x)$ が $f(ax_1 + bx_2) = af(x_1) + bf(x_2)$ の関係を満足するとき，$f(x)$ は**線形**(linear)であるという。

$$\left.\begin{aligned} L\frac{d}{dt}(ai_1 + bi_2) &= aL\frac{di_1}{dt} + bL\frac{di_2}{dt} \\ C\frac{d}{dt}(av_1 + bv_2) &= aC\frac{dv_1}{dt} + bC\frac{dv_2}{dt} \end{aligned}\right\} \qquad (4-1)$$

このため，値が定数である抵抗，インダクタ，キャパシタは**線形素子**(linear element)とよばれ，これら線形素子と電圧源，電流源から構成された回路を**線形回路**(linear circuit)という。図 4-1(a)のような電圧・電流の関係が成り立っているならば，その素子は線形素子である。

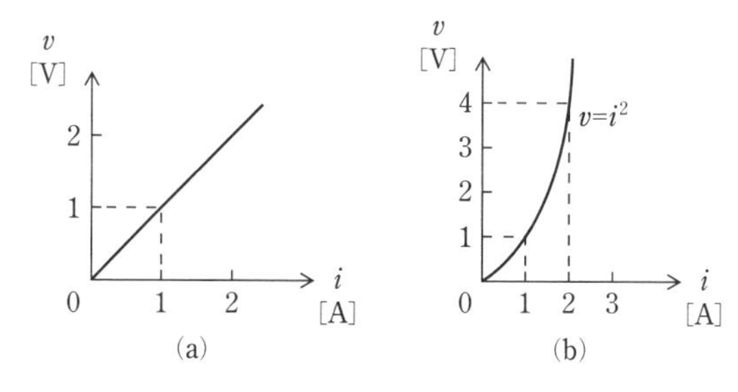

図 4-1　素子の電圧と電流の関係

それでは，すべての素子は線形素子であろうか？　いま，図 4-1(b)のように，素子を流れる電流と素子の両端の電圧(電位差)の関係[2]を示す素子を考える。この例では，$v(i)=i^2$ の関係が成り立っている。2 A の電流が流れているとき，この素子の両端の電圧 $v(2)=2^2=4$ V となる。一方，1 A の電流が流れているときの両端の電圧 $v(1)=1^2=1$ V となる。すなわち，$v(2)=4$，$v(1)=1$ であるので，$v(1+1)\neq v(1)+v(1)$ となる。この素子は，一般的に $v(i_1+i_2)\neq v(i_1)+v(i_2)$ であるので，線形素子ではない。このような素子を**非線形素子**(nonlinear element)とよぶ。

2. 電圧-電流特性
この電圧と電流の関係を電圧-電流特性あるいは電流-電圧特性とよぶ。

例題

抵抗 R が電流 i の関数として，以下のように表されるとき，この素子は線形素子ではないことを説明せよ。

$$R(i)=i\ [\Omega]$$

●略解――解答例

素子を流れる電流を i，素子の両端の電圧を v とすれば，$v(i)=R(i)\cdot i$ の関係が成り立つ。1 A 流れているときの抵抗は 1 Ω，電流が 2 A 流れているときの抵抗は 2 Ω であるので

$$v(1)=1\ \Omega\times1\ \text{A}=1\ \text{V}$$

一方，$v(2)=2\ \Omega\times2\ \text{A}=4\ \text{V}$

よって，$v(2)=v(1+1)\neq v(1)+v(1)$ となり，線形素子でないことがわかる。(答)

例題のように，抵抗であっても，その値が定数でない素子は線形素子ではない。インダクタやキャパシタでも，その値が定数ではなく，電流や電圧によって変化する素子は線形素子ではない。

重ね合わせの原理

1-4-3 項で，直流回路における重ね合わせの原理について学んだ。この重ね合わせの原理は，直流回路だけでなく，交流回路においても，線形回路に適用される。

いま，図 4-2(a)のような線形回路を考えよう。この回路は電圧源二つをもち，それぞれのインピーダンス[3]は定数である回路である。この

3. インピーダンス
インピーダンスはもともと，電気的特性値であるが，それ以外にも回路を構成する素子を意味するものとしても用いられる。

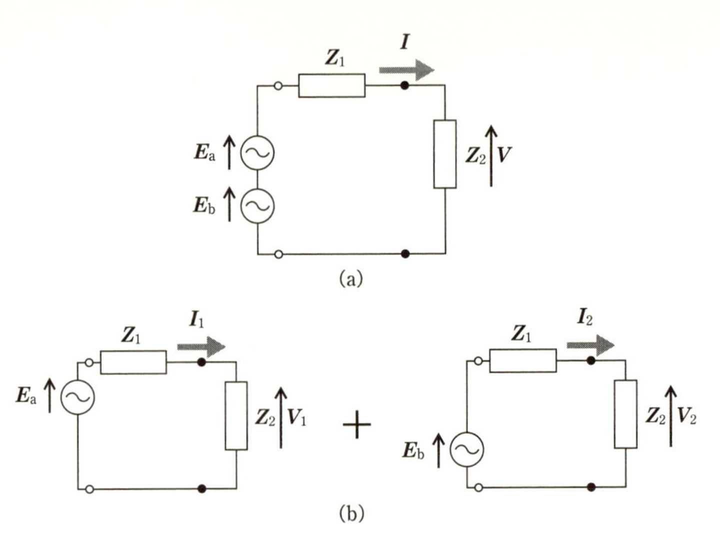

図 4-2　二つの電圧源をもつ回路

回路で，インピーダンス $\boldsymbol{Z}_2$[Ω] の両端の電圧を $\boldsymbol{V}$[V]，$\boldsymbol{Z}_2$[Ω] を流れる電流を $\boldsymbol{I}$[A] とすれば

$$\left.\begin{aligned}\boldsymbol{V}&=\boldsymbol{Z}_2\frac{\boldsymbol{E}_a+\boldsymbol{E}_b}{\boldsymbol{Z}_1+\boldsymbol{Z}_2}\\ \boldsymbol{I}&=\frac{\boldsymbol{E}_a+\boldsymbol{E}_b}{\boldsymbol{Z}_1+\boldsymbol{Z}_2}\end{aligned}\right\}\qquad(4-2)$$

が得られる(インピーダンス $\boldsymbol{Z}_1$ の両端の電圧も同様に求められる)。

一方，図 4-2(b)のように，電圧源を二つに分離した二つの回路を考え，それぞれ，インピーダンスの両端の電圧を $\boldsymbol{V}_1$，$\boldsymbol{V}_2$，抵抗を流れる電流を $\boldsymbol{I}_1$，$\boldsymbol{I}_2$ とする。すると

$$\left.\begin{aligned}\boldsymbol{V}_1&=\boldsymbol{Z}_2\frac{\boldsymbol{E}_a}{\boldsymbol{Z}_1+\boldsymbol{Z}_2} &\quad \boldsymbol{V}_2&=\boldsymbol{Z}_2\frac{\boldsymbol{E}_b}{\boldsymbol{Z}_1+\boldsymbol{Z}_2}\\ \boldsymbol{I}_1&=\frac{\boldsymbol{E}_a}{\boldsymbol{Z}_1+\boldsymbol{Z}_2} &\quad \boldsymbol{I}_2&=\frac{\boldsymbol{E}_b}{\boldsymbol{Z}_1+\boldsymbol{Z}_2}\end{aligned}\right\}\qquad(4-3)$$

となる。式 4-2 と式 4-3 を比べると

$$\left.\begin{aligned}\boldsymbol{V}&=\boldsymbol{V}_1+\boldsymbol{V}_2\\ \boldsymbol{I}&=\boldsymbol{I}_1+\boldsymbol{I}_2\end{aligned}\right\}\qquad(4-4)$$

が成り立つ。すなわち，複数の電圧源をもつ図 4-2(a)の回路の電圧，電流は図 4-2(b)のそれぞれ一つずつの電圧源をもつ二つの回路の電圧，電流を足すことで求めることができることがわかる[(4)]。

重ね合わせの原理は，電圧源だけでなく，電流源を含む線形な回路に対しても成立する。

図 4-3(a)は，一つの電圧源と電流源をもつ回路であるが，図 4-3(b)と(c)のように一つの電圧源，一つの電流源をもった二つの回路の重ね合わせとして求めることができる。**一つの電圧源，電流源の作用を考えると**

4. 不適切な電源の配置
電源を二つ考える際，以下の回路は成り立たないことに注意。

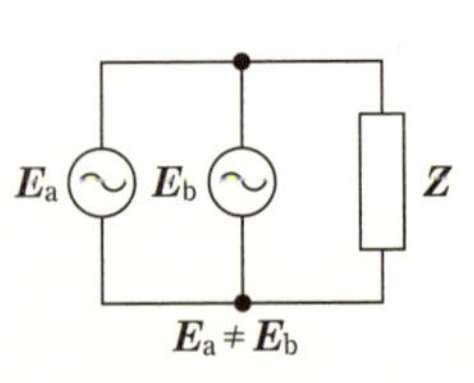

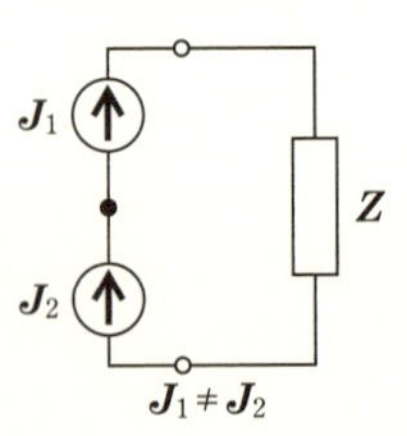

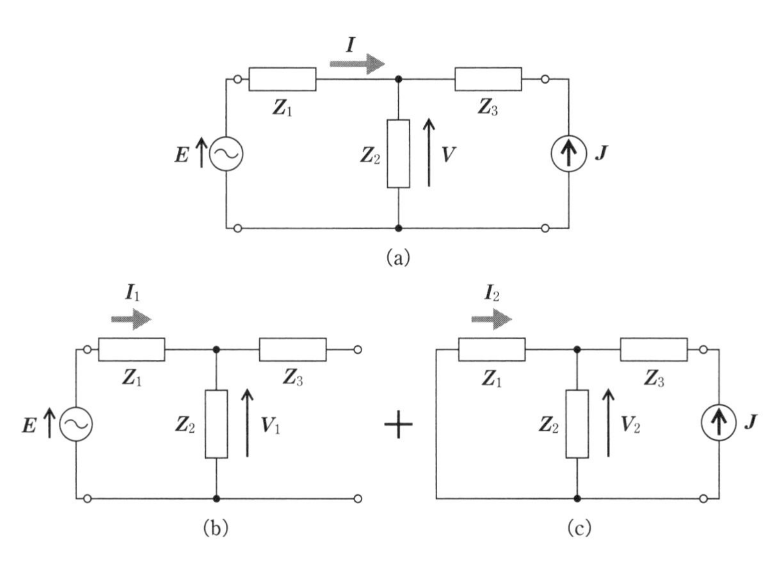

図 4-3　一つの電圧源と一つの電流源をもつ回路

きには，残りの電圧源は短絡，電流源は開放にして考える必要がある[5]。

5. 短絡・開放とその表し方
具体的には，電圧源は電圧 $E=0$ に，電流源は電流 $J=0$ にする。$E=0$ はその両端の電圧を 0 にすることであるから，抵抗値が 0 の素子に置き換えることと等しい。このことを，**短絡（ショート）**とよぶ。同様に，$J=0$ はその端子に電流を流さないことであるから，端子間は断線している（電気的に接続されていない）ことと等しい。このことを，**開放（オープン）**とよぶ。

例題

図 4-3(a)の $\boldsymbol{V}$[V]，$\boldsymbol{I}$[A] を，重ね合わせの原理を用いて求めよ。電圧源の電圧 $\boldsymbol{E}$[V] のみで $\boldsymbol{Z}_1$[Ω] に流れる電流を $\boldsymbol{I}_1$[A]，$\boldsymbol{Z}_2$[Ω] の電圧を $\boldsymbol{V}_1$[V] とする。また，電流源の電流 $\boldsymbol{J}$[A] による $\boldsymbol{Z}_1$ の電流を $\boldsymbol{I}_2$[A]，$\boldsymbol{Z}_2$ の電圧を $\boldsymbol{V}_2$[V] とする。

●略解——解答例

まず，図 4-3(b)と(c)の二つの回路に分けて，$\boldsymbol{V}_1$，$\boldsymbol{I}_1$，$\boldsymbol{V}_2$，$\boldsymbol{I}_2$ を求めよう。図 4-3(b)の回路から

$$\boldsymbol{I}_1=\frac{\boldsymbol{E}}{\boldsymbol{Z}_1+\boldsymbol{Z}_2}$$

$$\boldsymbol{V}_1=\boldsymbol{Z}_2\frac{\boldsymbol{E}}{\boldsymbol{Z}_1+\boldsymbol{Z}_2}$$

である。図 4-3(c)の回路では，電流源の電流 $\boldsymbol{J}$ はインピーダンス $\boldsymbol{Z}_1$ と $\boldsymbol{Z}_2$ に分流するので

$$\boldsymbol{I}_2=-\boldsymbol{Z}_2\frac{\boldsymbol{J}}{\boldsymbol{Z}_1+\boldsymbol{Z}_2}$$

となる。ここで，マイナス符号がついているのは，図の $\boldsymbol{I}_2$ と向きが逆であることを意味する。一方，インピーダンス $\boldsymbol{Z}_2$ を流れる電流は $\boldsymbol{I}_2+\boldsymbol{J}$ であるから，インピーダンス $\boldsymbol{Z}_2$ の両端の電圧 $\boldsymbol{V}_2$ は

$$\boldsymbol{V}_2=\boldsymbol{Z}_2(\boldsymbol{I}_2+\boldsymbol{J})=\boldsymbol{Z}_1\boldsymbol{Z}_2\frac{\boldsymbol{J}}{\boldsymbol{Z}_1+\boldsymbol{Z}_2}$$

となる。よって，求める電圧と電流は

$$V = V_1 + V_2 = Z_2 \frac{E}{Z_1 + Z_2} + Z_1 Z_2 \frac{J}{Z_1 + Z_2} = Z_2 \frac{E + Z_1 J}{Z_1 + Z_2} \quad \text{(答)}$$

$$I = I_1 + I_2 = \frac{E}{Z_1 + Z_2} - Z_2 \frac{J}{Z_1 + Z_2} = \frac{E - Z_2 J}{Z_1 + Z_2} \quad \text{(答)}$$

と得られる。両式にインピーダンス Z_3 は含まれないことに注意しよう[6]。

6. 図 4-3 の Z_3
電流源 J に直列に接続されたインピーダンス Z_3 は，I，V には影響しないことがわかる。

4-1-2 テブナンの定理[7]

7. テブナンの定理
鳳-テブナンの定理ともよぶ。

1 章で直流回路における**テブナンの定理**(Thevenin's theorem)，**ノートンの定理**(Norton's theorem)を学んだが，交流回路においても線形回路であれば成り立つ。

テブナンの定理

いま，内部に電源を含む回路の一対の端子 a–b に着目する(図 4–4)。a–b 間の**開放電圧**[8] を E_0[V]，a–b 間から回路を見たときのインピーダンスを Z_0[Ω] とすれば，a–b 間に任意のインピーダンス Z[Ω] を接続したとき，Z を流れる電流 I[A] は

8. 開放電圧
端子 a，b をつないでいないとき，両端の端子に現れる電圧(電位差)を**開放電圧**あるいは**テブナンの等価電圧**とよぶ。

$$\text{電流} \longrightarrow I = \frac{E_0}{Z_0 + Z} \qquad (4\text{–}5)$$

（分子 E_0：開放電圧，分母 $Z_0 + Z$：直列接続のインピーダンス）

と求められる。

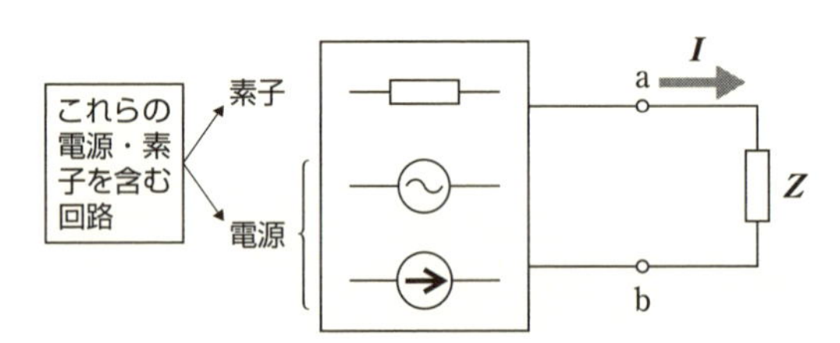

図 4–4　テブナンの定理

テブナンの定理の証明

重ね合わせの原理を用いて証明しよう。

図 4–5(a)に示すように，新しく二つの電圧源 E_a[V] と E_b[V] を Z に直列に挿入する。その極性は逆向きで，電

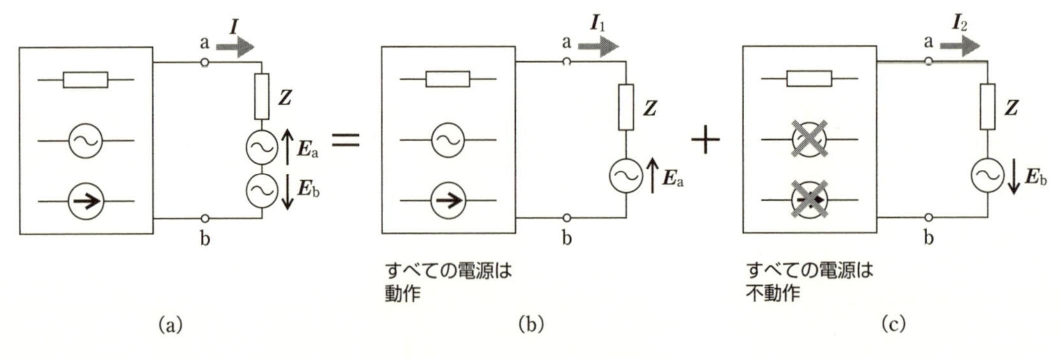

図 4–5　テブナンの定理の証明

圧はともに開放電圧 $\boldsymbol{E}_0$[V] に等しいとする。$\boldsymbol{E}_\mathrm{a}$ と $\boldsymbol{E}_\mathrm{b}$ の電圧は打ち消しあうので，a–b 端子間にインピーダンス $\boldsymbol{Z}$ のみを接続したのとまったく同じである。

そこで，重ね合わせの原理を用いて，$\boldsymbol{E}_\mathrm{b}$ 以外のすべての電源(電圧源，電流源)が働いている回路(図 4–5(b))と，$\boldsymbol{E}_\mathrm{b}$ のみが働いている回路(図 4–5(c))の重ね合わせとして表現してみる。

図 4–5(b)の回路において，開放電圧に等しい電圧源 $\boldsymbol{E}_\mathrm{a}$ が $\boldsymbol{E}_0$ と同じ向きに a–b 間に接続されているので，開放電圧が打ち消され，$\boldsymbol{Z}$ には電流は流れない。すなわち，$\boldsymbol{I}_1=0$ である。

図 4–5(c)の回路では，$\boldsymbol{E}_\mathrm{b}$ 以外の電源は働いていない(9)ので，a–b 間から左側をみた電圧は 0，インピーダンスは $\boldsymbol{Z}_0$[Ω] となり

$$\boldsymbol{I}_2=\frac{\boldsymbol{E}_\mathrm{b}}{\boldsymbol{Z}_0+\boldsymbol{Z}}=\frac{\boldsymbol{E}_0}{\boldsymbol{Z}_0+\boldsymbol{Z}}$$

となる。

すなわち

$$\boldsymbol{I}=\boldsymbol{I}_1+\boldsymbol{I}_2=0+\frac{\boldsymbol{E}_0}{\boldsymbol{Z}_0+\boldsymbol{Z}}=\frac{\boldsymbol{E}_0}{\boldsymbol{Z}_0+\boldsymbol{Z}}$$

となる(証明終わり)。

9. 重ね合わせの原理における電源の動作
重ね合わせの原理から注目している電源，この場合は，電圧源 $\boldsymbol{E}_\mathrm{b}$ 以外の電源は，電圧源ならばその電圧を 0 に(短絡)，電流源ならばその電流を 0 に(開放)する，すなわち，電源としては動作していないのである。

例題

ある回路の端子 a–b を開放したときの a–b 間の電圧は $\boldsymbol{E}_0$[V]，a–b を短絡したときに流れる電流は $\boldsymbol{I}_0$[A] であった。a–b 間にインピーダンス $\boldsymbol{Z}$[Ω] を接続したときに，$\boldsymbol{Z}$ を流れる電流を求めよ。

●略解——解答例

a–b を短絡することは，インピーダンスが 0 の素子を挿入したのと同じである。よって，テブナンの定理から，回路のインピーダンスを $\boldsymbol{Z}_0$ とすると，短絡電流 I_0 は

$$\boldsymbol{I}_0=\frac{\boldsymbol{E}_0}{\boldsymbol{Z}_0+0}=\frac{\boldsymbol{E}_0}{\boldsymbol{Z}_0}$$

となる。すなわち，$\boldsymbol{Z}_0=\dfrac{\boldsymbol{E}_0}{\boldsymbol{I}_0}$ を得る。

a–b 間にインピーダンス $\boldsymbol{Z}$ を挿入したときに流れる電流 $\boldsymbol{I}$[A] は，テブナンの定理より

$$\boldsymbol{I}=\frac{\boldsymbol{E}_0}{\boldsymbol{Z}_0+\boldsymbol{Z}}=\frac{\boldsymbol{E}_0}{\dfrac{\boldsymbol{E}_0}{\boldsymbol{I}_0}+\boldsymbol{Z}}=\frac{\boldsymbol{E}_0\boldsymbol{I}_0}{\boldsymbol{E}_0+\boldsymbol{Z}\boldsymbol{I}_0}\quad\text{(答)}$$

テブナンの定理を用いれば，回路の詳細を見なくとも，注目する端子に関する電流と電圧を用いて解析することができる。

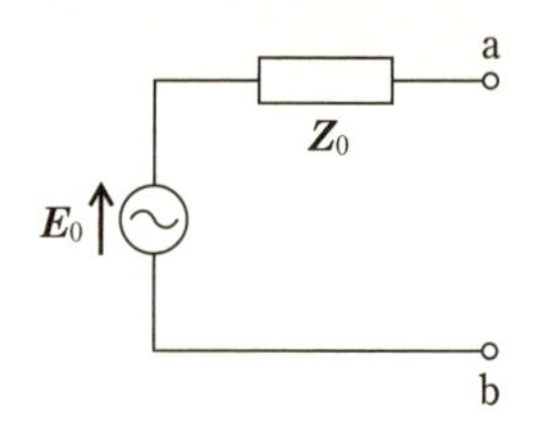

図 4-6　テブナンの定理より得られる等価回路

10. 等価な回路
等価な回路とは電気的特性が同一である回路のことをいう。

すなわち，すべての回路は，端子 a-b から見た開放電圧，インピーダンス Z_0 がわかれば，図 4-6 に示す等価な回路(10) で表すことができる。これをテブナンの**等価回路**(Thevenin's equivalent circuit) という。

4-1-3 双対性とノートンの定理

いま，図 4-7 の回路を考えよう。(a) に示す直列回路を考えれば，以下の関係が成り立つ。

$$\boldsymbol{E} = \boldsymbol{V}_1 + \boldsymbol{V}_2 + \cdots + \boldsymbol{V}_n = (\boldsymbol{Z}_1 + \boldsymbol{Z}_2 + \cdots + \boldsymbol{Z}_n)\boldsymbol{I}$$

一方，(b) に示す並列回路を考えれば，同様に，オームの法則から以下の関係が成り立つ。

$$\boldsymbol{J} = \boldsymbol{I}_1 + \boldsymbol{I}_2 + \cdots \boldsymbol{I}_n = \left(\frac{1}{\boldsymbol{Z}_1} + \frac{1}{\boldsymbol{Z}_2} + \cdots + \frac{1}{\boldsymbol{Z}_n}\right)\boldsymbol{V} = (\boldsymbol{Y}_1 + \boldsymbol{Y}_2 + \cdots + \boldsymbol{Y}_n)\,\boldsymbol{V}$$

この両者の関係式を比べると，直列回路と並列回路の間で

電圧源 $\boldsymbol{E}$　⇔　電流源 $\boldsymbol{J}$
電圧 $\boldsymbol{V}$　⇔　電流 $\boldsymbol{I}$
インピーダンス $\boldsymbol{Z}$　⇔　アドミタンス $\boldsymbol{Y}$

を置き換えても同じ関係式が成り立つ。このように，電圧と電流，インピーダンスとアドミタンス，直列回路と並列回路という対になっている用語を置き換えて同じ関係が成り立つ性質を**双対性**（そうついせい）(duality) とよぶ。

このほか

開放　⇔　短絡

も，同様の性質をもっている。

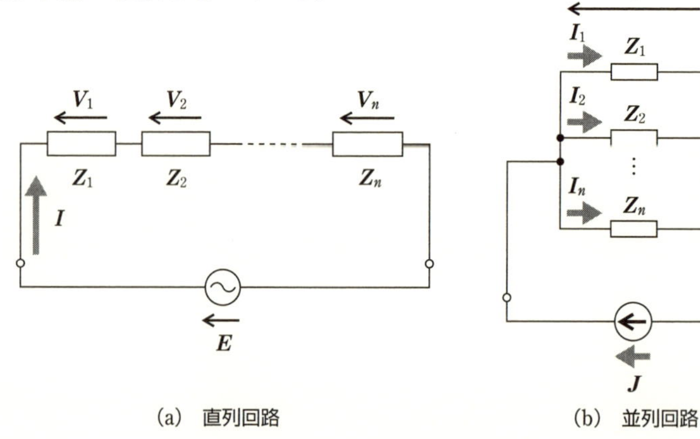

(a)　直列回路　　(b)　並列回路

図 4-7　回路の双対性

例題

図 4−8(a)，(b)の二つの回路は，双対回路である。(a)，(b)それぞれの電流 $\boldsymbol{I}$ と電圧 $\boldsymbol{V}$ の関係を求め，双対性が成り立っていることを確かめよ。

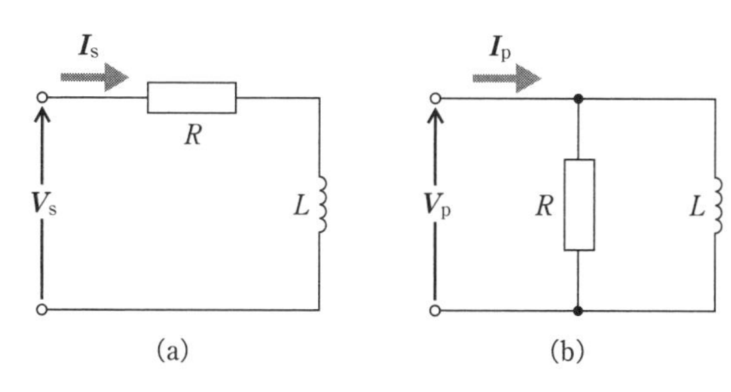

図 4-8　双対回路

●**略解**——解答例

$\boldsymbol{I}_{\rm s}$，$\boldsymbol{V}_{\rm s}$ の関係式は

$$\boldsymbol{I}_{\rm s}=\frac{\boldsymbol{V}_{\rm s}}{R+j\omega L} \tag{4-6}$$

となる。一方，$\boldsymbol{I}_{\rm p}$，$\boldsymbol{V}_{\rm p}$ の関係式は

$$\boldsymbol{V}_{\rm p}=\frac{\boldsymbol{I}_{\rm p}}{\dfrac{1}{R}+\dfrac{1}{j\omega L}} \tag{4-7}$$

のようになる。

式 4−6 と式 4−7 を比較すると，電圧と電流の間で $\boldsymbol{I}_{\rm s} \Leftrightarrow \boldsymbol{V}_{\rm p}$，$\boldsymbol{V}_{\rm s} \Leftrightarrow \boldsymbol{I}_{\rm p}$ が置き換わり，インピーダンスとアドミタンスの間で $R \Leftrightarrow \frac{1}{R}$，$j\omega L \Leftrightarrow \frac{1}{j\omega L}$ が置き換わっているのがわかる。すなわち，双対性が成り立っている。（答）

この双対性をテブナンの定理に適用してみよう。

テブナンの定理

「内部に電源を含む回路の一対の端子 a−b に着目する。a−b 間の**開放電圧**を $\boldsymbol{E}_0$[V]，a−b から回路をみたときの**インピーダンス**を $\boldsymbol{Z}_0$[Ω] とすれば，a−b 間に任意の**インピーダンス** $\boldsymbol{Z}$[Ω] を接続したとき，$\boldsymbol{Z}$ を流れる**電流** $\boldsymbol{I}$[A] は

$$\boldsymbol{I}=\frac{\boldsymbol{E}_0}{\boldsymbol{Z}_0+\boldsymbol{Z}} \tag{4-8}$$

で求められる。」

上記のテブナンの定理において，電圧を電流に，電流を電圧に，インピーダンスをアドミタンスに，開放を短絡に置き換えると，以下の定理

が得られる。

「内部に電源を含む回路の一対の端子 a−b に着目する。a−b 間の**短絡電流**を $\boldsymbol{J}_0$[A], a−b から回路をみたときの**アドミタンス**を $\boldsymbol{Y}_0$[S] とすれば，a−b 間に任意の**アドミタンス** $\boldsymbol{Y}$[S] を接続したとき，$\boldsymbol{Y}$ の端子に現れる**電圧** $\boldsymbol{V}$[V] は

$$\boldsymbol{V}=\frac{\boldsymbol{J}_0}{\boldsymbol{Y}_0+\boldsymbol{Y}} \tag{4-9}$$

で求められる。」

この定理を**ノートンの定理**(Norton's theorem)とよぶ。テブナンの定理との比較のために，**ノートンの等価回路**を図 4−9 に示す。テブナンの等価回路とノートンの等価回路を比べると，双対性によって相互に表されていることがわかる。

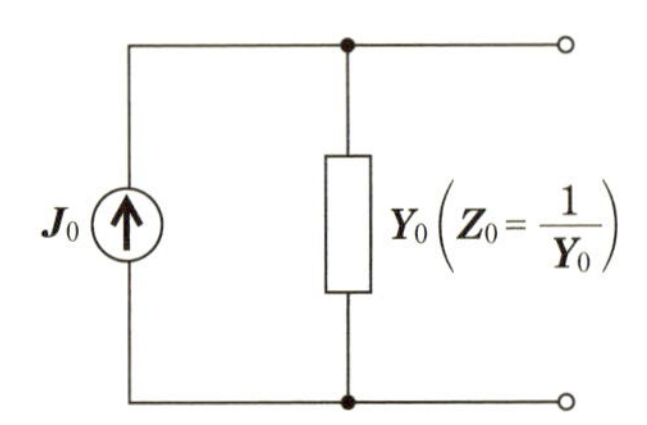

図 4-9　ノートンの定理より得られる等価回路

4-1 ドリル問題

問題 1———インピーダンス $\boldsymbol{Z}_1=3+j4\,\Omega$, $\boldsymbol{Z}_2=5-j2\,\Omega$, $\boldsymbol{Z}_3=6+j\,\Omega$ の直列回路の合成インピーダンス $\boldsymbol{Z}$ を求めよ。

問題 2———インピーダンス $\boldsymbol{Z}_1=3+j4\,\Omega$, $\boldsymbol{Z}_2=5-j2\,\Omega$, $\boldsymbol{Z}_3=6+j\,\Omega$ の並列回路の合成インピーダンス $\boldsymbol{Z}$ を求めよ。

問題 3———素子を流れる電流 $\boldsymbol{I}$ と両端の電圧 $\boldsymbol{V}$ の間に $\boldsymbol{V}=5\boldsymbol{I}$ の関係が成り立っている。この素子は線形素子であることを説明せよ。

問題 4———素子を流れる電流 $\boldsymbol{I}$ と両端の電圧 $\boldsymbol{V}$ の間に $\boldsymbol{V}=j5\boldsymbol{I}$ の関係が成り立っている。この素子は線形素子であることを説明せよ。

問題 5———図 1 のような交流回路の端子 a−b 間の開放電圧が 10 V, a−b から回路を見たときのインピーダンスは $1+j\,\Omega$ である。a−b 間に $4-j\,\Omega$ の負荷を接続したとき，負荷に流れる電流を求めよ。

問題 6———問題 5 において，a−b 間を短絡したときに流れる電流を求めよ。

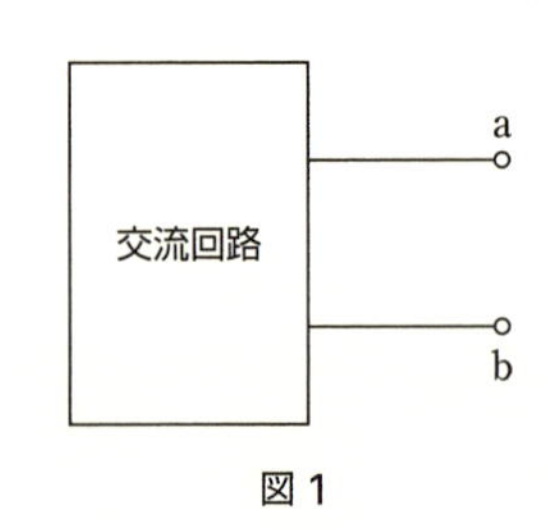

図 1

問題 7———図1の回路において，a−b を短絡したときに流れる電流は 1 A，a−b からみたアドミタンスは $2-j$ S である。a−b 間を開放したときの，開放電圧を求めよ。

問題 8———問題 7 において，a−b 間にアドミタンス $3+j$ S の負荷を接続したとき，a−b 間の電圧を求めよ。

問題 9———図2の回路で，a−b 間の開放電圧，および a−b からみたインピーダンスを求めよ。

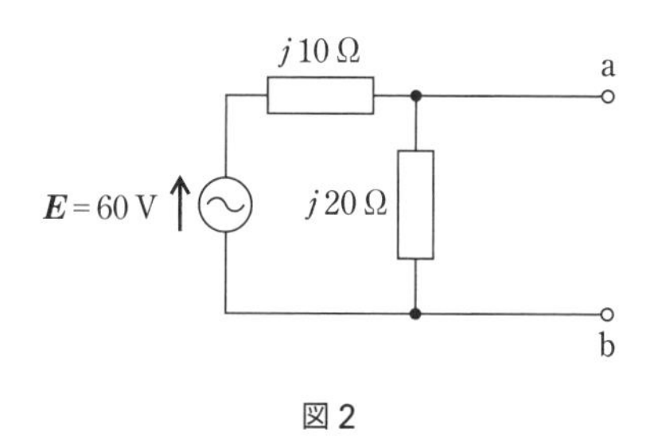

図 2

問題 10———問題 9 において，a−b 間にインピーダンス $\boldsymbol{Z}_0=6-j\dfrac{20}{3}$ Ω を接続したとき，$\boldsymbol{Z}_0$ を流れる電流を求めよ。

4-1 演習問題

1. 図1の回路において，インピーダンス $\boldsymbol{Z}_1=3+j4$ Ω，$\boldsymbol{Z}_2=5-j2$ Ω，$\boldsymbol{Z}_3=6+j$ Ω とする。合成インピーダンス $\boldsymbol{Z}$[Ω] を求めよ。

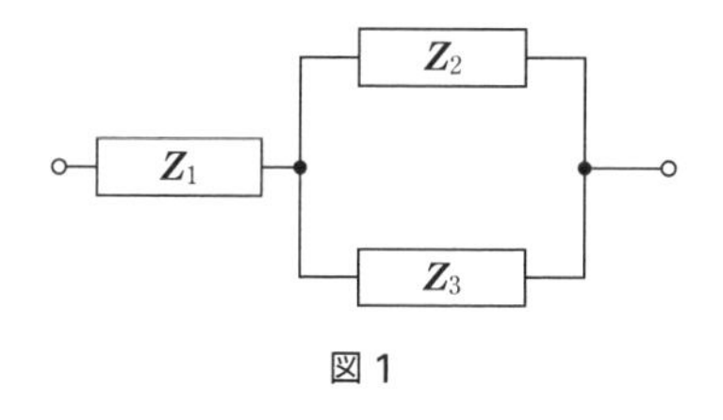

図 1

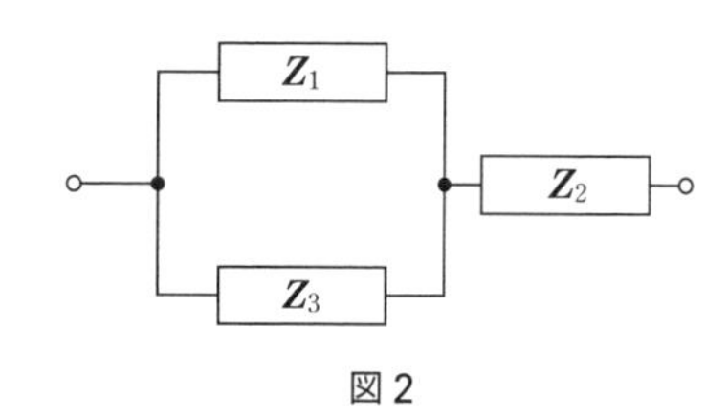

図 2

2. 図2の回路においてインピーダンス $\boldsymbol{Z}_1=3+j4$ Ω，$\boldsymbol{Z}_2=5-j2$ Ω，$\boldsymbol{Z}_3=6+j$ Ω とする。合成インピーダンス $\boldsymbol{Z}$[Ω] を求めよ。

3. 素子を流れる電流 $\boldsymbol{I}$[A] と両端の電圧 $\boldsymbol{V}$[V] の間に $\boldsymbol{V}=5\boldsymbol{I}+3$ の関係が成り立っている。この素子は非線形素子であることを説明せよ。

4. 図3において，端子 a−b にインピーダンス $\boldsymbol{Z}_0$[Ω] を接続したときに流れる電流が $\boldsymbol{I}_0$[A]，インピーダンス $\boldsymbol{Z}_1$[Ω] を接続したときに流れる電流が $\boldsymbol{I}_1$[A] である。端子 a−b 間の開放電圧および，端子 a−b から見たインピーダンスを求めよ。

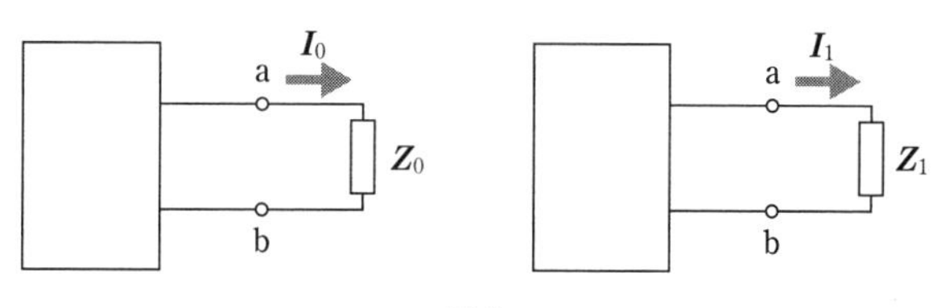

図 3

5. 図 4 において，端子 a–b 間にアドミタンス $\boldsymbol{Y}_0$ [S] を接続したときの a–b 間の電圧が $\boldsymbol{V}_0$ [V]，アドミタンス $\boldsymbol{Y}_1$ [S] を接続したときの a–b 間の電圧が $\boldsymbol{V}_1$ [V] である。a–b 間にアドミタンス $\boldsymbol{Y}_2$ [S] を接続したときに a–b 間に現れる電圧 $\boldsymbol{V}_2$ [V] を求めよ。

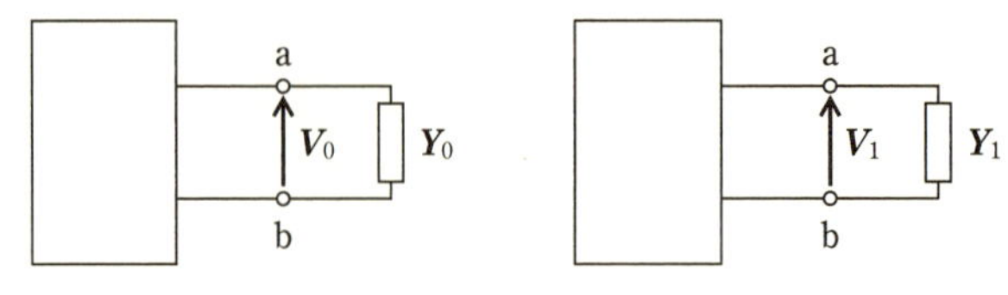

図 4

6. 図 5 において，インピーダンス $\boldsymbol{Z}_0$ [Ω] を流れる電流を重ね合わせの原理を用いて求めよ。

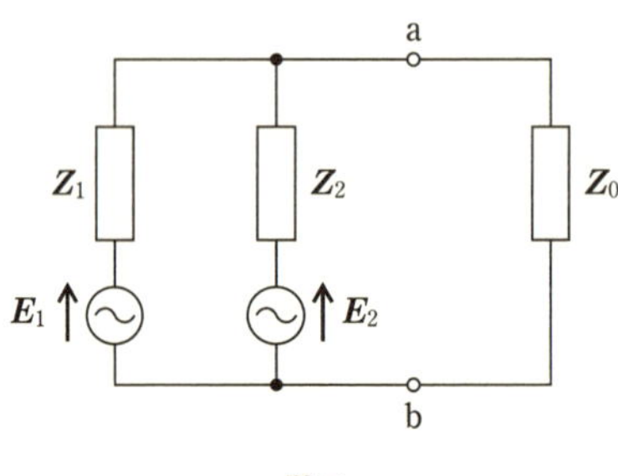

図 5

7. 図 5 において，インピーダンス $\boldsymbol{Z}_0$ [Ω] を流れる電流をテブナンの定理を用いて求めよ。

8. 図 6 に示す内部に電源を含む回路 A，B があり，端子対 a–b，a′–b′ 間の開放電圧は $\boldsymbol{V}_a$，$\boldsymbol{V}_b$ [V]，それぞれの端子対から見たインピーダンスが $\boldsymbol{Z}_a$，$\boldsymbol{Z}_b$ [Ω] である。この二つの回路を a–a′，b–b′ で接続したとき，a–a′ を流れる電流を求めよ。

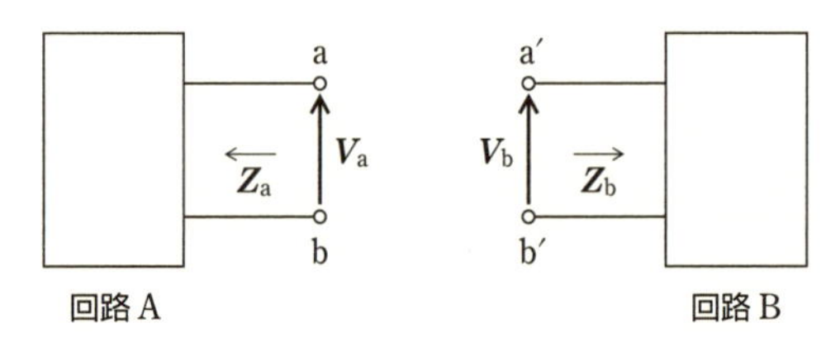

図 6

9. 図 7 に示す回路において，インピーダンス $\boldsymbol{Z}_5$ [Ω] を流れる電流をテブナンの定理を用いて求めよ。

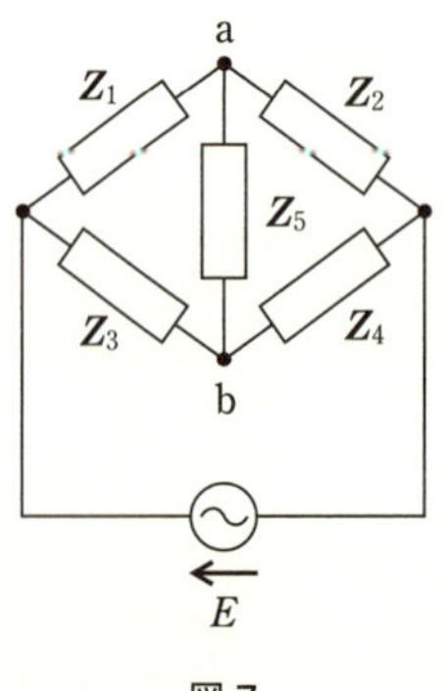

図 7

4-2 アドバンス 回路解析

4-2-1 グラフの基礎

1章では，直流回路を解析するための方法として，ループ電流法とノード電圧法を学んだ。これらの方法は，キルヒホッフの電圧則(第二法則)と電流則(第一法則)をベースにした考え方である。

キルヒホッフの電圧則は，回路内のループに沿って，その素子の電圧降下の和がゼロになるという考え方に基づいている。すなわち，回路内のループを見つけることが重要である。

他方，キルヒホッフの電流則は，素子の接続点において，流れ込む電流の和がゼロになるという考え方に基づいている。すなわち，回路内の素子の接続関係を明確にすることが重要である。

ところが，たとえば第1章のループ電流法では，「変数をいくつ考え」，「方程式をいくつたてる」のがよいか，はっきりしなかった。しかし，ここで学ぶ**グラフ**(graph)を使うことで，**どんなに複雑な回路でも自動的に「変数」や「方程式」を決めることができる**。このような方法を**ループ解析**(loop analysis)とよぶ。また，ノード電圧法でも**グラフ**を使うことで自動的に「変数」や「方程式」を決めることができ，**ノード解析**(node analysis)とよぶ。

このように，回路内の素子を流れる電流を求めたり，素子の節点での電圧を計算する回路解析には，素子の接続関係を抽出して数学的に表現するとよい。はじめに，グラフの基本的概念および用語，そして簡単な例をもとに，グラフに必要な行列の知識について述べる。

グラフとは

グラフとは，図4−10に示すように，いくつかの線分とそれによって結ばれる点の集まり(集合)である。1章でも説明したが，線分を**ブランチ**(**枝**(えだ)：branch)，点を**ノード**(**節点**(せってん)：node)とよぶ。

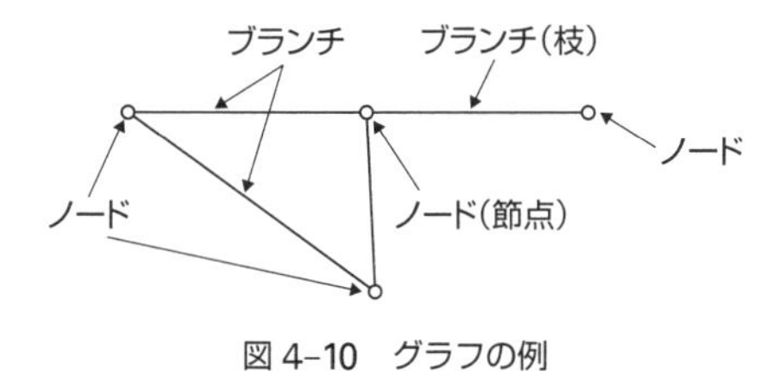

図4-10　グラフの例

電気回路の接続をグラフで表現するために，**素子の節点をノードに，素子をブランチに対応させる**。一例を示そう。図4−11(a)の電気回路は，ノードa_1～a_4の間に素子b_1～b_5が接続されている。このノードとブランチの接続関係をまとめると，図4−11(b)のグラフを得る。これがこの回路のグラフである。ここで，ブランチに示された矢印は，ブランチに向きがある(1)ことを意味し，このグラフを**有向グラフ**(directed graph)とよぶ。

1. ブランチの向き
ブランチの向きは，解析がしやすいように任意に決めればよい。

回路の接続を行列で表現する 最初に，ノードとブランチの接続関係を表す**ノード・ブランチ接続行列**(incidence matrix：あるいは単に**接続行列**)を考えよう。ノード・ブランチ接続行列 A とは，有向グラフのノードを $i=1, 2, \cdots, N$，ブランチを $j=1, 2, \cdots, M$ と番号をつけたとき，行列 A の要素 $\{a_{ij}\}$ を

$$\left.\begin{array}{l} a_{ij}=1：ノード\ i\ がブランチ\ j\ の始点であるとき \\ a_{ij}=-1：ノード\ i\ がブランチ\ j\ の終点であるとき \\ a_{ij}=0：ノード\ i\ がブランチ\ j\ の端点でないとき \end{array}\right\} \quad (4\text{-}10)$$

で表した $N \times M$ の行列(2)となる。

2. 行列(マトリックス)の行と例
行列の行と列は下のように表す。

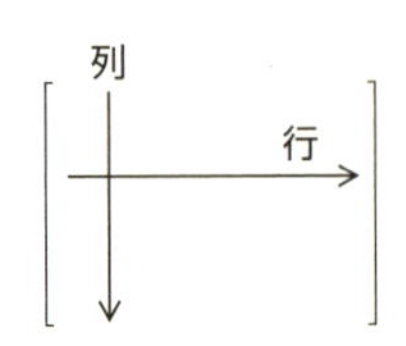

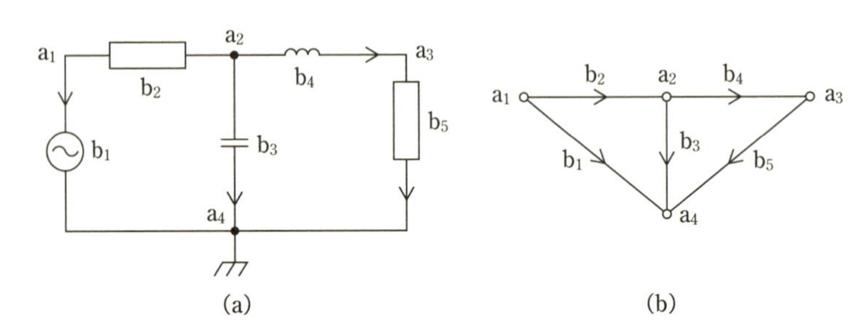

図 4-11　電気回路とそのグラフ表現

たとえば，図 4-11 の電気回路は，ブランチが五つ，ノードが四つある。ブランチの向きを次のように考えると，接続行列 A が次のように求まる。

ブランチ b_1 の始点がノード a_1，終点がノード a_4
ブランチ b_2 の始点がノード a_1，終点がノード a_2
ブランチ b_3 の始点がノード a_2，終点がノード a_4
ブランチ b_4 の始点がノード a_2，終点がノード a_3
ブランチ b_5 の始点がノード a_3，終点がノード a_4

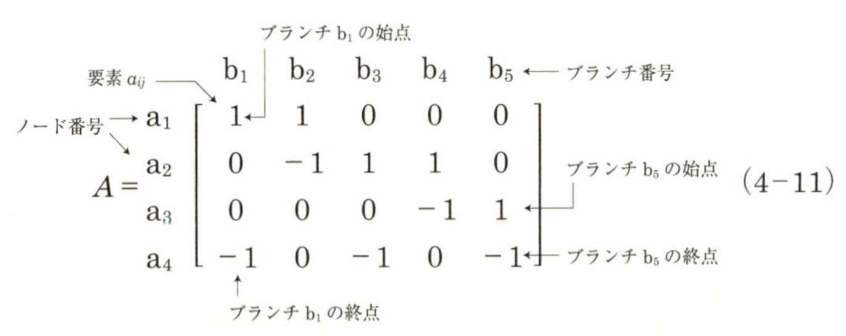

$$A=\begin{array}{c} \\ a_1 \\ a_2 \\ a_3 \\ a_4 \end{array}\begin{array}{c} \begin{array}{ccccc} b_1 & b_2 & b_3 & b_4 & b_5 \end{array} \\ \left[\begin{array}{ccccc} 1 & 1 & 0 & 0 & 0 \\ 0 & -1 & 1 & 1 & 0 \\ 0 & 0 & 0 & -1 & 1 \\ -1 & 0 & -1 & 0 & -1 \end{array}\right] \end{array} \quad (4\text{-}11)$$

行列 A の各列に注目すれば，一つずつの 1 と -1 をもっていることがわかる。たとえば，ブランチ b_1 の列には $a_1=1$ と $a_4=-1$ がある。ブランチ b_1 はノード a_1 と a_4 を接続していることを示し，a_1 は始点，a_4 は終点を示している。このことから，行列 A の N 個の行のうち一つの行を除いても元の行列 A を求めることができる。すなわち，A の N 個の行のう

ち一つは冗長(じょうちょう)[3] (redundant)であり，一つのノードに対応する行を取り除くことができる。

ところで，回路内のノードの電位を計算するためには，1か所基準となる電位を決めておく必要がある。一般的に，一つのノードを接地(アース)する，すなわち，そのノードの電位を0Vとする。このノードは**基準ノード**(reference node)とよばれる。ノード・ブランチ接続行列Aから，このノードに対応する行を取り除いた$(N-1)\times M$の行列を**既約(きやく)接続行列**(reduced incidence matrix)とよび，Dで表す。たとえば，図4-11(a)の回路では，接地されたノードであるa_4を基準ノードに選ぶ。

すると，図4-11の回路の既約接続行列は式4-11において，基準ノードa_4の第4行を削除してDを得る(式4-13)。

$$A=\begin{array}{c} \\ a_1 \\ a_2 \\ a_3 \\ a_4 \end{array}\begin{array}{c} \begin{array}{ccccc} b_1 & b_2 & b_3 & b_4 & b_5 \end{array} \\ \begin{bmatrix} 1 & 1 & 0 & 0 & 0 \\ 0 & -1 & 1 & 1 & 0 \\ 0 & 0 & 0 & -1 & 1 \\ -1 & 0 & -1 & 0 & -1 \end{bmatrix} \end{array} \tag{4-12}$$

(ブランチ：b_1〜b_5，ノード：a_1〜a_4；第4行→削除)

⇓

$$D=\begin{array}{c} \\ a_1 \\ a_2 \\ a_3 \end{array}\begin{array}{c} \begin{array}{ccccc} b_1 & b_2 & b_3 & b_4 & b_5 \end{array} \\ \begin{bmatrix} 1 & 1 & 0 & 0 & 0 \\ 0 & -1 & 1 & 1 & 0 \\ 0 & 0 & 0 & -1 & 1 \end{bmatrix} \end{array} \tag{4-13}$$

例題

ノードa_4を基準ノードとした既約接続行列Dが上記のように式4-13で表されるとき，逆に接続行列Aを求めよ。

●略解——解答例

第1列，ブランチb_1に相当する列を見ると，要素が1，すなわちブランチb_1の始点に相当するノードa_1があるが，ブランチb_1の終点に相当する-1の要素がない。すなわち，基準ノードとして取り除いたノードa_4がブランチb_1の終点になる。第2列，すなわちb_2に相当する列には1，-1となる要素があるので，基準ノードに対応するa_4に対応する要素は0となる。このようにして，もとの接続行列Aが，式4-12のように求まる。(答)

ループ

次に，図4-12に示すノードa_1〜a_5，ブランチb_1〜b_6からなるグラフを例に，**ループ**(loop：**閉路**)について考えてみよう。ループ(閉路)とは，あるノード(節点)から同じブランチ(枝)を通らずに，もとのノードに戻る**パス**(path)[4]のことである。

3. 冗長
余分な情報を持っていることを**冗長**とよぶ。行列Aに関しては，一つの行を取り除いても，もとの行列Aを求めることができる。すなわち，一つの行は冗長である。どのようにしてもとの行列を求めるかは，例題を参照のこと。

4. パス
経路ともよばれ，連続につながったブランチの集合。

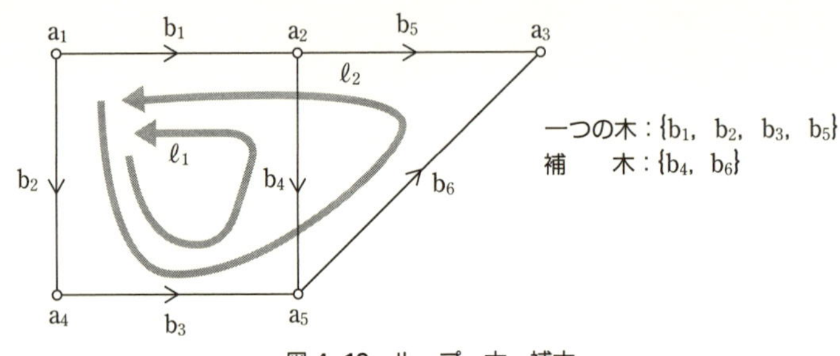

図 4-12　ループ，木，補木

図中の $\ell_1 = \{b_1, b_2, b_3, b_4\}$ はノード a_1 からノード a_1 に戻る一つのループとなり，また，$\ell_2 = \{b_1, b_2, b_3, b_6, b_5\}$ も同様に一つのループとなる(5)。なお，ここでは，図中の各ブランチの向きは考えない。

5. 集合，集合の要素の表し方
{ } で集合を表し，{ } 内の要素が，集合の要素であるブランチを表している。

次に，たとえば，$\{b_1, b_2, b_3, b_5\}$ という集合を考えよう。すべてのノードをつなぎ，ループを含まないブランチの集合である。このように，すべてのノードをつなぎ，ループを含まないブランチの集合を**木**(tree)とよぶ。これに対して，$\{b_4, b_6\}$ のように，上記の木すなわち $\{b_1, b_2, b_3, b_5\}$ 以外のブランチの集合を**補木**(co-tree)とよぶ。$\{b_1, b_2, b_3, b_5\}$ に補木の一つの要素である b_4 を追加すると，ループ ℓ_1 がつくられ，b_6 を追加するとループ ℓ_2 がつくられる。このように，木に補木の要素である一つのブランチを追加すると，必ず，ループが構成される。

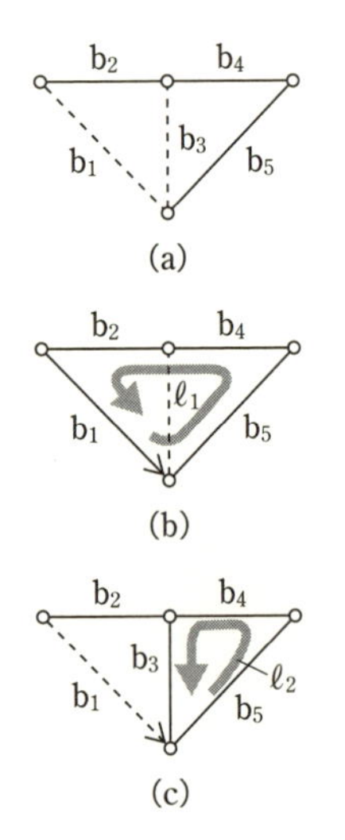

図 4-13　グラフのループ

図 4-11(b)のグラフを，図 4-13(a)に再度示す。$\{b_2, b_4, b_5\}$ はすべてのノードをつないでいるが，ループを構成していないので，木となる。残りのブランチである $\{b_1, b_3\}$ は補木となる。補木の要素であるブランチを一つずつ追加すれば，一つのループが得られる。たとえば，図 4-13(b)に示すように，ブランチ b_1 を追加すると，ループ ℓ_1 ができる。また，図(c)に示すように，ブランチ b_3 を追加すると，ループ ℓ_2 が得られる。ここで，ループの向きは同図(b)，(c)に示すように，追加するブランチの向きに一致するように決定する。このようにして得られるループを**独立なループ**という。このグラフでは，二つの独立なループ $\{\ell_1, \ell_2\}$ が存在する(6)。

6. 独立なループの数
ノードの数を N，ブランチの数を M とすれば，独立なループの数は $M-N+1$ となり，図 4-13 の例では，$M=5$，$N=4$ であるから，独立なループは $5-4+1=2$ となる。詳細はグラフ理論の教科書を参照のこと。

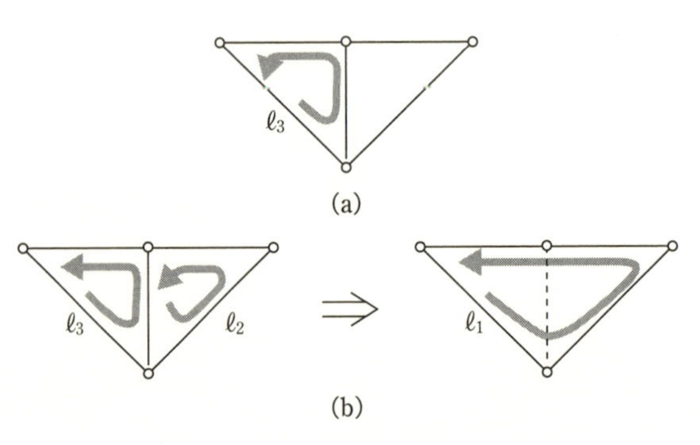

図 4-14　ループの例

図 4-14(a)に示すループ ℓ_3 も存在するが，このループ ℓ_3 と，前記のループ ℓ_2 を加えると，ブランチ b_3 を逆の向きで含んでいるので，図 4-14(b)に示すようにループ ℓ_1 となる。これは，三つのループが独立[7]ではないことを意味している。

独立なループを行列で表したものを，**基本ループ行列**(fundamental loop matrix)B とよぶ。グラフの独立なループの番号を $k=1, 2, \cdots, K$, ブランチの番号を $j=1, 2, \cdots, M$ とすれば，B は $K\times M$ の行列で，要素 $\{b_{kj}\}$ は

$$\left.\begin{array}{l} b_{kj}=1：ブランチ\ j\ がループ\ k\ に含まれ，ブランチの向きとループの向きが一致するとき \\ b_{kj}=-1：ブランチ\ j\ がループ\ k\ に含まれ，ブランチの向きとループの向きが反対のとき \\ b_{kj}=0：ブランチ\ j\ がループ\ k\ に含まれないとき \end{array}\right\} \quad (4\text{-}14)$$

となる。

たとえば，図 4-11 の電気回路の基本ループ行列は，図 4-13 の独立した二つのループ ℓ_1, ℓ_2 に対して，

ブランチ b_2, b_4, b_5 がループ ℓ_1 と反対の向きで含まれ，
ブランチ b_1 がループ ℓ_1 と同じ向きで含まれ，
ブランチ b_3 がループ ℓ_2 と同じ向きで含まれ，
ブランチ b_4, b_5 がループ ℓ_2 と反対の向きで含まれているので

$$B=\begin{array}{c} \scriptsize{ループ} \\ \ell_1 \\ \ell_2 \end{array}\begin{array}{c} \scriptsize{ブランチ}\quad b_2 \quad b_4 \quad b_5 \quad b_1 \quad b_3 \\ \begin{bmatrix} -1 & -1 & -1 & 1 & 0 \\ 0 & -1 & -1 & 0 & 1 \end{bmatrix} \end{array} \quad (4\text{-}15)$$

と表される。ここで，ブランチ b_1, b_3 は，補木の要素なので，ブランチ b_2, b_4, b_5 の右側に寄せている。ただし，基本ループ行列のブランチの並びは任意でかまわない。

7. 独立なループ
ℓ_1 と ℓ_2 は異なっているので，この二つは独立なループである。しかし，ℓ_2 と ℓ_3 を組み合わせると ℓ_1 となる。このとき，ℓ_1, ℓ_2, ℓ_3 の三つは独立ではないという。この例では，ℓ_1 と ℓ_2 を独立なループと考えているが，ℓ_1 と ℓ_3 あるいは ℓ_2 と ℓ_3 が独立なループと考えても問題ない。

4-2-2 ループ解析

図 4-15(a)は，図 4-11 の回路にブランチのインピーダンスを記入した回路である。電圧源のみ存在するブランチ b_1 を除き，他のブランチは

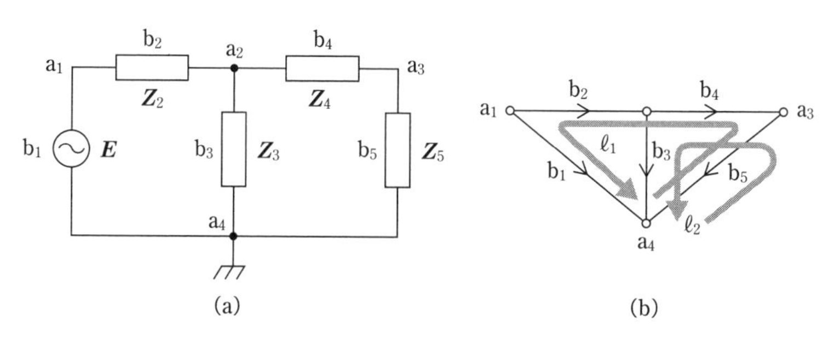

図 4-15　電気回路とそのグラフ表現

インピーダンス $\boldsymbol{Z}_2, \boldsymbol{Z}_3, \boldsymbol{Z}_4, \boldsymbol{Z}_5$ [Ω] で示す。ノード a_4 を基準ノード，電圧源の電圧を $\boldsymbol{E}$[V] としよう。図 4-13(b)，(c)に示したループ ℓ_1, ℓ_2 の向きに流れるループ電流[8] をそれぞれ $\boldsymbol{I}_1$，$\boldsymbol{I}_2$[A] とし，キルヒホッフの電圧則に基づいて式をたてる。ℓ_1 について

$$\boldsymbol{Z}_2\boldsymbol{I}_1 + \boldsymbol{Z}_4(\boldsymbol{I}_1 + \boldsymbol{I}_2) + \boldsymbol{Z}_5(\boldsymbol{I}_1 + \boldsymbol{I}_2) = -\boldsymbol{E}$$

を得る。ループ ℓ_2 についても

$$\boldsymbol{Z}_3\boldsymbol{I}_2 + \boldsymbol{Z}_4(\boldsymbol{I}_1 + \boldsymbol{I}_2) + \boldsymbol{Z}_5(\boldsymbol{I}_1 + \boldsymbol{I}_2) = 0$$

となる。これを整理して

$$\left.\begin{aligned}(\boldsymbol{Z}_2 + \boldsymbol{Z}_4 + \boldsymbol{Z}_5)\boldsymbol{I}_1 + (\boldsymbol{Z}_4 + \boldsymbol{Z}_5)\boldsymbol{I}_2 &= -\boldsymbol{E}\\ (\boldsymbol{Z}_4 + \boldsymbol{Z}_5)\boldsymbol{I}_1 + (\boldsymbol{Z}_3 + \boldsymbol{Z}_4 + \boldsymbol{Z}_5)\boldsymbol{I}_2 &= 0\end{aligned}\right\} \qquad (4\text{-}16)$$

となる。この $\boldsymbol{I}_1$，$\boldsymbol{I}_2$ についての線形連立方程式を解けば，ループ電流 $\boldsymbol{I}_1$，$\boldsymbol{I}_2$ が求められる。各ブランチの電流はループ電流 $\boldsymbol{I}_1$，$\boldsymbol{I}_2$ を用いて（ブランチの向きとループ電流の向きに注意）

ブランチ b_2: $-\boldsymbol{I}_1$

ブランチ b_3: $\boldsymbol{I}_2$

ブランチ b_4: $-(\boldsymbol{I}_1 + \boldsymbol{I}_2)$

ブランチ b_5: $-(\boldsymbol{I}_1 + \boldsymbol{I}_2)$

となり，ノード間の電圧も求まる。

このように，ループ電流をもとにして得られた方程式を**ループ方程式**(loop equation)，ループ方程式をもとに回路を解析することを**ループ解析**という。

8. ループ電流
ループ電流とは，ループに沿って流れると想定した仮想的な電流である。

4-2-3 行列（マトリックス）によるループ解析(1)

ループが多数ある回路のループ解析をみてみよう。

ループに沿ったブランチの電圧の和がループに含まれる電圧源の和に等しいので，基本ループ行列 B を用いて次のように行列表示できる。

$$B\underline{\boldsymbol{V}} = \underline{\boldsymbol{E}} \qquad (4\text{-}17)$$

ここで，$\underline{\boldsymbol{V}}$ は M 個のブランチの両端の電圧を並べた M 次（じ）の列ベクトル[9] になる。$\underline{\boldsymbol{E}}$ は各々のループに沿って存在する電圧源の和を表す$(M-N+1)$次（じ）[10] の列ベクトルである。

次に，各ブランチを流れる電流 $\boldsymbol{I}$ とループ電流 $\boldsymbol{I}_\ell$ は基本ループ行列を用いて

$$\underline{\boldsymbol{I}} = B^t\underline{\boldsymbol{I}}_\ell \qquad (4\text{-}18)$$

と表される。ここで，$\underline{\boldsymbol{I}}$ はブランチ電流を並べた M 次の列ベクトル，$\underline{\boldsymbol{I}}_\ell$ はループ電流を並べた$(M-N+1)$次の列ベクトルである。また，B^t は B の**転置行列**を示す（転置行列は ${}^tB$，B^T と表すこともある）。たとえば，式 4-15 の B の転置行列は以下のように表される。

9. 列ベクトル
M 次の列ベクトルとは，下のように要素を M 個縦に並べたベクトルである。

$$\underline{\boldsymbol{V}} = \begin{bmatrix}\boldsymbol{V}_1\\ \boldsymbol{V}_2\\ \vdots\\ \boldsymbol{V}_M\end{bmatrix}$$

なお，$\boldsymbol{V}$ でも列ベクトルを表すことがあるが，本章では要素が複素数であるベクトルということを明確にするために，$\underline{\boldsymbol{V}}$ と表す。

10. 独立ループの数は
$(M-N+1)$である（**4-2-1** 項参照）。M はブランチの数，N はノードの数である。

$$B = \begin{bmatrix} -1 & -1 & -1 & 1 & 0 \\ 0 & -1 & -1 & 0 & 1 \end{bmatrix}$$

⇓ 上のマトリックスの1行目を1列目に，2行目を2列目に移す

$$B^t = \begin{bmatrix} -1 & 0 \\ -1 & -1 \\ -1 & -1 \\ 1 & 0 \\ 0 & 1 \end{bmatrix}$$

一方，ブランチの両端の電位差は，オームの法則によりブランチを流れる電流とブランチのインピーダンスの積として

$$\underline{\boldsymbol{V}} = \boldsymbol{Z}\underline{\boldsymbol{I}} \qquad (4\text{-}19)$$

となる。ここで，$\boldsymbol{Z}$ は各ブランチのインピーダンス値を対角項に並べてつくられる M 次の正方行列で，**ブランチインピーダンス行列**[11] (branch impedance matrix)とよぶ。

11. ブランチインピーダンス行列

ここで行列 $\boldsymbol{Z}$ は，具体的には

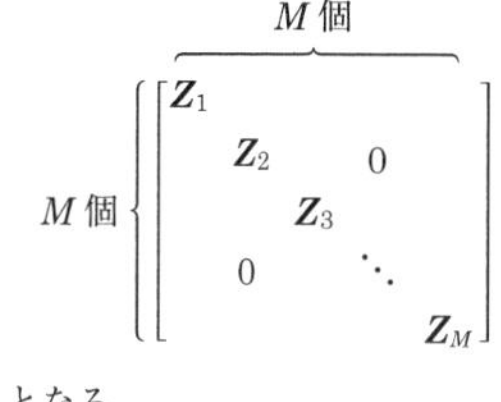

となる。

よって，式4-17は，式4-18，式4-19を用いて

$$BZB^t\underline{\boldsymbol{I}}_\ell = \underline{\boldsymbol{E}} \qquad (4\text{-}20)$$

と導かれる。この式がループ方程式である。BZB^t は，$(M-N+1)$ 次の正方行列で，**ループインピーダンス行列**(loop impedance matrix)$\boldsymbol{Z}_\ell$ とよぶ。

なお，ループ方程式は線形連立方程式となり，クラーメルの解法(**1-3-2** 項)などを用いて解くことができる。すなわち，その二つの式を用いてループ電流 $\boldsymbol{I}_\ell$ が求まると，その値と式4-18を用いてブランチ電流 $\boldsymbol{I}$ が求まる。

$$\boldsymbol{Z}_\ell = BZB^t \quad \text{(ループインピーダンス行列)} \qquad (4\text{-}21)$$

$$\boldsymbol{Z}_\ell\underline{\boldsymbol{I}}_\ell = \underline{\boldsymbol{E}} \quad \text{(ループ方程式)} \qquad (4\text{-}22)$$

例題

図4-15(a)の回路のループ方程式を，図4-13のループ ℓ_1, ℓ_2 によるループインピーダンス行列を用いて求めよ。

●略解――解答例

基本ループ行列 B は

$$B = \begin{matrix} \\ \ell_1 \\ \ell_2 \end{matrix} \begin{matrix} \mathrm{b}_1 & \mathrm{b}_2 & \mathrm{b}_3 & \mathrm{b}_4 & \mathrm{b}_5 \\ \left[\begin{matrix} 1 & -1 & 0 & -1 & -1 \\ 0 & 0 & 1 & -1 & -1 \end{matrix} \right] \end{matrix}$$

と表される。ブランチインピーダンス行列 $\boldsymbol{Z}$ は

$$\boldsymbol{Z} = \begin{bmatrix} 0 & & & & \\ & \boldsymbol{Z}_2 & & 0 & \\ & & \boldsymbol{Z}_3 & & \\ & 0 & & \boldsymbol{Z}_4 & \\ & & & & \boldsymbol{Z}_5 \end{bmatrix}$$

この部分の要素がすべて0

となるので，ループインピーダンス行列 $\boldsymbol{Z}_\ell$ は

$$\boldsymbol{Z}_\ell = BZB^t = \begin{bmatrix} 1 & -1 & 0 & -1 & -1 \\ 0 & 0 & 1 & -1 & -1 \end{bmatrix} \begin{bmatrix} 0 & 0 & 0 & 0 & 0 \\ 0 & \boldsymbol{Z}_2 & 0 & 0 & 0 \\ 0 & 0 & \boldsymbol{Z}_3 & 0 & 0 \\ 0 & 0 & 0 & \boldsymbol{Z}_4 & 0 \\ 0 & 0 & 0 & 0 & \boldsymbol{Z}_5 \end{bmatrix} \begin{bmatrix} 1 & 0 \\ -1 & 0 \\ 0 & 1 \\ -1 & -1 \\ -1 & -1 \end{bmatrix}$$

ループ ℓ_1 のインピーダンスの総和

$$= \begin{bmatrix} \boldsymbol{Z}_2 + \boldsymbol{Z}_4 + \boldsymbol{Z}_5 & \boldsymbol{Z}_4 + \boldsymbol{Z}_5 \\ \boldsymbol{Z}_4 + \boldsymbol{Z}_5 & \boldsymbol{Z}_3 + \boldsymbol{Z}_4 + \boldsymbol{Z}_5 \end{bmatrix} \quad (4\text{-}23)$$

ループ ℓ_1 と ℓ_2 の共通のインピーダンスの総和　　ループ ℓ_1 のインピーダンスの総和

となる。一方

$$\underline{\boldsymbol{E}} = \begin{bmatrix} -\boldsymbol{E} \\ 0 \end{bmatrix}$$

であるので，次のループ方程式が得られる。

$$\begin{bmatrix} \boldsymbol{Z}_2 + \boldsymbol{Z}_4 + \boldsymbol{Z}_5 & \boldsymbol{Z}_4 + \boldsymbol{Z}_5 \\ \boldsymbol{Z}_4 + \boldsymbol{Z}_5 & \boldsymbol{Z}_3 + \boldsymbol{Z}_4 + \boldsymbol{Z}_5 \end{bmatrix} \begin{bmatrix} \boldsymbol{I}_1 \\ \boldsymbol{I}_2 \end{bmatrix} = \begin{bmatrix} -\boldsymbol{E} \\ 0 \end{bmatrix}$$

これを展開して

$$(\boldsymbol{Z}_2 + \boldsymbol{Z}_4 + \boldsymbol{Z}_5)\boldsymbol{I}_1 + (\boldsymbol{Z}_4 + \boldsymbol{Z}_5)\boldsymbol{I}_2 = -\boldsymbol{E}$$

$$(\boldsymbol{Z}_4 + \boldsymbol{Z}_5)\boldsymbol{I}_1 + (\boldsymbol{Z}_3 + \boldsymbol{Z}_4 + \boldsymbol{Z}_5)\boldsymbol{I}_2 = 0$$

を得る。これは，式 4-16 と一致する。

ループインピーダンス行列 $\boldsymbol{Z}_\ell$ は，インピーダンス行列 $\boldsymbol{Z}$ とループ行列 $\boldsymbol{B}$ を用いて，$\boldsymbol{Z}_\ell = BZB^t$ により求められた。しかし，上の例題からもわかるように，ループインピーダンス $\boldsymbol{Z}_\ell$ は式 4-23 のような特徴をもつので，電気回路から直接 $\boldsymbol{Z}_\ell$ を求めることができる。

図 4-15(a)の回路のループインピーダンス行列 $\boldsymbol{Z}_\ell = \begin{bmatrix} \boldsymbol{Z}_{11} & \boldsymbol{Z}_{12} \\ \boldsymbol{Z}_{21} & \boldsymbol{Z}_{22} \end{bmatrix}$ は，次のように求められる。

① ループインピーダンス行列 $\boldsymbol{Z}_\ell$ の対角線上に並ぶ行列要素 $\boldsymbol{Z}_{ii}$ $(i = 1, 2)$ は，i 番目のループ電流が流れるインピーダンスの総和を表す。

先の例題のループ ℓ_1 に対して，インピーダンスの総和は $\boldsymbol{Z}_2 + \boldsymbol{Z}_4 + \boldsymbol{Z}_5$ となる。同様に，ループ ℓ_2 について，インピーダンスの総和は $\boldsymbol{Z}_3 + \boldsymbol{Z}_4 + \boldsymbol{Z}_5$ となる。すなわち

$$\boldsymbol{Z}_{11} = \boldsymbol{Z}_2 + \boldsymbol{Z}_4 + \boldsymbol{Z}_5, \quad \boldsymbol{Z}_{22} = \boldsymbol{Z}_3 + \boldsymbol{Z}_4 + \boldsymbol{Z}_5$$

② 非対角要素 $\boldsymbol{Z}_{ij}$ $(i, j = 1, 2, i \neq j)$ は，i 番目のループと j 番目のループの共通のインピーダンスの総和を表している。このため，$\boldsymbol{Z}_{ij} = \boldsymbol{Z}_{ji}$ が成立し，対称行列(12)となる。ただし，共通のインピーダンスが，i 番目のループと j 番目のループで向きが逆のときは，その符号を変える。

12. 対称行列
要素 (i, j) が要素 (j, i) と等しい，すなわち，$a_{ij} = a_{ji}$ が成り立つ正方行列である。

先の例題では，ループ ℓ_1 とループ ℓ_2 の共通のブランチは b_4 と b_5 であり，ループ ℓ_1 とループ ℓ_2 で向きが同じであるので

$$\boldsymbol{Z}_{12}=\boldsymbol{Z}_{21}=\boldsymbol{Z}_4+\boldsymbol{Z}_5$$

①と②より，ループインピーダンス行列 $\boldsymbol{Z}_\ell$ は

$$\boldsymbol{Z}_\ell=\begin{bmatrix}\boldsymbol{Z}_2+\boldsymbol{Z}_4+\boldsymbol{Z}_5 & \boldsymbol{Z}_4+\boldsymbol{Z}_5\\ \boldsymbol{Z}_4+\boldsymbol{Z}_5 & \boldsymbol{Z}_3+\boldsymbol{Z}_4+\boldsymbol{Z}_5\end{bmatrix}$$

となる。

4-2-4 ノード解析

ここでは，**1-3-2** 項のノード電圧法に対応する，グラフの接続行列を用いたノードの解析法を学ぼう。ノード解析は，ノード電圧を未知数として，キルヒホッフの電流則に基づいて解く。

ここでも，図 4-15 に示す回路を例にとろう。ノード a_4 が接地され，電位の基準となっている。ノード a_1 の電位は電圧源の電位に等しい。したがって，電位が未知なノードは a_2 と a_3 のみである。**4-2-2** 項と同様に，各ブランチのインピーダンスを $\boldsymbol{Z}_2, \boldsymbol{Z}_3, \boldsymbol{Z}_4, \boldsymbol{Z}_5$ [Ω]，電圧源の電圧を $\boldsymbol{E}$ [V] としよう。

ブランチ b_2, b_3, b_4, b_5 を流れる電流を，ブランチの向きの方向を正として，$\boldsymbol{I}_2, \boldsymbol{I}_3, \boldsymbol{I}_4, \boldsymbol{I}_5$ とする。キルヒホッフの電流則をノード a_2, a_3 に適用する。

$$\text{ノード } a_2：\boldsymbol{I}_2=\boldsymbol{I}_3+\boldsymbol{I}_4 \tag{4-24}$$

$$\text{ノード } a_3：\boldsymbol{I}_4=\boldsymbol{I}_5 \tag{4-25}$$

ノード a_2, a_3 の電位をそれぞれ $\boldsymbol{V}_2, \boldsymbol{V}_3$ [V] とすれば，式 4-24，式 4-25 はそれぞれ

$$\text{ノード}a_2：\frac{\boldsymbol{E}-\boldsymbol{V}_2}{\boldsymbol{Z}_2}=\frac{\boldsymbol{V}_2}{\boldsymbol{Z}_3}+\frac{\boldsymbol{V}_2-\boldsymbol{V}_3}{\boldsymbol{Z}_4} \tag{4-26}$$

$$\text{ノード}a_3：\frac{\boldsymbol{V}_2-\boldsymbol{V}_3}{\boldsymbol{Z}_4}=\frac{\boldsymbol{V}_3}{\boldsymbol{Z}_5} \tag{4-27}$$

これらをアドミタンス $\boldsymbol{Y}_i=\dfrac{1}{\boldsymbol{Z}_i}$ で表し，$\boldsymbol{V}_2, \boldsymbol{V}_3$ [V] で整理すると

$$\left.\begin{aligned}(\boldsymbol{Y}_2+\boldsymbol{Y}_3+\boldsymbol{Y}_4)\boldsymbol{V}_2-\boldsymbol{Y}_4\boldsymbol{V}_3=\boldsymbol{Y}_2\boldsymbol{E}\\ -\boldsymbol{Y}_4\boldsymbol{V}_2+(\boldsymbol{Y}_4+\boldsymbol{Y}_5)\boldsymbol{V}_3=0\end{aligned}\right\} \tag{4-28}$$

式 4-28 を行列を用いて書くと

$$\begin{bmatrix}\boldsymbol{Y}_2+\boldsymbol{Y}_3+\boldsymbol{Y}_4 & -\boldsymbol{Y}_4\\ -\boldsymbol{Y}_4 & \boldsymbol{Y}_4+\boldsymbol{Y}_5\end{bmatrix}\begin{bmatrix}\boldsymbol{V}_2\\ \boldsymbol{V}_3\end{bmatrix}=\begin{bmatrix}\boldsymbol{Y}_2\boldsymbol{E}\\ 0\end{bmatrix}$$

となる。これは行列表示を用いて

$$\boldsymbol{Y}_N\underline{\boldsymbol{V}}=\underline{\boldsymbol{J}} \tag{4-29}$$

と表すことができる。ここで

$$\boldsymbol{Y}_N=\begin{bmatrix}\boldsymbol{Y}_2+\boldsymbol{Y}_3+\boldsymbol{Y}_4 & -\boldsymbol{Y}_4\\ -\boldsymbol{Y}_4 & \boldsymbol{Y}_4+\boldsymbol{Y}_5\end{bmatrix} \tag{4-30}$$

は**ノードアドミタンス行列**(node admittance matrix)，$\underline{\boldsymbol{V}}=\begin{bmatrix}\boldsymbol{V}_2\\ \boldsymbol{V}_3\end{bmatrix}$はノード電圧ベクトル，$\underline{\boldsymbol{J}}=\begin{bmatrix}\boldsymbol{Y}_2\boldsymbol{E}\\ 0\end{bmatrix}$はノードに注入される電流ベクトルである。

この連立方程式を解けば，ノード電圧 $\boldsymbol{V}_2$, $\boldsymbol{V}_3$ が求められ，さらにオームの法則を用いて，ブランチ電流も求まる。

このように，ノード電圧をもとにして立てられた方程式を**ノード方程式**(node equation)，ノード方程式をもとに回路を解析する方法を**ノード解析**という。

4-2-5 行列(マトリックス)によるループ解析(2)

ここで，一般的なノード解析について考えよう。

まず，回路に含まれる電圧源を電流源に変換することを考えよう。これは，ノード解析が，キルヒホッフの電流則に基づいて方程式を立てているためである。図 4-15 のブランチ b_1 の電圧源は，ブランチ b_2 のインピーダンスと合わせて，図 4-16 に示すアドミタンスと電流源に変換することができる。このようにして，すべての電圧源を電流源に変換する。

回路素子だけに着目した既約接続行列を D とし，$\underline{\boldsymbol{J}}_D$ を基準ノードを除く各ノードに流入する電流源の値をノード番号順に並べた $(N-1)$ 次の列ベクトルとすれば，キルヒホッフの電流則は次のように表現される。

$$D\underline{\boldsymbol{I}}=\underline{\boldsymbol{J}}_D \qquad (4\text{-}31)$$

ここで，$\underline{\boldsymbol{I}}$ は，ブランチ電流を並べた M 次の列ベクトルである。また，ブランチに電圧源を含まないので，ブランチ電圧ベクトル $\underline{\boldsymbol{V}}$ とノード電圧ベクトル $\underline{\boldsymbol{W}}$ は

$$D^t\underline{\boldsymbol{W}}=\underline{\boldsymbol{V}} \qquad (4\text{-}32)$$

の関係が成り立つ。ここで，$\underline{\boldsymbol{V}}$ はブランチの両端の電位差(ブランチの向きを考慮)を並べた M 次の列ベクトル，$\underline{\boldsymbol{W}}$ は基準ノードを除くノードの電位を並べた $(N-1)$ 次の列ベクトルである。

各ブランチを流れる電流は，ブランチの両端の電位差にブランチのアドミタンスをかけることで求められるので，ブランチのアドミタンス値

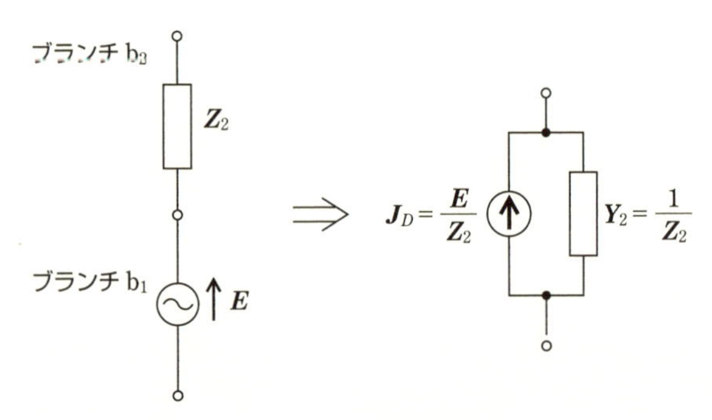

図 4-16 電圧源の変換

を対角項に並べてつくられる M 次の正方行列を $\boldsymbol{Y}$ として

$$\underline{\boldsymbol{I}} = \boldsymbol{Y}\underline{\boldsymbol{V}} \tag{4-33}$$

が成り立つ。ここで，$\boldsymbol{Y}$ を**ブランチアドミタンス行列**(branch admittance matrix)とよぶ。以上の式をまとめて

$$DYD^t\underline{\boldsymbol{W}} = \underline{\boldsymbol{J}}_D \tag{4-34}$$

が導かれる。これが，ノード方程式である。DYD^t は**ノードアドミタンス行列 $\boldsymbol{Y}_N$** とよばれる $(N-1)$ 次の対称行列である。

ノード方程式は線形連立方程式となるので，クラーメルの解法をはじめとする種々の方法で解くことができる。

例題

図 4-15(a)の回路のノード方程式を求めよ。

●略解——解答例

図 4-15(a)の回路の代わりに，電圧源を電流源に変換した次の回路を考える(図 4-17)。

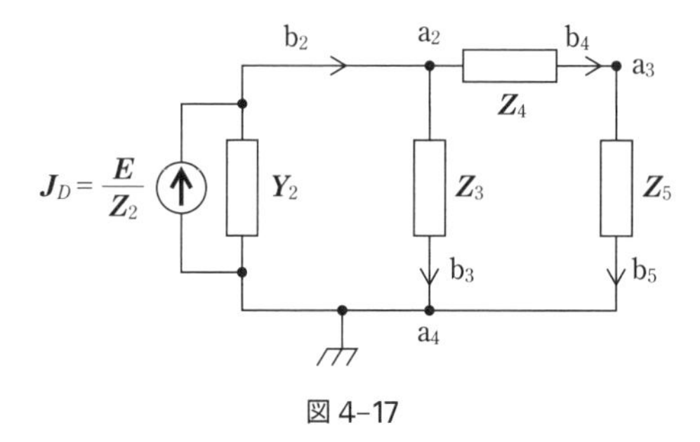

図 4-17

ノード a_4 を基準ノードとして，既約接続行列 D は

$$D = \begin{array}{c} \\ a_2 \\ a_3 \end{array}\begin{array}{c} \begin{array}{cccc} b_2 & b_3 & b_4 & b_5 \end{array} \\ \begin{bmatrix} -1 & 1 & 1 & 0 \\ 0 & 0 & -1 & 1 \end{bmatrix} \end{array}$$

(行：ノード，列：ブランチ)

となる。ブランチアドミタンス行列 $\boldsymbol{Y}$ は

$$\boldsymbol{Y} = \begin{bmatrix} \boldsymbol{Y}_2 & & & 0 \\ & \boldsymbol{Y}_3 & & \\ & & \boldsymbol{Y}_4 & \\ 0 & & & \boldsymbol{Y}_5 \end{bmatrix} \quad \boldsymbol{Y}_3 = \frac{1}{\boldsymbol{Z}_3},\quad \boldsymbol{Y}_4 = \frac{1}{\boldsymbol{Z}_4},\quad \boldsymbol{Y}_5 = \frac{1}{\boldsymbol{Z}_5}$$

(行：ブランチ b_2, b_3, b_4, b_5，列：ブランチ b_2, b_3, b_4, b_5)

となるので，ノードアドミタンス行列 $\boldsymbol{Y}_N$ は

ノード a_2 に接続されたブランチのアドミタンスの総和

$$\boldsymbol{Y}_N = DYD^t = \begin{bmatrix} \boldsymbol{Y}_2 + \boldsymbol{Y}_3 + \boldsymbol{Y}_4 & -\boldsymbol{Y}_4 \\ -\boldsymbol{Y}_4 & \boldsymbol{Y}_4 + \boldsymbol{Y}_5 \end{bmatrix} \tag{4-35}$$

ノード a_2 と a_3 の間のブランチのアドミタンスの符号を反転させたもの

ノード a_3 に接続されたブランチのアドミタンスの総和

となる。一方，$\underline{J}_D$ は

$$\underline{J}_D=\begin{bmatrix}J_0\\0\end{bmatrix}=\begin{bmatrix}\dfrac{E}{Z_2}\\0\end{bmatrix}$$

であるので

$$\begin{bmatrix}Y_2+Y_3+Y_4 & -Y_4\\-Y_4 & Y_4+Y_5\end{bmatrix}\begin{bmatrix}V_2\\V_3\end{bmatrix}=\begin{bmatrix}\dfrac{E}{Z_2}\\0\end{bmatrix}$$

これを展開して，

$$\left.\begin{aligned}&(Y_2+Y_3+Y_4)V_2-Y_4V_3=\frac{E}{Z_2}\,(=Y_2E)\\&-Y_4V_2+(Y_4+Y_5)V_3=0\end{aligned}\right\}\quad\text{（答）}$$

となる。この式は，式 4-28 と一致している。

ノードアドミタンス行列の各要素は，例に用いた式からわかるように，以下のように求められる。

① 対角項の値は，対応するノードに接続しているブランチのアドミタンスの総和である。

例題では，ノード a_2 に接続されたブランチのアドミタンスの総和として，$Y_2+Y_3+Y_4$，ノード a_3 に接続されたブランチのアドミタンスの総和として，Y_4+Y_5 となる。

② 非対角項の値は，対応するノード間のブランチのアドミタンスの総和に負符号をつけたものである。よって，ノードアドミタンス行列は対称行列となる。対応するノード間にブランチがなければ，その要素の値は 0 である。

先の例題では，ノード a_2 と a_3 の間のブランチのアドミタンスは Y_4 であるから，$-Y_4$ となる。

4-2 ドリル問題

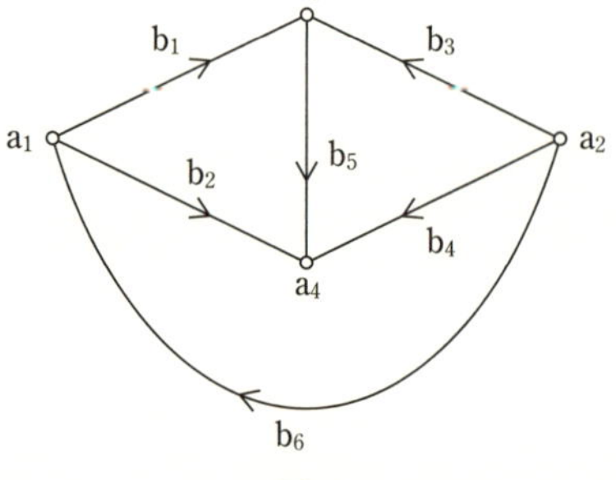

問題 1———図 1 のグラフのノードとブランチの数を求めよ。

問題 2———図 1 のグラフにおいて，ノード・ブランチ接続行列を求めよ。

問題 3———図 1 のグラフにおいて，木として $\{b_2, b_4, b_5\}$ を選んだとき，補木の一つの要素である b_1 を追加したときにつくられるループを示せ。また，b_3 を追加したときにつくられるループを示せ。

図 1

問題 4———図 1 のグラフにおいて，独立なループの数を求めよ。

問題 5———図 2 のグラフにおいて，三つのループ ℓ_1，ℓ_2，ℓ_3 と六つのブランチ b_1，b_2，b_3，b_4，b_5，b_6

に対する基本ループ行列を求めよ。

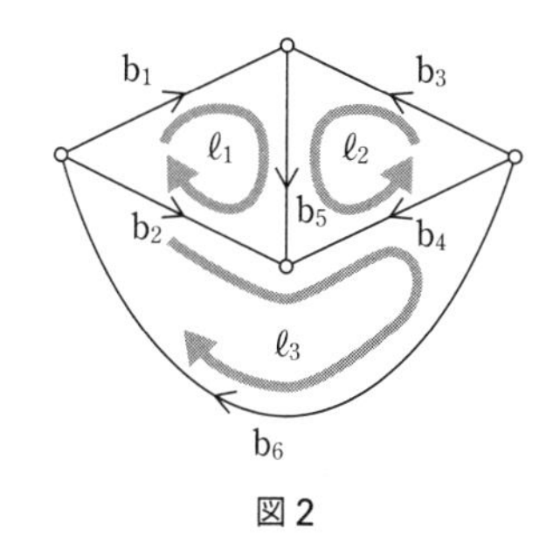

図2

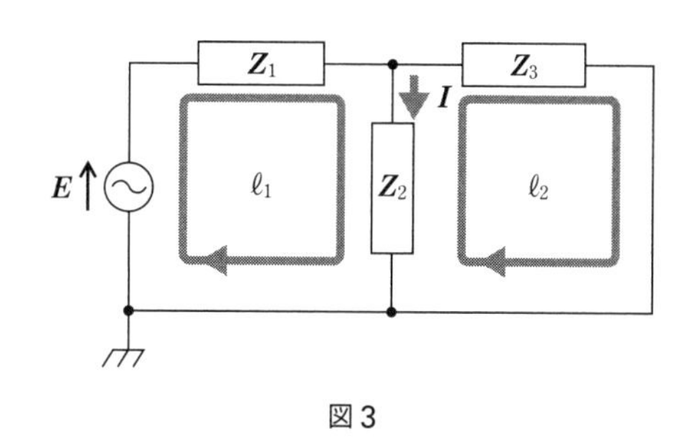

図3

問題 6――図 3 の回路において，インピーダンス $\boldsymbol{Z}_1 = 3 + j4\ \Omega$，$\boldsymbol{Z}_2 = 5 - j2\ \Omega$，$\boldsymbol{Z}_3 = 10 - j4\ \Omega$ とする。回路に接続されている電源は $\boldsymbol{E} = 100\angle 0°\ \mathrm{V}$ である。ループ ℓ_1，ℓ_2 の向きに流れる電流を $\boldsymbol{I}_1$，$\boldsymbol{I}_2$ [A] とする。

(1)　ループ ℓ_1，ℓ_2 に沿って，キルヒホッフの電圧則に基づくループ方程式を求めよ。

(2)　(1)の方程式を解いて，図中の電流 $\boldsymbol{I}$ [A] を求めよ。

問題 7――図 4 の回路において，インピーダンス $\boldsymbol{Z}_1 = 3 + j4\ \Omega$，$\boldsymbol{Z}_2 = 5 - j2\ \Omega$，$\boldsymbol{Z}_3 = 10 - j4\ \Omega$ とする。電源は $\boldsymbol{E} = 100\angle 0°\ \mathrm{V}$ である。ループ ℓ_1，ℓ_2 の向きに流れる電流を $\boldsymbol{I}_1$，$\boldsymbol{I}_2$ [A] とする。

(1)　ループ ℓ_1，ℓ_2 に沿って，キルヒホッフの電圧則に基づくループ方程式を求めよ。

(2)　(1)の方程式を解いて，図中の電流 $\boldsymbol{I}$ [A] を求めよ。

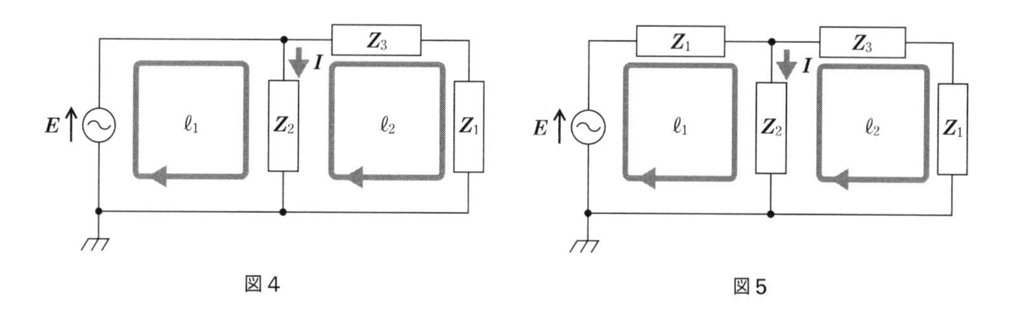

図4　　図5

問題 8――図 5 の回路において，インピーダンス $\boldsymbol{Z}_1 = 3 + j4\ \Omega$，$\boldsymbol{Z}_2 = 5 - j2\ \Omega$，$\boldsymbol{Z}_3 = 10 - j4\ \Omega$ とする。電源は $\boldsymbol{E} = 100\angle 0°\ \mathrm{V}$ である。ループ ℓ_1，ℓ_2 の向きに流れる電流を $\boldsymbol{I}_1$，$\boldsymbol{I}_2$ [A] とする。

(1)　ループ ℓ_1，ℓ_2 に沿って，キルヒホッフの電圧則に基づくループ方程式を求めよ。

(2)　(1)の方程式を解いて，図中の電流 $\boldsymbol{I}$ [A] を求めよ。

問題 9――図 6 の回路において，インピーダンス $\boldsymbol{Z}_1 = 3 + j4\ \Omega$，$\boldsymbol{Z}_2 = 5 - j2\ \Omega$，$\boldsymbol{Z}_3 = 10 - j4\ \Omega$ とする。電源は $\boldsymbol{E} = 100\angle 0°\ \mathrm{V}$ である。ノード a の電圧を $\boldsymbol{V}$ [V]，各インピーダンスを流れる電流を $\boldsymbol{I}_1$，$\boldsymbol{I}_2$，$\boldsymbol{I}_3$ [A] とする。

(1)　$\boldsymbol{I}_1$，$\boldsymbol{I}_2$，$\boldsymbol{I}_3$ を $\boldsymbol{V}$ を用いて求めよ。

(2)　ノード a において，キルヒホッフの電流則に基づくノード方程式を求めよ。

(3)　(2)の方程式を解いて，ノード a の電圧 $\boldsymbol{V}$ を求めよ。

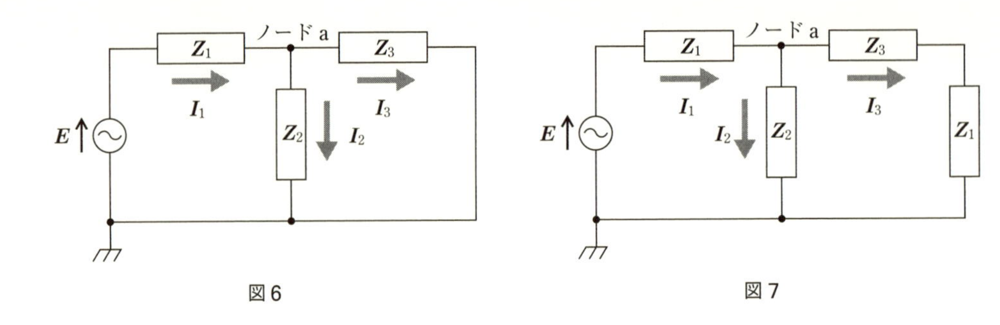

図6　　図7

問題 10———図 7 の回路において，インピーダンス $\boldsymbol{Z}_1=3+j4\,\Omega$，$\boldsymbol{Z}_2=5-j2\,\Omega$，$\boldsymbol{Z}_3=10-j4\,\Omega$ とする。回路に接続されている電源は $\boldsymbol{E}=100\angle 0°$ V である。ノード a の電圧を $\boldsymbol{V}$[V]，各インピーダンスを流れる電流を図 7 のように $\boldsymbol{I}_1$, $\boldsymbol{I}_2$, $\boldsymbol{I}_3$[A] とする。

(1) $\boldsymbol{I}_1$, $\boldsymbol{I}_2$, $\boldsymbol{I}_3$ を $\boldsymbol{V}$ を用いて求めよ。

(2) ノード a において，キルヒホッフの電流則に基づくノード方程式を求めよ。

(3) (2)の方程式を解いて，ノード a の電圧 $\boldsymbol{V}$ を求めよ。

4-2　演習問題

1. 図 1 の回路において，インピーダンス $\boldsymbol{Z}_1=3+j4\,\Omega$，$\boldsymbol{Z}_2=5-j2\,\Omega$，$\boldsymbol{Z}_3=6+j\,\Omega$ とする。電源は $\boldsymbol{E}=50\angle 0°$ V である。ループ解析により，電流 $\boldsymbol{I}$[A] を求めよ。

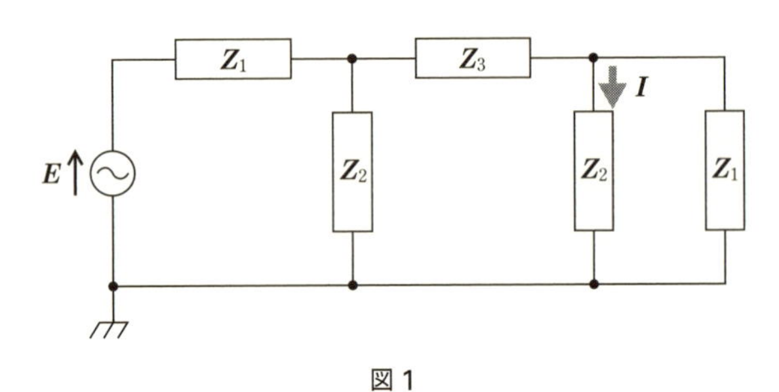

図1

2. 図 1 の回路において，インピーダンス $\boldsymbol{Z}_1=3+j4\,\Omega$，$\boldsymbol{Z}_2=5-j2\,\Omega$，$\boldsymbol{Z}_3=6+j\,\Omega$ とする。電源は $\boldsymbol{E}=50\angle 0°$ V である。ノード解析により，電流 $\boldsymbol{I}$[A] を求めよ。

3. 図 2 の回路において，インピーダンス $\boldsymbol{Z}_1=1+j6\,\Omega$，$\boldsymbol{Z}_2=3-j5\,\Omega$，$\boldsymbol{Z}_3=7-j\,\Omega$ とする。電源は $\boldsymbol{E}=4e^{-j\frac{\pi}{4}}$ V である。ループ解析により，電流 $\boldsymbol{I}$[A] を求めよ。

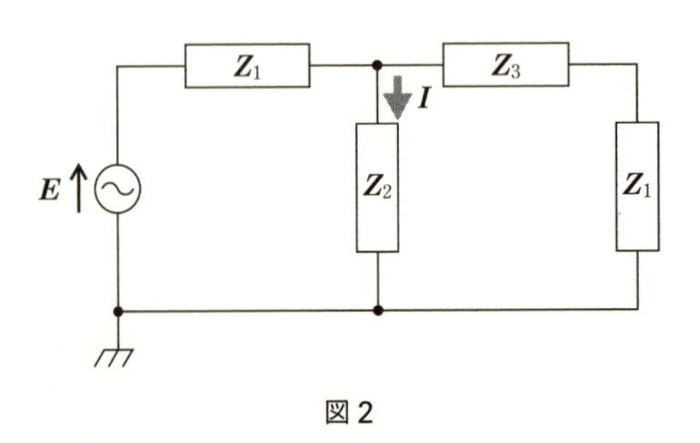

図2

4. 図 2 の回路において，インピーダンス $\boldsymbol{Z}_1 = 1 + j6\,\Omega$，$\boldsymbol{Z}_2 = 3 - j5\,\Omega$，$\boldsymbol{Z}_3 = 7 - j\,\Omega$ とする。電源は $\boldsymbol{E} = 4e^{-j\frac{\pi}{4}}$ V である。ノード解析により，電流 $\boldsymbol{I}$[A] を求めよ。

5. 図 3(a)の回路は(b)のようにグラフで表現することができる。ここで，ブランチ b_1, b_2, b_3, b_4, b_5 のインピーダンスを $\boldsymbol{Z}_1$, $\boldsymbol{Z}_2$, $\boldsymbol{Z}_3$, $\boldsymbol{Z}_4$, $\boldsymbol{Z}_5$ [Ω] とし，ブランチ b_6 はインピーダンス $\boldsymbol{Z}_6$ と電圧 $\boldsymbol{E}$[V] の交流電圧源との直列接続であるとする。ループ ℓ_1, ℓ_2, ℓ_3 を図 3(b)のように選んだとき，ループインピーダンス行列 $\boldsymbol{Z}_\ell$ を求めよ。

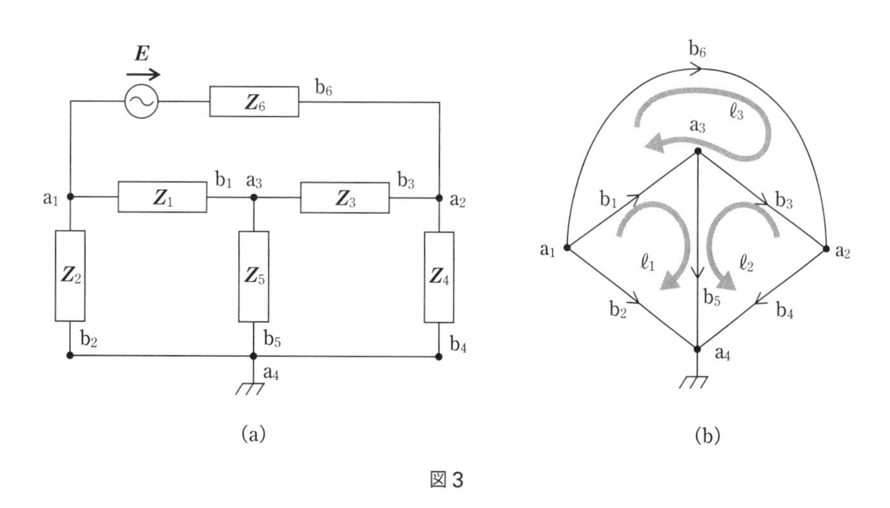

図 3

6. 問 5 のループ方程式を求めよ。

7. 図 4(a)の回路は(b)のようにグラフで表現することができる。ここで，ブランチ b_1, b_2, b_3, b_4, b_5 のアドミタンスを $\boldsymbol{Y}_1$, $\boldsymbol{Y}_2$, $\boldsymbol{Y}_3$, $\boldsymbol{Y}_4$, $\boldsymbol{Y}_5$ [S] とし，ブランチ b_6 はアドミタンス $\boldsymbol{Y}_6$ [S] と電流 $\boldsymbol{J}$[A] の交流電流源との並列接続であるとする。ノード a_4 を基準ノードにとったとき，ノードアドミタンス行列 $\boldsymbol{Y}_{\mathrm{N}}$ を求めよ。

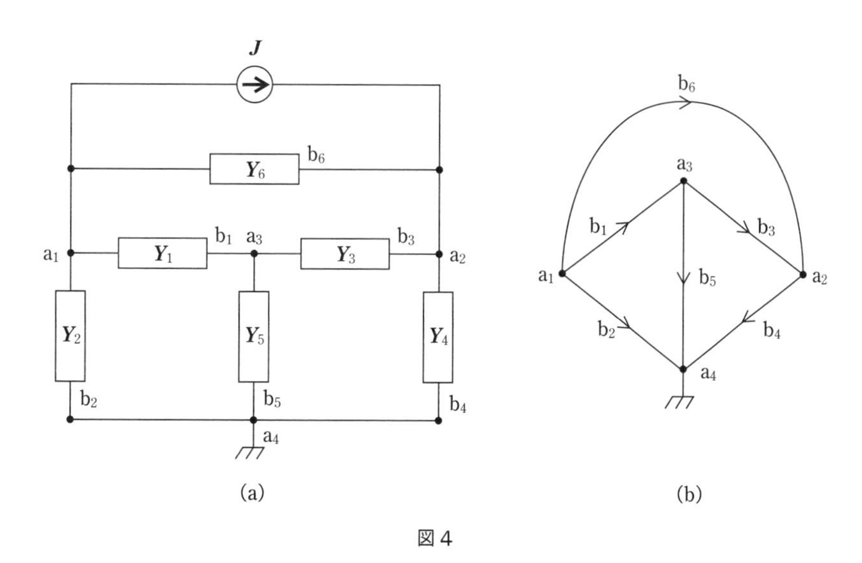

図 4

8. 問 7 のノード方程式を求めよ。

4-3 三相交流

4-3-1 対称三相交流

1. 三相交流の発電方法
三相交流の発電方法については電気機器関係の図書を参照のこと。
たとえば，弊社発行「電気機器入門」など。

普段，家庭に供給される電力は，**単相交流**(single phase A.C.)とよばれ，2 本の線で送られている。これとは別に，効率よく遠方に電力を送る方法として，**三相交流**(three phase A.C.)が用いられる[1]。比較のために単相交流と三相交流の電圧波形を図 4-18 に示す。

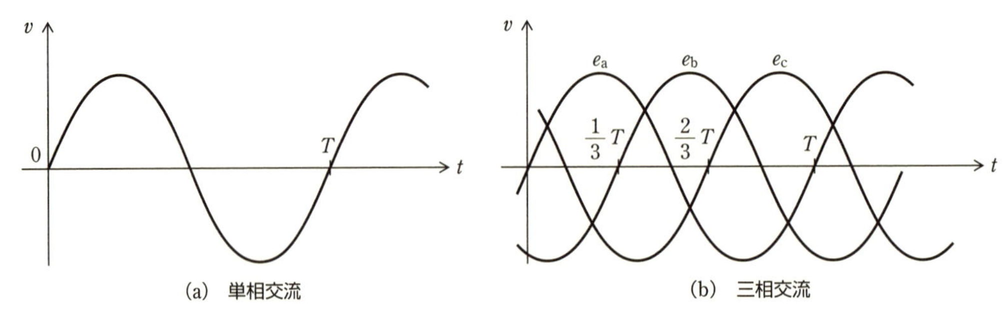

図 4-18　単相交流と三相交流

三相交流では，周波数が等しく，位相が $\frac{2}{3}\pi$ [rad] (120°)ずつずれた三つの交流電圧の大きさ(振幅の大きさ)が互いに等しいとき，これを**対称三相交流**とよぶ。対称三相交流における電圧源の瞬時値は，e_a [V] の位相を基準にとると，振幅を E_m [V] として

$$\left.\begin{aligned} e_a(t) &= E_m \sin \omega t \\ e_b(t) &= E_m \sin\left(\omega t - \frac{2\pi}{3}\right) \\ e_c(t) &= E_m \sin\left(\omega t - \frac{4\pi}{3}\right) \end{aligned}\right\} \tag{4-36}$$

と表すことができる。これを複素数で表現すれば

$$\boldsymbol{E}_a = E, \quad \boldsymbol{E}_b = Ee^{-j\frac{2\pi}{3}}, \quad \boldsymbol{E}_c = Ee^{-j\frac{4\pi}{3}} \tag{4-37}$$

となる。これらの関係は図 4-19 のように示される。ここで，$E = \frac{E_m}{\sqrt{2}}$ (実効値)である。

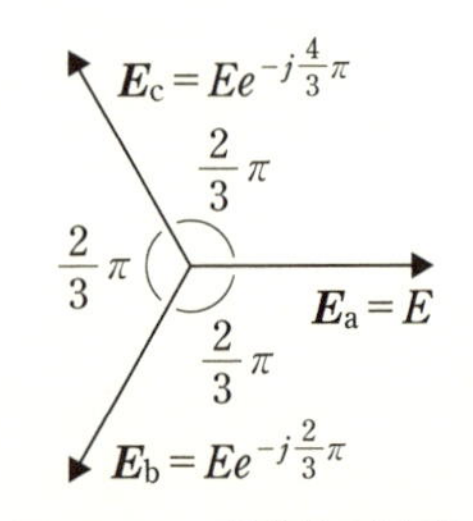

図 4-19　三相交流の相電圧

いま，$\alpha = e^{j\frac{2\pi}{3}}$（アルファ）とすると，オイラーの公式(式 2−44)より

$$\alpha = \cos\frac{2\pi}{3} + j\sin\frac{2\pi}{3} = -\frac{1}{2} + j\frac{\sqrt{3}}{2}$$

となり

$$\alpha^2 = e^{j\frac{4\pi}{3}} = -\frac{1}{2} - j\frac{\sqrt{3}}{2} = e^{-j\frac{2\pi}{3}} = \alpha^{-1}$$

$$\alpha = -\frac{1}{2} + j\frac{\sqrt{3}}{2} = e^{-j\frac{4\pi}{3}} = \alpha^{-2}$$

すなわち

$$\alpha = \alpha^{-2},\ \ \alpha^2 = \alpha^{-1},\ \ 1 + \alpha + \alpha^2 = 0$$

となる。これらを用いると，式 4−37 は

$$\boldsymbol{E}_{\mathrm{a}} = E,\ \ \boldsymbol{E}_{\mathrm{b}} = \alpha^2 E,\ \ \boldsymbol{E}_{\mathrm{c}} = \alpha E \qquad (4\text{−}38)$$

と表される。

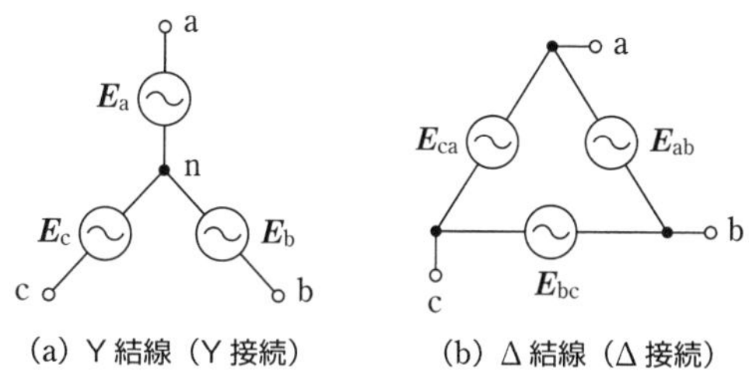

図 4−20　Y 結線と Δ 結線

これら三つの電圧源の接続方式として，図 4−20(a)，(b)に示す **Y 結線**（ワイ）(**Y 接続**)と **Δ 結線**（デルタ）(**Δ 接続**)[2] があるが，三相発電機[3] では Y 結線が用いられる。Y 結線において三つの電圧源が接続される点(図 4−20(a)における n 点)を**中性点**とよぶ。

Y 結線された三つの電圧源を $\boldsymbol{E}_{\mathrm{a}}$，$\boldsymbol{E}_{\mathrm{b}}$，$\boldsymbol{E}_{\mathrm{c}}$ とし，端子間 a−b，b−c，c−a に現れる起電力を $\boldsymbol{E}_{\mathrm{ab}}$，$\boldsymbol{E}_{\mathrm{bc}}$，$\boldsymbol{E}_{\mathrm{ca}}$ [V] とすれば，

$$\left.\begin{aligned} \boldsymbol{E}_{\mathrm{ab}} &= \boldsymbol{E}_{\mathrm{a}} - \boldsymbol{E}_{\mathrm{b}} \\ \boldsymbol{E}_{\mathrm{bc}} &= \boldsymbol{E}_{\mathrm{b}} - \boldsymbol{E}_{\mathrm{c}} \\ \boldsymbol{E}_{\mathrm{ca}} &= \boldsymbol{E}_{\mathrm{c}} - \boldsymbol{E}_{\mathrm{a}} \end{aligned}\right\} \qquad (4\text{−}39)$$

となる(図 4−21)。ここで，$\boldsymbol{E}_{\mathrm{a}}$，$\boldsymbol{E}_{\mathrm{b}}$，$\boldsymbol{E}_{\mathrm{c}}$ [V] は**相電圧**（そうでんあつ）(あるいは **Y 電圧**)，$\boldsymbol{E}_{\mathrm{ab}}$，$\boldsymbol{E}_{\mathrm{bc}}$，$\boldsymbol{E}_{\mathrm{ca}}$ は**線間電圧**（せんかん）(あるいは **Δ 電圧**)とよばれる[4]。

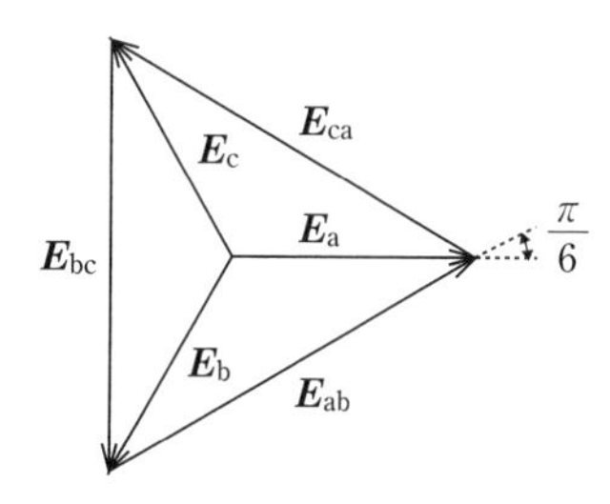

図 4−21　相電圧と線間電圧

2. Y 結線と Δ 結線
1−4−2 項参照。

3. 三相発電機
電力系統においては，三相発電機が用いられる。発電機 1 台の電気的特性は，図 4−20(a)の Y 結線で表される。

4. Y と Δ の名称の由来
Y は図 4−21 の $\boldsymbol{E}_{\mathrm{a}}$，$\boldsymbol{E}_{\mathrm{b}}$，$\boldsymbol{E}_{\mathrm{c}}$ の関係が Y を横にした形に，Δ は同じ図の $\boldsymbol{E}_{\mathrm{ab}}$，$\boldsymbol{E}_{\mathrm{bc}}$，$\boldsymbol{E}_{\mathrm{ca}}$ の関係が Δ の形になっていることに起因している。

例題

相電圧が $\boldsymbol{E}_{\mathrm{a}}=100\,\mathrm{V}$, $\boldsymbol{E}_{\mathrm{b}}=100e^{-j\frac{2\pi}{3}}\,\mathrm{V}$, $\boldsymbol{E}_{\mathrm{c}}=100e^{-j\frac{4\pi}{3}}\,\mathrm{V}$ のとき，線間電圧 $\boldsymbol{E}_{\mathrm{ab}}$, $\boldsymbol{E}_{\mathrm{bc}}$, $\boldsymbol{E}_{\mathrm{ca}}$ を求めよ。

●略解——解答例

式 4-39 から

$$\boldsymbol{E}_{\mathrm{ab}}=\boldsymbol{E}_{\mathrm{a}}-\boldsymbol{E}_{\mathrm{b}}=100-100e^{-j\frac{2\pi}{3}}=100\left(1-e^{-j\frac{2\pi}{3}}\right)$$

$$=100\left\{1-\left(-\frac{1}{2}-j\frac{\sqrt{3}}{2}\right)\right\}=100\sqrt{3}\left(\frac{\sqrt{3}}{2}+j\frac{1}{2}\right)$$

$$=173\,e^{j\frac{\pi}{6}}$$

他の線間電圧 $\boldsymbol{E}_{\mathrm{ca}}$, $\boldsymbol{E}_{\mathrm{bc}}$ は図 4-21 より明らかなように，$\boldsymbol{E}_{\mathrm{ab}}$ に対してそれぞれ，$\dfrac{2\pi}{3}$，$\dfrac{4\pi}{3}$ [rad] 進んでいるから

$$\boldsymbol{E}_{\mathrm{ca}}=173\,e^{j\frac{5\pi}{6}}\left(\text{あるいは } 173\,e^{-j\frac{7\pi}{6}}\right)^{(5)}$$

$$\boldsymbol{E}_{\mathrm{bc}}=173\,e^{j\frac{3\pi}{2}}\left(\text{あるいは } 173\,e^{-j\frac{\pi}{2}}\right)$$

となる。三つの線間電圧は，173 V で等しい。（答）

5. **複素数の指数表現が複数ある理由**
角度 θ_1 は反時計回りの方向であるので正，角度 θ_2 は時計回りの方向であるので負と考える。θ_1 と θ_2 の間には
$\theta_1-\theta_2=2\pi$
が成り立つ。

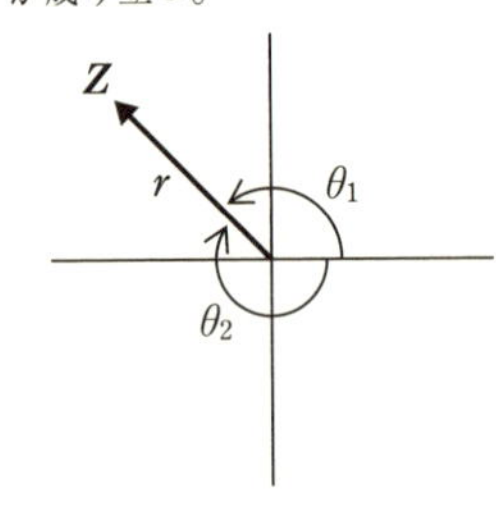

一般に，相電圧が $\boldsymbol{E}_{\mathrm{a}}=E$, $\boldsymbol{E}_{\mathrm{b}}=Ee^{-j\frac{2\pi}{3}}$, $\boldsymbol{E}_{\mathrm{c}}=Ee^{-j\frac{4\pi}{3}}$ で表されるとき，線間電圧 $\boldsymbol{E}_{\mathrm{ab}}$ は式 4-39 から

$$\boldsymbol{E}_{\mathrm{ab}}=\boldsymbol{E}_{\mathrm{a}}-\boldsymbol{E}_{\mathrm{b}}=E-Ee^{-j\frac{2\pi}{3}}=E\left(1-e^{-j\frac{2\pi}{3}}\right)=E\left\{1-\left(-\frac{1}{2}-j\frac{\sqrt{3}}{2}\right)\right\}$$

$$=\sqrt{3}E\left(\frac{\sqrt{3}}{2}+j\frac{1}{2}\right)=\sqrt{3}Ee^{j\frac{\pi}{6}}=\sqrt{3}\boldsymbol{E}_{\mathrm{a}}e^{j\frac{\pi}{6}}$$

となり，**線間電圧は実効値において $\sqrt{3}$ 倍，位相は $\boldsymbol{E}_{\mathrm{a}}$ から $\dfrac{\pi}{6}$ だけ進んでいる**。残りの線間電圧 $\boldsymbol{E}_{\mathrm{ca}}$, $\boldsymbol{E}_{\mathrm{bc}}$ は，$\boldsymbol{E}_{\mathrm{ab}}$ に対してそれぞれ，**$\dfrac{2\pi}{3}$，$\dfrac{4\pi}{3}$ 進んでいるから**

$$\boldsymbol{E}_{\mathrm{ca}}=\sqrt{3}Ee^{j\frac{5\pi}{6}}\quad\left(\text{あるいは } \sqrt{3}Ee^{-j\frac{7\pi}{6}}\right)$$

$$\boldsymbol{E}_{\mathrm{bc}}=\sqrt{3}Ee^{j\frac{3\pi}{2}}\quad\left(\text{あるいは } \sqrt{3}Ee^{-j\frac{\pi}{2}}\right)$$

となり，図 4-21 のようになる。

あるいは，$\boldsymbol{E}_{\mathrm{ab}}$ は $\boldsymbol{E}_{\mathrm{a}}$ に対して，$\boldsymbol{E}_{\mathrm{bc}}$ は $\boldsymbol{E}_{\mathrm{b}}$ に対して，$\boldsymbol{E}_{\mathrm{ca}}$ は $\boldsymbol{E}_{\mathrm{c}}$ に対して，いずれも **$\dfrac{\pi}{6}$ だけ進み，大きさは $\sqrt{3}$ 倍** であるので，以下のようにも書くことができる。

$$
\left.\begin{aligned}
\boldsymbol{E}_{\mathrm{ab}} &= \sqrt{3}\,\boldsymbol{E}_{\mathrm{a}} e^{j\frac{\pi}{6}} \\
\boldsymbol{E}_{\mathrm{bc}} &= \sqrt{3}\,\boldsymbol{E}_{\mathrm{b}} e^{j\frac{\pi}{6}} \\
\boldsymbol{E}_{\mathrm{ca}} &= \sqrt{3}\,\boldsymbol{E}_{\mathrm{c}} e^{j\frac{\pi}{6}}
\end{aligned}\right\} \tag{4-40}
$$

対称三相交流では，三つの相電圧の振幅は等しく，その和はつねに 0 になる。すなわち

$$
\boldsymbol{E}_{\mathrm{a}} + \boldsymbol{E}_{\mathrm{b}} + \boldsymbol{E}_{\mathrm{c}} = \boldsymbol{E}(1 + \alpha + \alpha^2) = 0 \tag{4-41}
$$

一方，線間電圧に関しても，

$$
\boldsymbol{E}_{\mathrm{ab}} + \boldsymbol{E}_{\mathrm{bc}} + \boldsymbol{E}_{\mathrm{ca}} = (\boldsymbol{E}_{\mathrm{a}} - \boldsymbol{E}_{\mathrm{b}}) + (\boldsymbol{E}_{\mathrm{b}} - \boldsymbol{E}_{\mathrm{c}}) + (\boldsymbol{E}_{\mathrm{c}} - \boldsymbol{E}_{\mathrm{a}}) = 0 \tag{4-42}
$$

となり，同様に和はつねに 0 である。すなわち，**中性点の電圧はつねに 0 であることに注意しよう。**

4-3-2 対称三相負荷への供給

Y形負荷への供給

これまでは，電圧源に注目してきた。次に，Y結線された三相電圧源とY結線された負荷（**Y形負荷**，あるいは**Y結線負荷**とよぶ）が図 4-22 のように接続されたときを考えよう[(6)]。電圧源の中性点と負荷の中性点を結ぶ線を**中性線**とよぶ。

ここで，各相を流れる電流 $\boldsymbol{I}_{\mathrm{a}}$, $\boldsymbol{I}_{\mathrm{b}}$, $\boldsymbol{I}_{\mathrm{c}}$ [A] を**相電流**（あるいは**Y電流**）とよぶ。負荷インピーダンス $\boldsymbol{Z}_{\mathrm{a}}$, $\boldsymbol{Z}_{\mathrm{b}}$, $\boldsymbol{Z}_{\mathrm{c}}$ [Ω] がすべて等しいとき，**対称負荷**（あるいは**平衡負荷**，**Y形平衡負荷**）とよぶ。

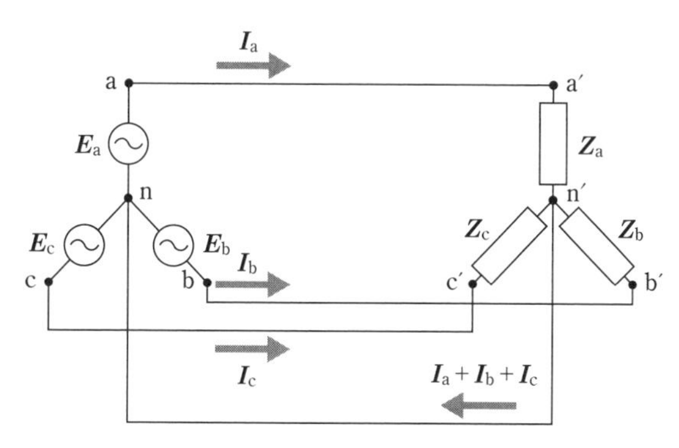

図 4-22　Y形電圧源とY形負荷

6. 実際の負荷

工場やビルなどの大きな需要家の負荷は，一般的に三相のY形負荷あるいはあとで説明する Δ 形負荷である。

一方，家庭などの単相負荷は，図 4-22 の負荷インピーダンス $\boldsymbol{Z}_{\mathrm{a}}$, $\boldsymbol{Z}_{\mathrm{b}}$, $\boldsymbol{Z}_{\mathrm{c}}$ の一つに相当し，各家庭の負荷を合わせて $\boldsymbol{Z}_{\mathrm{a}}$, $\boldsymbol{Z}_{\mathrm{b}}$, $\boldsymbol{Z}_{\mathrm{c}}$ の大きさが等しくなるように配分されている。

例題

図 4-22 の相電圧を $\boldsymbol{E}_{\mathrm{a}} = 100$ V, $\boldsymbol{E}_{\mathrm{b}} = 100\,\alpha^2$ V, $\boldsymbol{E}_{\mathrm{c}} = 100\,\alpha$ V，負荷インピーダンスを $\boldsymbol{Z} = \boldsymbol{Z}_{\mathrm{a}} = \boldsymbol{Z}_{\mathrm{b}} = \boldsymbol{Z}_{\mathrm{c}} = 10 + j10\,\Omega$ としたとき，端子間 a−a′, b−b′, c−c′ および n−n′（中性線）を流れる電流 $\boldsymbol{I}_{\mathrm{a}}$, $\boldsymbol{I}_{\mathrm{b}}$, $\boldsymbol{I}_{\mathrm{c}}$, $\boldsymbol{I}_{\mathrm{n}}$ [A] を求めよ。ただし，$\alpha = e^{j\frac{2\pi}{3}}$ とする。

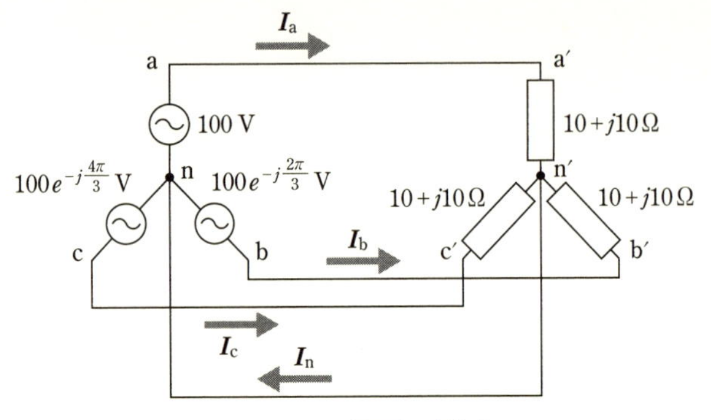

図 4-23　三相回路の例(1)

●**略解**――解答例

$\boldsymbol{E}_a=\boldsymbol{Z}_a\boldsymbol{I}_a$，であるから，$\boldsymbol{I}_a=\dfrac{\boldsymbol{E}_a}{\boldsymbol{Z}_a}$ となる。

$$\boldsymbol{I}_a=\frac{100}{10+j10}=5-j5\text{ A}=5\sqrt{2}\,e^{-j\frac{\pi}{4}}\text{ A}\quad(\text{答})$$

同様に

$$\boldsymbol{I}_b=\frac{\boldsymbol{E}_b}{\boldsymbol{Z}_b}=\frac{100\alpha^2}{10+j10}=\alpha^2 5\sqrt{2}\,e^{-j\frac{\pi}{4}}=5\sqrt{2}\,e^{-j\frac{\pi}{4}}\times e^{-j\frac{2\pi}{3}}=5\sqrt{2}\,e^{-j\frac{11\pi}{12}}\text{ A}$$

(答)

$$\boldsymbol{I}_c=\frac{\boldsymbol{E}_c}{\boldsymbol{Z}_c}=\frac{100\alpha}{10+j10}=\alpha 5\sqrt{2}\,e^{-j\frac{\pi}{4}}=5\sqrt{2}\,e^{-j\frac{\pi}{4}}\times e^{-j\frac{4\pi}{3}}=5\sqrt{2}\,e^{-j\frac{19\pi}{12}}\text{ A}$$

(答)

中性線を流れる電流 $\boldsymbol{I}_n$ は

$$\boldsymbol{I}_n=\boldsymbol{I}_a+\boldsymbol{I}_b+\boldsymbol{I}_c=5\sqrt{2}\,e^{-j\frac{\pi}{4}}(1+\alpha^2+\alpha)=0\quad(\text{答})$$

図 4-22 の回路では，負荷の中性点から電圧源の中性点への帰路として，中性線を電流 $\boldsymbol{I}_a+\boldsymbol{I}_b+\boldsymbol{I}_c$ が流れる。それぞれの相電流 $\boldsymbol{I}_a$, $\boldsymbol{I}_b$, $\boldsymbol{I}_c$ は負荷が対称負荷であると考えれば

$$\left.\begin{aligned}\boldsymbol{I}_a&=\frac{\boldsymbol{E}_a}{\boldsymbol{Z}}\\ \boldsymbol{I}_b&=\frac{\boldsymbol{E}_b}{\boldsymbol{Z}}\qquad(\text{ただし，}\boldsymbol{Z}_a=\boldsymbol{Z}_b=\boldsymbol{Z}_c=\boldsymbol{Z})\\ \boldsymbol{I}_c&=\frac{\boldsymbol{E}_c}{\boldsymbol{Z}}\end{aligned}\right\}\qquad(4\text{-}43)$$

となる。$\boldsymbol{E}_a=E$，$\boldsymbol{E}_b=\alpha^2E$，$\boldsymbol{E}_c=\alpha E$ とすれば

$$\left.\begin{aligned}\boldsymbol{I}_a&=\frac{E}{\boldsymbol{Z}}\\ \boldsymbol{I}_b&=\alpha^2\frac{E}{\boldsymbol{Z}}=\alpha^2\boldsymbol{I}_a\\ \boldsymbol{I}_c&=\alpha\frac{E}{\boldsymbol{Z}}=\alpha\boldsymbol{I}_a\end{aligned}\right\}\qquad(4\text{-}44)$$

となるので，中性線を流れる電流 $\boldsymbol{I}_{\mathrm{n}}$ は

$$\boldsymbol{I}_{\mathrm{n}}=\boldsymbol{I}_{\mathrm{a}}+\boldsymbol{I}_{\mathrm{b}}+\boldsymbol{I}_{\mathrm{c}}=\boldsymbol{I}_{\mathrm{a}}(1+\alpha+\alpha^2)=0 \tag{4-45}$$

すなわち，**対称負荷に電力を供給しているときは中性線に電流は流れないこと**がわかる。

このため，電力系統[7]では，図 4-24 に示すように，**中性線を省略し，中性点は接地**している。

7. 電力系統
発電所で電力を発生し，送電線で電力を送り，配電線によって消費地まで電力を送るシステムのことを**電力系統**という。

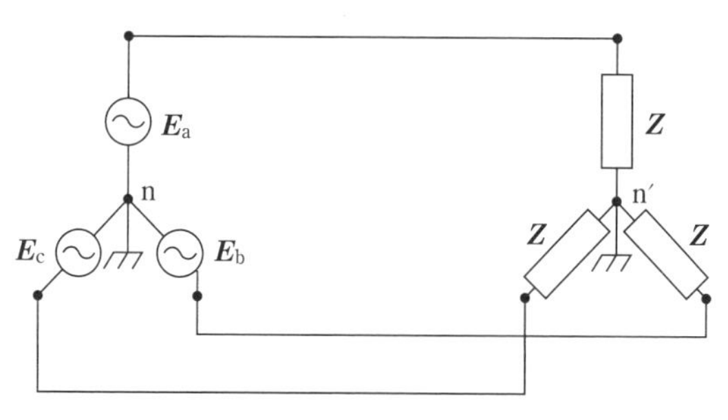

図 4-24　対称三相回路

電力系統に三相交流が用いられる大きな理由

対称負荷に電力を供給しているときは中性線に電流は流れないことが，電力系統に三相交流が用いられる大きな理由である。

三相交流と同じ電力を供給することを考えて，一つの単相交流電圧源で一つの負荷(家庭の電気機器など)に電力を供給する単相交流の同じシステムを合計三つ考える。このとき，電線の数は 2 本×3=6 本である(図 4-25(a))。

次に図 4-25(a)の三つの電圧源の片端を接続して，(b)のように三つの負荷に電力を供給することを考える。このとき，電圧源の大きさが同じ

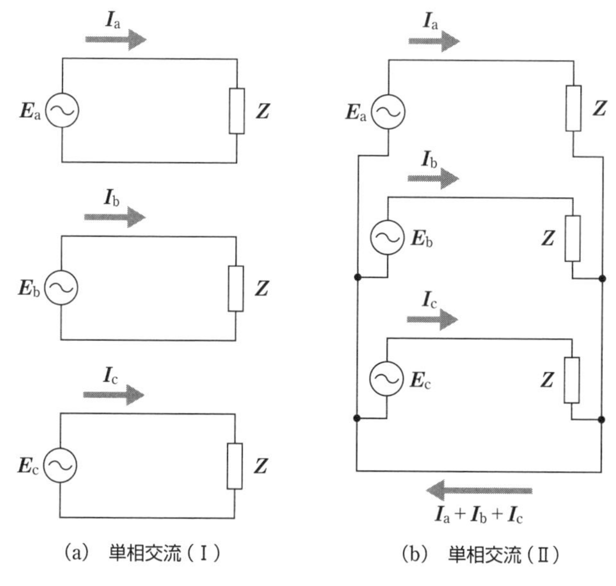

図 4-25　三相交流のメリット

であれば，送ることのできる電力は(a)と(b)で変わらず，電線の数は4本ですむ。(b)では，電圧源の大きさは一定($|\boldsymbol{E}_a|=|\boldsymbol{E}_b|=|\boldsymbol{E}_c|$)であるが，位相に条件はない。

そこで，電圧源の大きさを一定に，位相を$\frac{2\pi}{3}$radずつずらした対称三相交流にすると，$\boldsymbol{I}_a+\boldsymbol{I}_b+\boldsymbol{I}_c=0$となるので，図(b)の下の線路は不要になる。すなわち，線路は3本ですむ(8)。しかも，送電電力は変わらない。電力系統において，線路の数を減らせるということは，膨大な量の導体(一般にはアルミニウム，銅などの金属)の使用量を減らすことができ，送電線の鉄塔をコンパクト化できるなど，メリットは大きい。このため，**対称三相交流方式が電力系統の基本**となっているのである。

8. 一般家庭で使われる交流
電力系統では，送電効率を高めるために三相交流で送電しているが，一般家庭では単相で電力が供給されるため，線は2本しかない。家庭の近くまで来ている送電線(正確には**配電線**という)は三相で，そのうちの2本の線で各家庭に電力が送られている。

9. Δ形負荷の例
実際の電力系統では，電圧が低い箇所の変圧器巻線がΔ結線されるケースが多い。

Δ形負荷への供給

ここでは，Y結線された三相電圧源とΔ結線された負荷(**Δ形負荷**(9)，あるいは**Δ結線負荷**とよぶ)が図4-26のように接続されたときを考えよう。負荷インピーダンス$\boldsymbol{Z}$ [Ω] を流れる電流$\boldsymbol{I}_{ab}$，$\boldsymbol{I}_{bc}$，$\boldsymbol{I}_{ca}$ [A] を**Δ電流**とよぶが，Δ電流と相電流(Y電流)の間にはキルヒホッフの法則から，次の関係式が成り立つ。

$$\left.\begin{aligned}\boldsymbol{I}_a&=\boldsymbol{I}_{ab}-\boldsymbol{I}_{ca}\\ \boldsymbol{I}_b&=\boldsymbol{I}_{bc}-\boldsymbol{I}_{ab}\\ \boldsymbol{I}_c&=\boldsymbol{I}_{ca}-\boldsymbol{I}_{bc}\end{aligned}\right\} \qquad (4-46)$$

これから，相電流とΔ電流の関係は図4-27に示すベクトル図で表される。

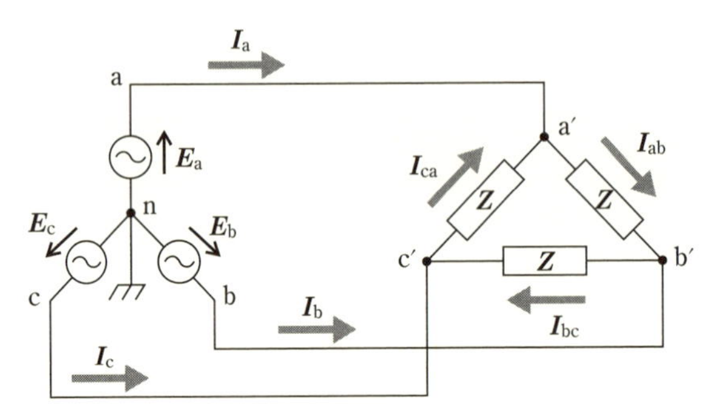

図4-26　Y結線電圧源からΔ形負荷へ

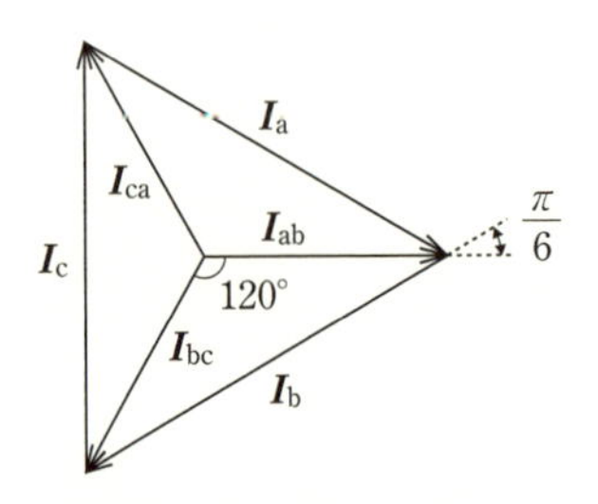

図4-27　相電流とΔ電流

$\boldsymbol{I}_{ab}=\boldsymbol{I}$，$\boldsymbol{I}_{bc}=\boldsymbol{I}e^{-j\frac{2\pi}{3}}$，$\boldsymbol{I}_{ca}=\boldsymbol{I}e^{-j\frac{4\pi}{3}}$とすれば，オイラーの公式より

$$\boldsymbol{I}_{\mathrm{a}}=\boldsymbol{I}_{\mathrm{ab}}-\boldsymbol{I}_{\mathrm{ca}}=\boldsymbol{I}\left(1-e^{-j\frac{4\pi}{3}}\right)=\boldsymbol{I}\left\{1-\left(-\frac{1}{2}+j\frac{\sqrt{3}}{2}\right)\right\}$$

$$=\sqrt{3}\,\boldsymbol{I}\left(\frac{\sqrt{3}}{2}-j\frac{1}{2}\right)=\sqrt{3}\,\boldsymbol{I}e^{-j\frac{\pi}{6}}$$

また

$$\begin{aligned}\boldsymbol{I}_{\mathrm{b}}&=\sqrt{3}\,\boldsymbol{I}e^{-j\frac{5\pi}{6}}=\sqrt{3}\,\boldsymbol{I}e^{-j\frac{2\pi}{3}}e^{-j\frac{\pi}{6}}\\ \boldsymbol{I}_{\mathrm{c}}&=\sqrt{3}\,\boldsymbol{I}e^{j\frac{\pi}{2}}=\sqrt{3}\,\boldsymbol{I}e^{-j\frac{4\pi}{3}}e^{-j\frac{\pi}{6}}\end{aligned}\qquad(4\text{–}47)$$

となる。$\boldsymbol{I}_{\mathrm{a}}$ は $\boldsymbol{I}_{\mathrm{ab}}$ に対して，$\boldsymbol{I}_{\mathrm{b}}$ は $\boldsymbol{I}_{\mathrm{bc}}$ に対して，$\boldsymbol{I}_{\mathrm{c}}$ は $\boldsymbol{I}_{\mathrm{ca}}$ に対して，いずれも $\frac{\pi}{6}$ だけ遅れ，大きさは $\sqrt{3}$ 倍であるので，以下のようにも書くことができる。

$$\left.\begin{aligned}\boldsymbol{I}_{\mathrm{a}}&=\sqrt{3}\,\boldsymbol{I}_{\mathrm{ab}}e^{-j\frac{\pi}{6}}\\ \boldsymbol{I}_{\mathrm{b}}&=\sqrt{3}\,\boldsymbol{I}_{\mathrm{bc}}e^{-j\frac{\pi}{6}}\\ \boldsymbol{I}_{\mathrm{c}}&=\sqrt{3}\,\boldsymbol{I}_{\mathrm{ca}}e^{-j\frac{\pi}{6}}\end{aligned}\right\}\qquad(4\text{–}48)$$

上式で**相電流 $\boldsymbol{I}_{\mathrm{a}}$ は，実効値において Δ 電流の $\sqrt{3}$ 倍，位相は $\boldsymbol{I}_{\mathrm{ab}}$ から $\frac{\pi}{6}$ だけ遅れる。これは相電圧（Y 電圧）と線間電圧（Δ 電圧）の関係と逆である。**

線間電圧と Δ 電流の間には，次の関係式が成り立つ。

$$\left.\begin{aligned}\boldsymbol{E}_{\mathrm{ab}}&=\boldsymbol{Z}\boldsymbol{I}_{\mathrm{ab}}\\ \boldsymbol{E}_{\mathrm{bc}}&=\boldsymbol{Z}\boldsymbol{I}_{\mathrm{bc}}\\ \boldsymbol{E}_{\mathrm{ca}}&=\boldsymbol{Z}\boldsymbol{I}_{\mathrm{ca}}\end{aligned}\right\}\qquad(4\text{–}49)$$

式 4–48 より

$$\left.\begin{aligned}\boldsymbol{I}_{\mathrm{ab}}&=\frac{\boldsymbol{I}_{\mathrm{a}}e^{j\frac{\pi}{6}}}{\sqrt{3}}\\ \boldsymbol{I}_{\mathrm{bc}}&=\frac{\boldsymbol{I}_{\mathrm{b}}e^{j\frac{\pi}{6}}}{\sqrt{3}}\\ \boldsymbol{I}_{\mathrm{ca}}&=\frac{\boldsymbol{I}_{\mathrm{c}}e^{j\frac{\pi}{6}}}{\sqrt{3}}\end{aligned}\right\}\qquad(4\text{–}50)$$

となる。この式と式 4–49 を式 4–40 に代入すると

$$\left.\begin{aligned}\boldsymbol{E}_{\mathrm{a}}&=\frac{\boldsymbol{I}_{\mathrm{a}}\boldsymbol{Z}}{3}\\ \boldsymbol{E}_{\mathrm{b}}&=\frac{\boldsymbol{I}_{\mathrm{b}}\boldsymbol{Z}}{3}\\ \boldsymbol{E}_{\mathrm{c}}&=\frac{\boldsymbol{I}_{\mathrm{c}}\boldsymbol{Z}}{3}\end{aligned}\right\}\qquad(4\text{–}51)$$

となる。この式は，**$\frac{\boldsymbol{Z}}{3}$ のインピーダンスを Y 結線すれば，$\boldsymbol{Z}$ のインピー**

ダンスをΔ結線したときと同じ相電流が流れることを示している。すなわち，**図 4–28 に示すΔ形負荷とY形負荷は等価**である。

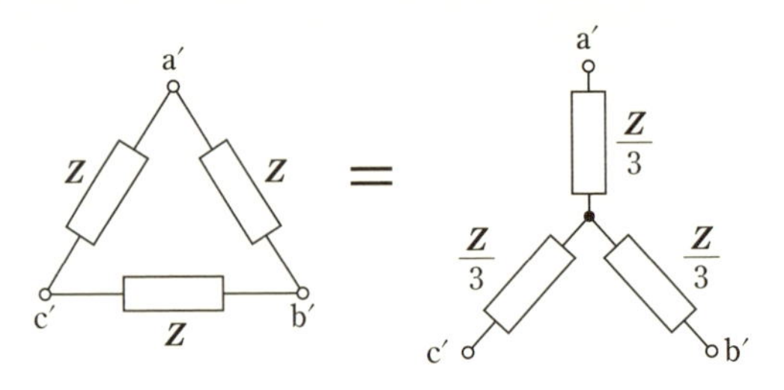

図 4–28　等価なΔ形負荷とY形負荷

例題

図 4−26 の相電圧を $\boldsymbol{E}_a = 100\,\mathrm{V}$，$\boldsymbol{E}_b = 100\alpha^2\,\mathrm{V}$，$\boldsymbol{E}_c = 100\alpha\,\mathrm{V}$，負荷インピーダンスを $\boldsymbol{Z} = \boldsymbol{Z}_{ab} = \boldsymbol{Z}_{bc} = \boldsymbol{Z}_{ca} = 30 + j30\,\Omega$ としたとき，Δ電流 $\boldsymbol{I}_{ab}$ [A] および相電流 $\boldsymbol{I}_a$ [A] を求めよ。ただし，$\alpha = e^{j\frac{2\pi}{3}}$ とする。

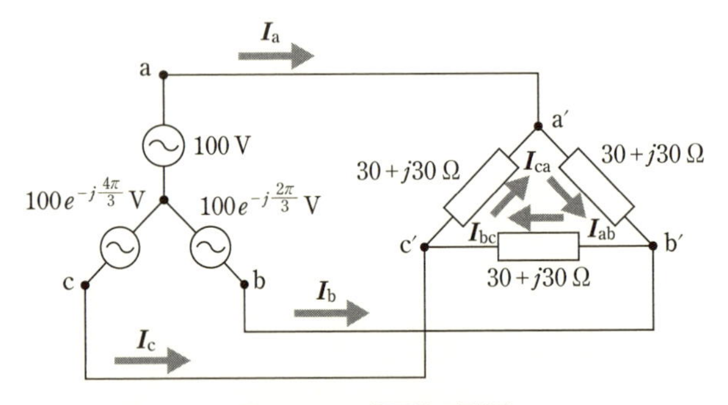

図 4–29　三相回路の例(2)

●略解——解答例

線間電圧は，式 4−40 から $E_{ab} = \sqrt{3}\,\boldsymbol{E}_a e^{j\frac{\pi}{6}} = \sqrt{3}\ 100\,e^{j\frac{\pi}{6}}\,\mathrm{V}$ となる。また，$\boldsymbol{Z} = 30 + j30 = 30\sqrt{2}\ e^{j\frac{\pi}{4}}\,\Omega$ であるから，求めるΔ電流 $\boldsymbol{I}_{ab}$ は以下のようになる。

$$\boldsymbol{I}_{ab} = \frac{\boldsymbol{E}_{ab}}{\boldsymbol{Z}} = \frac{\sqrt{3}\ 100e^{j\frac{\pi}{6}}}{30\sqrt{2}\ e^{j\frac{\pi}{4}}} = \frac{5\sqrt{6}}{3}\ e^{j\left(\frac{\pi}{6}-\frac{\pi}{4}\right)} = \frac{5\sqrt{6}}{3}\ e^{-j\frac{\pi}{12}}\,\mathrm{A} \quad (答)$$

また，相電流 $\boldsymbol{I}_a$ は，式 4−48 より下記のようになる。

$$\boldsymbol{I}_a = \sqrt{3}\,\boldsymbol{I}_{ab}e^{-j\frac{\pi}{6}} = \sqrt{3}\ \frac{5\sqrt{6}}{3}\ e^{-j\left(\frac{\pi}{12}+\frac{\pi}{6}\right)} = 5\sqrt{2}\,e^{-j\frac{\pi}{4}}$$

$$= 5\sqrt{2}\left(\frac{1}{\sqrt{2}} - \frac{j}{\sqrt{2}}\right) = 5 - j5\,\mathrm{A} \quad (答)$$

これは，前節の例題と同じ相電流になっている。$(10 + j10) \times 3\,\Omega$ のインピーダンスをΔ結線したΔ形負荷と，$10 + j10\,\Omega$ のインピーダンスをY結線したY形負荷は，等価であることがわかる。

アドバンス 4-3-3 非対称三相回路の解析(対称座標法)

これまで説明したように，**対称三相交流では，1 相分の解析を行えば，その結果の位相を $\frac{2}{3}\pi$ [rad] ずつ回転するだけでよい**ことがわかった。

しかしながら，負荷のインピーダンスが**相ごとに異なる不平衡負荷**のときはどうなるであろうか。このとき，各相の電圧，電流は等しくなく，不平衡になる。すなわち，図 4-30 に示すように，a, b, c 各相の電圧は，大きさが異なり，各相間の位相差も異なる。このように各相の電圧(あるいは電流)の大きさが異なったり，位相差が異なっているような状態(**不平衡状態**)を効率よく解析するために考案された方法がある。これを**対称座標法**(たいしょうざひょうほう)という。

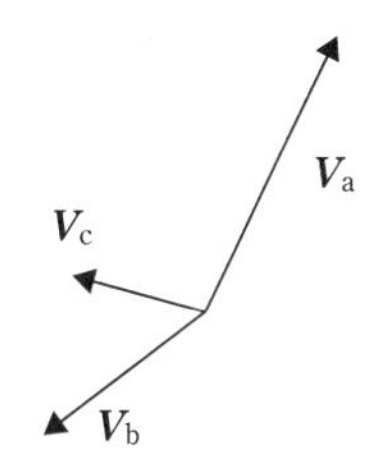

図 4-30 不平衡三相電圧の例

対称座標法では，不平衡な電圧(あるいは電流)を 3 組の対称な成分の和として表現することができる。これらは，**正相分**，**逆相分**，**零相分**(れいそうぶん)とよぶ。具体的には，三相不平衡電圧を $\boldsymbol{V}_a$, $\boldsymbol{V}_b$, $\boldsymbol{V}_c$ [V] とすれば，それぞれを以下のように表現する。

$$\left.\begin{array}{l}\boldsymbol{V}_a = \boldsymbol{V}_{a1} + \boldsymbol{V}_{a2} + \boldsymbol{V}_{a0} \\ \boldsymbol{V}_b = \boldsymbol{V}_{b1} + \boldsymbol{V}_{b2} + \boldsymbol{V}_{b0} \\ \boldsymbol{V}_c = \boldsymbol{V}_{c1} + \boldsymbol{V}_{c2} + \boldsymbol{V}_{c0}\end{array}\right\} \quad (4-52)$$

添字の 1 が正相分を，2 が逆相分を，0 が零相分を示す。

(1) **正相分** $\boldsymbol{V}_{a1}$, $\boldsymbol{V}_{b1}$, $\boldsymbol{V}_{c1}$ [V] の三つの複素数(ベクトル)成分で構成され，それぞれの大きさは等しく，位相差は互いに 120° で同じ相回転あるいは相順(そうじゅん)[10]である。

(2) **逆相分** $\boldsymbol{V}_{a2}$, $\boldsymbol{V}_{b2}$, $\boldsymbol{V}_{c2}$ [V] の三つの複素数(ベクトル)成分で構成され，それぞれの大きさは等しく，位相差は互いに 120° で逆の相回転あるいは相順である。

(3) **零相分** $\boldsymbol{V}_{a0}$, $\boldsymbol{V}_{b0}$, $\boldsymbol{V}_{c0}$ [V] の三つの複素数(ベクトル)成分で構成され，それぞれの大きさは等しく，位相差は 0 である。

正相分，逆相分，零相分の関係は図 4-31 のようになる。また，電流に関しても，電圧と同様な添字を用いる。

図 4-30 に示す不平衡電圧に対しては，図 4-32 のように各成分の和として表すことができる。いま，$\boldsymbol{V}_{a1}$, $\boldsymbol{V}_{a2}$, $\boldsymbol{V}_{a0}$ を $\boldsymbol{V}_1$, $\boldsymbol{V}_2$, $\boldsymbol{V}_0$ と表せば，

10. 相回転あるいは相順
a, b, c 相が時計回りに定義されていれば，相順は時計回りとなる。

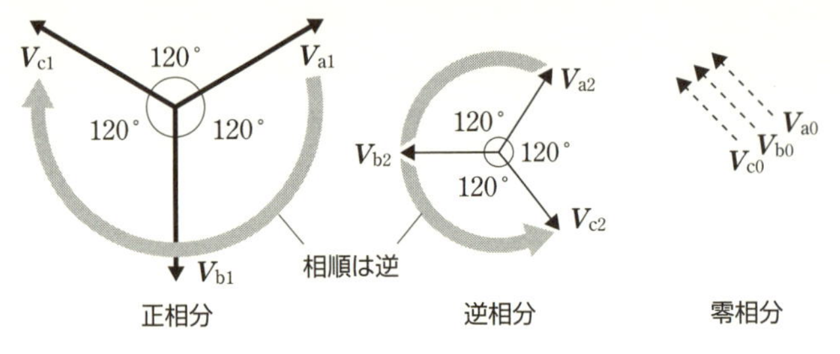

図 4-31　三組の対称成分

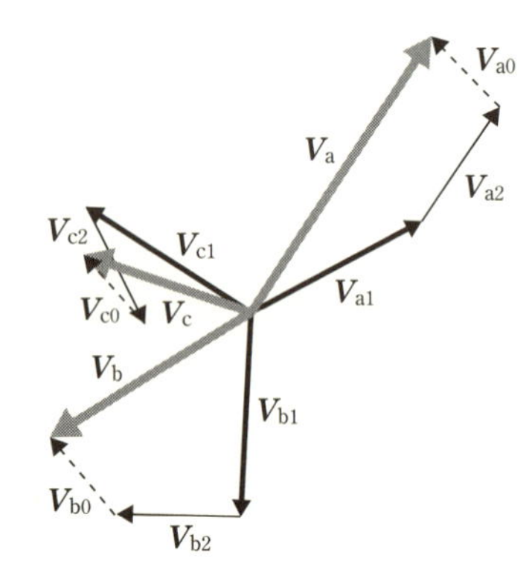

図 4-32　対称成分の合成(和)による不平衡電圧の表現

図 4-31 の関係から，**4-3-1** 項で使った $\alpha = e^{j\frac{2\pi}{3}}$ を用いて，以下の関係式が成り立つ。

$$\left.\begin{aligned} \boldsymbol{V}_{a1} &= \boldsymbol{V}_1 \\ \boldsymbol{V}_{b1} &= \alpha^2 \boldsymbol{V}_1 \\ \boldsymbol{V}_{c1} &= \alpha \boldsymbol{V}_1 \\ \boldsymbol{V}_{a2} &= \boldsymbol{V}_2 \\ \boldsymbol{V}_{b2} &= \alpha \boldsymbol{V}_2 \\ \boldsymbol{V}_{c2} &= \alpha^2 \boldsymbol{V}_2 \\ \boldsymbol{V}_{a0} &= \boldsymbol{V}_0 \\ \boldsymbol{V}_{b0} &= \boldsymbol{V}_0 \\ \boldsymbol{V}_{c0} &= \boldsymbol{V}_0 \end{aligned}\right\} \tag{4-53}$$

式 4-52 と式 4-53 から次の関係が得られる。

$$\left.\begin{aligned} \boldsymbol{V}_a &= \boldsymbol{V}_0 + \boldsymbol{V}_1 + \boldsymbol{V}_2 \\ \boldsymbol{V}_b &= \boldsymbol{V}_0 + \alpha^2 \boldsymbol{V}_1 + \alpha \boldsymbol{V}_2 \\ \boldsymbol{V}_c &= \boldsymbol{V}_0 + \alpha \boldsymbol{V}_1 + \alpha^2 \boldsymbol{V}_2 \end{aligned}\right\} \tag{4-54}$$

この関係を行列を用いて表せば

$$\begin{bmatrix} \boldsymbol{V}_a \\ \boldsymbol{V}_b \\ \boldsymbol{V}_c \end{bmatrix} = \begin{bmatrix} 1 & 1 & 1 \\ 1 & \alpha^2 & \alpha \\ 1 & \alpha & \alpha^2 \end{bmatrix} \begin{bmatrix} \boldsymbol{V}_0 \\ \boldsymbol{V}_1 \\ \boldsymbol{V}_2 \end{bmatrix} \tag{4-55}$$

となる。行列 $\boldsymbol{A}$ を次のように表せば

$$\boldsymbol{A}=\begin{bmatrix}1 & 1 & 1\\ 1 & \alpha^2 & \alpha\\ 1 & \alpha & \alpha^2\end{bmatrix} \tag{4-56}$$

逆行列として次式が得られる。

$$\boldsymbol{A}^{-1}=\frac{1}{3}\begin{bmatrix}1 & 1 & 1\\ 1 & \alpha & \alpha^2\\ 1 & \alpha^2 & \alpha\end{bmatrix} \tag{4-57}$$

式 4−55 の両辺に左側から $\boldsymbol{A}^{-1}$ をかけると

$$\begin{bmatrix}\boldsymbol{V}_0\\ \boldsymbol{V}_1\\ \boldsymbol{V}_2\end{bmatrix}=\frac{1}{3}\begin{bmatrix}1 & 1 & 1\\ 1 & \alpha & \alpha^2\\ 1 & \alpha^2 & \alpha\end{bmatrix}\begin{bmatrix}\boldsymbol{V}_\mathrm{a}\\ \boldsymbol{V}_\mathrm{b}\\ \boldsymbol{V}_\mathrm{c}\end{bmatrix} \tag{4-58}$$

となる。

式 4−58 は，各相電圧を対称成分の正相分，逆相分，零相分に分解する式である。これを成分ごとに書くと以下のようになる。

$$\left.\begin{aligned}\boldsymbol{V}_0&=\frac{1}{3}(\boldsymbol{V}_\mathrm{a}+\boldsymbol{V}_\mathrm{b}+\boldsymbol{V}_\mathrm{c})\\ \boldsymbol{V}_1&=\frac{1}{3}(\boldsymbol{V}_\mathrm{a}+\alpha\boldsymbol{V}_\mathrm{b}+\alpha^2\boldsymbol{V}_\mathrm{c})\\ \boldsymbol{V}_2&=\frac{1}{3}(\boldsymbol{V}_\mathrm{a}+\alpha^2\boldsymbol{V}_\mathrm{b}+\alpha\boldsymbol{V}_\mathrm{c})\end{aligned}\right\} \tag{4-59}$$

$\boldsymbol{V}_{\mathrm{b}0}$，$\boldsymbol{V}_{\mathrm{b}1}$，$\boldsymbol{V}_{\mathrm{b}2}$ [V] および $\boldsymbol{V}_{\mathrm{c}0}$，$\boldsymbol{V}_{\mathrm{c}1}$，$\boldsymbol{V}_{\mathrm{c}2}$ [V] については，式 4−53 を用いて求めることができる。

三相交流の線間電圧の和は式 4−42 からつねに 0 であるので，式 4−59 の第一式から線間電圧には零相分 $\boldsymbol{V}_0$ は存在しない。一方，不平衡な三相回路では各相電圧の和は 0 であるとは限らないので，中性点の電圧は零相分を含むことがある。

電流の関係式

これまで，電圧に関する式を示した。電流にも同様の関係式を得ることができる。式 4−54 と同様の電流の関係は

$$\left.\begin{aligned}\boldsymbol{I}_\mathrm{a}&=\boldsymbol{I}_0+\boldsymbol{I}_1+\boldsymbol{I}_2\\ \boldsymbol{I}_\mathrm{b}&=\boldsymbol{I}_0+\alpha^2\boldsymbol{I}_1+\alpha\boldsymbol{I}_2\\ \boldsymbol{I}_\mathrm{c}&=\boldsymbol{I}_0+\alpha\boldsymbol{I}_1+\alpha^2\boldsymbol{I}_2\end{aligned}\right\} \tag{4-60}$$

各相電流から対称成分を求める式 4−59 に対応する関係は

$$\left.\begin{aligned}\boldsymbol{I}_0&=\frac{1}{3}(\boldsymbol{I}_\mathrm{a}+\boldsymbol{I}_\mathrm{b}+\boldsymbol{I}_\mathrm{c})\\ \boldsymbol{I}_1&=\frac{1}{3}(\boldsymbol{I}_\mathrm{a}+\alpha\boldsymbol{I}_\mathrm{b}+\alpha^2\boldsymbol{I}_\mathrm{c})\\ \boldsymbol{I}_2&=\frac{1}{3}(\boldsymbol{I}_\mathrm{a}+\alpha^2\boldsymbol{I}_\mathrm{b}+\alpha\boldsymbol{I}_\mathrm{c})\end{aligned}\right\} \tag{4-61}$$

三相系統において，相電流の和は中性線を流れる電流 $\boldsymbol{I}_\mathrm{n}$ [A] に等し

い。よって

$$\boldsymbol{I}_n = \boldsymbol{I}_a + \boldsymbol{I}_b + \boldsymbol{I}_c \tag{4-62}$$

が成立し，式 4-61 から次式のようになる。

$$\boldsymbol{I}_n = 3\boldsymbol{I}_0 \tag{4-63}$$

例題

図 4-33 に示す三相回路の c 相の 1 導体が断線したとする。a 相を流れる電流を 10 A とすれば，b, c 相を流れる電流の対称成分を求めよ。a 相の電流位相を基準とする。

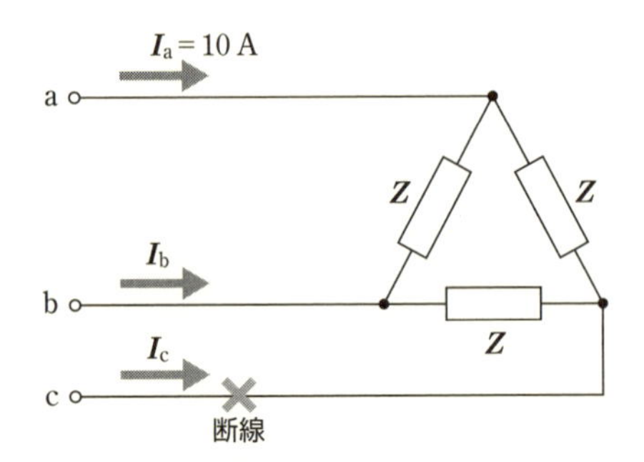

図 4-33　不平衡回路の例

●略解——解答例

a 相の電流はすべて b 相を流れるから，図の向きに電流を定義すると

$$\boldsymbol{I}_b = -10 = 10e^{j\pi}\text{A},\ \ \boldsymbol{I}_c = 0\text{ A}$$

である。式 4-61 によって，対称成分を計算すると

$$\boldsymbol{I}_0 = \frac{1}{3}(10 + 10e^{j\pi} + 0) = 0\text{ A}$$

$$\boldsymbol{I}_1 = \frac{1}{3}(10 + 10e^{j\pi} \times e^{j\frac{2\pi}{3}} + 0) = 5.77e^{-j\frac{\pi}{6}}\text{ A}$$

$$\boldsymbol{I}_2 = \frac{1}{3}(10 + 10e^{j\pi} \times e^{j\frac{2\pi}{3}} + 0) = 5.77e^{j\frac{\pi}{6}}\text{ A}$$

となる。式 4-53 と同様に，電流の各成分を計算すると

$$\boldsymbol{I}_{b1} = \alpha^2\boldsymbol{I}_1 = e^{j\frac{4\pi}{3}} \times 5.77e^{-j\frac{\pi}{6}} = 5.77e^{j\frac{7\pi}{6}}\text{ A}$$

$$\boldsymbol{I}_{c1} = \alpha\boldsymbol{I}_1 = e^{j\frac{2\pi}{3}} \times 5.77e^{-j\frac{\pi}{6}} = 5.77e^{j\frac{\pi}{2}}\text{ A}$$

$$\boldsymbol{I}_{b2} = \alpha\boldsymbol{I}_2 = e^{j\frac{2\pi}{3}} \times 5.77e^{j\frac{\pi}{6}} = 5.77e^{j\frac{5\pi}{6}}\text{ A}$$

$$\boldsymbol{I}_{c2} = \alpha^2\boldsymbol{I}_2 = e^{j\frac{4\pi}{3}} \times 5.77e^{j\frac{\pi}{6}} = 5.77e^{j\frac{3\pi}{2}}\text{ A}$$

$$\boldsymbol{I}_{b0} = \boldsymbol{I}_{c0} = \boldsymbol{I}_0 = 0\text{ A}$$

を得る。（答）

c 相の導体が断線すると，c 相には相電流は流れないが，c 相の正相および逆相電流成分が 0 でない値をとることがある。

4-3 ドリル問題

問題 1———実効値 100 V の三相交流電圧を複素表現で表せ。位相は a 相を基準とする。

問題 2———$\boldsymbol{E}_1 = 100\sqrt{3} + j100$ V，$\boldsymbol{E}_2 = -j200$ V，$\boldsymbol{E}_3 = -100\sqrt{3} + j100$ V で表される電圧は対称三相電圧であることを説明せよ。

問題 3———相電圧 $\boldsymbol{E}_{\mathrm{a}} = 100e^{-j\frac{2\pi}{3}}$ V，$\boldsymbol{E}_{\mathrm{b}} = 100e^{-j\frac{4\pi}{3}}$ V，$\boldsymbol{E}_{\mathrm{c}} = 100$ V で表されるとき，線間電圧 $\boldsymbol{E}_{\mathrm{ab}}$，$\boldsymbol{E}_{\mathrm{bc}}$，$\boldsymbol{E}_{\mathrm{ca}}$ [V] を求めよ。

問題 4———問題 3 において，線間電圧 $\boldsymbol{E}_{\mathrm{ab}}$，$\boldsymbol{E}_{\mathrm{bc}}$，$\boldsymbol{E}_{\mathrm{ca}}$ [V] と相電圧 $\boldsymbol{E}_{\mathrm{a}}$，$\boldsymbol{E}_{\mathrm{b}}$，$\boldsymbol{E}_{\mathrm{c}}$ [V] をベクトル図で表現せよ。

問題 5———Δ 結線された負荷インピーダンスがある。各負荷に流れる電流が $\boldsymbol{I}_{\mathrm{ab}} = 100 + j100\sqrt{3}$ A，$\boldsymbol{I}_{\mathrm{bc}} = 100 - j100\sqrt{3}$ A，$\boldsymbol{I}_{\mathrm{ca}} = -200$ A であるとき，相電流 $\boldsymbol{I}_{\mathrm{a}}$，$\boldsymbol{I}_{\mathrm{b}}$，$\boldsymbol{I}_{\mathrm{c}}$ [A] を求め，対称三相電流であることを説明せよ。

問題 6———相電圧 $\boldsymbol{E}_{\mathrm{a}} = 100$ V，$\boldsymbol{E}_{\mathrm{b}} = 100e^{-j\frac{2\pi}{3}}$ V，$\boldsymbol{E}_{\mathrm{c}} = 100e^{-j\frac{4\pi}{3}}$ V として，負荷インピーダンス $\boldsymbol{Z} = \boldsymbol{Z}_{\mathrm{a}} = \boldsymbol{Z}_{\mathrm{b}} = \boldsymbol{Z}_{\mathrm{c}} = \sqrt{3}\,(1 + j\sqrt{3})$ Ω を Y 結線したとき，相電流 $\boldsymbol{I}_{\mathrm{a}}$，$\boldsymbol{I}_{\mathrm{b}}$，$\boldsymbol{I}_{\mathrm{c}}$ [A] および中性線を流れる電流 $\boldsymbol{I}_{\mathrm{n}}$ [A] を求めよ。

問題 7———個々のインピーダンス $\boldsymbol{Z}$ が $10 + j20$ Ω である対称三相負荷が Δ 結線されている。線間に 200 V の対称三相電圧を印加（いんか）したとき，インピーダンス $\boldsymbol{Z}$ を流れる電流の大きさを求めよ。

問題 8———個々のインピーダンス $\boldsymbol{Z}$ が $10 + j20$ Ω である対称三相負荷が Y 結線されている。線間に 200 V の対称三相電圧を印加したとき，インピーダンス $\boldsymbol{Z}$ を流れる電流の大きさを求めよ。

問題 9———図 1(a)のように Δ 結線されたインピーダンス $\boldsymbol{Z}_{\mathrm{ab}} = \boldsymbol{Z}_{\mathrm{bc}} = \boldsymbol{Z}_{\mathrm{ca}} = 3\sqrt{2} + j3\sqrt{2}$ Ω に対して図(b)のように Y 結線にしたときの $\boldsymbol{Z}_{\mathrm{a}}$，$\boldsymbol{Z}_{\mathrm{b}}$，$\boldsymbol{Z}_{\mathrm{c}}$ [Ω] を求めよ。ここで，端子間 a−b 間，b−c 間，c−a 間のインピーダンスは(a)と(b)で等しいとする。

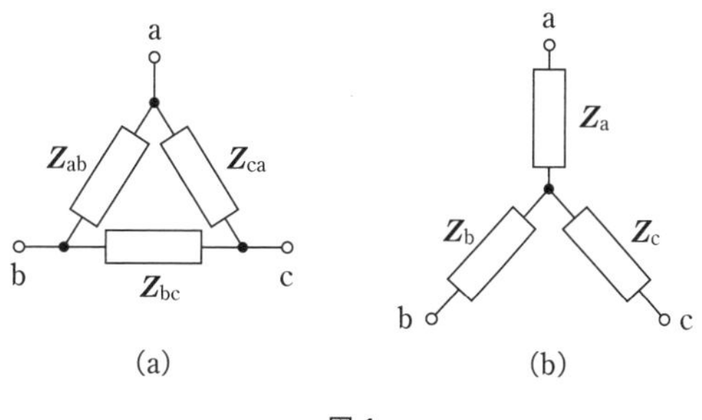

図 1

問題 10———相電圧 $\boldsymbol{E}_{\mathrm{a}} = 100$ V，$\boldsymbol{E}_{\mathrm{b}} = 100e^{-j\frac{2\pi}{3}}$ V，$\boldsymbol{E}_{\mathrm{c}} = 100e^{-j\frac{4\pi}{3}}$ V として，問題 9 の Δ 結線された負荷に流れる Δ 電流 $\boldsymbol{I}_{\mathrm{ab}}$，$\boldsymbol{I}_{\mathrm{bc}}$，$\boldsymbol{I}_{\mathrm{ca}}$ [A] を求めよ。

4-3 演習問題

1. r[Ω] の抵抗をY結線して電圧 $\boldsymbol{E}$[V] の三相交流に接続した。このときの相電流と，同じ抵抗をΔ結線して電圧 $\boldsymbol{E}$ の三相交流に接続したときの相電流の大きさの比を求めよ。

2. 図1の端子間に100Vの対称三相電圧を印加したときの電流 $\boldsymbol{I}_1$，$\boldsymbol{I}_2$，$\boldsymbol{I}_3$[A]および $\boldsymbol{I}_a$，$\boldsymbol{I}_b$，$\boldsymbol{I}_c$[A] の大きさを求めよ。

3. 図1において，$\boldsymbol{V}_{ab}$[V] を位相の基準にとって，電流 $\boldsymbol{I}_1$，$\boldsymbol{I}_2$，$\boldsymbol{I}_3$[A] および $\boldsymbol{I}_a$，$\boldsymbol{I}_b$，$\boldsymbol{I}_c$[A] をベクトル図で表現せよ。

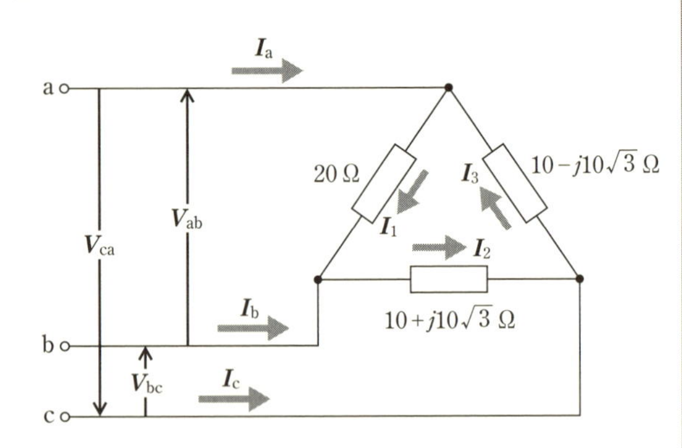

図1

4. 図2の回路において，電流 $\boldsymbol{I}_a$，$\boldsymbol{I}_b$，$\boldsymbol{I}_c$，$\boldsymbol{I}_n$[A] を求めよ。ただし，a, b, c 相には中性線に対して100Vの対称三相電圧が印加されているとする。

5. 図2において，$\boldsymbol{V}_a$[V] を位相の基準にとって，電流 $\boldsymbol{I}_a$，$\boldsymbol{I}_b$，$\boldsymbol{I}_c$，$\boldsymbol{I}_n$[A] をベクトル図で表現せよ。

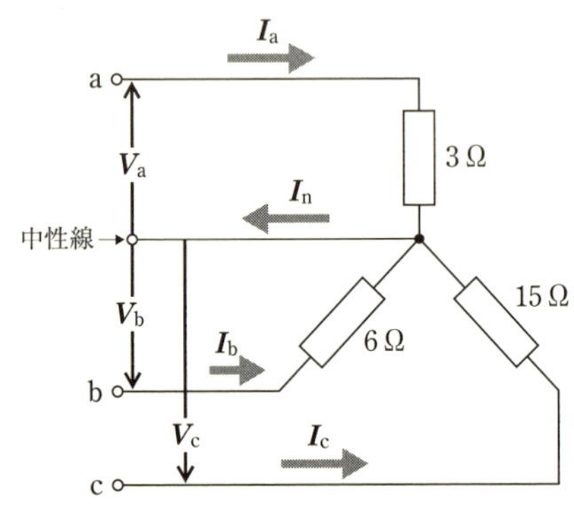

図2

6. 図3(a)のΔ結線された負荷と(b)のY結線された負荷が等価であるとき，$\boldsymbol{Z}_1$，$\boldsymbol{Z}_2$，$\boldsymbol{Z}_3$[Ω] を $\boldsymbol{Z}$[Ω] で表せ。ここで，等価とは，端子1-2間，1-3間，2-3間のインピーダンスが(a)と(b)で等しいことをいう。

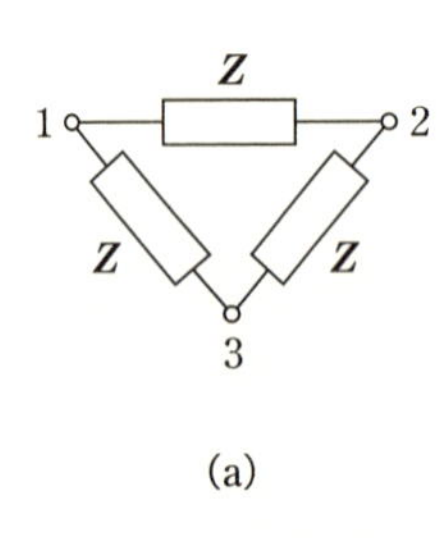

(a)

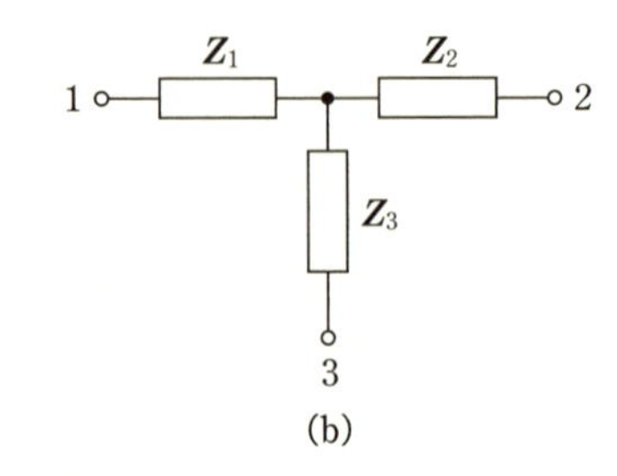

(b)

図3

Tea Break

電力系統の事故

広範に分布した発電所から需要家まで電力を送る送電線は，大都市中心部などのケーブルを除いて，鉄塔に送電線をかけた架空送電線が中心である。架空送電線は外部環境に直接さらされていることもあり，雷や雪などに起因した事故の発生が避けられない。

鉄塔への落雷
（写真提供：音羽電気工業株式会社　雷写真コンテスト）

送電鉄塔の雪下ろしをする作業員
（写真提供：関西電力株式会社）

送電線への落雷については，7章のTea Breakを参照していただきたい。

また，雪に対する事故も北国では問題となる。最悪の事態として，送電線に付着した雪の重みで送電線が切れたり，さらにひどい場合は送電鉄塔そのものを引き倒すといったことにもなる。

このような状況に至らずとも，ギャロッピングやスリートジャンプにより，送電線が短絡することもある。前者は送電線に付着した雪が扁平になり，横風を受けることで飛行機の翼のように揚力を発生，上の送電線と物理的に接触，短絡事故に至るものである。後者は送電線に付着した雪が何らかの理由で落下すると，たわんでいた送電線が上向きに飛び上がり，上の送電線と接触，すなわち短絡事故になるものである。いずれにしろ，これら事故により三相交流が不平衡になるということにほかならない。このような事故では，高圧送電線の1相あるいは2相(場合によっては，3相：ただしこの場合は不平衡にはならない！)が地絡，短絡されるので非常に大きな事故電流が流れる。これを放置すると，過電流による機器の損傷をもたらすので速やかに事故を除去しなければならない。このために設置されているのが保護リレーとよばれるものである。この整定(一種のパラメータ設定)のためには事故電流を計算する必要があり，その際に対称座標法が用いられるのである。

ちなみに，2005年12月に新潟地方で発生した停電は雪に起因したものであったが，停電復旧には一昼夜を要した。このとき，停電したことよりも，停電により携帯電話の基地局のバッテリーがあがり，最終的に長時間にわたって携帯電話が不通となったことが，大きな社会的インパクトを与えることになった。これが契機となり，携帯電話の基地局には長時間使える大容量のバッテリーが設置されることになった。

電気と通信が現代社会を支えているという一つの証左であろうか。

第5章 二端子対回路

本章では，電源や信号などの電圧や電流の入口と出口が異なる回路の解析方法を学ぶ。入口の2端子と出口の2端子をそれぞれ一対として考え，端子に現れる電流や電圧が内部の回路（網）とどう関係するかを学ぶ。さらに回路網間の直列・並列・縦続接続，相反性と，二端子対回路の出力端子に負荷を加えたときの入力端子対のインピーダンス，負荷への最大電力供給量について学ぶ。参考図1に示すように，新潟や敦賀の発電所から京浜，阪神地区に送られる電力は膨大な回路網を構成しているが入口と出口だけに注目すれば**二端子対回路**（two port circuits）[1]と考えられる。また，参考図2に示す携帯電話の中身も複雑な回路網であるが，基地局から電波を受ける入口と音声信号の出口はそれぞれ二端子対回路

1. 二端子対回路
電源や電気信号は入口の2端子から流入し回路網を経由して出口の2端子から流出する。2端子が対になっている回路を**二端子対回路**という。それぞれの端子の一方は接地されていることが多い。

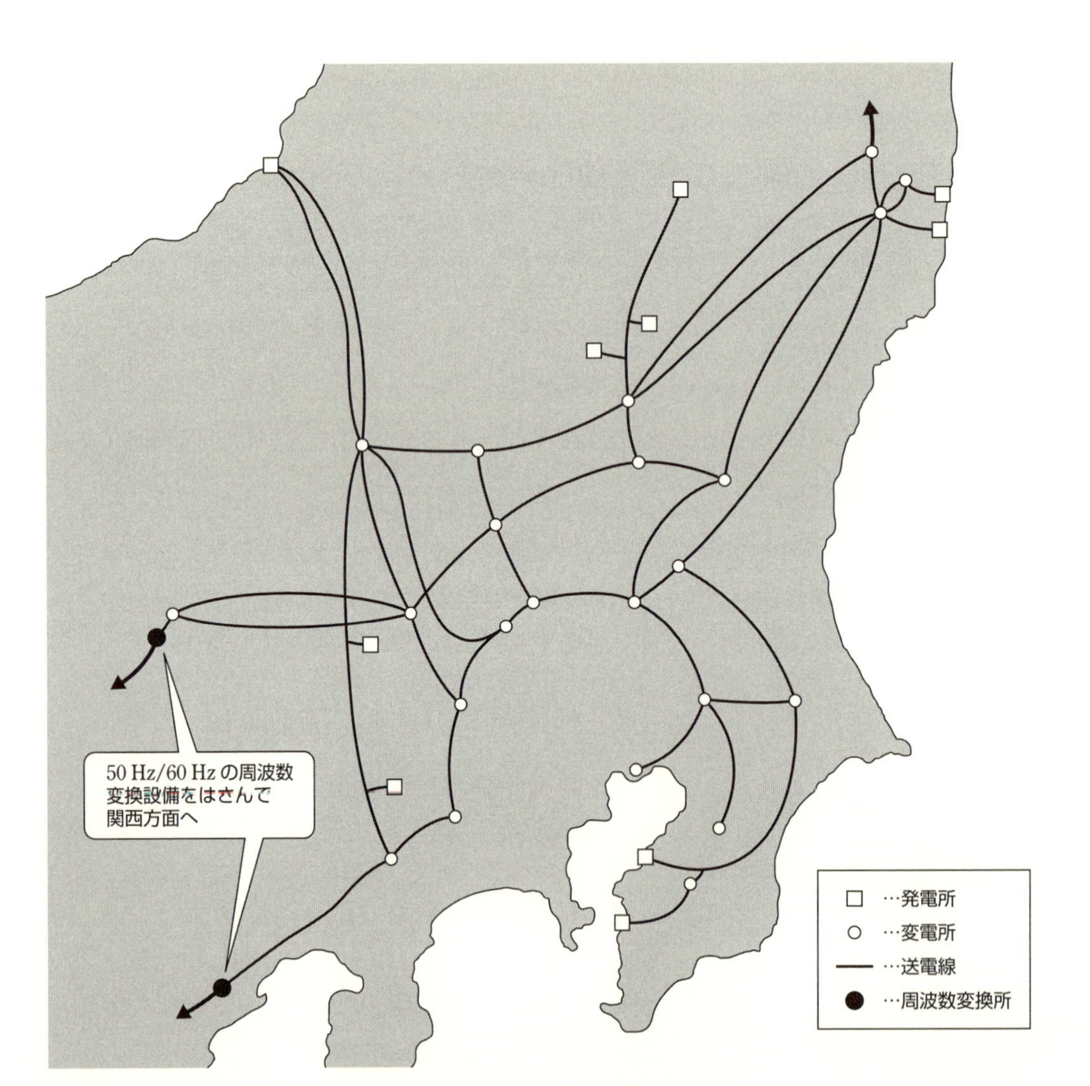

参考図1　関東地方の送電系統の概略

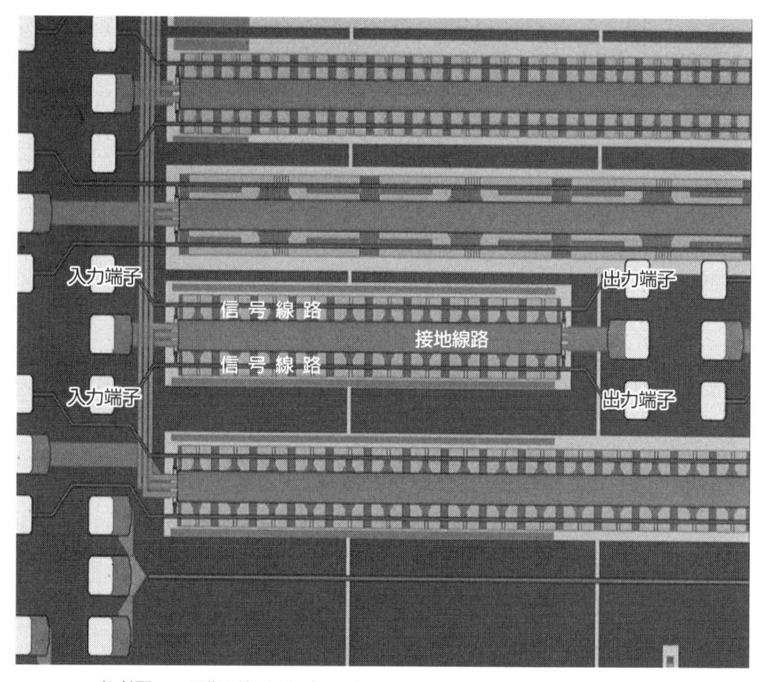

参考図 3　平衡型超高速パルス伝送線路 IC の一部（明星大学による）

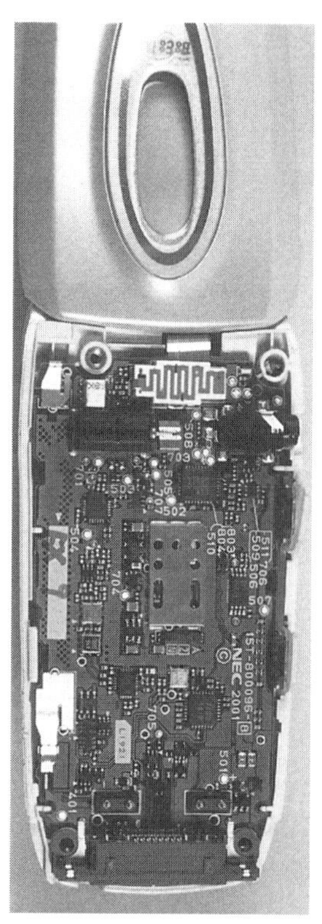

参考図 2　携帯電話の回路（写真提供：OPO）

と考えられる。参考図 3 は集積化伝送線路で超高速パルス伝送用に設計された二端子対回路で線路と MOSFET（モスエフイーティー）（シリコントランジスタ）が組み合わされている。パルス信号の入口と出口は違うことが多いので，本章の考え方が回路網解析の手段となる。

5-1　二端子対回路とインピーダンス行列

5-1-1　二端子回路と二端子対回路

前章までに学んだ二端子回路は，たとえば図 5-1(a)で，**1-4-4** 項，**4-1-2** 項のテブナンの定理によって，複雑な回路網も，電源電圧 $\boldsymbol{E}_0$ [V] と直列抵抗 R_0 [Ω] またはインピーダンス $\boldsymbol{Z}_0$ [Ω] で表されることを学んだ。本章で学ぶ**二端子対回路**は図 5-1(b)で表される。入力端子 1-1′ にかける電圧を $\boldsymbol{V}_1$ [V]，流入する電流を $\boldsymbol{I}_1$ [A] とし，出力端子 2-2′ に現れる電圧を $\boldsymbol{V}_2$ [V]，電流を $\boldsymbol{I}_2$ [A] とする。ここで電流 $\boldsymbol{I}_2$ は回路網に流入する向きを正とする。ここで $\boldsymbol{V}$, $\boldsymbol{I}$ は直流，交流のどちらでもよく，実数，複素数を含むものとする。電気回路網は基本的には受動素子のみからなり，入出力の端子を相互に結線しないものとする。

本章では，$\boldsymbol{V}_1$, $\boldsymbol{I}_1$ と $\boldsymbol{V}_2$, $\boldsymbol{I}_2$ **の関係を 4 種の 2 行 2 列の行列**（マトリッ

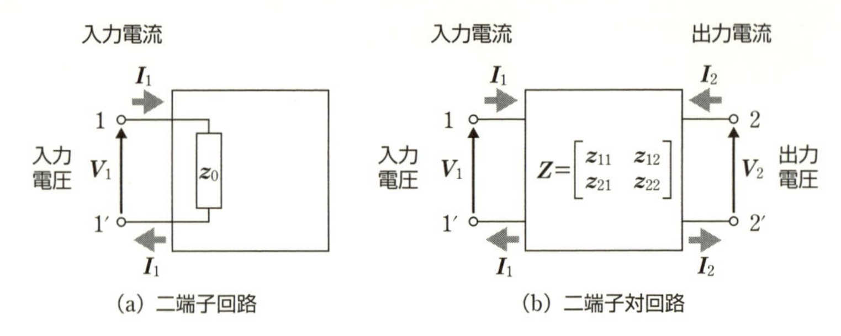

図 5-1　二端子回路と二端子対回路

クス)で表す方法を学ぶ。

5-1-2 インピーダンス行列

電流や電圧の向きなどを図 5-1 のように決める。二端子回路では，回路網の等価インピーダンス $\boldsymbol{z}_0$ [Ω] をテブナンの定理(**1-4-4** 項，**4-1-2** 項)から求めて，式 5-1 が成立する。

二端子対回路では，入出力電圧 $\boldsymbol{V}_1$, $\boldsymbol{V}_2$ [V] は，それぞれを入出力電流 $\boldsymbol{I}_1$, $\boldsymbol{I}_2$ [A] の関数として，連立方程式 5-2 が成立する。

$$\boldsymbol{V}_1=\boldsymbol{z}_0\boldsymbol{I}_1 \quad \text{(二端子回路)} \tag{5-1}$$

$$\left.\begin{aligned}\boldsymbol{V}_1&=\boldsymbol{z}_{11}\boldsymbol{I}_1+\boldsymbol{z}_{12}\boldsymbol{I}_2\\ \boldsymbol{V}_2&=\boldsymbol{z}_{21}\boldsymbol{I}_1+\boldsymbol{z}_{22}\boldsymbol{I}_2\end{aligned}\right\} \text{(二端子対回路)} \tag{5-2}$$

式 5-2 の連立方程式を行列で表すと式 5-3 となる。行列要素 $\boldsymbol{z}_{11}$ [Ω] は，式 5-2 で $\boldsymbol{I}_2=0$ としたときの $\boldsymbol{V}_1$ と $\boldsymbol{I}_1$ の比で表されるので，式 5-4 となる。同じく $\boldsymbol{z}_{12}$ [Ω] は $\boldsymbol{I}_1=0$ としたときの $\boldsymbol{V}_1$ と $\boldsymbol{I}_2$ の比で表され，式 5-5 となる。$\boldsymbol{z}_{21}$，$\boldsymbol{z}_{22}$ [Ω] も同様にして定められる。

入出力電圧 $\boldsymbol{V}_1$, $\boldsymbol{V}_2$ と入出力電流 $\boldsymbol{I}_1$, $\boldsymbol{I}_2$ を関係づける行列を**インピーダンス行列**(ないし**インピーダンスマトリックス**，***Z*** **行列**，***Z*** **マトリックス**)とよび，行列要素 $\boldsymbol{z}_{ij}$ を**インピーダンスパラメータ**(***Z*** **パラメータ**)とよぶ。$\boldsymbol{z}_{ij}$ は，一般には複素数である。

$$\begin{bmatrix}\boldsymbol{V}_1\\ \boldsymbol{V}_2\end{bmatrix}=\overbrace{\begin{bmatrix}\boldsymbol{z}_{11} & \boldsymbol{z}_{12}\\ \boldsymbol{z}_{21} & \boldsymbol{z}_{22}\end{bmatrix}}^{\text{インピーダンス行列，}Z\text{ 行列}}\begin{bmatrix}\boldsymbol{I}_1\\ \boldsymbol{I}_2\end{bmatrix} \tag{5-3}$$

$$\boldsymbol{z}_{11}=\left.\frac{\boldsymbol{V}_1}{\boldsymbol{I}_1}\right|_{\boldsymbol{I}_2=0} [\Omega] \quad \text{(出力端子開放 } \boldsymbol{I}_2=0 \text{ のときの駆動点インピーダンス)} \tag{5-4}$$

(駆動点：くどうてん)

$$\boldsymbol{z}_{12}=\left.\frac{\boldsymbol{V}_1}{\boldsymbol{I}_2}\right|_{\boldsymbol{I}_1=0} [\Omega] \quad \text{(入力端子開放 } \boldsymbol{I}_1=0 \text{ のときの伝達インピーダンス)} \tag{5-5}$$

$$\boldsymbol{z}_{21}=\left.\frac{\boldsymbol{V}_2}{\boldsymbol{I}_1}\right|_{\boldsymbol{I}_2=0} [\Omega] \quad \text{(出力端子開放 } \boldsymbol{I}_2=0 \text{ のときの伝達インピーダンス)} \tag{5-6}$$

$$\boldsymbol{z}_{22} = \left.\frac{\boldsymbol{V}_2}{\boldsymbol{I}_2}\right|_{I_1=0} [\Omega] \quad \text{(入力端子開放 } \boldsymbol{I}_1=0 \text{ のときの駆動点インピーダンス)} \qquad (5\text{-}7)$$

式 5-4 から，$\boldsymbol{z}_{11}$ は端子 1-1′ の電圧と電流の比で[2]，入力端子で測定した入力インピーダンス，$\boldsymbol{z}_{22}$ は端子 2-2′ の電圧と電流の比で，出力端子で測定した出力インピーダンスであるが，端子 2-2′ に外部負荷を接続するときの負荷インピーダンスと出力インピーダンスを混同しないために，両方を**駆動点インピーダンス**(driving point impedance)とよび，端子対に電圧をかけて**回路網を駆動するときの電圧をかける端子から測定したインピーダンス**を示す。

2. インピーダンス行列
インピーダンスパラメータ，すなわち各行列要素 $\boldsymbol{z}_{ij}$ は電圧と電流の比であって単位は Ω となる。**インピーダンス行列**とよばれるわけがここにある。

$\boldsymbol{z}_{21}$ は入力電流 $\boldsymbol{I}_1$ によって発生する出力電圧 $\boldsymbol{V}_2$ と $\boldsymbol{I}_1$ から決まるインピーダンスで，4 章までの電圧と電流の比で決まるインピーダンスとは異なり二端子対回路特有な量であって，**伝達インピーダンス**(transfer impedance)とよばれる。伝達インピーダンスは，変圧器(トランス)の入力電流と出力電圧の関係を考えるとわかりやすい。**$\boldsymbol{z}_{21}$ が大きいとわずかの入力電流 $\boldsymbol{I}_1$ で大きい出力電圧 $\boldsymbol{V}_2$ を生じる**こととなり，トランジスタなどでは性能を表す重要な量となる。

回路網が抵抗，キャパシタ，インダクタなどからなるときは $\boldsymbol{z}_{12}$ は $\boldsymbol{z}_{21}$ と等しくなる。

例題

図 5-2 のインピーダンス行列を求めよ。

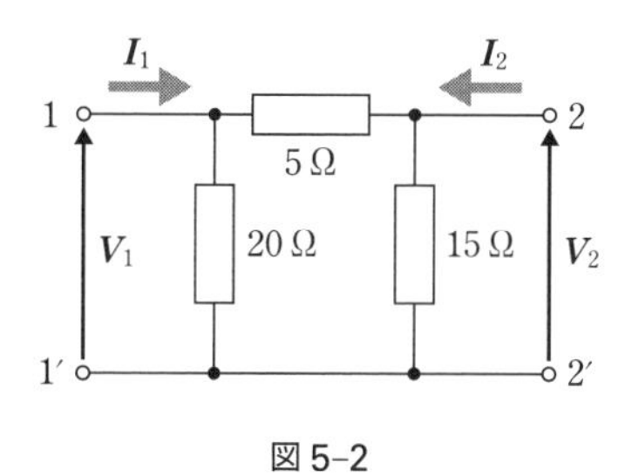

図 5-2

●略解——解答例

式 5-4 から $\boldsymbol{I}_2=0$ であるから，端子 1-1′ からみた駆動点インピーダンスは (5+15) Ω と 20 Ω の並列抵抗値となる。したがって

$$\boldsymbol{z}_{11} = \left.\frac{\boldsymbol{V}_1}{\boldsymbol{I}_1}\right|_{I_2=0} = \frac{20(5+15)}{20+(5+15)} = 10\ \Omega \qquad (5\text{-}8)$$

また，$\boldsymbol{V}_2$ は $\boldsymbol{V}_1$ が 5 Ω と 15 Ω で分圧された分圧比[3]の値に等しくなるので

3. 分圧比
1-1-4 項を参照。

$$\boldsymbol{V}_2 = \frac{15}{5+15} \times \boldsymbol{V}_1 = 0.75\boldsymbol{V}_1 \qquad (5\text{-}9)$$

であり，式 5-8 から $\boldsymbol{I}_1 = \dfrac{\boldsymbol{V}_1}{10}$ であるから

$$z_{21} = \left.\frac{V_2}{I_1}\right|_{I_2=0} = \frac{0.75V_1}{\dfrac{V_1}{10}} = 7.5\,\Omega \tag{5-10}$$

となる。

端子 2 からみた駆動点インピーダンスは，式 5-7 より $I_1=0$ として，15 Ω と (5+20) Ω の並列抵抗値となるので

$$z_{22} = \left.\frac{V_2}{I_2}\right|_{I_1=0} = \frac{15(5+20)}{15+(5+20)} = 9.375\,\Omega \tag{5-11}$$

また，V_1 は V_2 が 5 Ω と 20 Ω で分圧された値に等しくなるので

$$V_1 = \frac{20}{5+20} \times V_2 = 0.8V_2 \tag{5-12}$$

端子 1-1′ は開放であるから，端子 2 に流入する電流 I_2 は

$$I_2 = \frac{V_2}{9.375} \tag{5-13}$$

であって

$$z_{12} = \left.\frac{V_1}{I_2}\right|_{I_1=0} = \frac{0.8V_2}{\dfrac{V_2}{9.375}} = 7.5\,\Omega \tag{5-14}$$

となり，z_{21} と等しいことがわかる。

よって，インピーダンス行列 Z は次式となる。

$$Z = \begin{bmatrix} 10 & 7.5 \\ 7.5 & 9.38 \end{bmatrix} \quad (答) \tag{5-15}$$

5-1-3 二端子対回路の直列接続

二端子対回路を二つ図 5-3 のように接続する場合，**直列接続**と呼ぶ。インピーダンス行列 Z_1, Z_2 で表された二つの二端子対回路を直列につなぐと，各行列要素はそれぞれの要素の和で与えられる。

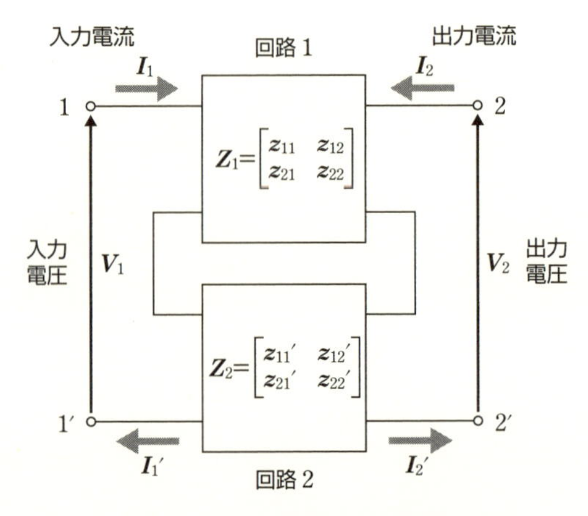

図 5-3　二端子対回路の直列接続

$$Z_1 = \begin{bmatrix} z_{11} & z_{12} \\ z_{21} & z_{22} \end{bmatrix},\quad Z_2 = \begin{bmatrix} z_{11}' & z_{12}' \\ z_{21}' & z_{22}' \end{bmatrix} \text{ のとき}$$

$$Z = Z_1 + Z_2 = \begin{bmatrix} z_{11} + z_{11}' & z_{12} + z_{12}' \\ z_{21} + z_{21}' & z_{22} + z_{22}' \end{bmatrix} \qquad (5\text{-}16)$$

5-1 ドリル問題

問題 1———次の(1)～(10)の回路のインピーダンス行列を求めよ。複素数になる場合は，抵抗成分，リアクタンス成分(**2-3-4** 項参照)に分けて示せ。

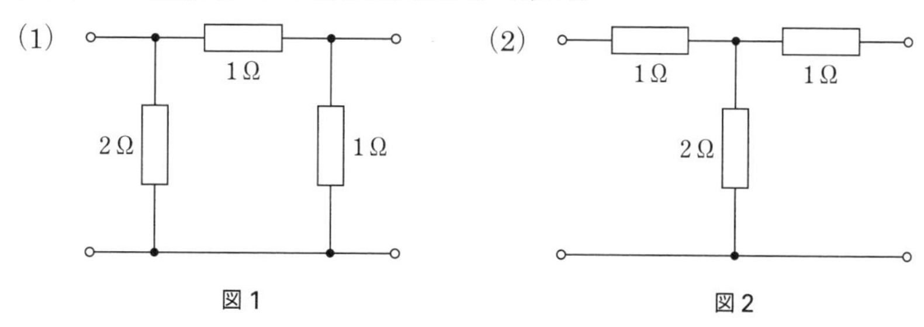

図 1　　図 2

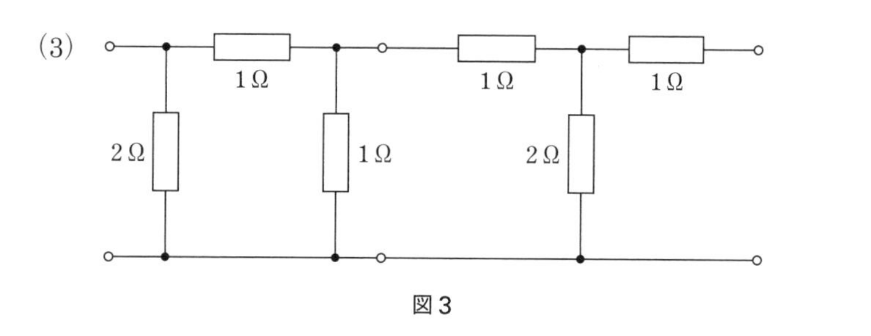

図 3

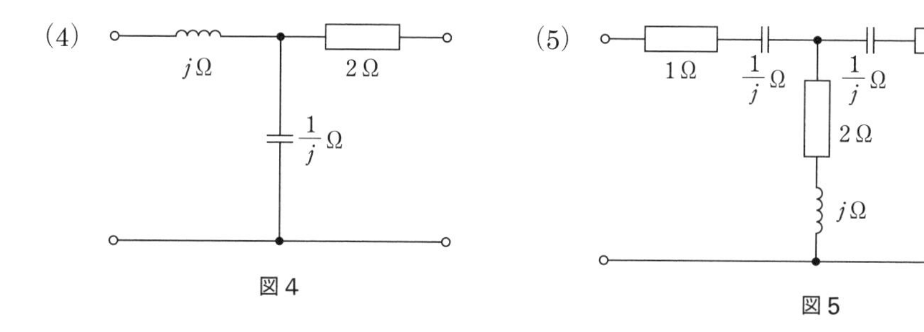

図 4　　図 5

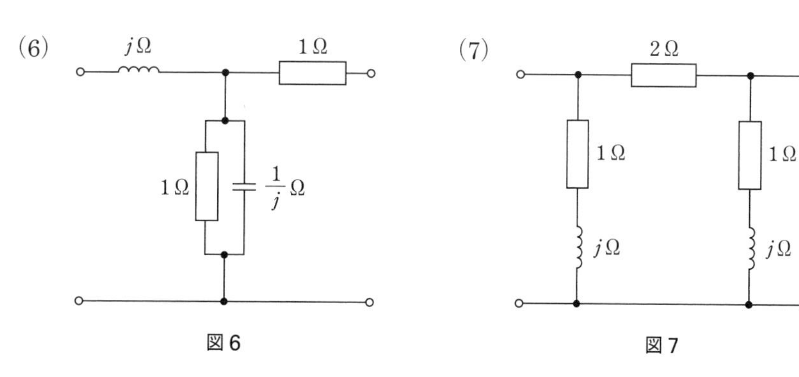

図 6　　図 7

(8)　周波数は 50 Hz とする。

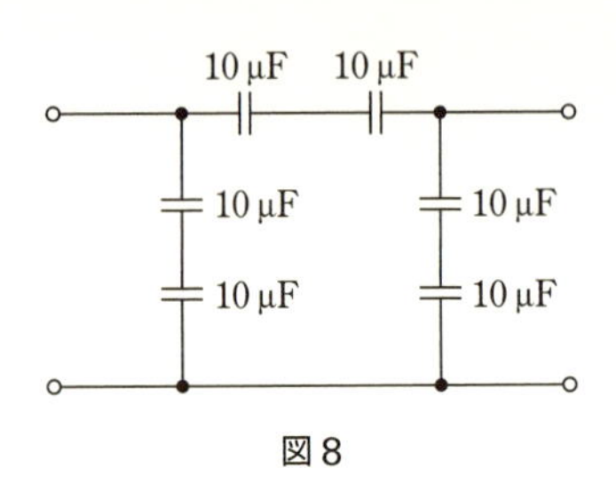

図 8

(9)　抵抗はすべて 10 Ω，キャパシタ容量は $\frac{10}{\pi}$ μF，周波数は 50 Hz とする。

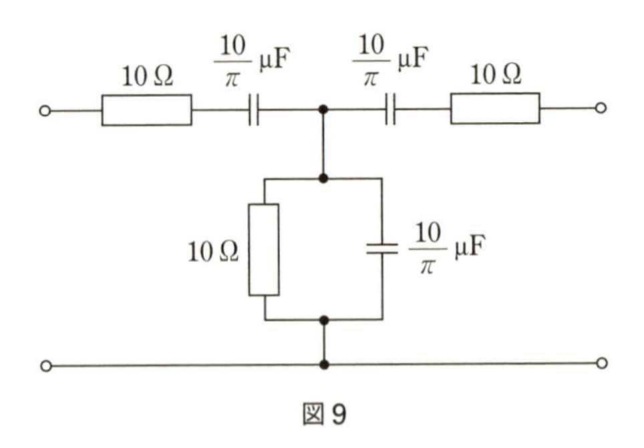

図 9

(10)　角周波数を ω [rad/s] として，インピーダンス行列を ω と R，L，C で表せ。

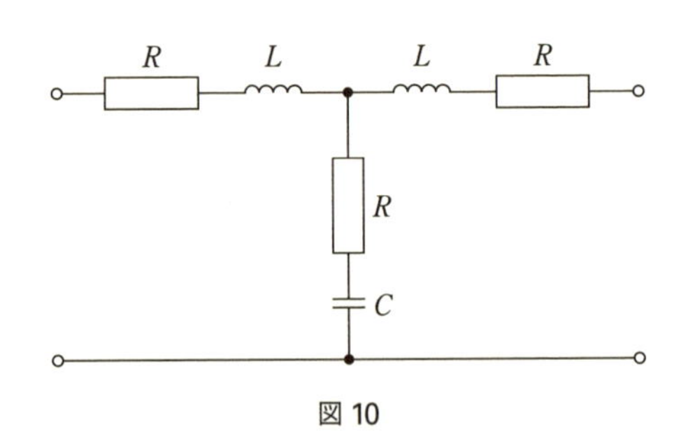

図 10

5-1　演習問題

1. 図 1 を二端子対回路としたときのインピーダンス行列を求めよ。

2. 図 2 の Π（パイ）形回路（インピーダンスの配置が Π の形なので **Π 形回路**とよぶ）のインピーダンス行列を求めよ。

3. 図 3 の T 形回路（インピーダンスの配置が T の形なので **T 形回路**とよぶ）のインピーダンス行列を求めよ。

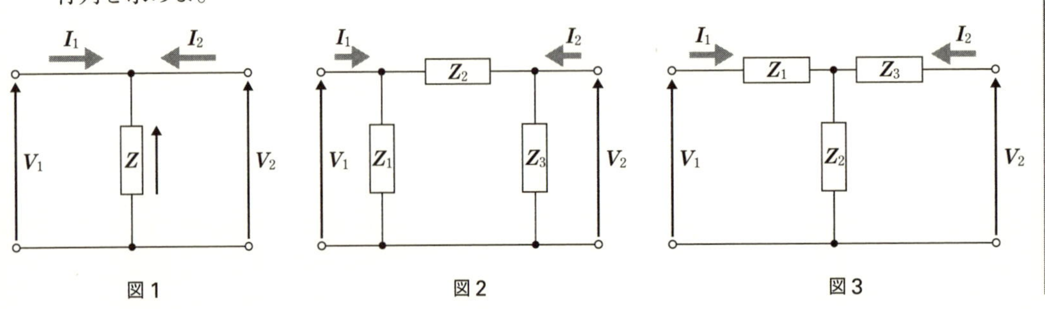

図 1　図 2　図 3

4. 図 4 の T 形回路のインピーダンス行列を求めよ。

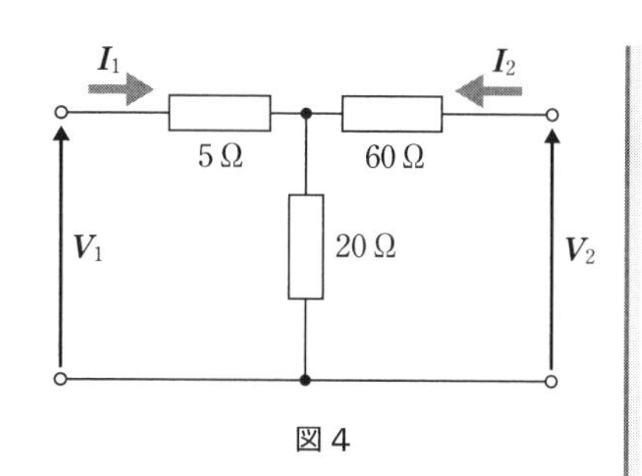

図 4

5. 図 5 のブリッジ T 形回路のインピーダンス行列を，Δ−Y 変換(**1-4-2** 項参照)を使って求めよ。

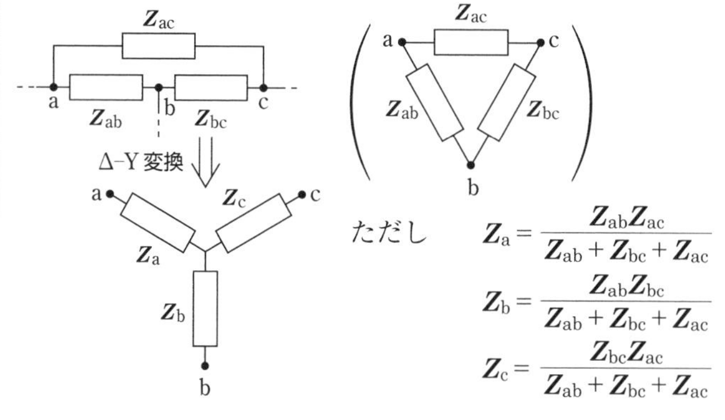

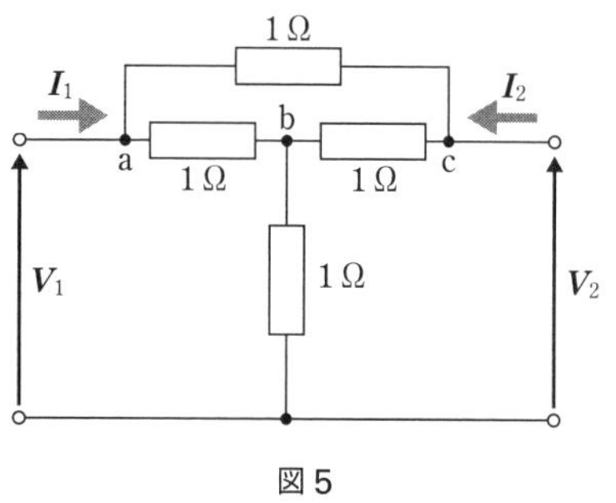

図 5

6. 図 6 のブリッジ T 形回路のインピーダンス行列を求めよ。

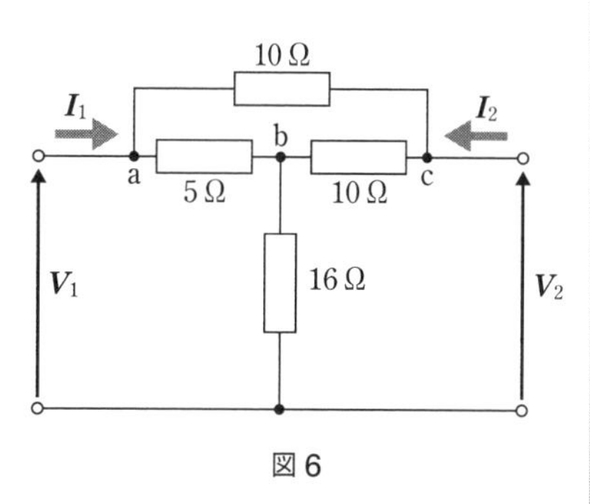

図 6

7. 図 7 の回路のインピーダンスパラメータを求めよ。

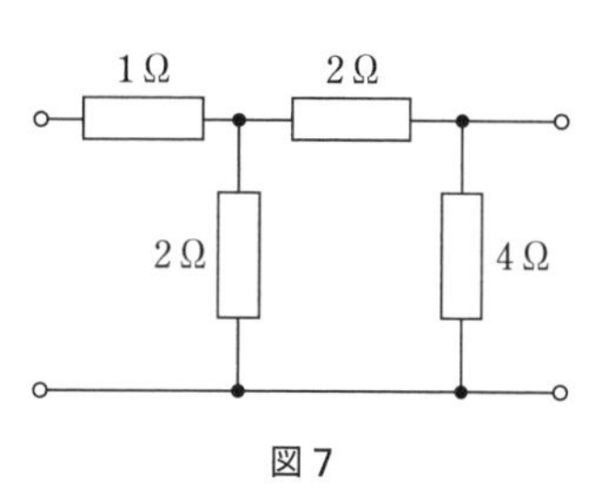

図 7

8. 図 8 の T 形回路のインピーダンスパラメータを求めよ。

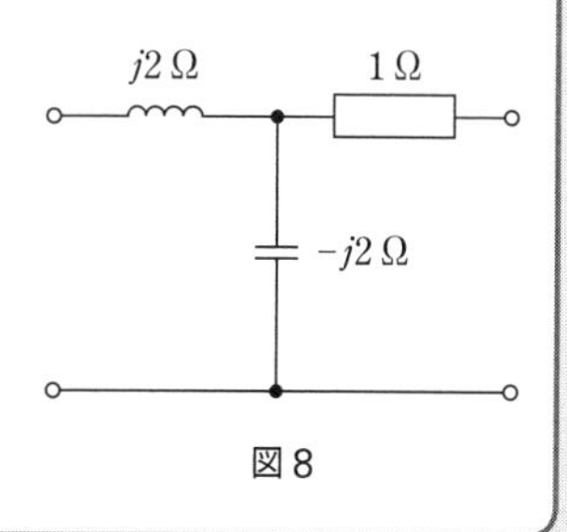

図 8

5-2 アドミタンス行列

5-2-1 アドミタンス行列

抵抗 R [Ω] をコンダクタンス

$$G=\frac{1}{R}\ [\mathrm{S}] \tag{5-17}$$

（コンダクタンス、単位：ジーメンス）

で表すように，ひとつの回路網をインピーダンス行列だけでなく，アドミタンスの行列で表すと，**回路網を並列接続するときの計算が容易**になる。そこで図 5-1(b)と同じ二端子対回路（図 5-4）の入出力電流 $\boldsymbol{I}_1$, $\boldsymbol{I}_2$ [A] を入出力電圧 $\boldsymbol{V}_1$, $\boldsymbol{V}_2$ [V] の関数として表すと式 5-18 となる。

$$\left.\begin{aligned}\boldsymbol{I}_1&=\boldsymbol{y}_{11}\boldsymbol{V}_1+\boldsymbol{y}_{12}\boldsymbol{V}_2\\ \boldsymbol{I}_2&=\boldsymbol{y}_{21}\boldsymbol{V}_1+\boldsymbol{y}_{22}\boldsymbol{V}_2\end{aligned}\right\} \tag{5-18}$$ [(1)]

1. 式 5-18 の y
式 3-5 で示したように，インピーダンス $\boldsymbol{Z}$ の逆数をアドミタンスとよび，$\boldsymbol{Y}$ で表される。二端子対回路でも **5-1-2** 項のインピーダンスの式（式 5-2）に対してアドミタンスの式（式 5-18）を定義する。$\boldsymbol{y}_{ij}$ の意味は，式 5-19 の後に説明する通りであり，式 5-20〜5-23 で与えられる。

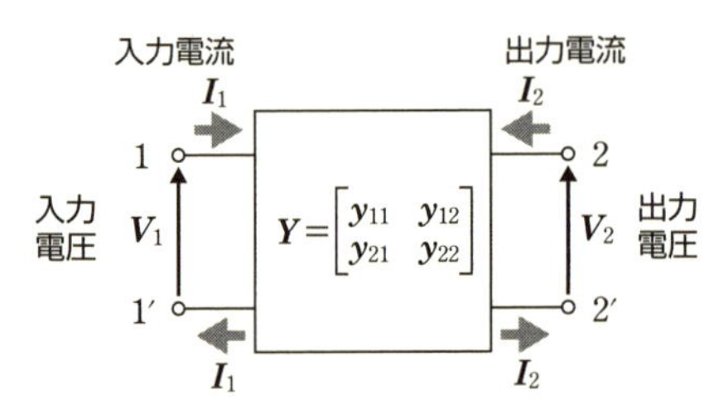

図 5-4　二端子対回路（アドミタンス行列）

連立方程式 5-18 を行列で表すと式 5-19 となる。

（アドミタンス行列，$\boldsymbol{Y}$ 行列）

$$\begin{bmatrix}\boldsymbol{I}_1\\ \boldsymbol{I}_2\end{bmatrix}=\begin{bmatrix}\boldsymbol{y}_{11} & \boldsymbol{y}_{12}\\ \boldsymbol{y}_{21} & \boldsymbol{y}_{22}\end{bmatrix}\begin{bmatrix}\boldsymbol{V}_1\\ \boldsymbol{V}_2\end{bmatrix} \tag{5-19}$$

入出力電流 $\boldsymbol{I}_1$, $\boldsymbol{I}_2$ と入出力電圧 $\boldsymbol{V}_1$, $\boldsymbol{V}_2$ とを関係づける行列を**アドミタンス行列**（**アドミタンスマトリックス，$\boldsymbol{Y}$ 行列，$\boldsymbol{Y}$ マトリクス**）とよび，行列要素 $\boldsymbol{y}_{ij}$ [S] を**アドミタンスパラメータ**（**$\boldsymbol{Y}$ パラメータ**）とよぶ。インピーダンスパラメータと同じく，一般には複素数である。それぞれ式 5-20〜5-23 で表される。

$$\boldsymbol{y}_{11}=\left.\frac{\boldsymbol{I}_1}{\boldsymbol{V}_1}\right|_{\boldsymbol{V}_2=0}\ [\mathrm{S}] \tag{5-20}$$
（出力端子短絡 $\boldsymbol{V}_2=0$ のときの**駆動点アドミタンス**）

$$\boldsymbol{y}_{12}=\left.\frac{\boldsymbol{I}_1}{\boldsymbol{V}_2}\right|_{\boldsymbol{V}_1=0}\ [\mathrm{S}] \tag{5-21}$$
（入力端子短絡 $\boldsymbol{V}_1=0$ のときの**伝達アドミタンス**）

$$\boldsymbol{y}_{21}=\left.\frac{\boldsymbol{I}_2}{\boldsymbol{V}_1}\right|_{\boldsymbol{V}_2=0}\ [\mathrm{S}] \tag{5-22}$$
（出力端子短絡 $\boldsymbol{V}_2=0$ のときの**伝達アドミタンス**）

$$\boldsymbol{y}_{22}=\left.\frac{\boldsymbol{I}_2}{\boldsymbol{V}_2}\right|_{\boldsymbol{V}_1=0}\ [\mathrm{S}] \tag{5-23}$$
（入力端子短絡 $\boldsymbol{V}_1=0$ のときの**駆動点アドミタンス**）

y_{11} は，式 5-18 で $V_2=0$ としたとき，すなわち出力端子 2-2′ を短絡したときの I_1 と V_1 の比で表されるので，式 5-20 となる。同じく y_{12} は，$V_1=0$ としたときの I_1 と V_2 の比で表され，式 5-21 となる。y_{21}, y_{22} も同様にして定められる。

インピーダンスパラメータのときと違って，出力または入力端子が短絡されているときについて考えるので，端子と並列に挿入されている素子は無いものと考えればよい。

図 5-5 の Π 形回路について y_{11}, y_{21} を求めるときは $V_2=0$ であるから，図 5-5(b)左図に示すように 2-2′ 端子を短絡することになり，電流はすべて短絡端子に流れるので，図 5-5(b)右図に示すように Y_3 に流れなくなり，接続されていないと同じことになる。同様に y_{12}, y_{22} を求めるときは $V_1=0$ であるから，図 5-5(c)左図に示すように 1-1′ 端子を短絡することになり，Y_1 は接続されていないと考えてよい。

回路網が抵抗，キャパシタ，インダクタなどからなる場合，$y_{12}=y_{21}$ が成り立つ。同じ回路網のアドミタンス行列はインピーダンス行列の逆行列(2)となる。

2. 逆行列

行列 A に対して，E を A と同じ2行2列の単位行列とするとき，$AX=XA=E$ を満たす行列 X が存在するならば，X を A の逆行列といい，A^{-1} と表す。すなわち，$AA^{-1}=A^{-1}A=E$ であり，$(A^{-1})^{-1}=A$ である。

2行2列の正方行列 $A=\begin{bmatrix} a & b \\ c & d \end{bmatrix}$ の逆行列は，

$$A^{-1}=\frac{1}{ad-bc}\begin{bmatrix} d & -b \\ -c & a \end{bmatrix}$$

である。

なお，E は単位行列

$$E=\begin{bmatrix} 1 & 0 \\ 0 & 1 \end{bmatrix}$$

である。

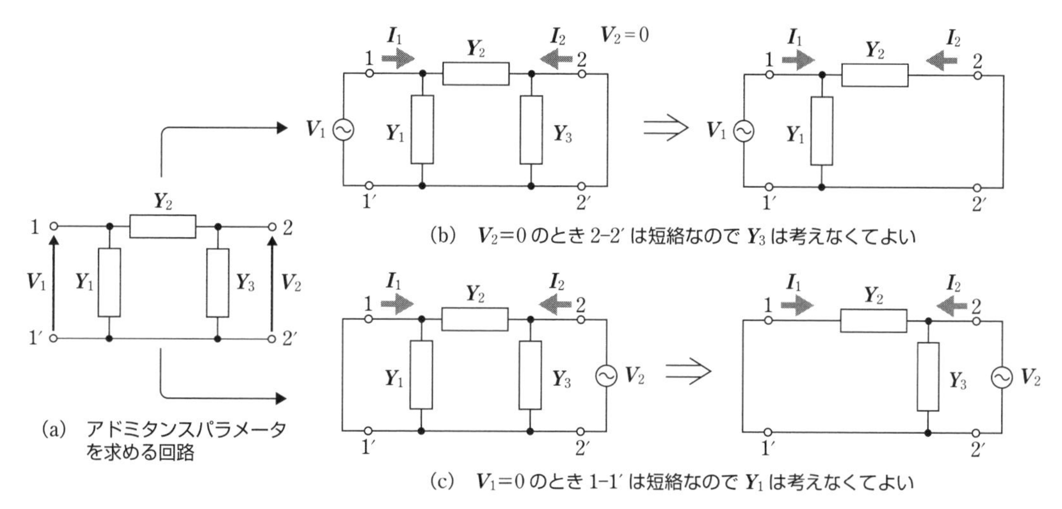

図 5-5　$V_2=0$ または $V_1=0$ とするときの回路の考え方

例題

図 5-2 のアドミタンス行列を求めよ。

●**略解**——解答例

式 5-20 にしたがって，出力端子 2-2′ を短絡したとき，端子 c-d 間の抵抗は 0 となり，入力電流 I_1 と入力電圧 V_1

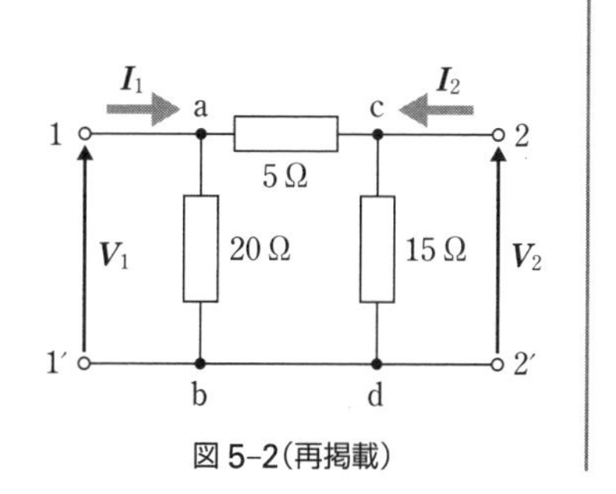

図 5-2(再掲載)

の比 $\boldsymbol{y}_{11}$ は抵抗 20 Ω，5 Ω のアドミタンス値の和となる。

$$\boldsymbol{y}_{11}=\frac{1}{5}+\frac{1}{20}=\frac{1}{4}\,\mathrm{S}=0.25\,\mathrm{S} \qquad (5\text{-}24)$$

$\boldsymbol{y}_{12}$ は，式 5-21 より，入力端子 1-1′ を短絡したときの入力電流 $\boldsymbol{I}_1$ と出力電圧 $\boldsymbol{V}_2$ の比で，$\boldsymbol{V}_1=0$ であるが，入力電流 $\boldsymbol{I}_1$ は $\boldsymbol{V}_2$ があるため 5 Ω の抵抗を左方向に流れる。

同様に $\boldsymbol{y}_{21}$ は，式 5-22 より，出力端子 2-2′ を短絡したときの出力電流 $\boldsymbol{I}_2$ と入力電圧 $\boldsymbol{V}_1$ の比で，$\boldsymbol{I}_2$ は $\boldsymbol{V}_1$ があるため 5 Ω を右方向に流れるので，行列要素としては負となる。また $\boldsymbol{y}_{12}=\boldsymbol{y}_{21}$ である。

$$\boldsymbol{y}_{12}=\boldsymbol{y}_{21}=-\frac{1}{5}\,\mathrm{S}=-0.2\,\mathrm{S} \qquad (5\text{-}25)$$

$\boldsymbol{y}_{22}$ は，式 5-23 より，入力端子 1-1′ を短絡したときの出力電流 $\boldsymbol{I}_2$ と出力電圧 $\boldsymbol{V}_2$ の比であり，a-b 間の抵抗は 0 であるから，抵抗 15 Ω，5 Ω のアドミタンス値の和となる。

$$\boldsymbol{y}_{22}=\frac{1}{5}+\frac{1}{15}=\frac{4}{15}\,\mathrm{S}=0.267\,\mathrm{S} \qquad (5\text{-}26)$$

よって，アドミタンス行列は次式で与えられる。単位は S である。

$$\boldsymbol{Y}=\begin{bmatrix} 0.25 & -0.2 \\ -0.2 & 0.267 \end{bmatrix} \quad (答) \qquad (5\text{-}27)$$

5-2-2 二端子対回路の並列接続

二端子対回路を二つ図 5-6 のように接続する場合，**並列接続**とよぶ。アドミタンス行列 $\boldsymbol{Y}_1$，$\boldsymbol{Y}_2$ で表された二つの二端子対回路を並列につなぐと，各行列要素はそれぞれの要素の和で与えられる。

すなわち

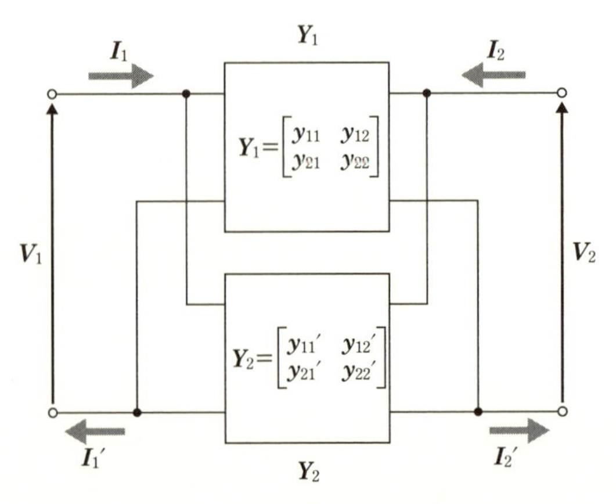

図 5-6　二端子対回路の並列接続

$$Y_1=\begin{bmatrix} y_{11} & y_{12} \\ y_{21} & y_{22} \end{bmatrix},\quad Y_2=\begin{bmatrix} y_{11}' & y_{12}' \\ y_{21}' & y_{22}' \end{bmatrix} \text{ のとき}$$

$$Y=Y_1+Y_2=\begin{bmatrix} y_{11}+y_{11}' & y_{12}+y_{12}' \\ y_{21}+y_{21}' & y_{22}+y_{22}' \end{bmatrix} \qquad (5\text{-}28)$$

となる。

5-2 ドリル問題

問題 1———次の(1)～(9)の回路のアドミタンス行列の行列要素を求めよ。複素数になる場合は，コンダクタンス成分，サセプタンス成分(**2-3-4** 項参照)に分けて示せ。

(1)

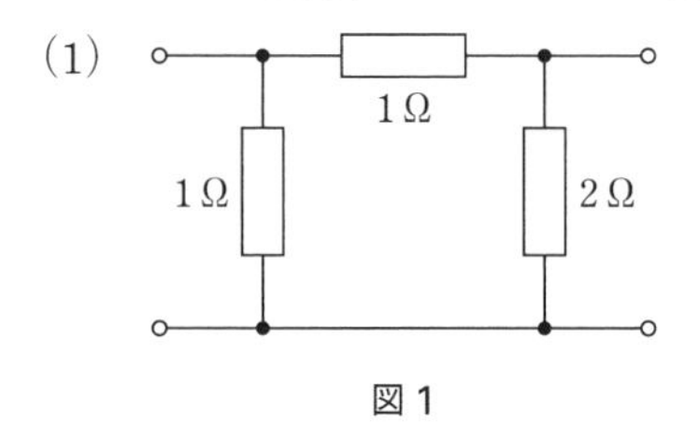

図 1

(2)

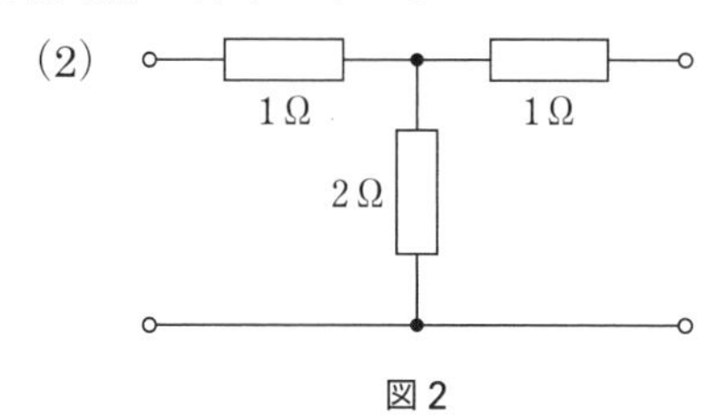

図 2

(3)

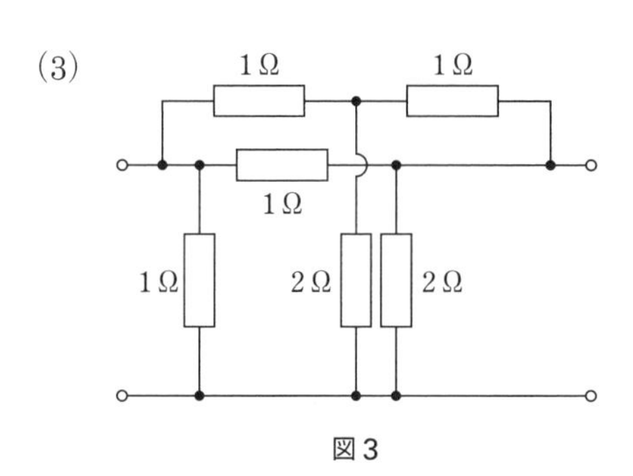

図 3

(4)

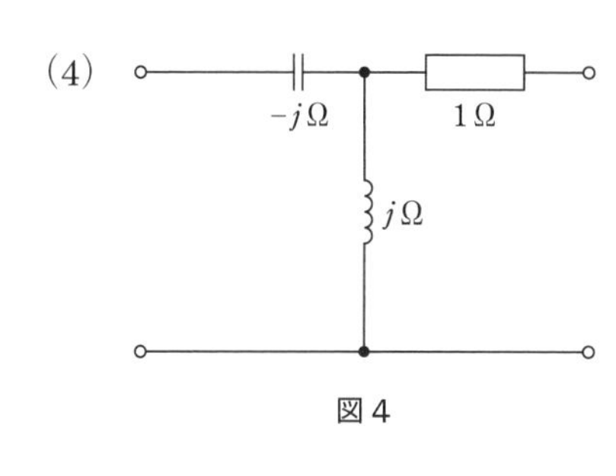

図 4

(5)

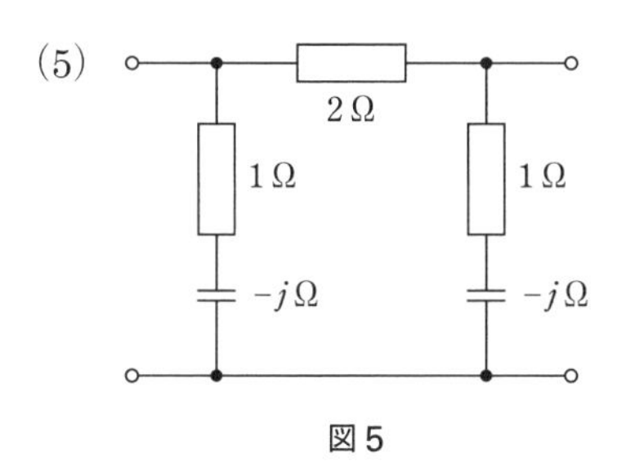

図 5

(6)

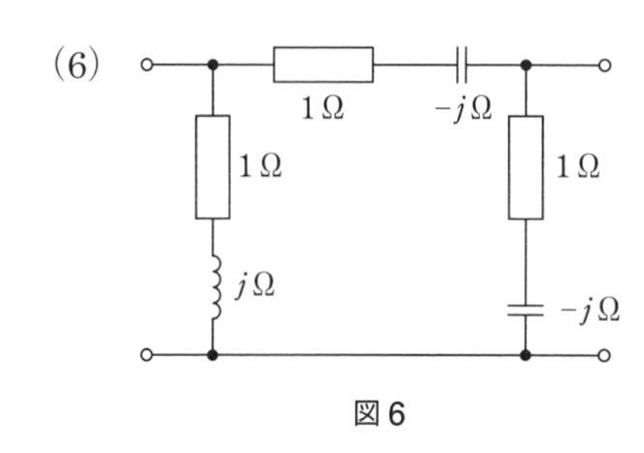

図 6

(7)

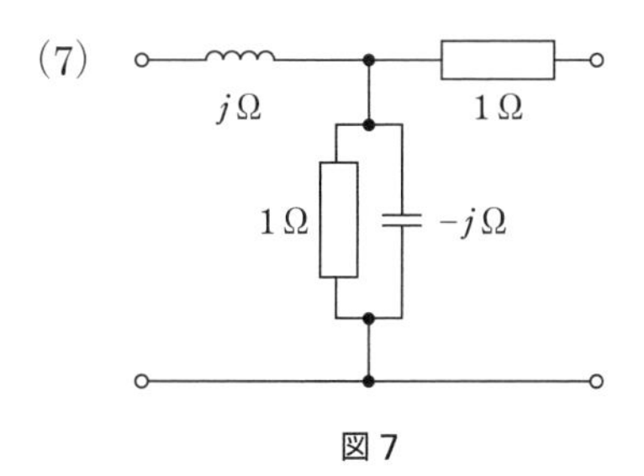

図 7

(8) 周波数は 50Hz とする。

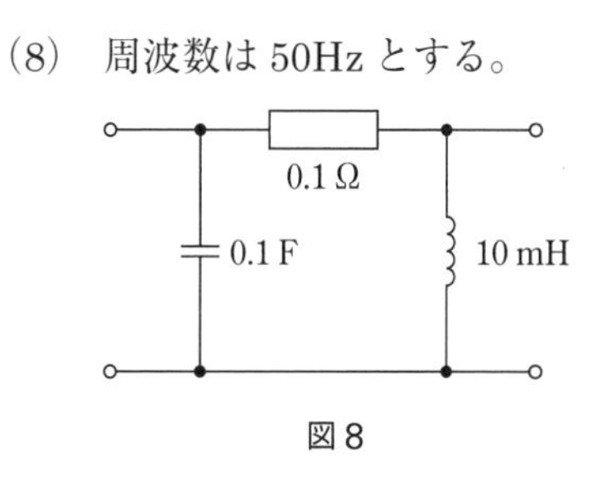

図 8

(9)　角周波数を ω として，アドミタンス行列を ω, R, L, C で表せ。

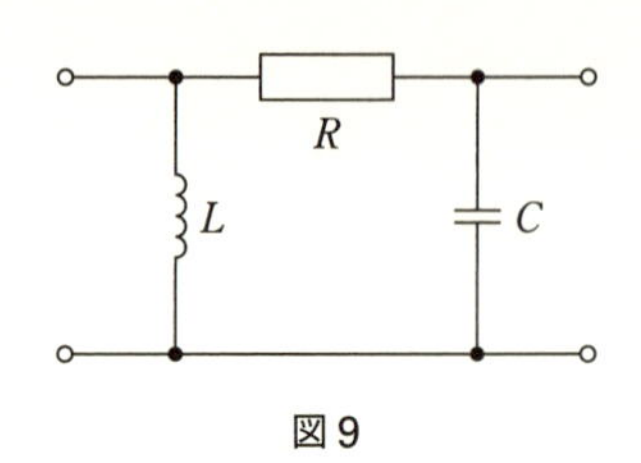

図 9

5-2 演習問題

1. 図 1 の回路を二端子対としたときのアドミタンス行列を求めよ。

2. Y 行列は Z 行列の逆行列で与えられる，すなわち $\boldsymbol{V}=\boldsymbol{ZI}$ のとき $\boldsymbol{I}=\boldsymbol{Z}^{-1}\boldsymbol{V}$ である。

$\boldsymbol{Z}=\begin{bmatrix} \boldsymbol{z}_{11} & \boldsymbol{z}_{12} \\ \boldsymbol{z}_{21} & \boldsymbol{z}_{22} \end{bmatrix}$ で与えられるとき，$\boldsymbol{Y}=\boldsymbol{Z}^{-1}$ をインピーダンスパラメータ $\boldsymbol{z}_{ij}$ で表せ。

3. 図 2 の Π 形回路のアドミタンス行列を求めよ。

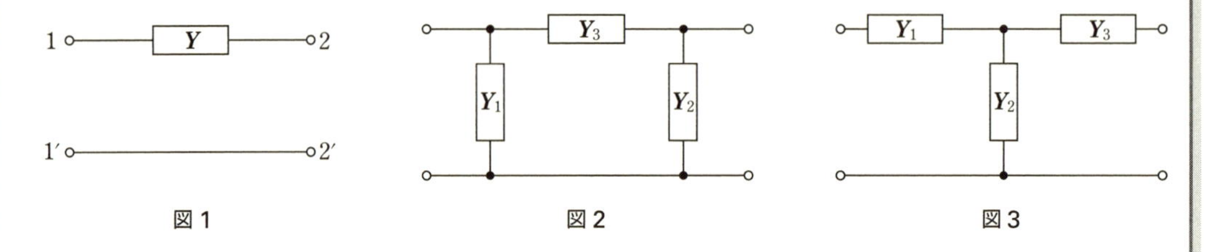

図 1　図 2　図 3

4. 図 3 の T 形回路のアドミタンス行列を求めよ。

5. 二端子対回路で出力電圧 $\boldsymbol{V}_2=0$ のとき，$\boldsymbol{I}_1=3$ mA，$\boldsymbol{I}_2=-0.6$ mA，$\boldsymbol{V}_1=24$ V，また，入力電圧 $\boldsymbol{V}_1=0$ のとき，$\boldsymbol{I}_1=-1$ mA，$\boldsymbol{I}_2=12$ mA，$\boldsymbol{V}_2=40$ V であった。この回路のアドミタンスパラメータを求めよ。

6. 図 4 の Π 形回路のアドミタンスパラメータおよびインピーダンスパラメータを求めよ。

7. 図 5 の回路の角周波数 ω [rad/s] におけるアドミタンスパラメータを求めよ。

8. 図 6 の Π 形回路で角周波数 ω におけるアドミタンスパラメータを求めよ。

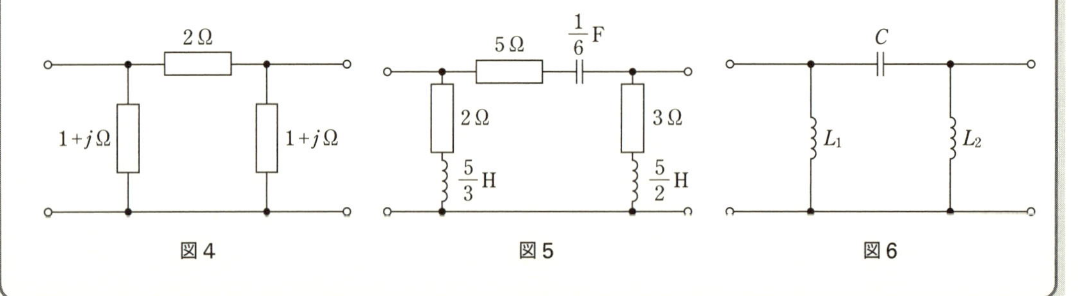

図 4　図 5　図 6

5-3 二端子対回路の相反性と外部接続

5-3-1 相反性と対称性

図 5-7(a)の二端子対回路の端子 a-b に内部抵抗の無い理想電源を接続して電圧 e_0 [V] を加えるとき，端子 c-d に流れる電流を i_0 [A] とする。図 5-7(b)のように，端子 c-d に同じ電源から同じ大きさの電圧 e_0 を加えて端子 a-b に流れる電流が i_0 と同じとき，この回路は**相反性**(そうはんせい)(reciprocity)があるという。

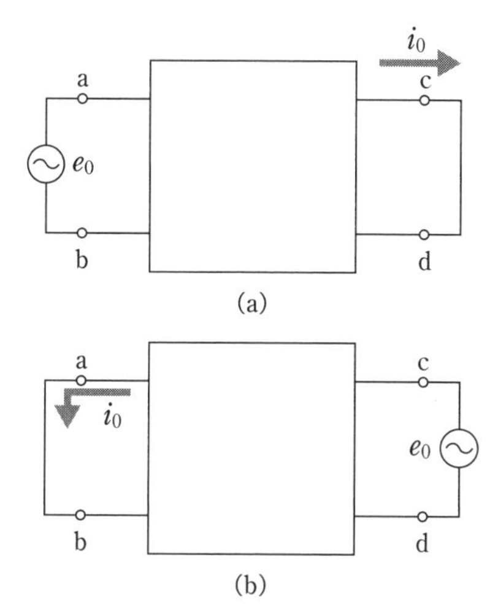

図 5-7　互いに相反性が成り立つ回路

本章で扱う R, L, C 受動素子のみから構成される回路では，**相反性がすべて成立**し，式 5-4～5-7，式 5-20～5-23 で定義したインピーダンスパラメータとアドミタンスパラメータの間に以下の関係がある。

$$\left.\begin{array}{l}\boldsymbol{z}_{12}=\boldsymbol{z}_{21}\\ \boldsymbol{y}_{12}=\boldsymbol{y}_{21}\end{array}\right\} \qquad (5\text{-}29)$$

例題

図 5-8 の回路で a-b 間に 15 V 加えると，c-d 間に流れる電流はいくらか。これをもとに相反性が成り立つことを示せ。

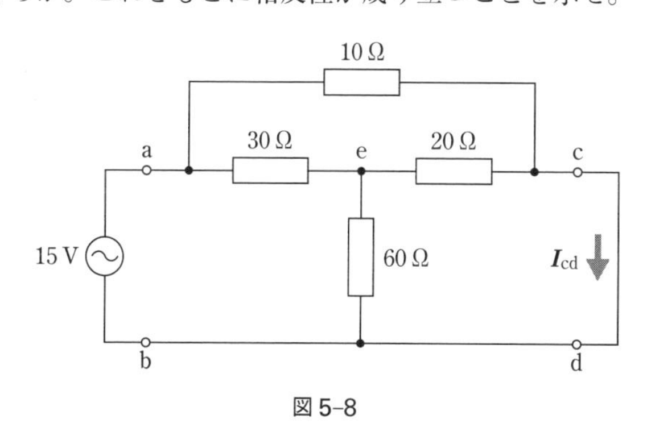

図 5-8

●**略解**——解答例

ノード e について，e–d 間の電圧を V_{ed} [V] としてキルヒホッフの電流則を応用すると

$$\frac{V_{ed}}{60}+\frac{V_{ed}-15}{30}+\frac{V_{ed}}{20}=0 \tag{5-30}$$

となり，これから

$$V_{ed}=5\ \mathrm{V}$$

よって

$$I_{cd}=\frac{V_{ed}}{20\ \Omega}+\frac{15\ \mathrm{V}}{10}=\frac{5}{20}+\frac{15}{10}=1.75\ \mathrm{A} \tag{5-31}$$

となる。

逆に c–d 間に 15 V 加えると

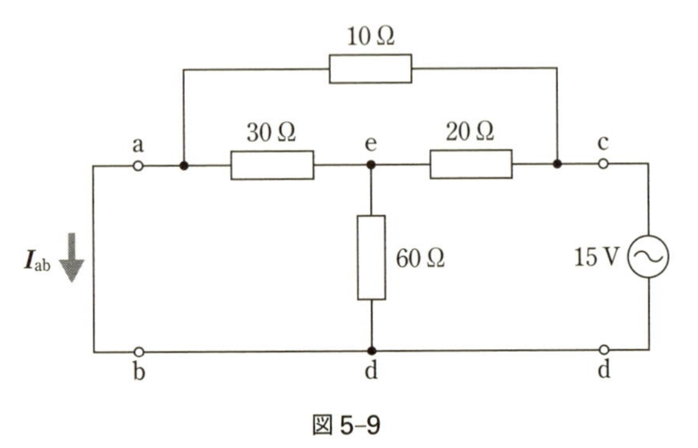

図 5–9

$$\frac{V_{ed}}{60}+\frac{V_{ed}}{30}+\frac{V_{ed}-15}{20}=0 \tag{5-32}$$

から，V_{ed} と a–b 間の電流 I_{ab} は

$$V_{ed}=7.5\ \mathrm{V}$$

$$I_{ab}=\frac{V_{ed}}{30}+\frac{15}{10}=1.75\ \mathrm{A} \tag{5-33}$$

となる。したがって，図 5–8 の回路は相反性が成立している。

式 5–29 が成立する相反性回路で，さらに左右対称な構造の二端子対回路では $z_{11}=z_{22}$，$y_{11}=y_{22}$ が成立し，パラメータの数は 2 個となる。この回路を**対称性が成り立つ**という。図 5–10 に示す T 形および Π 形回路

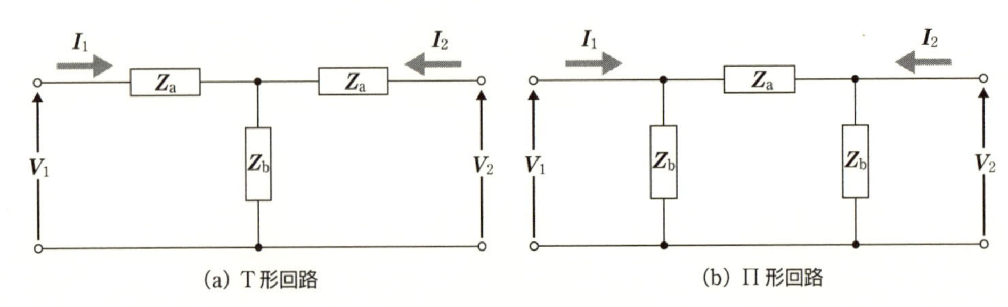

図 5–10　対称性が成り立つ回路

は明らかに対称である。対称性がある回路は式 5-4～5-7，式 5-20～5-23 で定義したパラメータ間に以下の関係がある。

$$\left.\begin{aligned} \boldsymbol{z}_{11} &= \boldsymbol{z}_{22} \\ \boldsymbol{y}_{11} &= \boldsymbol{y}_{22} \end{aligned}\right\} \tag{5-34}$$

5-3-2 二端子対回路への電源と負荷の接続

二端子対回路を動作させるとき，回路網の入力端子 1-1′ に電源が接続され，出力端子 2-2′ に負荷が接続される。電源の内部インピーダンスを $\boldsymbol{Z}_0$ [Ω]，負荷インピーダンスを $\boldsymbol{Z}_L$ [Ω] として，図 5-11 に示す回路で回路網をインピーダンス行列で表すとき，以下の関係が成立する。

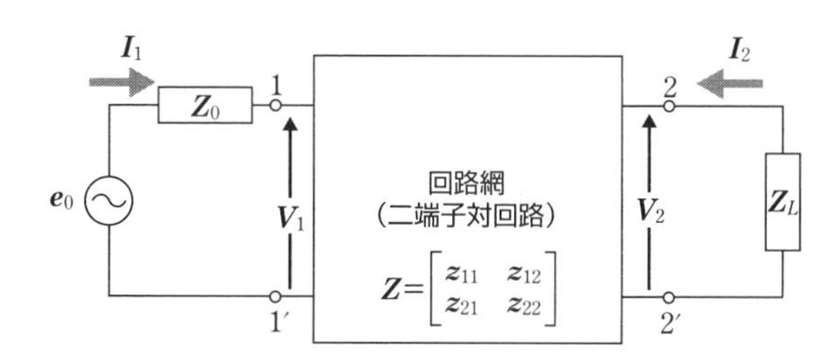

図 5-11　負荷および電源を接続する場合

$$\boldsymbol{e}_0 = \boldsymbol{V}_1 + \boldsymbol{I}_1\boldsymbol{Z}_0 \tag{5-35}$$

$$\boldsymbol{V}_2 = -\boldsymbol{I}_2\boldsymbol{Z}_L \tag{5-36}$$

$$\boldsymbol{V}_1 = \boldsymbol{z}_{11}\boldsymbol{I}_1 + \boldsymbol{z}_{12}\boldsymbol{I}_2 \tag{5-37}$$

$$\boldsymbol{V}_2 = \boldsymbol{z}_{21}\boldsymbol{I}_1 + \boldsymbol{z}_{22}\boldsymbol{I}_2 \tag{5-38}$$

この回路で端子 1-1′ から見た**入力インピーダンス** $\boldsymbol{Z}_{\text{in}} = \dfrac{\boldsymbol{V}_1}{\boldsymbol{I}_1}$，電流比 $\dfrac{\boldsymbol{I}_2}{\boldsymbol{I}_1}$，出力電流 $\boldsymbol{I}_2$ [A] は以下のようにして得られる。

端子 1-1′ から見た入力インピーダンス $\boldsymbol{Z}_{\text{in}} = \dfrac{\boldsymbol{V}_1}{\boldsymbol{I}_1}$ を求めよう。式 5-36 と式 5-38 から $\boldsymbol{I}_2$ を求め

$$\boldsymbol{I}_2 = -\frac{\boldsymbol{z}_{21}\boldsymbol{I}_1}{\boldsymbol{z}_{22} + \boldsymbol{Z}_L} \tag{5-39}$$

これを式 5-37 に代入して整理すると次の式になる。

$$\boldsymbol{Z}_{\text{in}} = \boldsymbol{z}_{11} - \frac{\boldsymbol{z}_{12}\boldsymbol{z}_{21}}{\boldsymbol{z}_{22} + \boldsymbol{Z}_L} \tag{5-40}$$

また，電流比 $\dfrac{\boldsymbol{I}_2}{\boldsymbol{I}_1}$ は，式 5-39 から

$$\frac{\boldsymbol{I}_2}{\boldsymbol{I}_1} = -\frac{\boldsymbol{z}_{21}}{\boldsymbol{z}_{22} + \boldsymbol{Z}_L} \tag{5-41}$$

となる。

出力端子に流れる電流 $\boldsymbol{I}_2$ は，式 5−37 を式 5−35 に代入して $\boldsymbol{I}_1$ を求め

$$\boldsymbol{I}_1=\frac{\boldsymbol{e}_0-\boldsymbol{z}_{12}\boldsymbol{I}_2}{\boldsymbol{z}_{11}+\boldsymbol{Z}_0} \tag{5-42}$$

となる。これを式 5−39 に代入して次式を得る。

$$\boldsymbol{I}_2=\frac{-\boldsymbol{z}_{21}\boldsymbol{e}_0}{(\boldsymbol{z}_{11}+\boldsymbol{Z}_0)(\boldsymbol{z}_{22}+\boldsymbol{Z}_L)-\boldsymbol{z}_{12}\boldsymbol{z}_{21}} \tag{5-43}$$

さらに，回路網の出力端子 2−2′ から見た電源電圧 $\boldsymbol{V}_{\mathrm{Th}}$（テブナン電圧ともよぶ）および回路インピーダンス $\boldsymbol{Z}_{\mathrm{Th}}$（テブナン抵抗ともよぶ）は，テブナンの定理[1]を用いて以下のように求められる。テブナンの定理が成り立つとき，$\boldsymbol{I}_2=0$ であるから，式 5−37，5−38 から

1. テブナンの定理
4−1−2 項参照。電源電圧 $\boldsymbol{V}_{\mathrm{Th}}$ は図 4-6 の $\boldsymbol{E}_0$ に，回路インピーダンス $\boldsymbol{Z}_{\mathrm{Th}}$ は同じく $\boldsymbol{Z}_0$ に相当する。

$$\boldsymbol{V}_2\big|_{\boldsymbol{I}_2=0}=\boldsymbol{z}_{21}\boldsymbol{I}_1=\boldsymbol{z}_{21}\frac{\boldsymbol{V}_1}{\boldsymbol{z}_{11}} \tag{5-44}$$

となる。また，式 5−42 から $\boldsymbol{I}_1=\dfrac{\boldsymbol{e}_0}{\boldsymbol{z}_{11}+\boldsymbol{Z}_0}$，および式 5−38 から

$$\boldsymbol{V}_2\big|_{\boldsymbol{I}_2=0}=\boldsymbol{V}_{\mathrm{Th}}=\frac{\boldsymbol{z}_{21}}{\boldsymbol{Z}_0+\boldsymbol{z}_{11}}\boldsymbol{e}_0 \tag{5-45}$$

となる。

回路インピーダンス $\boldsymbol{Z}_{\mathrm{Th}}$ は，電源電圧 $\boldsymbol{e}_0=0$ としたときの $\dfrac{\boldsymbol{V}_2}{\boldsymbol{I}_2}$ 比で与えられる。

式 5−35 で $\boldsymbol{e}_0=0$ として得られる関係 $\boldsymbol{V}_1=-\boldsymbol{I}_1\boldsymbol{Z}_0$ を式 5−37 に代入して

$$\boldsymbol{I}_1=\frac{-\boldsymbol{z}_{12}\boldsymbol{I}_2}{\boldsymbol{z}_{11}+\boldsymbol{Z}_0} \tag{5-46}$$

となる。これを式 5−38 に代入して $\left.\dfrac{\boldsymbol{V}_2}{\boldsymbol{I}_2}\right|_{\boldsymbol{e}_0=0}$ を得る。

$$\left.\frac{\boldsymbol{V}_2}{\boldsymbol{I}_2}\right|_{\boldsymbol{e}_0=0}=\boldsymbol{Z}_{\mathrm{Th}}=\boldsymbol{z}_{22}-\frac{\boldsymbol{z}_{12}\boldsymbol{z}_{21}}{\boldsymbol{z}_{11}+\boldsymbol{Z}_0} \tag{5-47}$$

以上，インピーダンスパラメータで示す二端子対回路に負荷を接続したとき，電源の内部インピーダンスを考慮したときのパラメータを求めた。

5-3 ドリル問題

問題 1———図 1～4 の回路のインピーダンス行列 $\boldsymbol{Z}$，入力インピーダンス $\boldsymbol{Z}_{\mathrm{in}}$，電流比 $\dfrac{\boldsymbol{I}_2}{\boldsymbol{I}_1}$，出力電流 $\boldsymbol{I}_2$，端子 2−2′ から見たテブナン抵抗およびテブナン電圧を求めよ。

(1)

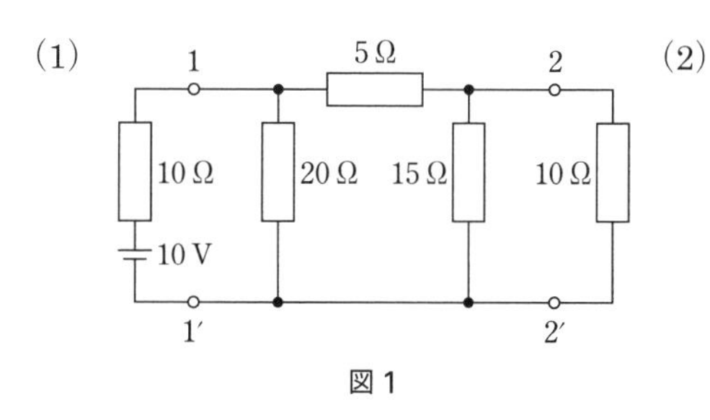

図 1

(2)

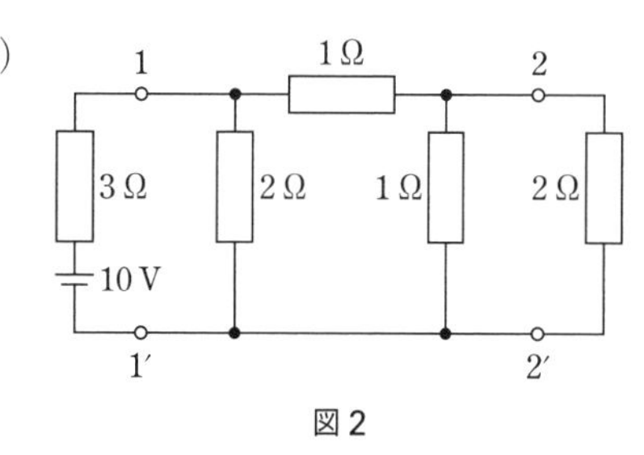

図 2

(3)

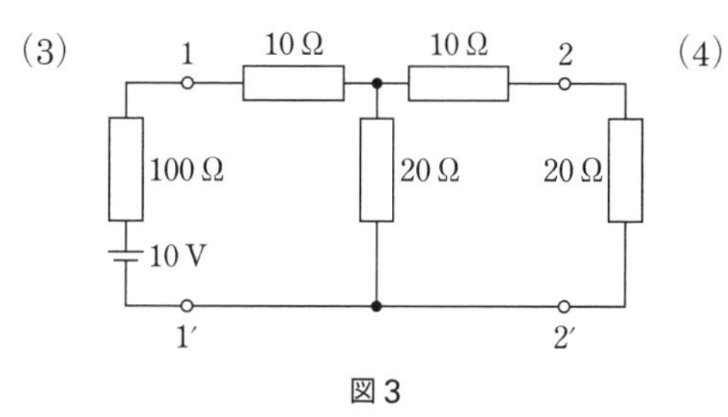

図 3

(4)

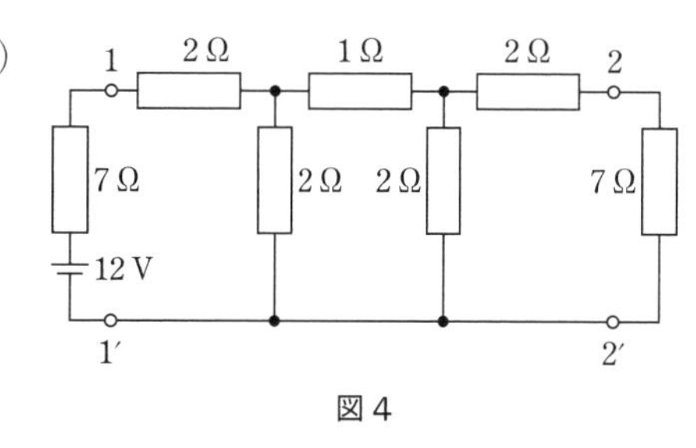

図 4

(5) 図 5 の回路のインピーダンス行列 $\boldsymbol{Z}$，入力インピーダンス $\boldsymbol{Z}_{\mathrm{in}}$，電流比 $\dfrac{\boldsymbol{I}_2}{\boldsymbol{I}_1}$，出力電流 $\boldsymbol{I}_2$，端子 2−2′ から見たテブナン抵抗およびテブナン電圧を求めよ。また R が何 Ω のときに R に供給される電力が最大になるか求めよ。また，そのときの電力を求めよ。

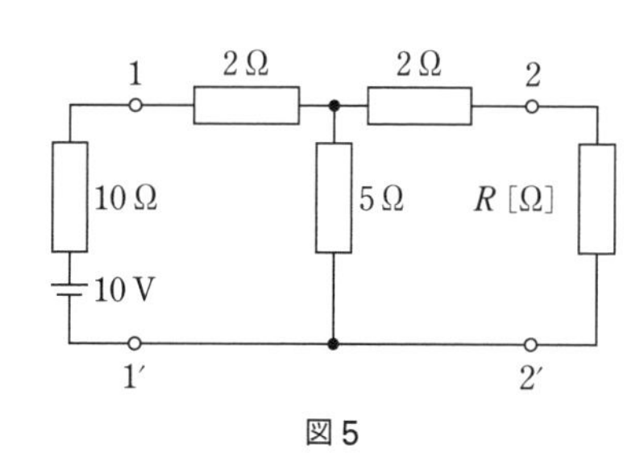

図 5

(6) 図 6 の回路のインピーダンス行列 $\boldsymbol{Z}$，入力インピーダンス $\boldsymbol{Z}_{\mathrm{in}}$，電流比 $\dfrac{\boldsymbol{I}_2}{\boldsymbol{I}_1}$，出力電流 $\boldsymbol{I}_2$，端子 2−2′ から見たテブナン抵抗およびテブナン電圧を求めよ。また端子 2−2′ から見た電源電圧 $\boldsymbol{V}_{\mathrm{Th}}$，端子 2−2′ から見た回路インピーダンス $\boldsymbol{Z}_{\mathrm{Th}}$，$\boldsymbol{I}_2$ の絶対値を求めよ。

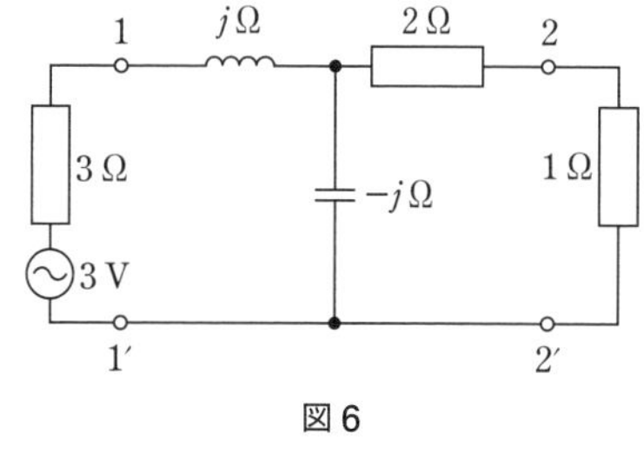

図 6

(7) 図 7 の回路のインピーダンス行列 $\boldsymbol{Z}$，入力インピーダンス $\boldsymbol{Z}_{\mathrm{in}}$，電流比

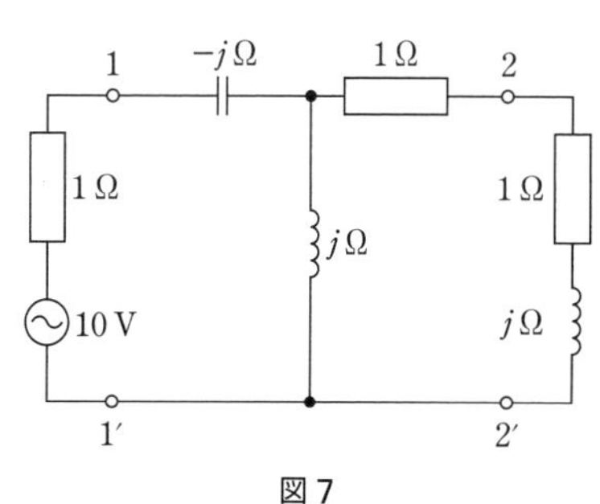

図 7

$\dfrac{I_2}{I_1}$, 出力電流 I_2, 端子 2−2′ から見たテブナン抵抗およびテブナン電圧を求めよ。また I_2, V_{Th}, Z_{Th} の絶対値も求めよ。

(8) 図6の回路のインピーダンス行列 Z, 入力インピーダンス Z_{in}, 電流比 $\dfrac{I_2}{I_1}$, 出力電流 I_2, 端子 2−2′ から見たテブナン抵抗およびテブナン電圧を求めよ。また I_2, V_{Th}, Z_{Th} の絶対値も求めよ。

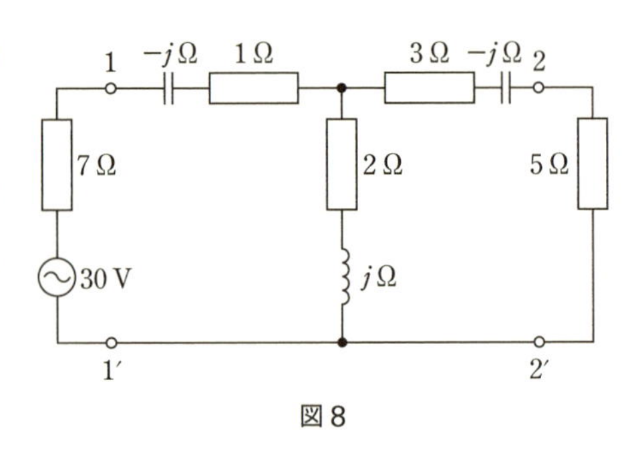

図8

(9) 図9の回路のインピーダンス行列 Z, 入力インピーダンス Z_{in}, 電流比 $\dfrac{I_2}{I_1}$, 出力電流 I_2, 端子 2−2′ から見たテブナン抵抗およびテブナン電圧を求めよ。また I_2, V_{Th}, Z_{Th} の絶対値も求めよ。

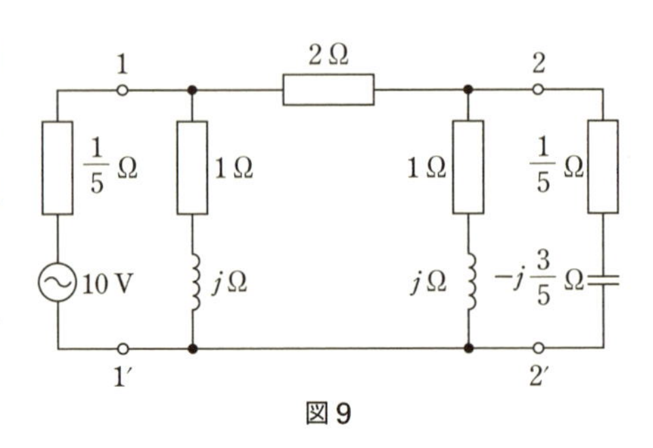

図9

(10) 図10の回路のインピーダンス行列 Z, 入力インピーダンス Z_{in}, 電流比 $\dfrac{I_2}{I_1}$, 出力電流 I_2, 端子 2−2′ から見たテブナン抵抗およびテブナン電圧を求めよ。また, I_2, V_{Th}, Z_{Th} を絶対値で表せ。R および X がいくらのときに電源から供給される電力が最大になるか求めよ。また, そのときの最大値はいくらか。

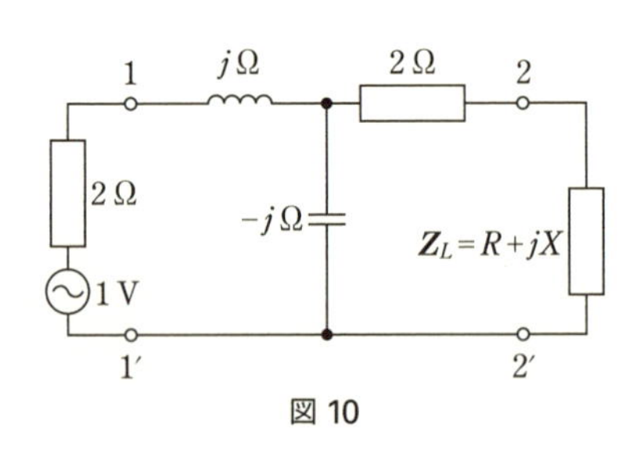

図10

5-3 演習問題

1. 図1に示す回路網の負荷側に内部抵抗の無い 5 A の電流源を接続したとき, 入力側に接続した電圧計は何 V を示すか。また, 逆に入力側に電流源をつないで 5 A の電流を流して出力側に電圧計を接続するとき, 電圧計は何 V の値を示すか。

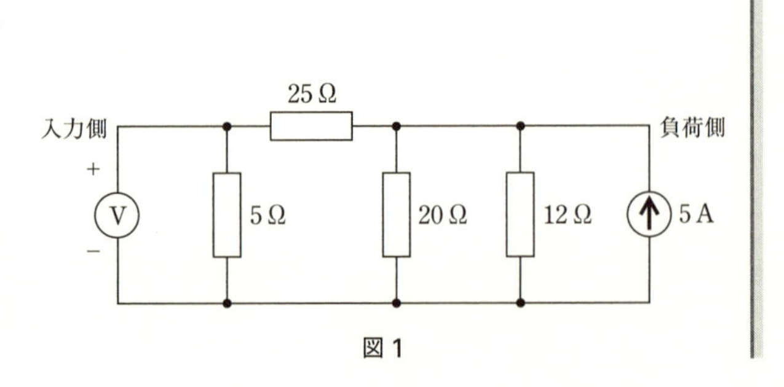

図1

2. 相反性をもつ図 2 の回路のインピーダンス行列を求めよ。

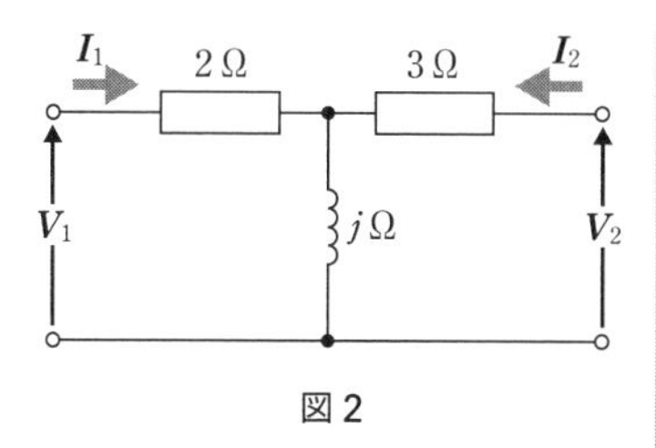

図 2

3. 相反性と対称性がある抵抗二端子対回路で，端子 2 を開放したときに $V_1 = 95$ V，$I_1 = 5$ A，端子 2 を短絡させたとき，$V_1 = 11.5$ V，$I_2 = -2.7$ A であった。インピーダンス行列の値を求めよ。

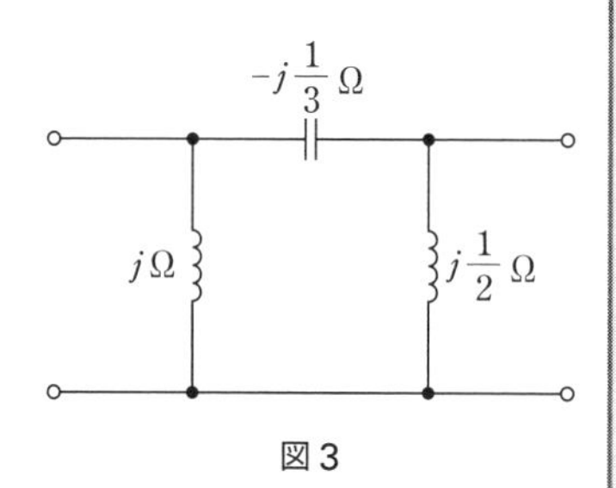

図 3

4. 図 3 の Π 形回路で，リアクタンスが与えられるとき，アドミタンスパラメータおよびインピーダンスパラメータを求めよ。また，出力に $\frac{1}{2}$ Ω の抵抗を接続したときの入力インピーダンスを求めよ。

5. 図 5-2 の二端子対回路の端子対 1-1′ に，電圧 20 V(直流)，内部抵抗 10 Ω の電源を接続し，端子対 2-2′ に 35 Ω の負荷抵抗を接続するとき，Z_{in}[Ω]，$\frac{I_2}{I_1}$，I_1 [A]，I_2 [A]，V_{Th} [V]，Z_{Th} [Ω] を求めよ。

6. 図 4 に示すアドミタンス行列で与えられる回路で交流電源電圧 1 V，電源側の抵抗 10 Ω，負荷 100 Ω とするとき，インピーダンス行列に変換後負荷に供給される電力と電源が供給する電力の比を求めよ。ただし電源の内部抵抗はゼロとし，アドミタンス行列は次式で与えられるものとする。

$$Y = \begin{bmatrix} 0.025 & -0.001 \\ -0.25 & -0.04 \end{bmatrix}$$

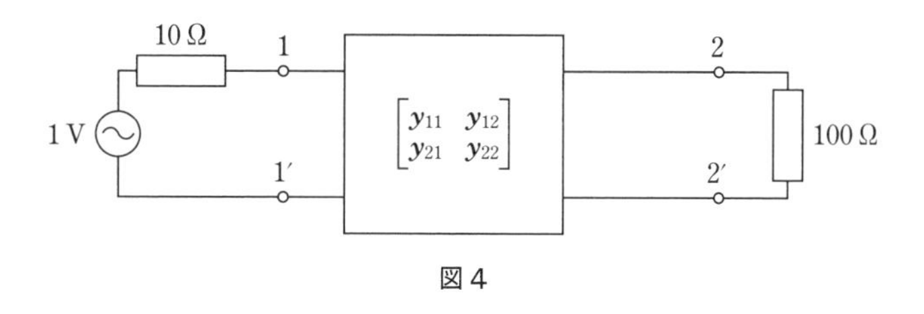

図 4

5-4 F行列とハイブリッド行列

5-4-1 F行列

電気回路は実際，入口と出口が異なる二端子対回路を多数段の縦続接続(**5-4-2** 項参照)して用いる場合が多い。7章で述べる分布定数回路や増幅器の多段接続，デジタル信号処理などが典型的である。多数段縦続して接続するときの計算を容易にする目的で，**F行列**(エフ)(fundamental matrix：**基本行列**，**伝送行列**，**Fマトリックス**)が考案されている。

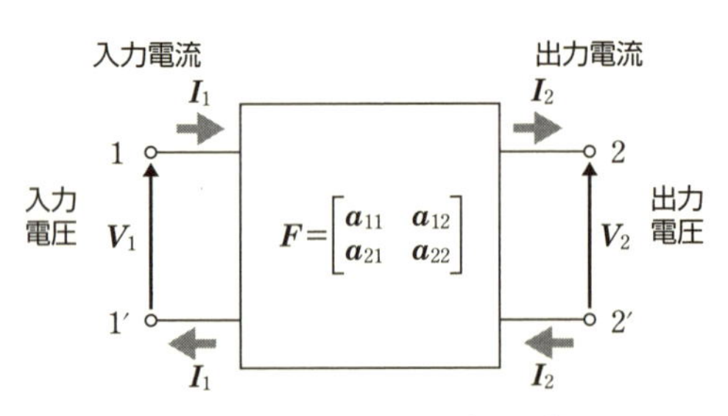

図5-12　二端子対回路(F行列)

図5-12の二端子対回路の入力電圧 $\boldsymbol{V}_1$[V]と電流 $\boldsymbol{I}_1$[A]を，出力電圧 $\boldsymbol{V}_2$[V]と電流 $\boldsymbol{I}_2$[A]の関数として表すと，式5-48となる。式5-48は入力側の電圧と電流と，出力側の電圧と電流とに分けて表したものである。F行列では出力端子から流出する電流を正(プラス)と考える。$\boldsymbol{I}_2$ の方向は Z，Y行列の場合と逆になる。

$$\left.\begin{aligned} \boldsymbol{V}_1 &= \boldsymbol{a}_{11}\boldsymbol{V}_2 + \boldsymbol{a}_{12}\boldsymbol{I}_2 \\ \boldsymbol{I}_1 &= \boldsymbol{a}_{21}\boldsymbol{V}_2 + \boldsymbol{a}_{22}\boldsymbol{I}_2 \end{aligned}\right\} \qquad (5\text{-}48)$$

式5-48を行列で表すと式5-49となる。F行列の行列要素 $\boldsymbol{a}_{ij}$ を**Fパラメータ**とよび，それぞれ式5-50～5-53で表される。Zおよび Yパラメータのときと違って，出力電流 $\boldsymbol{I}_2$ は，端子から流出する方向を正とする。

$$\begin{bmatrix} \boldsymbol{V}_1 \\ \boldsymbol{I}_1 \end{bmatrix} = \overbrace{\begin{bmatrix} \boldsymbol{a}_{11} & \boldsymbol{a}_{12} \\ \boldsymbol{a}_{21} & \boldsymbol{a}_{22} \end{bmatrix}}^{F\text{行列}} \begin{bmatrix} \boldsymbol{V}_2 \\ \boldsymbol{I}_2 \end{bmatrix} \qquad (5\text{-}49)$$

$$\boldsymbol{a}_{11} = \left.\frac{\boldsymbol{V}_1}{\boldsymbol{V}_2}\right|_{\boldsymbol{I}_2=0} \qquad (5\text{-}50)$$

(出力端子開放 $\boldsymbol{I}_2=0$ のときの**電圧伝送係数**)

$$\boldsymbol{a}_{12} = \left.\frac{\boldsymbol{V}_1}{\boldsymbol{I}_2}\right|_{\boldsymbol{V}_2=0} \ [\Omega] \qquad (5\text{-}51)$$

(出力端子短絡 $\boldsymbol{V}_2=0$ のときの**伝達インピーダンス**)

$$\boldsymbol{a}_{21} = \left.\frac{\boldsymbol{I}_1}{\boldsymbol{V}_2}\right|_{\boldsymbol{I}_2=0} \text{[S]} \quad (5\text{-}52)$$

（ジーメンス）

（出力端子開放 $\boldsymbol{I}_2=0$ のときの**伝達アドミタンス**）

$$\boldsymbol{a}_{22} = \left.\frac{\boldsymbol{I}_1}{\boldsymbol{I}_2}\right|_{\boldsymbol{V}_2=0} \quad (5\text{-}53)$$

（出力端子短絡 $\boldsymbol{V}_2=0$ のときの**電流伝送係数**）

$\boldsymbol{a}_{11}$ は出力端子開放時の**電圧伝送係数**，$\dfrac{1}{\boldsymbol{a}_{11}}$ は**電圧伝達関数**（電圧増幅度）を表す。また $\boldsymbol{a}_{22}$ は出力端子短絡時の**電流伝送係数**，$\dfrac{1}{\boldsymbol{a}_{22}}$ が**電流伝達関数**（電流増幅度）となる。

例題

図 5-2 の F 行列を求めよ。

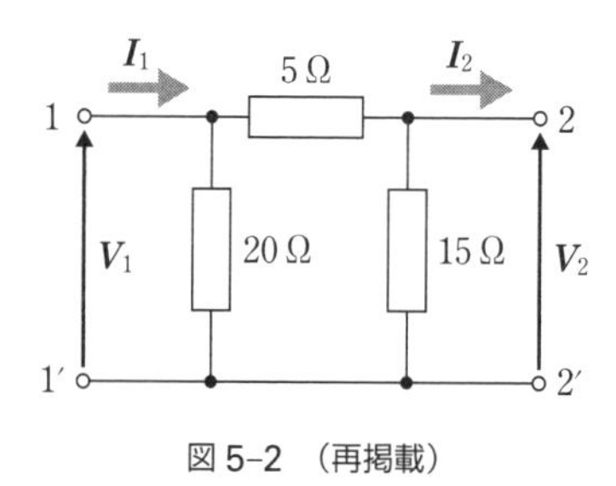

図 5-2 （再掲載）

●略解――解答例

式 5-50 より，$\boldsymbol{a}_{11}$ は出力端子 2 を開放したときの入力電圧 $\boldsymbol{V}_1$ と出力電圧 $\boldsymbol{V}_2$ の比である。$\boldsymbol{I}_1$ は抵抗 20Ω と，(5＋15)Ω に分流されるので

$$\boldsymbol{V}_1 = \frac{\boldsymbol{I}_1}{2} \times 20 \text{ [V]} \quad (5\text{-}54)$$

$$\boldsymbol{V}_2 = \frac{\boldsymbol{I}_1}{2} \times 15 \text{ [V]} \quad (5\text{-}55)$$

となる。したがって，上式から $\boldsymbol{I}_1$ を消去すると

$$\boldsymbol{V}_1 = \frac{4}{3} \times \boldsymbol{V}_2 \quad (5\text{-}56)$$

から

$$\boldsymbol{a}_{11} = \frac{\boldsymbol{V}_1}{\boldsymbol{V}_2} = \frac{4}{3} = 1.33 \quad (5\text{-}57)$$

$\boldsymbol{a}_{12}$ は出力端子 2 を短絡したときの入力電圧 $\boldsymbol{V}_1$ と出力電流 $\boldsymbol{I}_2$ の関係で，$\boldsymbol{V}_1 = 5 \times \boldsymbol{I}_2$ であるから

$$\boldsymbol{a}_{12} = 5\ \Omega \quad (5\text{-}58)$$

となる。

$\boldsymbol{a}_{21}$ は $\boldsymbol{a}_{11}$ と同様，出力端子 2 開放のときの入力電流 $\boldsymbol{I}_1$ と出力電圧 $\boldsymbol{V}_2$ の関係である。

$$\boldsymbol{V}_2 = \frac{\boldsymbol{I}_1}{2} \times 15 \ [\mathrm{V}] \qquad (5\text{-}59)$$

から

$$\boldsymbol{a}_{21} = \frac{\boldsymbol{I}_1}{\boldsymbol{V}_2} = \frac{2}{15} \mathrm{S} = 0.133 \mathrm{S} \qquad (5\text{-}60)$$

となる。

$\boldsymbol{a}_{22}$ は出力端子 2 を短絡したときの入力電流 $\boldsymbol{I}_1$ と出力電流 $\boldsymbol{I}_2$ の比であり

$$5\boldsymbol{I}_2 = 20(\boldsymbol{I}_1 - \boldsymbol{I}_2) \qquad (5\text{-}61)$$

であるから

$$\boldsymbol{a}_{22} = \frac{\boldsymbol{I}_1}{\boldsymbol{I}_2} = \frac{5}{4} = 1.25 \qquad (5\text{-}62)$$

となる。

したがって，求める F 行列は次式で与えられる。

$$\boldsymbol{F} = \begin{bmatrix} 1.33 & 5.0 \\ 0.133 & 1.25 \end{bmatrix} \quad (答) \qquad (5\text{-}63)$$

Z 行列，Y 行列の計算のときと異なり，電流 $\boldsymbol{I}_2$ は流出する方向をプラス(＋)にとっている。定義から，単位は $\boldsymbol{a}_{11}$，$\boldsymbol{a}_{22}$ が無次元，$\boldsymbol{a}_{12}$ が［Ω］，$\boldsymbol{a}_{21}$ が［S］である。

5-4-2 二端子対回路の縦続接続（カスケード接続）

図 5-13 に示すように電気回路では，一つの二端子対回路の出力を次段の入力に接続して用いることが多い。これを**縦続接続**（**カスケード接続**）という。初段の出力電流を符号を替えずに次段の入力電流とすることができるので，F 行列を用いて計算するのが便利である。

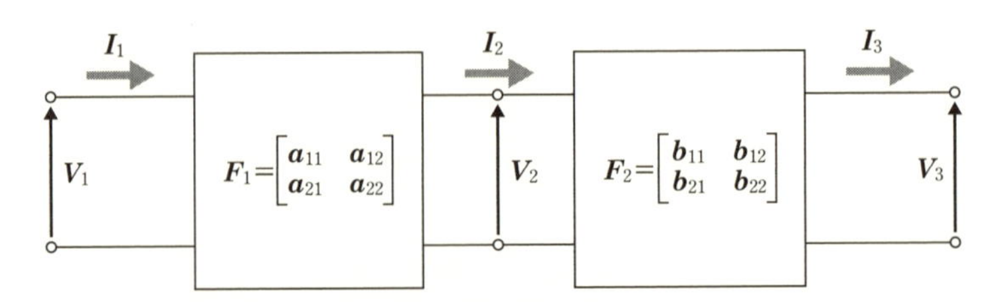

図 5-13　縦続接続

図 5-13 で次式が成り立つ。

$$\begin{bmatrix} \boldsymbol{V}_1 \\ \boldsymbol{I}_1 \end{bmatrix} = \begin{bmatrix} \boldsymbol{a}_{11} & \boldsymbol{a}_{12} \\ \boldsymbol{a}_{21} & \boldsymbol{a}_{22} \end{bmatrix} \begin{bmatrix} \boldsymbol{V}_2 \\ \boldsymbol{I}_2 \end{bmatrix}, \quad \begin{bmatrix} \boldsymbol{V}_2 \\ \boldsymbol{I}_2 \end{bmatrix} = \begin{bmatrix} \boldsymbol{b}_{11} & \boldsymbol{b}_{12} \\ \boldsymbol{b}_{21} & \boldsymbol{b}_{22} \end{bmatrix} \begin{bmatrix} \boldsymbol{V}_3 \\ \boldsymbol{I}_3 \end{bmatrix} \qquad (5\text{-}64)$$

ゆえに

$$\begin{bmatrix} V_1 \\ I_1 \end{bmatrix} = \begin{bmatrix} a_{11} & a_{12} \\ a_{21} & a_{22} \end{bmatrix} \begin{bmatrix} V_2 \\ I_2 \end{bmatrix} = \underbrace{\begin{bmatrix} a_{11} & a_{12} \\ a_{21} & a_{22} \end{bmatrix} \begin{bmatrix} b_{11} & b_{12} \\ b_{21} & b_{22} \end{bmatrix}}_{\text{縦続接続したときの}F\text{行列}} \begin{bmatrix} V_3 \\ I_3 \end{bmatrix} = \begin{bmatrix} c_{11} & c_{12} \\ c_{21} & c_{22} \end{bmatrix} \begin{bmatrix} V_3 \\ I_3 \end{bmatrix} \quad (5\text{-}65)$$

と表せる。

よって，縦続接続の F 行列は各行列の積で表される。

すなわち

$$\begin{bmatrix} c_{11} & c_{12} \\ c_{21} & c_{22} \end{bmatrix} = \begin{bmatrix} a_{11} & a_{12} \\ a_{21} & a_{22} \end{bmatrix} \begin{bmatrix} b_{11} & b_{12} \\ b_{21} & b_{22} \end{bmatrix} = \begin{bmatrix} a_{11}b_{11} + a_{12}b_{21} & a_{11}b_{12} + a_{12}b_{22} \\ a_{21}b_{11} + a_{22}b_{21} & a_{21}b_{12} + a_{22}b_{22} \end{bmatrix} \quad (5\text{-}66)$$

を得る。

例題

図 5-14 (a) と (b) の回路を縦続接続する場合の F 行列を求めよ。

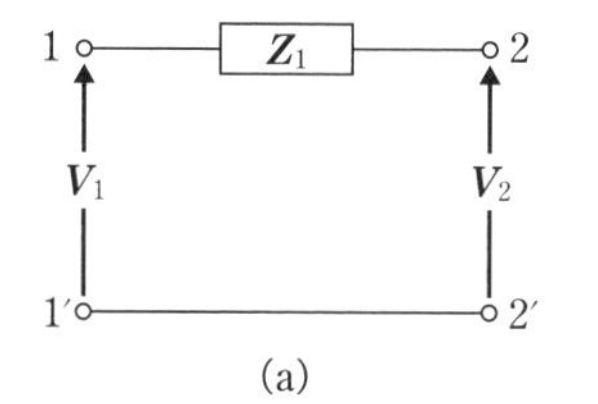

(a)

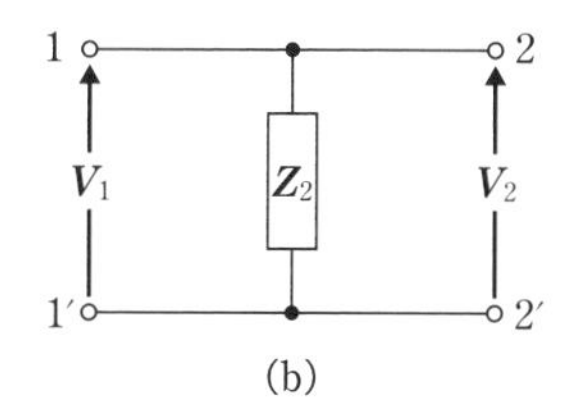

(b)

図 5-14　縦続接続の例

●略解――解答例

図 5-14 (a)，(b) に示す最も簡単な二端子対回路を縦続接続するときの F 行列は次のように求められる。

図 5-14 (a) では，$V_1 = V_2 + I_1 Z_1$，$I_1 = I_2$ であるから，F 行列は

$$F_1 = \begin{bmatrix} 1 & Z_1 \\ 0 & 1 \end{bmatrix} \quad (5\text{-}67)$$

となる。

図 5-14 (b) では，$V_1 = V_2$，$I_1 = \dfrac{V_2}{Z_2} + I_2$ であるから F 行列は

$$F_2 = \begin{bmatrix} 1 & 0 \\ \dfrac{1}{Z_2} & 1 \end{bmatrix} \quad (5\text{-}68)$$

となる。二つの回路を縦続接続した場合の F 行列は次のようになる。

$$F = F_1 F_2 = \begin{bmatrix} 1 & Z_1 \\ 0 & 1 \end{bmatrix} \begin{bmatrix} 1 & 0 \\ \dfrac{1}{Z_2} & 1 \end{bmatrix} = \begin{bmatrix} 1 + \dfrac{Z_1}{Z_2} & Z_1 \\ \dfrac{1}{Z_2} & 1 \end{bmatrix} \quad \text{(答)} \quad (5\text{-}69)$$

5-4-3 インピーダンス変換

図 5-15 に示す回路網の出力端子に負荷 Z_L を接続した場合，以下の関係が成立する。

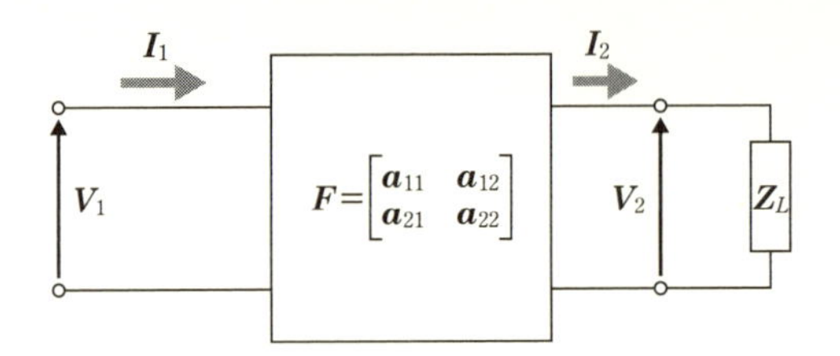

図 5-15　インピーダンス変換回路

$$V_1 = a_{11}V_2 + a_{12}I_2 \tag{5-70}$$

$$I_1 = a_{21}V_2 + a_{22}I_2 \tag{5-71}$$

出力端子では

$$V_2 = Z_L I_2 \tag{5-72}$$

である。

式 5-72 を式 5-70，5-71 に代入して，入力電圧 V_1 と入力電流 I_1 の比を取ると，入力端子 1-1′ から見た回路網の入力インピーダンス Z_{in} [Ω] は次式で与えられる。

$$Z_{in} = \frac{V_1}{I_1} = \frac{a_{11}Z_L + a_{12}}{a_{21}Z_L + a_{22}} \tag{5-73}$$

すなわち，素子 Z_L が F 行列を介して Z_{in} に**インピーダンス変換された**ことになる。

また，式 5-73 を Z_L について解くと，次式となる。

$$Z_L = -\frac{a_{12} - a_{22}Z_{in}}{a_{11} - a_{21}Z_{in}} \tag{5-74}$$

この場合は，入力側のインピーダンスが出力側で変換され，さらに次段へ接続するときに用いる。

例題

図 5-16 の F 行列を求めよ。

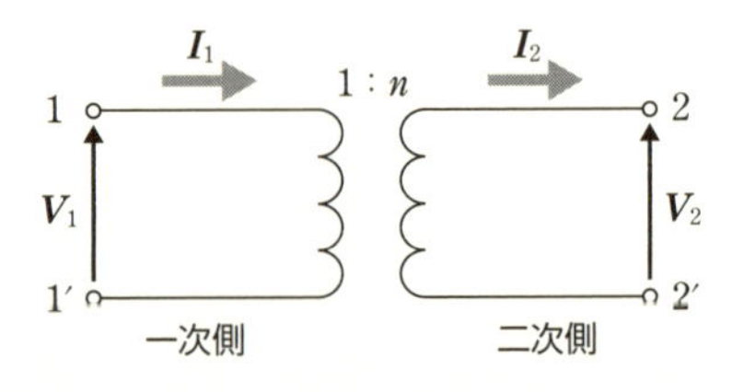

図 5-16

●略解——解答例

損失のない理想的なトランス(変圧器)で一次側と二次側の巻数比[1]が 1：n の場合，入力電圧 V_1 の n 倍の電圧が二次側に現れ，二次側の電流は $\frac{1}{n}$ となる。すなわち

$$V_2 = nV_1 \tag{5-75}$$

1. 巻数比
トランスの巻数比については，**3-3-3** 項の注を参照。

$$I_2 = \frac{I_1}{n} \tag{5-76}$$

したがって理想的なトランスの F 行列は次式で表される。

$$\begin{bmatrix} \frac{1}{n} & 0 \\ 0 & n \end{bmatrix} \text{（答）} \tag{5-77}$$

また，二次側に負荷 R_L を接続するとき，$V_2 = I_2 R_L$ であるから，一次側の入力抵抗は次のようになる。

$$Z_{\mathrm{in}} = \frac{R_L}{n^2} \tag{5-78}$$

5-4-4 ハイブリッド(*H*)行列

図 5-1(b)と同じ二端子対回路を図 5-17 に示す。

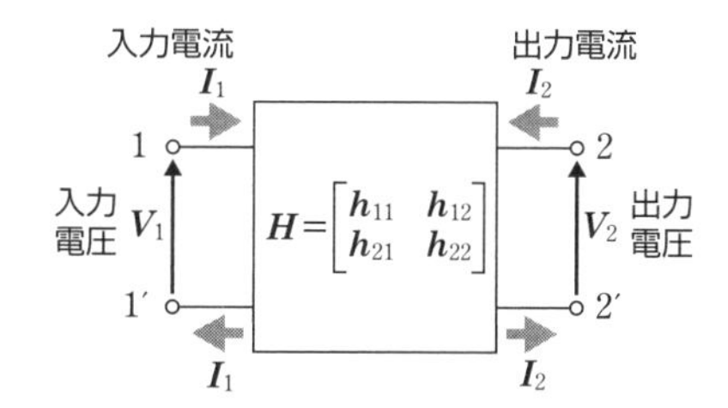

図 5-17　二端子対回路(ハイブリッド行列)

ここでは入力電圧 V_1 [V] と出力電流 I_2 [A] を入力電流 I_1 [A] と出力電圧 V_2 [V] の関数として表す。これを式 5-79 に示す。

$$\left.\begin{aligned} V_1 &= h_{11} I_1 + h_{12} V_2 \\ I_2 &= h_{21} I_1 + h_{22} V_2 \end{aligned}\right\} \tag{5-79}$$

この式はとくに入力電流と出力電流の比を問題とするトランジスタなどの**能動素子を含む回路解析に用いられる**。

式 5-79 を行列で表すと式 5-80 となる。この行列は**ハイブリッド行列**(***H*** **行列**，***H*** **マトリックス**)とよばれる。行列要素 h_{ij} を ***h*** **パラメータ**とよび，それぞれ式 5-81～5-84 で表される。入力電圧 V_1 と出力電流 I_2 を入力電流 I_1，出力電圧 V_2 の関数として表すものであり，I_2 の電流方向は Z，Y 行列と同じく回路網に流入する方向を正とする。

ハイブリッド行列，H 行列

$$\begin{bmatrix} V_1 \\ I_2 \end{bmatrix} = \begin{bmatrix} h_{11} & h_{12} \\ h_{21} & h_{22} \end{bmatrix} \begin{bmatrix} I_1 \\ V_2 \end{bmatrix} = H \begin{bmatrix} I_1 \\ V_2 \end{bmatrix} \tag{5-80}$$

$$h_{11} = \left.\frac{V_1}{I_1}\right|_{V_2=0} \ [\Omega] \tag{5-81}$$

(出力端子短絡 $V_2 = 0$ のときの**駆動点インピーダンス**)

$$h_{12} = \left.\frac{\boldsymbol{V}_1}{\boldsymbol{V}_2}\right|_{I_1=0} \quad (5\text{-}82)$$

（入力電流 $\boldsymbol{I}_1 = 0$ のときの**電圧伝達比**）

$$h_{21} = \left.\frac{\boldsymbol{I}_2}{\boldsymbol{I}_1}\right|_{V_2=0} \quad (5\text{-}83)$$

（出力端子短絡 $\boldsymbol{V}_2 = 0$ のときの**電流伝達比**）

$$h_{22} = \left.\frac{\boldsymbol{I}_2}{\boldsymbol{V}_2}\right|_{I_1=0} \ [\mathrm{S}] \quad (5\text{-}84)$$

（入力電流 $\boldsymbol{I}_1 = 0$ のときの**出力アドミタンス**）

5-4 ドリル問題

問題 1―――図 1 の回路を F 行列で表せ。

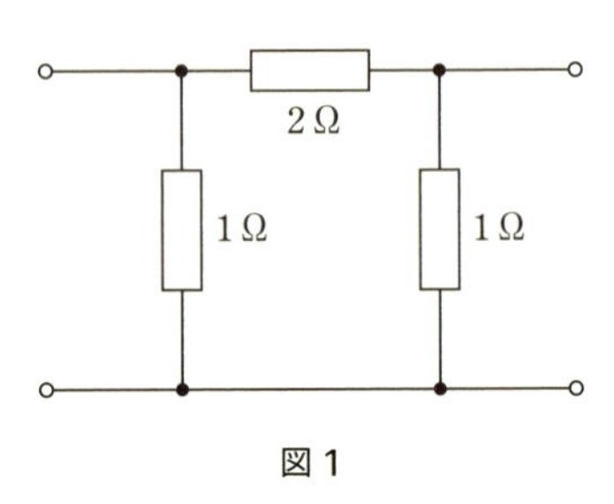

図 1

問題 2―――図 2 の回路を F 行列で表せ。

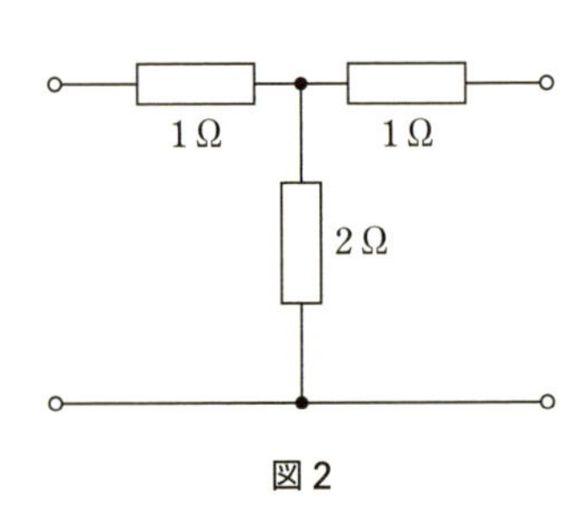

図 2

問題 3―――問題 1，2 の結果を用いて，図 3 のように接続したときの F 行列の縦続接続法も用いて行列要素を求めよ。

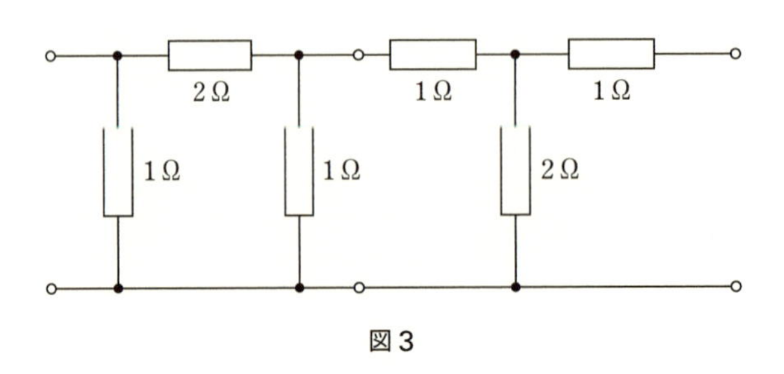

図 3

問題 4―――図 4 の回路を F 行列で表せ。

問題 5―――図 5 の回路を F 行列で表せ。

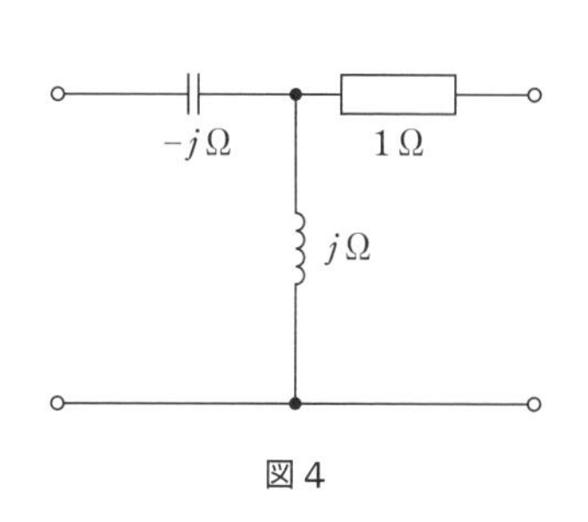

図4

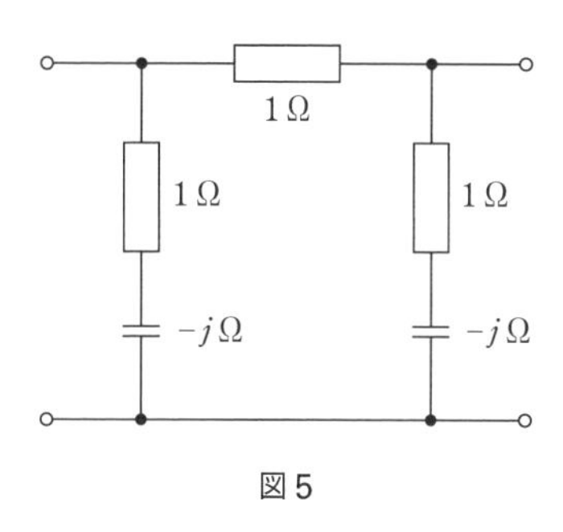

図5

問題 6———図 6 の回路を F 行列で表せ。

問題 7———図 7 の回路を F 行列で表せ。

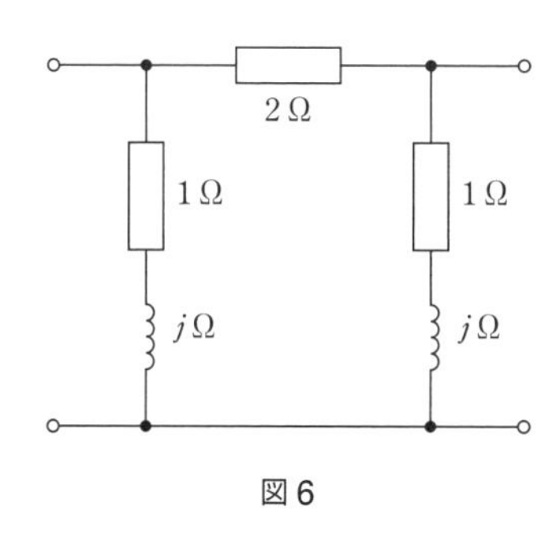

図6

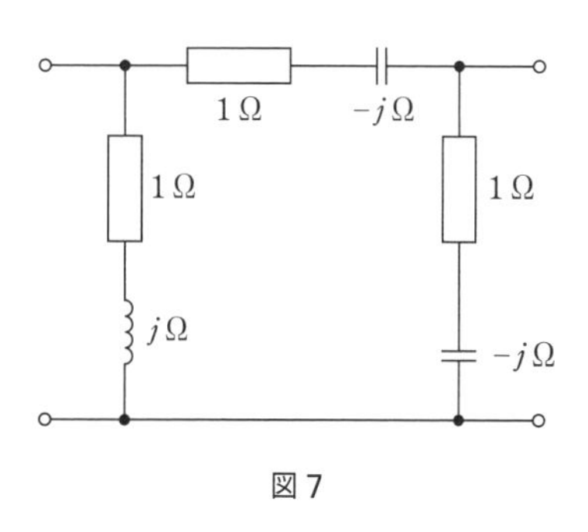

図7

問題 8———図 8 の回路を F 行列で表せ。

問題 9———図 9 の回路を F 行列で表せ。周波数は 50 Hz とする。

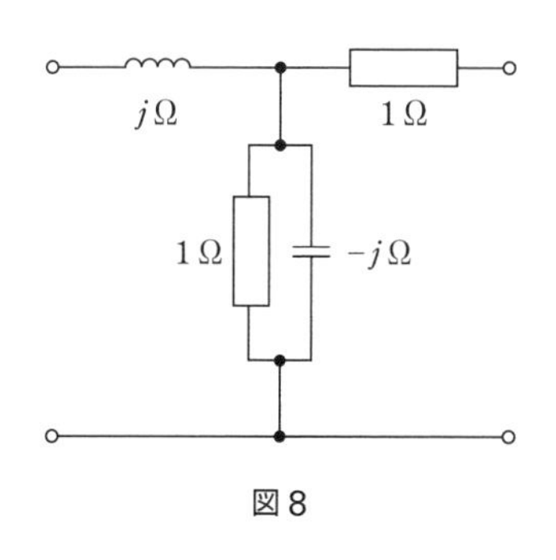

図8

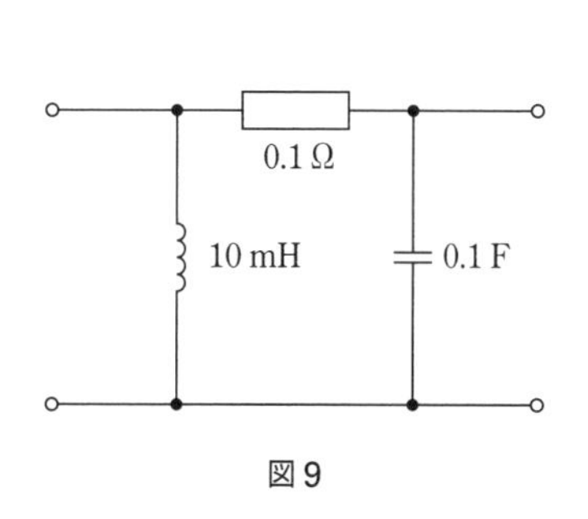

図9

問題 10———図 10 の回路について，角周波数を ω として，F 行列の行列要素を，ω, L, C, R で表せ。

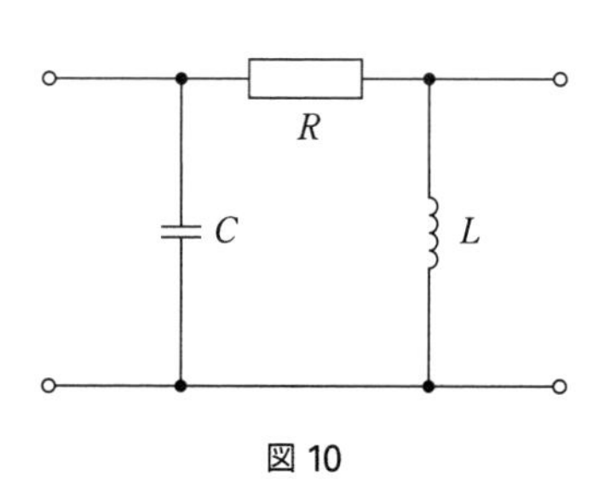

図10

5-4　演習問題

1. 図 1 の(a) T 形回路，(b) Π 形回路の F 行列をそれぞれ求めよ。

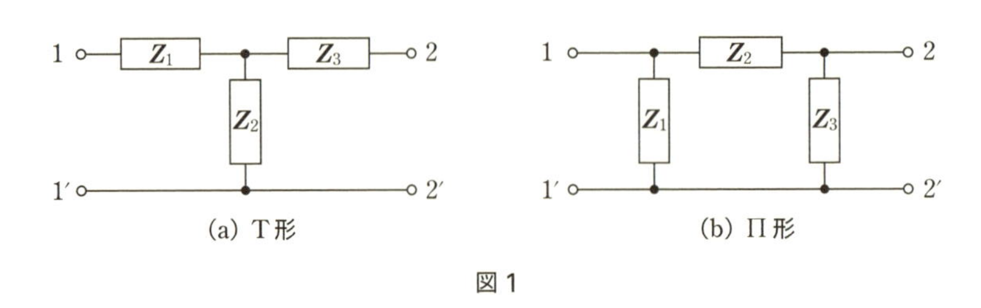

図 1

2. 図 2 の回路の F パラメータが $\boldsymbol{a}_{11}=1.2$，$\boldsymbol{a}_{12}=34\ \Omega$，$\boldsymbol{a}_{21}=20\ \text{mS}$，$\boldsymbol{a}_{22}=1.4$ のとき(式 5-49)，抵抗 R_1，R_2，R_3 を求めよ。

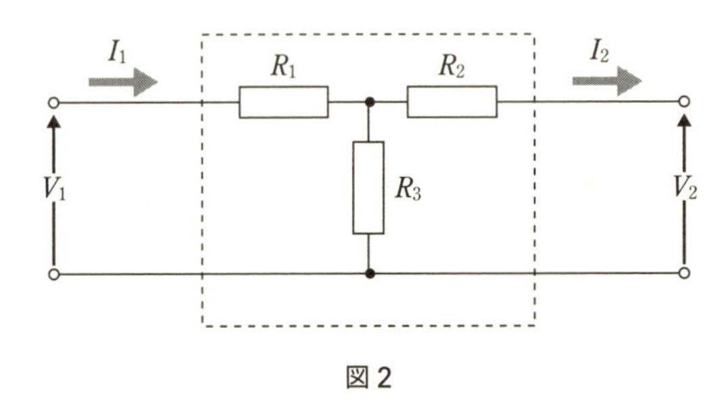

図 2

3. 図 3 の抵抗回路の F 行列を求めよ。

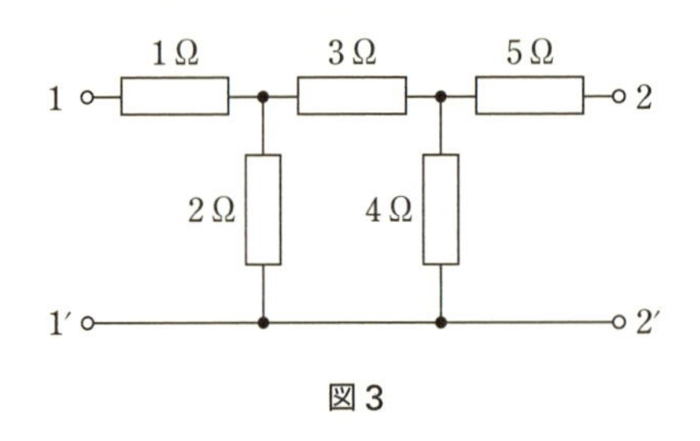

図 3

4. 図 4 の回路の F 行列を求めよ。

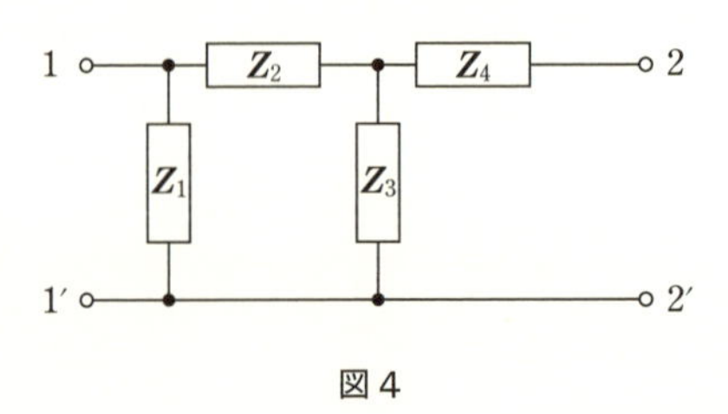

図 4

5. 図 5 の 6 素子からなる回路の F 行列を求めよ。

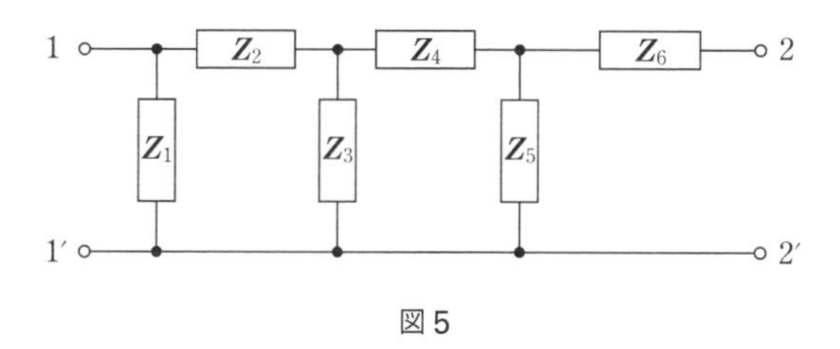

図 5

6. 図 6 の回路の H 行列を求めよ。

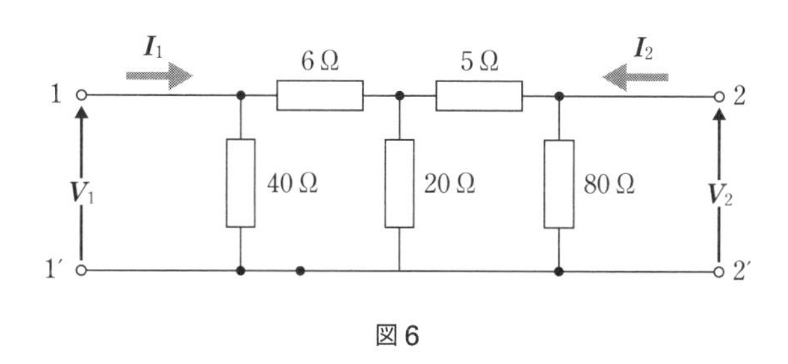

図 6

7. 図 7 の回路の H 行列を求めよ。

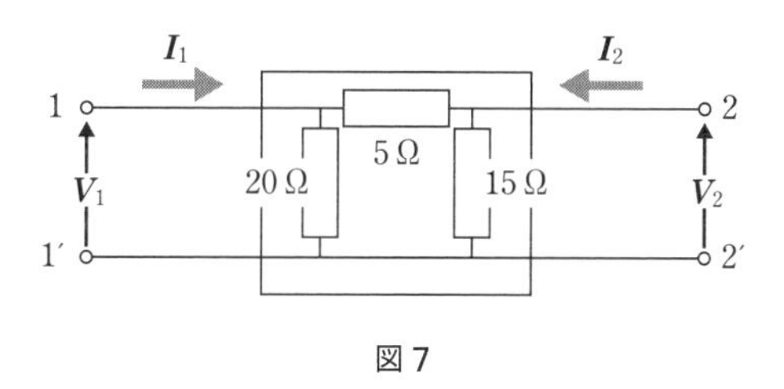

図 7

8. 図 8 の回路網で端子対 1−1′ 開放のとき $V_1 = 1$ mV, $V_2 = 10$ V, $I_2 = 200$ μA, 端子対 1−1′ 短絡のとき $I_1 = 0.5$ μA, $I_2 = 80$ μA, $V_2 = 5$ V であった。回路網の H 行列を求めよ。

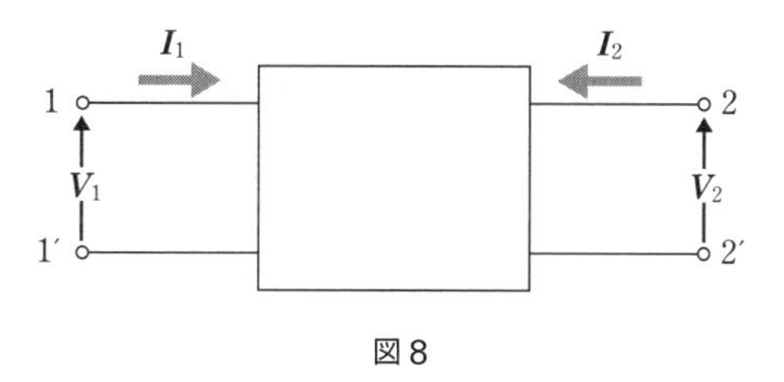

図 8

9. 図 9 の T 形回路の F パラメータを求めよ。

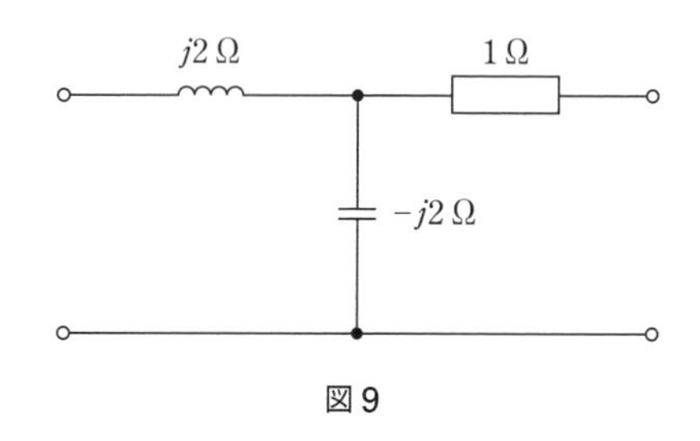

図 9

10. 図 10(a)，(b)の CR 回路の角周波数 ω における F パラメータを求めよ。

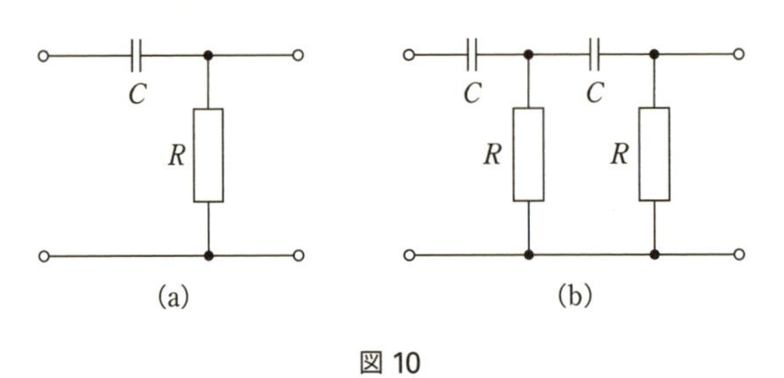

図 10

まとめ

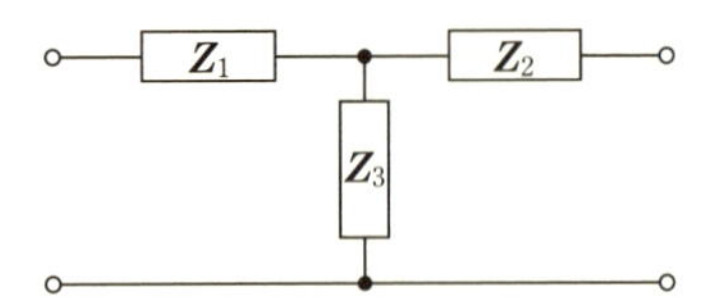

$$\boldsymbol{Z}=\begin{bmatrix}\boldsymbol{Z}_1+\boldsymbol{Z}_3 & \boldsymbol{Z}_3\\ \boldsymbol{Z}_3 & \boldsymbol{Z}_2+\boldsymbol{Z}_3\end{bmatrix}$$

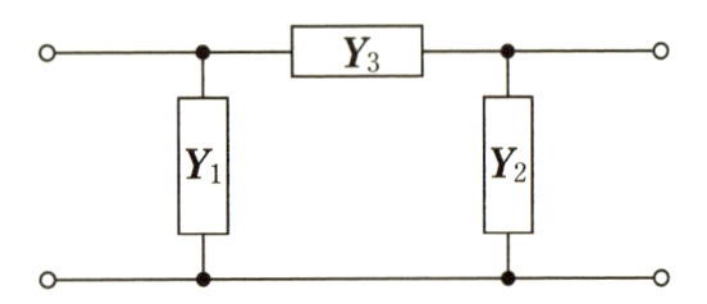

$$\boldsymbol{Y}=\begin{bmatrix}\boldsymbol{Y}_1+\boldsymbol{Y}_3 & -\boldsymbol{Y}_3\\ -\boldsymbol{Y}_3 & \boldsymbol{Y}_2+\boldsymbol{Y}_3\end{bmatrix}$$

$$\boldsymbol{F}=\begin{bmatrix}1 & \boldsymbol{Z}\\ 0 & 1\end{bmatrix}\qquad \boldsymbol{Y}=\begin{bmatrix}\dfrac{1}{\boldsymbol{Z}} & -\dfrac{1}{\boldsymbol{Z}}\\ -\dfrac{1}{\boldsymbol{Z}} & \dfrac{1}{\boldsymbol{Z}}\end{bmatrix}$$

$$\boldsymbol{F}=\begin{bmatrix}1 & 0\\ \dfrac{1}{\boldsymbol{Z}} & 1\end{bmatrix}\qquad \boldsymbol{Z}=\begin{bmatrix}\boldsymbol{Z} & \boldsymbol{Z}\\ \boldsymbol{Z} & \boldsymbol{Z}\end{bmatrix}$$

$$\boldsymbol{Y}=\boldsymbol{Z}^{-1}=\frac{1}{\boldsymbol{Z}_{11}\boldsymbol{Z}_{22}-\boldsymbol{Z}_{12}\boldsymbol{Z}_{21}}\begin{bmatrix}\boldsymbol{Z}_{22} & -\boldsymbol{Z}_{12}\\ -\boldsymbol{Z}_{21} & \boldsymbol{Z}_{11}\end{bmatrix}$$

$$\boldsymbol{Z}=\boldsymbol{Y}^{-1}=\frac{1}{\boldsymbol{Y}_{11}\boldsymbol{Y}_{22}-\boldsymbol{Y}_{12}\boldsymbol{Y}_{21}}\begin{bmatrix}\boldsymbol{Y}_{22} & -\boldsymbol{Y}_{12}\\ -\boldsymbol{Y}_{21} & \boldsymbol{Y}_{11}\end{bmatrix}$$

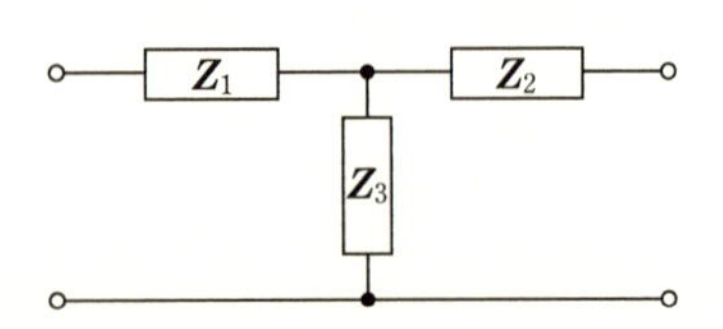

$$\boldsymbol{H}=\frac{1}{\boldsymbol{Z}_2+\boldsymbol{Z}_3}\begin{bmatrix}(\boldsymbol{Z}_1+\boldsymbol{Z}_3)(\boldsymbol{Z}_2+\boldsymbol{Z}_3)-\boldsymbol{Z}_3^{\,2} & \boldsymbol{Z}_3\\ -\boldsymbol{Z}_3 & 1\end{bmatrix}$$

第6章 過渡現象

電気回路では，電源の波形が**定常状態**(1) (steady state)から急激に変化したり，回路内のスイッチが開閉されると，回路素子の電圧や電流に状態の変化が起こる。このときの素子の電圧や電流の変化を**過渡応答**(transient response)という(コラム「過渡現象」参照)。この電圧や電流の過渡応答は，変化直前の**初期状態**(2)(initial state)と深いかかわりがある。本章では，R, L, C の素子で構成されている電気回路の過渡応答の微分方程式を用いた解析方法を示す。

1. 定常状態
回路内の電圧や電流の波形の時間平均値が，時刻によって変わらない状態をいう。直流や正弦波交流などがある。

2. 初期状態
スイッチの切り換えなどにより状態変化が起こる時刻直前の定常状態をいう。

COLUMN 過渡現象

システムがある状態から別の状態へエネルギーの増減を伴って変化をしたとき，途中の振る舞いのことを**過渡現象**(transient phenomena)という。たとえば，図 6-1(a)のように粗い床の上におもり付きのバネを置き，手を放すとおもりはバネに引かれて移動し，やがて停止する。摩擦抵抗が大きいときには図 6-1(b)のように静かに止まるが，摩擦が小さいと図 6-1(c)のようにおもりは行ったり来たりしながら静止する。おもりを放す瞬間の状態を**初期状態**といい，静止する(定常状態)までのおもりの動きは過渡現象である。通常，過渡現象は，微分方程式を解くことで解明される。

電気回路においても過渡現象は存在する。たとえば，RLC 直列回路に電圧をかけると，定常状態までの電流の振る舞いは微分方程式で記述できる。このとき，抵抗とキャパシタの役割は，それぞれ摩擦抵抗やバネと類似な関係がある。

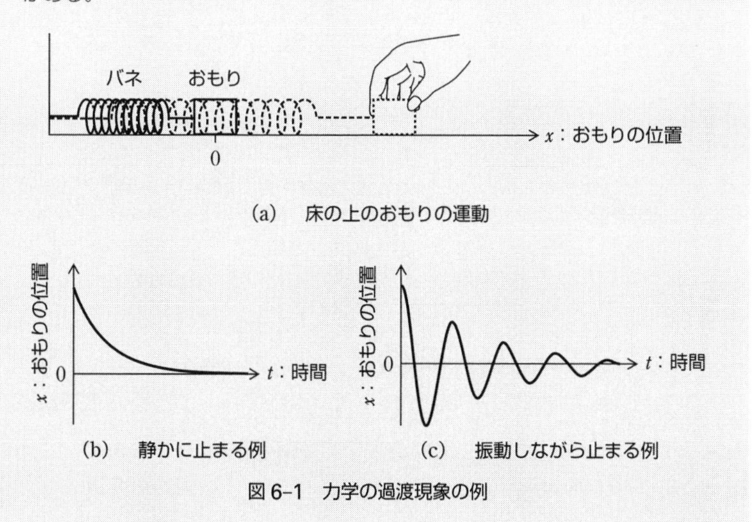

図 6-1 力学の過渡現象の例

6-1 RC 回路と RL 回路

6-1-1 直流電源での RC 直列回路の過渡応答

充電の過渡現象

図 6-2 に示すようにスイッチ S, 抵抗値 R [Ω] の抵抗，キャパシタンス C [F] のキャパシタおよび E [V] の直流電圧源(定電圧源)から構成される RC 回路を考える。時刻 $t=0$ において，スイッチを開いた状態から閉じたとき，$t \geqq 0$ におけるキャパシタ電圧[3] $v(t)$ [V] とキャパシタ電流[4] $i(t)$ [A] の過渡応答を求める。はじめ，キャパシタの電圧は，$t<0$ での初期状態は，$v(t)=0$ とする。

スイッチ S が閉じられた瞬間から，ループ電流[5] (キャパシタ電流)が流れ，キャパシタ電圧は徐々に増加しながら充電される[6]。十分時間が経過すると，キャパシタ電圧は電源電圧 E と等しくなり，電流はゼロに近づき定常状態に達する。現象の直感的な理解は，上述の通りであるが，ここでは回路方程式をもとに厳密に過渡応答を解析する。

図 6-2 でスイッチが閉じられたとき，$t \geqq 0$ で流れるループ電流(キャパシタ電流) $i(t)$ [A] の向きを定めて，キルヒホッフの電圧則(第二法則)を適用して求める。回路方程式は

$$\underset{\text{抵抗電圧}}{Ri(t)} + \underset{\text{キャパシタ電圧}}{v(t)} = \underset{\text{電源電圧}}{E} \tag{6-1}$$

となる。また，キャパシタの電流と電圧の関係は，2 章で述べたように

$$i(t) = C\frac{dv(t)}{dt} \tag{6-2}$$

であるので，式 6-2 を式 6-1 へ代入するとキャパシタ電圧の状態変化を記述する次の 1 階微分方程式を得る。

$$RC\frac{dv(t)}{dt} + v(t) = E \tag{6-3}$$

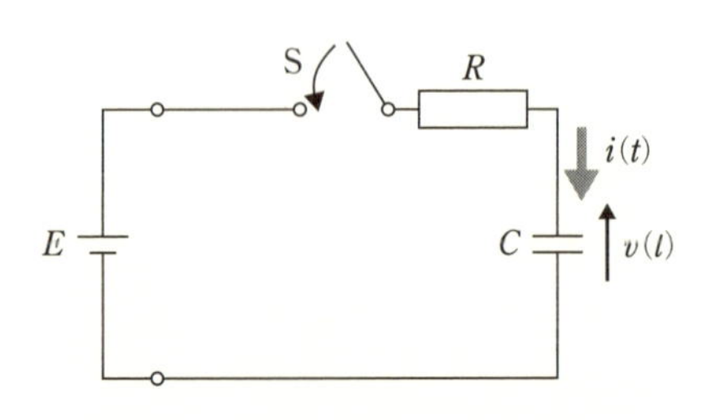

図 6-2 直流電圧源 RC 回路の充電

1 階微分方程式の解法

式 6-3 の微分方程式の解は，**一般解**(general solution) $v_1(t)$ と **特解**(とっかい)(particular solution) $v_2(t)$ の和として求められ(コラム「電気回路と微分方程式」参照)，

---

3. キャパシタ電圧
キャパシタの両端の電圧を表す。素子が抵抗の場合には**抵抗電圧**，インダクタの場合には**インダクタ電圧**になる。

4. キャパシタ電流
キャパシタを流れる電流を表す。素子が抵抗の場合には**抵抗電流**，インダクタの場合には**インダクタ電流**になる。

5. ループ電流
スイッチを閉じて閉ループができるとき，そこを流れる電流のことを**ループ電流**とよぶ。

6. 充電
充電により，キャパシタに電気エネルギーが蓄えられる。逆に，蓄えられている電気エネルギーが放たれることは**放電**という。

さらに，**初期条件**(initial condition)により**未定係数**[7](undetermined coefficient)が定まる(コラム「初期条件」参照)。

一般解は，式6-3の微分方程式の右辺をゼロとした

$$RC\frac{dv(t)}{dt}+v(t)=0 \tag{6-4}$$

の解として求められる。

一般解は，指数関数が候補であり[8]，**未定係数** k, s を用いて

$$v_1(t)=ke^{st} \tag{6-5}$$

と表し，$v(t)=v_1(t)$ として式6-4に代入すると**特性方程式**[9]

$$RCs+1=0 \tag{6-6}$$

を得る。式6-6より，$s=-\frac{1}{RC}$ となるので，式6-5に代入すると

$$v_1(t)=ke^{-\frac{1}{RC}t} \tag{6-7}$$

と表される一般解を得る。

7. 未定係数
本書では，関数の形を定めるために用いる値の決まっていない仮の係数あるいは任意定数のことをあわせて未定係数とよぶ。

8. 一般解の候補の関数
同次微分方程式の解(一般解)を求めるために，解の形は，微分の演算に対して係数を除き関数の形が変わらない指数関数を用いて $v_1(t)=ke^{st}$ とおき，**特性方程式**から s を定める。この s を用いた解は**基本解**とよばれ，一般解は通常，任意定数倍した基本解を足し合わせた形となる。

9. 特性方程式
$v(t)=v_1(t)$ として式6-5を式6-4へ代入すると
$RCske^{st}+ke^{st}=(RCs+1)ke^{st}=0$
となり，$ke^{st}\neq 0$ なので $RCs+1=0$ を得る。式6-6の方程式を**特性方程式**(characteristic equation)という。微分方程式の解法は，ラプラス変換を用いる方法等も知られているが，本書では特性方程式および**未定係数法**を用いる。なお，ラプラス変換を用いる微分方程式の解法に関しては，本シリーズの「電気数学」を参照されたい。

COLUMN 電気回路と微分方程式

電気回路をキルヒホッフの法則をもとに回路方程式で表すと，次式のような形の微分方程式(定係数線形微分方程式)となる[10]。

$$a_n\frac{d^nv(t)}{dt^n}+a_{n-1}\frac{d^{n-1}v(t)}{dt}+\cdots+a_1\frac{dv(t)}{dt}+a_0v(t)=e(t) \tag{6-8}$$

ここで係数 a_k($k=0, 1,\cdots, n$)は R，L，C の値により定まる定数である。

微分方程式を解くことは，式6-8の方程式を満たす具体的な関数(電圧や電流に対応する)を求めることである。一般に，**過渡現象の解析では，キャパシタ電圧やインダクタ電流に着目して微分方程式をたてると解きやすい。**

以下で説明するように，式6-8の微分方程式の解は，**一般解**($v_1(t)$と書くことにする)と**特解**($v_2(t)$と書くことにする)の和(重ね合わせ)として求められる。

一般解 $v_1(t)$とは，式6-8の右辺 = 0とした微分方程式[11]

$$a_n\frac{d^nv_1(t)}{dt^n}+a_{n-1}\frac{d^{n-1}v_1(t)}{dt}+\cdots+a_1\frac{dv_1(t)}{dt}+a_0v_1(t)=0 \tag{6-9}$$

を満たす解である。これは回路で電源電圧(あるいは電源電流)をゼロとすることである。得られる解は電源をつながない(ゼロを加えた)場合であり，回路の初期条件(たとえばキャパシタの放電による電流)に対する波形応答となる。このため**過渡解**(transient solution)ともいう。

一方，特解 $v_2(t)$とは，式6-8において右辺 = $e(t)$としたままの微分方程式[12]

$$a_n\frac{d^nv_2(t)}{dt^n}+a_{n-1}\frac{d^{n-1}v_2(t)}{dt}+\cdots+a_1\frac{dv_2(t)}{dt}+a_0v_2(t)=e(t) \tag{6-10}$$

を満たす解である。これは回路で電源電圧を接続した状態である。電源を加

10. 定係数線形微分方程式
式6-8は電圧に関する微分方程式であり，$e(t)$は電圧源になる。電流に関して微分方程式をたてる場合には $e(t)$は電流源になる。方程式の係数は素子値(時間に不変の一定値)に関係するので定数となる。

11. 同次微分方程式
式6-9のように右辺 = 0とおいた式を**同次微分方程式**という。同次方程式を解くためには，後述するように解の候補を通常 ke^{st} とおき，**特性方程式**を導き出して求める。

えていることに対する波形応答なので，**定常解**(steady solution)ともいう(初期条件には関係しない)。

したがって，一般解と特解の和である解は

$$v(t) = v_1(t) + v_2(t) \tag{6-11}$$

と表される[13]。

一般に，式6-11の解は，このままでは**未定係数**(任意定数も含む)を含む解(関数)となる。回路の初期条件より具体的に求まる微分方程式の**初期条件**を用いて未定係数値を決定することで，完全な形の解として求まる[14]。

図6-3のように電気回路の法則や知識は，微分方程式をたてたり，および初期条件を求めたりすることに必要となる。これらが得られると，過渡現象を解析することは，数学の問題となる。

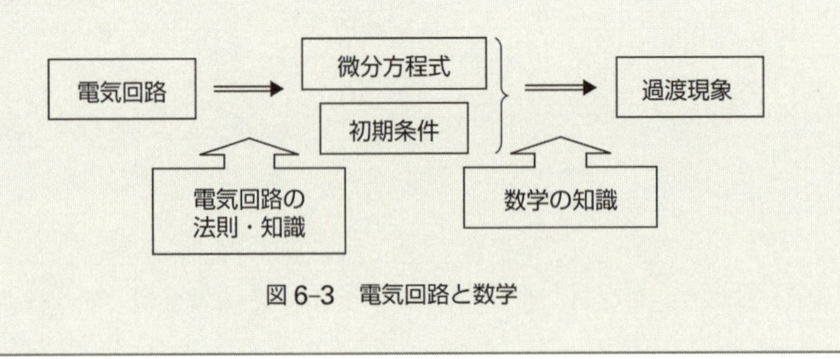

図6-3　電気回路と数学

一方，特解は，一定の値をとる関数が候補であり[15]，定数V(未定係数)を用いて

$$v_2(t) = V \tag{6-12}$$

と表し，$v(t) = v_2(t)$として式6-12を式6-3に代入すると$V=E$となるので

$$v_2(t) = E \tag{6-13}$$

の特解を得る。

以上より，未定係数kを含む微分方程式の解は

$$v(t) = v_1(t) + v_2(t) = ke^{-\frac{1}{RC}t} + E \tag{6-14}$$

となる。

電圧の初期条件は，$v(0) = 0$なので[16]，式6-14に適用すると[17]，$k = -E$となる。結局，解として

$$v(t) = E - Ee^{-\frac{1}{RC}t} \tag{6-15}$$

を得る。なお，式6-15において，一般解として求められた波形(第2項)は，回路の初期条件に関係しており**過渡解**(かとかい)という。特解として求められた波形(第1項)は，**定常解**(ていじょうかい)という(コラム「電気回路と微分方程式」)。

COLUMN　初期条件

微分方程式を解くためには，初期条件が必要となる。**初期条件**とは，状態

---

12. 非同次微分方程式

式6-10のように右辺$=e(t)$とおいた式を**非同次微分方程式**という。非同次方程式を解くためには，後述するように**未定係数法**(method of undetermined coefficients)を用いて求める。

13. 一般解と特解の和

式6-11が式6-8の微分方程式の解となることを示すために，式6-11を式6-8に代入すると

$$a_n\frac{d^n(v_1(t)+v_2(t))}{dt^n} + a_{n-1}\frac{d^{n-1}(v_1(t)+v_2(t))}{dt} + \cdots + a_1\frac{d(v_1(t)+v_2(t))}{dt} + a_0(v_1(t)+v_2(t)) = e(t)$$

となり，展開すると

$$a_n\frac{d^nv_1(t)}{dt^n} + a_{n-1}\frac{d^{n-1}v_1(t)}{dt} + \cdots + a_1\frac{dv_1(t)}{dt} + a_0v_1(t) + a_n\frac{d^nv_2(t)}{dt^n} + a_{n-1}\frac{d^{n-1}v_2(t)}{dt} + \cdots + a_1\frac{dv_2(t)}{dt} + a_0v_2(t) = e(t)$$

となる。

式6-9および式6-10から上式が成り立つ(満たす)ことがわかる。

14. 一般解と特解

式6-11において，未定係数を含む解を**一般解**，初期条件により決まる解のことを**特解**ともいう。

15. 特解の候補の関数

非同次微分方程式の解(特解)を求めるためには，コラム「電気回路と微分方程式」の式6-10の右辺の$e(t)$に応じて解の候補を定める。

通常，$e(t)$の任意定数倍や微分を用いて定める。たとえば，回路において直流電源のとき($e(t)$は一定)には，定数を候補とする。交流電源のとき($e(t)$は角周波数をもつ)には，電源と等しい角周波数の三角関数や指数関数を候補とする。

の変化が起こった瞬間の値のことであり，回路の初期状態により求められる。この時刻を通常 $t=0$ とする。たとえば，初期状態(時刻 $t<0$)でキャパシタに電荷が蓄えられていなければ，キャパシタ電圧は $v(t)=0$ となる。図 6-4 上図のように，$t=0$ で状態が変化(充電)したとすると，電荷量はすぐに変わることはなく初期条件は $v(0)=0$ となるが，やがて一定の電圧になるだろう。しかし，キャパシタ電流は，$i(t)=C\dfrac{dv(t)}{dt}$ のように微分の演算で表されるため，図 6-4 下図に示すように状態変化の瞬間で値が不連続に変わることがある。キャパシタ電圧(あるいは電荷)やインダクタ電流は，初期条件が連続となるため関数として選び，微分方程式をたてると解きやすい。

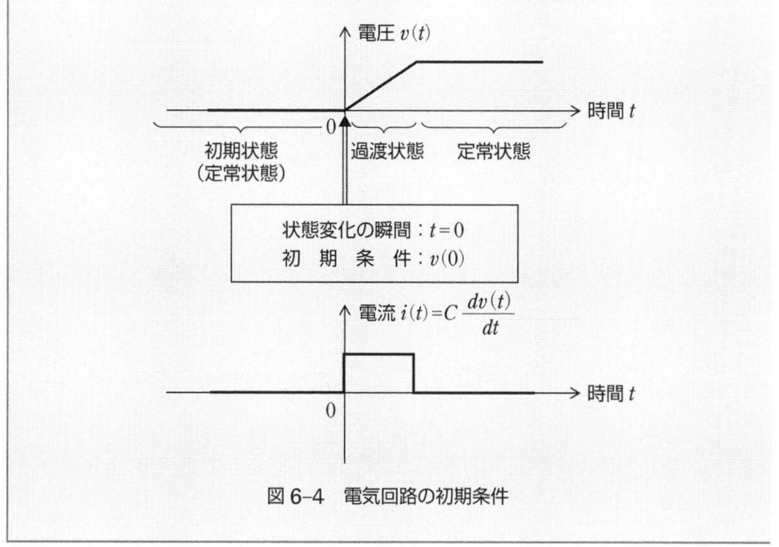

図 6-4　電気回路の初期条件

16. 電圧の初期条件
初期状態で，キャパシタの電極に電荷が蓄えられていないとすると，電圧の初期条件は $v(0)=0$ となる。

17. 未定係数の決定
式 6-14 および $v(0)=0$ より
$v(0)=ke^0+E=k+E=0$
となる($e^0=1$)。よって，$k=-E$ となる。

式 6-15 の電圧の波形を図 6-5(a)に示す。横軸は時間であり，縦軸はキャパシタの電圧値である。スイッチを閉じた瞬間の電圧は 0V であるが，時間が経過すると徐々に増えていき，やがて E [V] の定常状態に

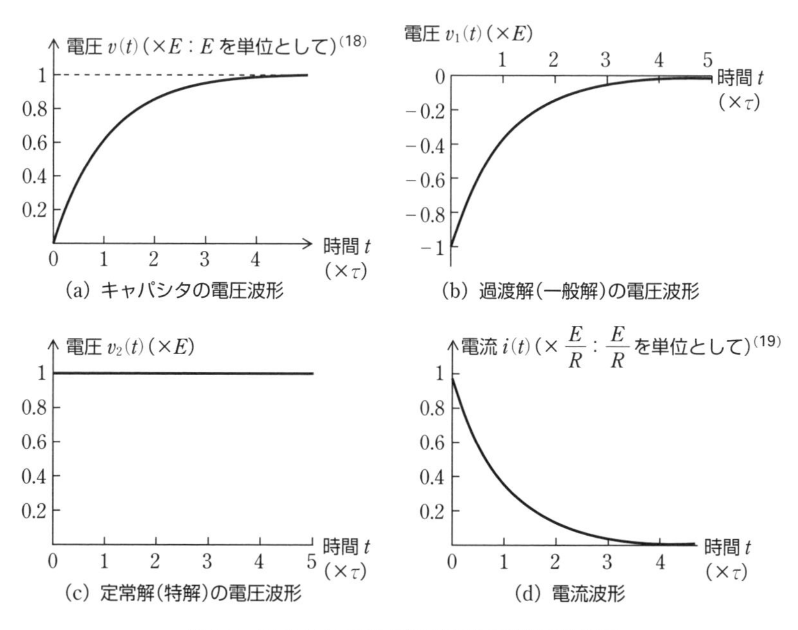

図 6-5　図 6-2 の RC 回路の電圧と電流の過渡応答

18. 図 6-5(a)の縦軸と横軸(電圧と時間)の数値
横軸は τ を単位時間の基準として相対的に表し，縦軸は E を単位電圧として相対的に表している。したがって，実際の値が必要な場合には，横軸には τ 値を，縦軸には E 値をかければよい。

19. 図 6-5(d)の縦軸と横軸(電流と時間)の数値
横軸は τ を単位時間の基準として相対的に表し，縦軸は $\dfrac{E}{R}$ を単位電流として相対的に表している。したがって，実際の値が必要な場合には，横軸には τ 値を，縦軸には $\dfrac{E}{R}$ 値をかければよい。

なる。図 6-5(b)および図 6-5(c)は，式 6-15 の過渡解(一般解)と定常解(特解)の波形である。キャパシタ電圧が増えていく過程では，過渡解はゼロに近づくが，定常解は初めから一定の値 E のまま変わらないことがわかる。

一方，回路の電流は，式 6-15 を式 6-2 へ代入することで

$$i(t)=\frac{E}{R}e^{-\frac{1}{RC}t} \tag{6-16}$$

となる(定常解はゼロである)。図 6-5(d)に式 6-16 の電流変化の波形を示す。電流は，スイッチを閉じた瞬間から流れ，時間の経過とともに減少する。十分時間が経つと，電流は流れないためキャパシタを接続していない状態になる[20]。この図で用いる τ(タウ)は式 6-17 で表される時定数である。

20. 直流とキャパシタ
直流に対してキャパシタは開放と等しい。

$$\tau=RC \tag{6-17}$$

なお，式 6-16 において，時刻 $t=RC$ [s] では $i(RC)=\frac{E}{R}e^{-1}$[A]となり，$t=0$ のときの電流 $i(0)=\frac{E}{R}$[A]の $\frac{1}{e}$ 倍 $\left(\frac{1}{2.72}=0.368\text{ 倍}\right)$ になる。この時間 $t=RC$ のことを**時定数**(じていすう)(time constant)といい，過渡応答の速さを示す時間のことで，τ [s] と書く(コラム「時定数」参照)。

COLUMN 時定数

図 6-6 に示す過渡応答が起こった時刻 $t=0$ の値が $\frac{1}{e}$ 倍(約 37%)に減衰するまでの時間のことを**時定数**(じていすう)(通常 τ(タウ)と記す)という。なお，e は自然対数の底で $e=2.72$ である。図 6-6 の $t=0$ の接線(破線)で示すように，最初の割合で減少していくと $t=\tau$ [s] において，値がゼロになる時間となる。図 6-2 の回路例では $\tau=RC$ [s] である。**時定数の大小は回路の応答の速さ**を表し，小さいほど応答が速く，大きいほど遅い。また，$t=5\tau$ [s] くらい経過すると，約 0.67%まで減衰する。この程度の時間が経つと過渡応答の影響は，見られないといえよう。

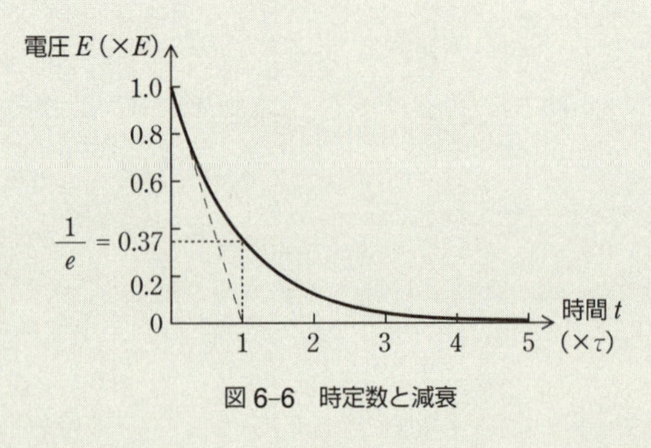

図 6-6　時定数と減衰

放電の過渡応答

次に，図 6–7 のように定電圧源 E により充電されたキャパシタ C から構成される RC 回路を考える。スイッチ S を 1 側から 2 側へ切り換えると，キャパシタの電圧は電源電圧 E にはじめ等しく，スイッチを 2 側にたおすことで電流が流れる。すると，キャパシタ電圧が低下し，キャパシタ電流はゼロに近づく。

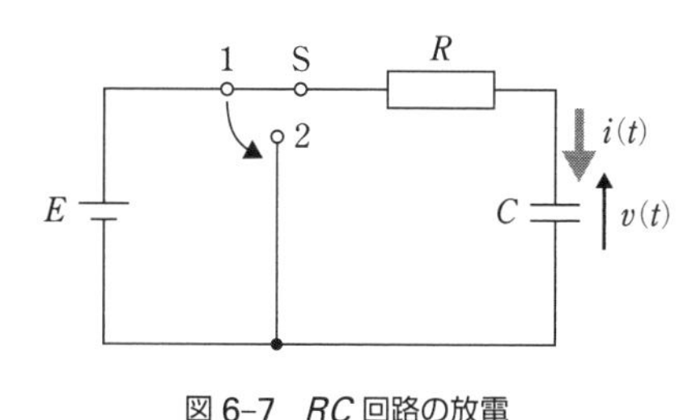

図 6–7　RC 回路の放電

例題

図 6–7 において，スイッチ S が 1 側へつながれた状態から 2 側へ切り換える。切り換えた瞬間の時刻を $t=0$ としたとき，時刻 $t \geqq 0$ でのキャパシタ電圧 $v(t)$ [V] とループ電流（キャパシタ電流）$i(t)$ [A] の過渡応答を求めよ。

●略解——解答例

図 6–7 に示すようにキャパシタ電流の向きを定めると，キルヒホッフの電圧則（第二法則）より，$t \geqq 0$ での回路方程式は

$$RC\frac{dv(t)}{dt}+v(t)=0$$

となる。過渡解のみとなるので

$$v(t)=ke^{-\frac{1}{RC}t} \qquad (6\text{–}18)$$

を得る。初期状態でキャパシタ電圧は電源電圧 E に等しい。$t=0$ でスイッチが切り換えられると，電圧の初期条件は，$v(0)=E$ [V] となる。式 6–18 に適用することによって，$k=E$ となり

$$v(t)=Ee^{-\frac{1}{RC}t} \quad \text{（答）} \qquad (6\text{–}19)$$

となる。また，式 6–19 を式 6–2 へ代入することで

$$i(t)=-\frac{E}{R}e^{-\frac{1}{RC}t} \quad \text{（答）} \qquad (6\text{–}20)$$

となる。

キャパシタ電圧とキャパシタ電流の過渡応答の波形を図 6–8(a) および図 6–8(b) に示す。キャパシタ電圧は，放電とともに低下し，電流も減少していく。なお，図 6–8(b) は，マイナスの電流値が増

加しているが，図 6−7 の回路図中の電流の向きと反対方向に流れる電流が減少することを表している。

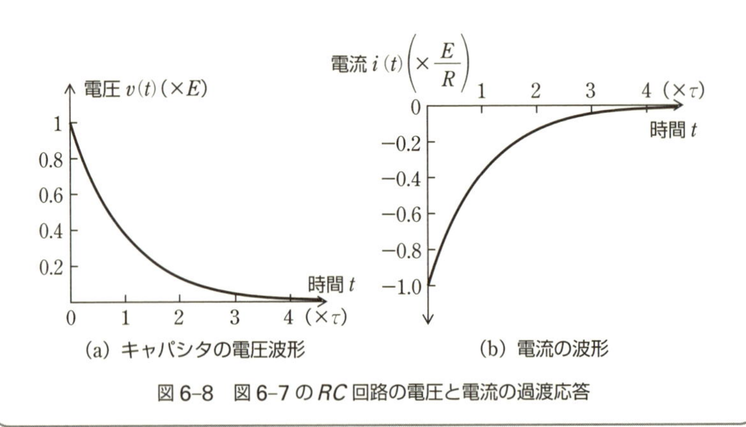

図 6-8　図 6-7 の *RC* 回路の電圧と電流の過渡応答

6-1-2　交流電源での *RC* 直列回路の過渡応答

交流電源の過渡応答

図 6−9 に，$E\sin\omega t$ [V] の交流電圧源が接続された *RC* 回路を示す。スイッチ S を時刻 $t=0$ で閉じたとき，$t \geqq 0$ でのキャパシタ電圧 $v(t)$ [V] とキャパシタ電流 $i(t)$ [A] の過渡応答を求めてみよう。はじめ，キャパシタ電圧 $v(t)$ はゼロで，$t<0$ での初期状態は $i(t)=0$ とする。スイッチ S が閉じられると，キャパシタ電流が流れ，キャパシタ電圧は増加し，十分時間が経過するとキャパシタ電圧および電流は定常的な状態になる。

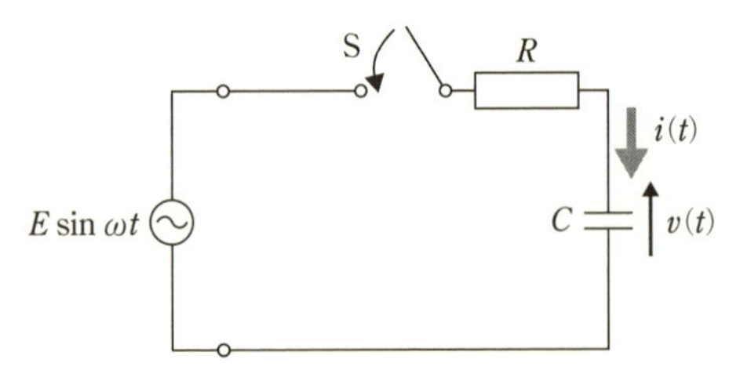

図 6-9　交流電圧源 *RC* 回路

回路方程式をたてると

$$RC\frac{dv(t)}{dt}+v(t)=E\sin\omega t \qquad (6-21)$$

となる。右辺＝0 とおいたときの過渡解は，**6-1-1** 項と同様にして

$$v_1(t)=ke^{-\frac{1}{RC}t} \qquad (6-22)$$

となる。定常解(特解)の候補として電源と等しい角周波数で，すべての三角関数を表せる

$$v_2(t)=A\sin\omega t+B\cos\omega t \quad (A, B\text{は未定係数}) \qquad (6-23)$$

を用い，$v(t)=v_2(t)$ として，式 6−21 に代入すると

$$RC(\omega A\cos\omega t-\omega B\sin\omega t)+A\sin\omega t+B\cos\omega t=E\sin\omega t \qquad (6-24)$$

となり，整理すると

$$(A-\omega BRC-E)\sin\omega t+(B+\omega ARC)\cos\omega t=0 \quad (6\text{-}25)$$

を得る。式 6-25 がつねに成り立つために

$$A-\omega BRC-E=0 \quad (6\text{-}26)$$

$$B+\omega ARC=0 \quad (6\text{-}27)$$

という条件が必要で，式 6-27 より

$$B=-\omega ARC \quad (6\text{-}28)$$

となり，式 6-26 に代入すると

$$A=\frac{E}{1+(\omega RC)^2} \quad (6\text{-}29)$$

となり，式 6-29 を式 6-28 に代入すると

$$B=-\frac{(\omega RC)E}{1+(\omega RC)^2} \quad (6\text{-}30)$$

となる。よって，未定係数が定まり

$$v_2(t)=\frac{E}{1+(\omega RC)^2}(\sin\omega t-\omega RC\cos\omega t) \quad (6\text{-}31)$$

の定常解が得られる。微分方程式の解は

$$v(t)=v_1(t)+v_2(t)=ke^{-\frac{1}{RC}t}+\frac{E}{1+(\omega RC)^2}(\sin\omega t-\omega RC\cos\omega t)$$

$$(6\text{-}32)$$

となり，初期条件から $v(0)=0$ とおいて，三角関数の公式[21]を適用すると

$$v(t)=\underbrace{\frac{\omega RCE}{1+(\omega RC)^2}e^{-\frac{1}{RC}t}}_{\text{過渡解}}+\underbrace{\frac{1}{\sqrt{1+(\omega RC)^2}}E\sin(\omega t-\tan^{-1}\omega RC)}_{\text{定常解}}$$

$$(6\text{-}33)$$

21. 三角関数の公式
$A\sin x+B\cos x=\sqrt{A^2+B^2}\sin(x+\theta)$，$\theta=\tan^{-1}\dfrac{B}{A}$ を用いる。なお，$\tan^{-1}$ は，逆正接関数（ぎゃくせいせつかんすう）を表し，arctan と書くこともある。

のような過渡解と定常解を重ね合わせた波形となる。十分に時間が経過すると第 1 項（過渡解）はゼロとなり，キャパシタ電圧は定常解のみとなる。これは，電源電圧とは振幅が異なり位相が遅れた正弦波である。図 6-10 に，この電圧波形を示す。図 6-10(a) はキャパシタ電圧の波形であり，図 6-10(b) および図 6-10(c) はそれぞれ過渡解と定常解の波形である。スイッチが閉じられた直後は過渡応答が見られるが，やがて正弦波となることがわかる。

　電流は，式 6-33 を式 6-2 に代入することで

$$i(t)=\underbrace{-\frac{\omega CE}{1+(\omega RC)^2}e^{-\frac{1}{RC}t}}_{\text{過渡解}}+\underbrace{\frac{\omega CE}{\sqrt{1+(\omega RC)^2}}\cos(\omega t-\tan^{-1}\omega RC)}_{\text{定常解}}$$

$$(6\text{-}34)$$

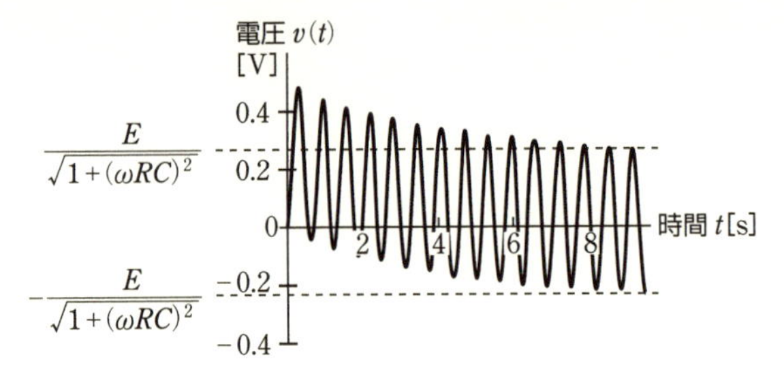

(a) キャパシタ電圧

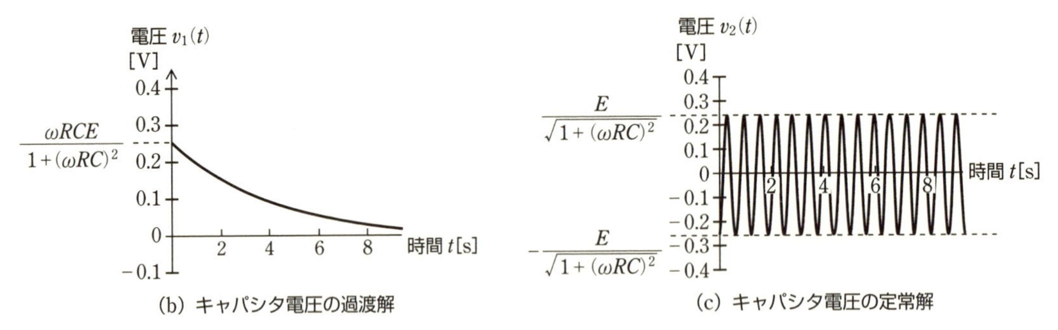

(b) キャパシタ電圧の過渡解　　(c) キャパシタ電圧の定常解

図 6-10　*RC* 回路の交流電圧の過渡応答

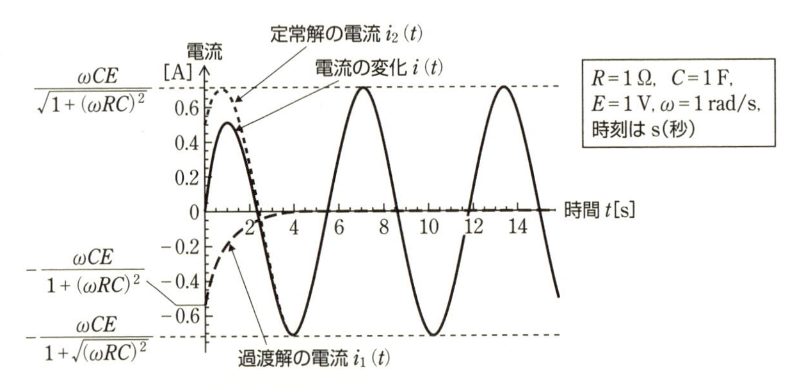

図 6-11　図 6-9 の *RC* 回路の電流の過渡応答
(図 6-10 とは異なる素子値であり，電源周波数が異なる。)

となる。図 6-11 に電流変化の波形を示す。図 6-11 中の実線は，キャパシタ電流の波形である。図 6-11 の破線および点線は，過渡解と定常解の波形である。キャパシタ電流もキャパシタ電圧と同様に，スイッチを閉じた直後には過渡解の影響が大きいことがわかる。

6-1-3　直流電源での *RL* 直列回路の過渡応答

RL 直列回路の過渡応答

図 6-12 に示すスイッチ S，直流電圧源 E [V] および抵抗 R [Ω] とインダクタ L [H] で構成される *RL* 直列回路のインダクタ電流 $i(t)$ [A] とインダクタ電圧 $v(t)$ [V] の過渡応答を調べよう。はじめ，インダクタの電流 $i(t)$ はゼロとする。$t=0$ でスイッチ S が閉じられると，インダクタ電流が流れはじめ，徐々に増加する。時間が経過すると，やがて一定電流となり，イン

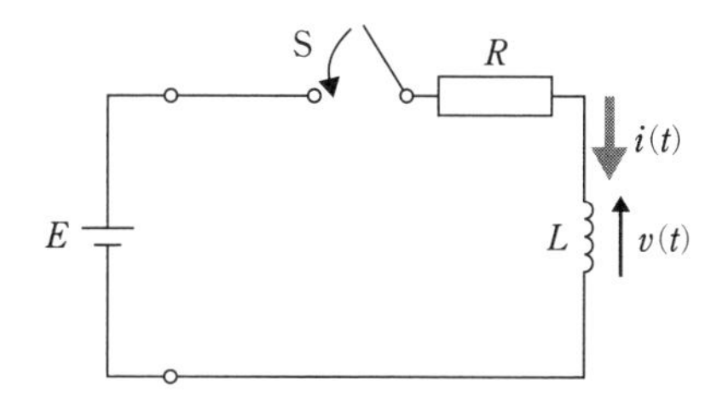

図 6-12　直流電圧源 RL 回路

ダクタ電圧はゼロに近づく。

インダクタ電流 $i(t)$[A]を図 6-12 のような向きにすると，キルヒホッフの電圧則(第二法則)より回路方程式は

$$Ri(t)+v(t)=E \qquad (t \geqq 0) \tag{6-35}$$

↑抵抗電圧　↑インダクタ電圧　↑電源電圧

となる。また，インダクタの電圧と電流の関係は

$$v(t)=L\frac{di(t)}{dt} \tag{6-36}$$

であるので，式 6-36 を式 6-35 へ代入すると，インダクタ電流の変化は 1 階微分方程式で表される。

$$L\frac{di(t)}{dt}+Ri(t)=E \tag{6-37}$$

RC 回路のとき(**6-1-1** 項参照)と同様に，式 6-37 の過渡解は，未定係数 k を用いることで

$$i_1(t)=ke^{-\frac{R}{L}t} \tag{6-38}$$

と表される。定常解は，一定の値をとる関数を候補として

$$i_2(t)=\frac{E}{R} \tag{6-39}$$

となる。初期状態でインダクタ電流は流れていないので，スイッチを閉じた瞬間の電流の初期条件は，$i(0)=0$ である。したがって，解として

$$i(t)=\frac{E}{R}-\frac{E}{R}e^{-\frac{R}{L}t}=\frac{E}{R}\left(1-e^{-\frac{R}{L}t}\right) \tag{6-40}$$

↑定常解　↑過渡解

を得る。また，インダクタ電圧は，式 6-40 を式 6-36 へ代入することにより

$$v(t)=Ee^{-\frac{R}{L}t} \tag{6-41}$$

となる。

式 6-40 より，スイッチを閉じた瞬間のインダクタ電流はゼロであるが，徐々に増えていき，やがて $\frac{E}{R}$[A]の定常解に近づいていく。また，式 6-41 より，インダクタ電圧は，スイッチを閉じた瞬間に E[V]となるが，やがて減衰しゼロに近づく。このとき，減衰の速さを示す時定数

τは，$\tau = \dfrac{L}{R}$で与えられる。

以上のように，インダクタに直流電圧を加え十分時間が経つと，インダクタ電圧はゼロとなるため，短絡状態と等しくなる。RL 回路の過渡応答は，図 6-5 に示した RC 回路の波形の場合と比べて，電圧と電流の違いはあるが，同様に変化することがわかる。

例題

図 6-13 の RL 直列回路で，スイッチ S を 1 側へ閉じた状態から，時刻 $t=0$ でスイッチ S を 2 側へ切り換えたとき，$t \geqq 0$ でのインダクタ電流 $i(t)$［A］とインダクタ電圧 $v(t)$［V］の過渡応答を求めよ。

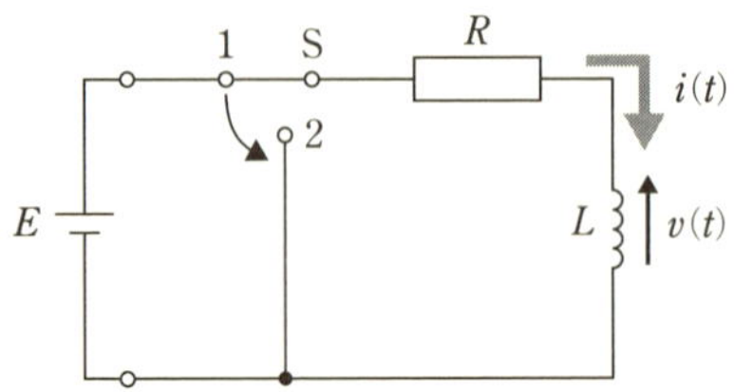

図 6-13　直流電圧源 RL 回路

●略解——解答例

スイッチが 2 側へ切り換えられたとき，$t \geqq 0$ で流れるインダクタ電流 $i(t)$［A］を図 6-13 のような向きにすると，キルヒホッフの電圧則（第二法則）から回路方程式は

$$L\frac{di(t)}{dt} + Ri(t) = 0 \qquad (6\text{-}42)$$

となる。

$t<0$ の初期状態でのインダクタ電流は $i(t) = \dfrac{E}{R}$［A］なので，$t=0$ でのインダクタ電流の初期条件は $i(0) = \dfrac{E}{R}$［A］となる。過渡解のみなので，インダクタ電流は

$$i(t) = \frac{E}{R}e^{-\frac{R}{L}t} \quad (\text{答}) \qquad (6\text{-}43)$$

と表される。また，インダクタ電圧は式 6-43 を式 6-36 に代入することで

$$v(t) = -Ee^{-\frac{R}{L}t} \quad (\text{答}) \qquad (6\text{-}44)$$

と表される。式 6-43 および式 6-44 で表される電流と電圧の過渡応答は，図 6-8 に示した RC 回路の電圧と電流と同様の振る舞いを示す。

6-1-4 交流電源での RL 直列回路の過渡応答

図 6−14 に示す交流電圧源 $E\sin\omega t$ [V] が接続された RL 回路のスイッチ S を閉じたとき，インダクタ電流 $i(t)$ [A] とインダクタ電圧 $v(t)$ [V]の過渡応答を求めてみよう。

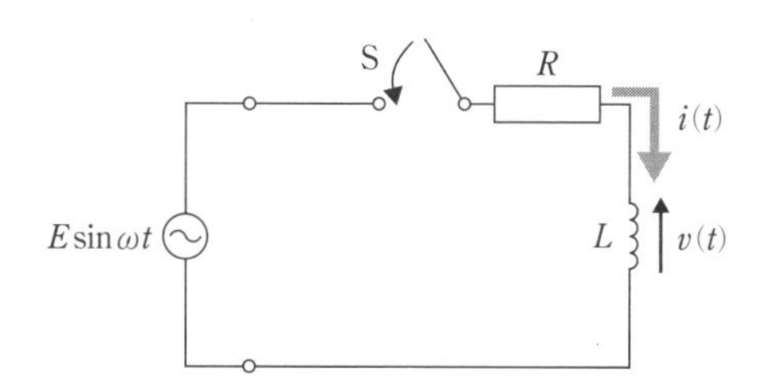

図 6−14　交流電圧源 RL 回路

時刻 $t<0$ での初期状態は，$i(t)=0$ とする。$t=0$ で，スイッチ S が閉じられるとインダクタ電流が流れはじめ，十分時間が経過するとインダクタ電圧と電流は交流的に応答する。

キルヒホッフの電圧則(第二法則)をもとに回路方程式をたてると

$$L\frac{di(t)}{dt}+Ri(t)=E\sin\omega t \tag{6-45}$$

を得る。式 6−45 の微分方程式は，RC 直列回路のときの式 6−21 と同様の形であるため，右辺＝０とおいたときの過渡解は

$$i_1(t)=ke^{-\frac{R}{L}t} \tag{6-46}$$

となる(**6-1-2** 項参照)。定常解は

$$i_2(t)=\frac{\omega LE}{(\omega L)^2+R^2}\left(\frac{R}{\omega L}\sin\omega t-\cos\omega t\right) \tag{6-47}$$

となる(**6-1-2** 項参照)。電流の初期条件は，$i(0)=0$ となることと，三角関数の公式[22]を適用するとインダクタ電流は

$$i(t)=\underbrace{\frac{\omega LE}{(\omega L)^2+R^2}e^{-\frac{R}{L}t}}_{\text{過渡解}}+\underbrace{\frac{E}{\sqrt{(\omega L)^2+R^2}}\sin\left(\omega t-\tan^{-1}\frac{\omega L}{R}\right)}_{\text{定常解}} \tag{6-48}$$

のように過渡解と定常解を重ね合わせた波形となる。なお，十分時間が経過すると第 1 項(過渡解)はゼロとなり，定常解の正弦波形となる。

一方，インダクタ電圧は，式 6−48 を 6−36 へ代入することで

$$v(t)=-\frac{\omega RLE}{(\omega L)^2+R^2}e^{-\frac{R}{L}t}+\frac{\omega LE}{\sqrt{(\omega L)^2+R^2}}\cos\left(\omega t-\tan^{-1}\frac{\omega L}{R}\right) \tag{6-49}$$

となる。式 6−48 および式 6−49 の波形は，図 6−10 および図 6−11 に示した RC 直列回路の過渡応答と同様となる。

22. 三角関数の公式(再掲)
$A\sin x+B\cos x=\sqrt{A^2+B^2}\sin(x+\theta)$，$\theta=\tan^{-1}\frac{B}{A}$ を用いる。なお，$\tan^{-1}$ は，逆正接関数(ぎゃくせいせつかんすう)を表し，arctan と書くこともある。

6-1 ドリル問題

問題 1———キャパシタ(キャパシタンス C [F])に直流電圧 E [V] を加えたとき，キャパシタ電圧はどうなるか。

問題 2———インダクタ(インダクタンス L [H])に直流電圧 E [V] を加えたとき，インダクタ電圧はどうなるか。

問題 3———過渡解と定常解とは何かを説明せよ。

問題 4———微分方程式 $\dfrac{dv(t)}{dt}+v(t)=E\cos\omega t$ を初期条件電圧 $v(0)=0$ のもとで解け。

問題 5———図 6-2 の RC 直列回路において，$R=1\,\Omega$，$C=1\,\mathrm{F}$，$E=1\,\mathrm{V}$ のとき，キャパシタ電圧 $v(t)$ の過渡応答を求めよ。

問題 6———図 6-9 の RC 回路において，$R=1\,\Omega$，$C=1\,\mathrm{F}$，$E=1\,\mathrm{V}$，$\omega=1\,\mathrm{rad/s}$ のとき，キャパシタ電圧 $v(t)$ の過渡応答を求めよ。

問題 7———図 6-12 の RL 回路において，$R=1\,\mathrm{k\Omega}$，$L=2\,\mathrm{H}$ のとき，インダクタ電圧の時定数を求めよ。

問題 8———図 6-12 の RL 回路において，$R=0.5\,\Omega$，$L=0.5\,\mathrm{H}$，$E=1\,\mathrm{V}$ のとき，インダクタ電流 $i(t)$ の過渡応答を求めよ。

問題 9———図 6-14 の RL 回路で，$R=1\,\Omega$，$L=0.5\,\mathrm{H}$，$E=1\,\mathrm{V}$，$\omega=2\,\mathrm{rad/s}$ のとき，インダクタ電流 $i(t)$ の過渡応答を求めよ。

6-1 演習問題

1. 図 1 の直流電圧源 RL 回路で，スイッチ S を 1 側へ閉じた状態から，時刻 $t=0$ でスイッチ S を 2 側へ切り換えたとき，$t\geqq 0$ で抵抗 R で消費されるエネルギーを求めよ。
（ヒント：$t\geqq 0$ のエネルギーは $u(t)=\int_0^t p(\tau)d\tau=\int_0^t v(\tau)i(\tau)d\tau$ となる）

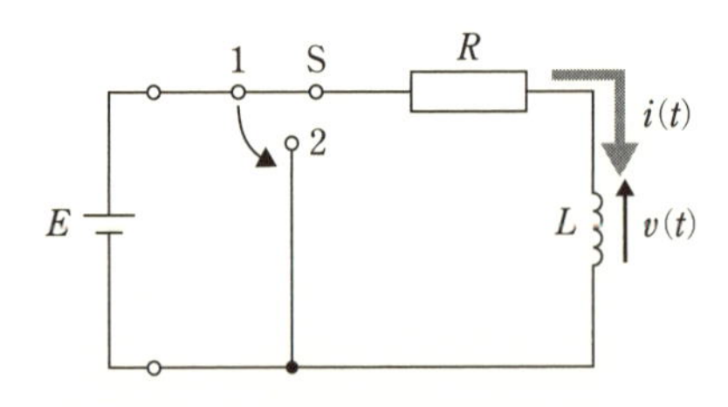

図 1　直流電圧源 RL 直列回路

2. 図 2 に示すように，直流電圧源を RC 並列回路に接続し，スイッチ S を閉じてキャパシタ C が充電された状態で，時刻 $t=0$ でスイッチ S を開いた。図中の電圧 $v(t)$ [V] に関する過渡応答を求めよ。

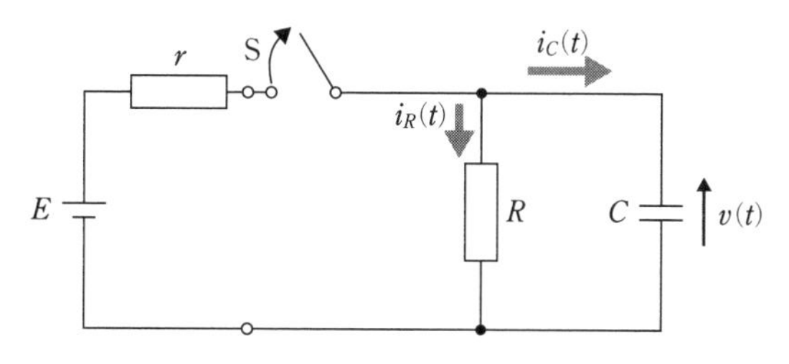

図 2　直流電圧源 RC 並列回路

3. 図 3 に示す直流電流源(定電流源)RC 並列回路において，時刻 $t=0$ でスイッチ S を開いたとき，図中の電圧 $v(t)$[V] に関する過渡応答を求めよ。ただし，$v(0)=0$ とする。なお，$t<0$ では素子に電流は流れておらず，スイッチを開くことにより素子に電流が流れはじめる。

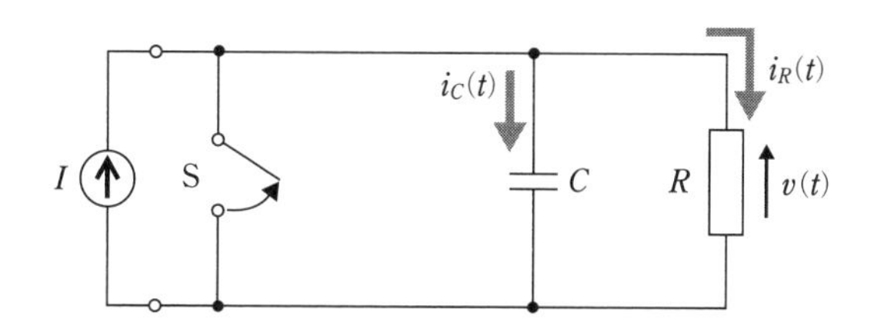

図 3　直流電流源 RC 並列回路

4. 図 4 に示す直流電流源 RL 直列回路において，時刻 $t=0$ でスイッチ S を閉じたとき，インダクタ電流 $i_L(t)$[A] に関する過渡応答を求めよ。ただし，$i_L(0)=0$ とする。

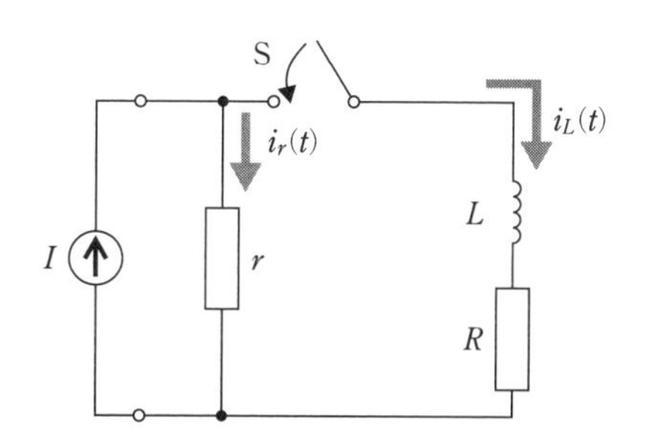

図 4　直流電流源 RL 並列回路

5. 図 5 のように直流と交流を重ね合わせた電圧源の RC 直列回路において，時刻 $t=0$ でスイッチ S を閉じたとき，キャパシタ電圧 $v(t)$ [V] に関する過渡応答を求めよ。ただし，$v(0)=0$ とする。

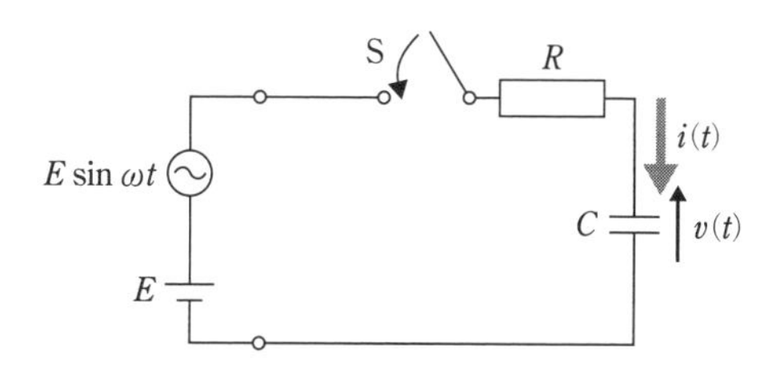

図 5　直流＋交流電圧源 RC 直列回路

6-2 RLC 回路

6-2-1 LC 直列回路

2 階微分方程式による回路の表現

図 6-15 に LC 直列回路を示す。スイッチ S，定電圧源 E [V] およびインダクタ L [H] とキャパシタ C [F]から構成されている。時刻 $t=0$ でスイッチ S を 2 側から 1 側へ閉じたとき，$t \geqq 0$ でのインダクタ電流 $i(t)$ [A] とキャパシタ電圧 $v_C(t)$ [V] の過渡応答を求めよう。ただし，$i(0)=0$ とする。

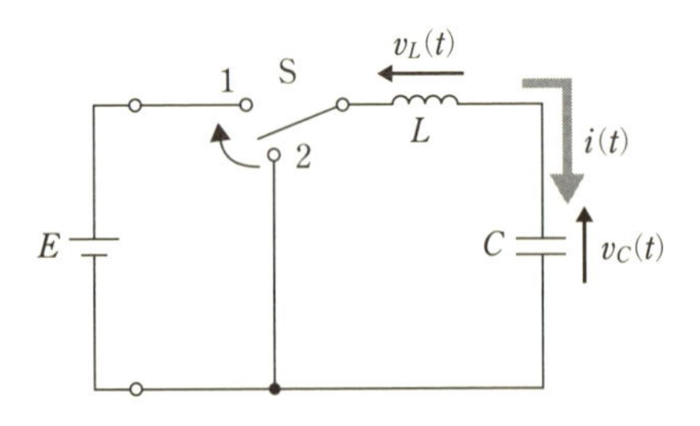

図 6-15　直流電圧源 LC 直列回路

$t \geqq 0$で流れるインダクタ電流 $i(t)$ [A] を図 6-15 のような向きにすると，キルヒホッフの電圧則(第二法則)により回路方程式は

$$\underset{\text{インダクタ電圧}}{L\frac{di(t)}{dt}} + \underset{\text{キャパシタ電圧}}{v_C(t)} = \underset{\text{電源電圧}}{E} \tag{6-50}$$

となる。また，キャパシタの電流と電圧の関係は

$$i(t) = C\frac{dv_C(t)}{dt} \tag{6-51}$$

なので(式 6-2 参照)，式 6-51 を式 6-50 へ代入すると，キャパシタ電圧に関する次の 2 階微分方程式を得る(1)。

$$LC\frac{d^2v_C(t)}{dt^2} + v_C(t) = E \tag{6-52}$$

1. 微分方程式の階数
電気回路を微分方程式で記述するとき，キャパシタやインダクタが 1 素子増えるごとに微分方程式の階数(次数)は 1 ずつ増えることになる。
図 6-15 は，L と C から構成されているので，2 階となる。

2 階微分方程式の解法

過渡解は，式 6-52 の右辺をゼロとした微分方程式

$$LC\frac{d^2v_C(t)}{dt^2} + v_C(t) = 0 \tag{6-53}$$

の解として求められる。定常解は，過渡解の存在を考慮しない式 6-52 の微分方程式の解として求められる。

過渡解は，2 階微分したとき同じ形となる三角関数が候補であり，未定係数 k, ω_0 を用いて

$$v_1(t) = k\cos\omega_0 t \tag{6-54}$$

と表せる。$v(t)=v_1(t)$ として式 6-53 に代入すると，方程式

$$1-LC\omega_0{}^2=0 \qquad (6\text{–}55)$$

を得る[(2)]。式 6–55 より $\omega_0=\dfrac{1}{\sqrt{LC}}$ となるので

$$v_1(t)=k\cos\left(\frac{1}{\sqrt{LC}}t\right) \qquad (6\text{–}56)$$

と表される過渡解を得る[(3)]。

一方，定常解は，一定の値をとる関数が候補であり，未定係数 V を用いて

$$v_2(t)=V \qquad (6\text{–}57)$$

と表し，$v(t)=v_2(t)$ として式 6–52 に代入すると $V=E$ となるので

$$v_2(t)=E \qquad (6\text{–}58)$$

という定常解を得る。以上より，解は

$$v_C(t)=v_1(t)+v_2(t)=\underbrace{k\cos\left(\frac{1}{\sqrt{LC}}t\right)}_{\text{過渡解}}+\underset{\uparrow\ \text{定常解}}{E} \qquad (6\text{–}59)$$

となる。電圧の初期条件は，$v_C(0)=0$ となるので(**6–1** 節の注 17 参照)，式 6–59 に適用すると $k=-E$ となる[(4)]。結局，式 6–52 の解は

$$v_C(t)=\underset{\text{直流分}}{E}\left\{1-\cos\left(\underbrace{\frac{1}{\sqrt{LC}}}_{\omega_0(\text{振動角周波数})}t\right)\right\} \qquad (6\text{–}60)$$

と表される。

キャパシタ電流(インダクタ電流と同一)は，式 6–60 を式 6–51 に代入することで次式のようになる。

$$i(t)=\underbrace{\sqrt{\frac{C}{L}}E}_{\text{振幅}}\sin\left(\underbrace{\frac{1}{\sqrt{LC}}}_{\omega_0(\text{振動角周波数})}t\right) \qquad (6\text{–}61)$$

以上より，キャパシタ電圧とキャパシタ電流の波形は，図 6–16(a) および図 6–16(b) となる。このとき時定数は $\tau=\sqrt{LC}$ となる。

振動現象

次に，図 6–15 のキャパシタが充電され，電圧の初期状態が $v_C(t)=E$ [V] となっている時刻 $t=0$ のと

2. 過渡解の他の候補
たとえば，
$v_1(t)=A\sin\omega_0 t+B\cos\omega_0 t$
としても式 6–55 を得る。

3. 振動解
式 6–56 の解は，単振動で見られる解と同じの形の関数である。ω_0 を**振動角周波数**(または**固有角周波数**)という。

4. 未定係数の決定
式 6–59 より
$v_C(0)=k\cos 0+E$
$=k+E=0$
($\cos 0=1$ だから)
よって，$k=-E$ を得る。

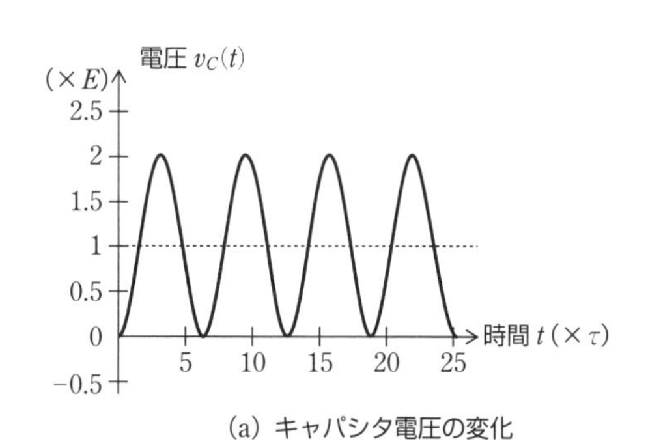

(a) キャパシタ電圧の変化

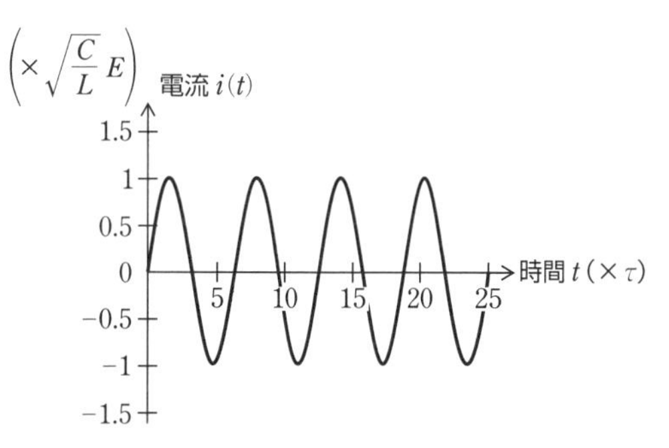

(b) キャパシタ電流の変化

図 6–16　図 6–15 の *LC* 回路の過渡応答

き，スイッチSを1側から2側へ切り換えることにする。

キルヒホッフの電圧則（第二法則）より回路方程式は

$$LC\frac{d^2v_C(t)}{dt^2}+v_C(t)=0 \tag{6-62}$$

となる。過渡解を式6-54のようにおくと，電圧の初期条件は $v_C(0)=E$[V]であることより，キャパシタ電圧は

$$v_C(t)=E\cos\left(\frac{1}{\sqrt{LC}}t\right) \tag{6-63}$$

の交流電圧として求まる。なお，キャパシタ電流（インダクタ電流と同一）は，式6-63を式6-51に適用することで

$$i(t)=-\sqrt{\frac{C}{L}}E\sin\left(\frac{1}{\sqrt{LC}}t\right) \tag{6-64}$$

となる。このように LC 直列回路では，キャパシタに電圧をかけていったん電気エネルギーを蓄えると，外部から交流電源をかけていてもいなくても回路の状態は交流的に変化する。この現象は，**振動**（oscillation）といわれる。ちょうどバネの場合の減衰のない単振動と類似の関係にあたる[5]。インダクタとキャパシタではエネルギーの損失は生じないため，L と C の間で電気エネルギーの交換が行われる[6]。

5. バネの振動
第6章のコラム「過渡現象」に示すおもりの運動において，もし床面とおもりの摩擦の影響が無視できると，運動方程式は

$$m\frac{d^2x(t)}{dt^2}=-kx(t)$$

（質量 m，加速度 $\frac{d^2x(t)}{dt^2}$，外力：バネ定数 k，変位（自然長からの位置）$x(t)$）

となる。変形すると

$$\frac{m}{k}\frac{d^2x(t)}{dt^2}+x(t)=0$$

と表される（式6-62と類似の微分方程式になる）。初期条件として，手を放す時刻（$t=0$）の変位を $x(0)=l$ として微分方程式を解くと

$$x(t)=l\cos\left(\sqrt{\frac{k}{m}}t\right)$$

を得る。なお，振動角周波数は

$$\omega_0=\sqrt{\frac{k}{m}}$$

となる。

6. 電気エネルギーの交換
詳細は6-2演習問題1.を解きながら考えてみてほしい。

6-2-2 直流電源での *RLC* 直列回路の過渡応答

一般2階微分方程式

図6-17の RLC 直列回路で，時刻 $t=0$ でスイッチを閉じたとき，$t\geqq 0$ でのキャパシタ電圧 $v_C(t)$ とインダクタ電流 $i(t)$ の過渡応答を解析しよう。ただし，$t<0$ でのキャパシタに流れる電流の初期状態は，$i(t)=0$ とする。スイッチSを閉じると，キャパシタ電流が流れはじめるが，やがて定常状態では電流はゼロとなり，キャパシタ電圧は電源電圧 E [V] と等しくなる。

スイッチSを閉じたとき，$t\geqq 0$ で流れるキャパシタ電流 $i(t)$ は，キルヒホッフの電圧則（第二法則）から回路方程式

$$Ri(t)+L\frac{di(t)}{dt}+v_C(t)=E \tag{6-65}$$

（抵抗電圧 $Ri(t)$，インダクタ電圧 $L\frac{di(t)}{dt}$，キャパシタ電圧 $v_C(t)$，電源電圧 E）

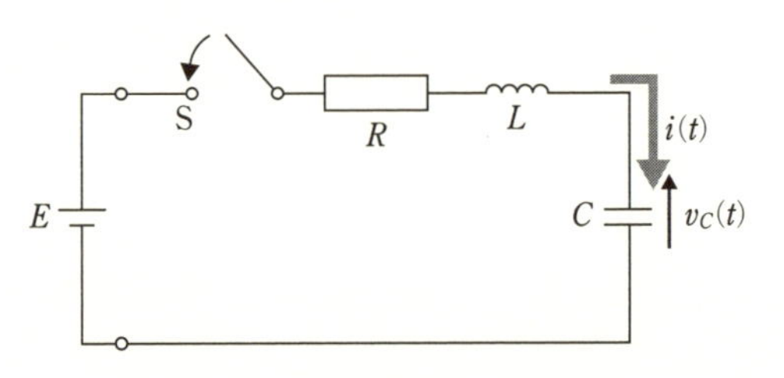

図6-17　直流電圧源 *RLC* 直列回路

で与えられる。式 6−51 を用いると，式 6−65 は

$$RC\frac{dv_C(t)}{dt}+LC\frac{d^2v_C(t)}{dt^2}+v_C(t)=E \tag{6-66}$$

と表され，キャパシタ電圧 $v_C(t)$ に関する 2 階微分方程式となる。

過渡解 $v_1(t)$ は

$$LC\frac{d^2v_1(t)}{dt^2}+RC\frac{dv_1(t)}{dt}+v_1(t)=0 \tag{6-67}$$

の解として求められ，定常解 $v_2(t)$ は

$$LC\frac{d^2v_2(t)}{dt^2}+RC\frac{dv_2(t)}{dt}+v_2(t)=E \tag{6-68}$$

の解として求められる。

2 階微分方程式の解

過渡解は，指数関数が候補であり，未定係数 k, s を用いて

$$v_1(t)=ke^{st} \tag{6-69}$$

と表し，式 6−67 に代入すると，**特性方程式**

$$LCs^2+RCs+1=0 \tag{6-70}$$

を得る。式 6−70 の解は，2 次方程式の解の公式より

$$s=\frac{1}{2L}\left(-R\pm\sqrt{R^2-\frac{4L}{C}}\right) \tag{6-71}$$

と表される。R, L, C の値に応じて，以下に示す三つの特徴的な解に分類することができる。

（Ⅰ） 異なる二つの実解の場合 $\left(R^2-\frac{4L}{C}>0\right)$

$a=-\frac{R}{2L}$，$b=\frac{1}{2L}\sqrt{R^2-\frac{4L}{C}}$ として，異なる解を $\alpha_1=a+b$，$\alpha_2=a-b$（アルファ）と表すと，過渡解は未定係数 k_1, k_2 を用いて次式のように表される。

$$v_1(t)=k_1e^{(a+b)t}+k_2e^{(a-b)t}=k_1e^{\alpha_1 t}+k_2e^{\alpha_2 t} \tag{6-72}$$

（Ⅱ） 等しい解（重解）の場合 $\left(R^2-\frac{4L}{C}=0\right)$

等しい解を $\alpha=-\frac{R}{2L}$（アルファ）と表すと，過渡解は次式のように表される(7)。

$$v_1(t)=k_1e^{\alpha t}+k_2te^{\alpha t} \tag{6-73}$$

（Ⅲ） 異なる二つの複素解の場合 $\left(R^2-\frac{4L}{C}<0\right)$

異なる解を $\alpha=-\frac{R}{2L}$, $\beta=\frac{1}{2L}\sqrt{-R^2+\frac{4L}{C}}$ として，$\alpha_1=\alpha+j\beta$, $\alpha_2=\alpha-j\beta$ と表し，オイラーの公式を用いると過渡解は次式のように表される。

$$\begin{aligned}v_1(t)&=k_1e^{(\alpha+j\beta)t}+k_2e^{(\alpha-j\beta)t}\\&=e^{\alpha t}\{(k_1+k_2)\cos\beta t+j(k_1-k_2)\sin\beta t\}\end{aligned} \tag{6-74}$$

7. 重解

重解の場合，もうひとつの過渡解を $\phi(t)e^{\alpha t}$ とすることで求められる。

$v_1(t)=\phi(t)e^{\alpha t}$ として式 6−67 に代入すると

$$LC(\phi''+2\alpha\phi'+\alpha^2\phi)e^{\alpha t}+RC(\phi'+\alpha\phi)e^{\alpha t}+\phi e^{\alpha t}=0 \quad \cdots①$$

となる（ただし，$\phi=\phi(t)$，$\phi'=\frac{d\phi(t)}{dt}$，$\phi''=\frac{d^2\phi(t)}{dt^2}$ を表す）。

式①を整理すると

$$\{LC\phi''+\underbrace{(2LC\alpha+RC)}_{=0}\phi'+\underbrace{(LC\alpha^2+RC\alpha+1)}_{=0}\phi\}e^{\alpha t}=0 \quad \cdots②$$

となる。α は特性方程式

$$LC\alpha^2+RC\alpha+1=0$$

の重解 $\left(\alpha=-\frac{R}{2L}\right)$ なので，式②の第 2 項，第 3 項はゼロとなる。したがって，$\phi''=0$ となり，t に関して積分すると $\phi'=k_2$（k_2：積分定数）となり，さらに積分すると $\phi=k_2t+k_1$（k_1：積分定数）となる。以上より

$$v_1(t)=\phi(t)e^{\alpha t}=k_1e^{\alpha t}+k_2te^{\alpha t}$$

というように式 6−73 を得る（$k_2te^{\alpha t}$ を含む）。

いずれの場合も R, L, C は正の値で，指数関数の指数の実部 α_1, α_2, α は負の値をとるので，時間の経過とともに減衰してゼロに近づく。図 6−18 に（Ⅰ）($R=2\,\Omega$, $L=0.5\,\mathrm{H}$, $C=2\,\mathrm{F}$)，（Ⅱ）($R=2\,\Omega$, $L=1\,\mathrm{H}$, $C=1\,\mathrm{F}$)，（Ⅲ）($R=2\,\Omega$, $L=2\,\mathrm{H}$, $C=0.5\,\mathrm{F}$) の過渡解の変化の波形例を示す。（Ⅲ）では，振動しながら減少するが，（Ⅰ）では，緩やかにゼロに近づく。（Ⅱ）は，**臨界振動**（りんかいしんどう）(critical oscillation) と呼ばれ，振動および行き過ぎが起こらずに減衰し，ゼロに近づく時間は最も短い。

次に，2 階微分方程式の定常解については，$v_2(t)=V=$ 一定 とおいて式 6−68 に代入すると次式を得る。

$$v_2(t)=E \tag{6-75}$$

ここで，過渡解の（Ⅲ）で示される異なる二つの複素解の場合の解を示すことにする(8)。式 6−74 を過渡解および式 6−75 を定常解とする微分方程式の解は，初期条件が $v_C(0)=0$ となること，および式 6−51 の関係を用い，また，$i(0)=0$ から

8.（Ⅲ）の解の導出
くわしい導き方や他の場合については，**6−2** 節の演習問題 3, 4, 5 を解くことで理解してほしい。

$$\begin{aligned} v_C(t) &= E\left[1-e^{\alpha t}\left\{\cos\beta t-\frac{\alpha}{\beta}\sin\beta t\right\}\right] \\ &= E\left[1-e^{-\frac{R}{2L}t}\left\{\cos\left(\frac{1}{2L}\sqrt{-R^2+\frac{4L}{C}}\,t\right)\right.\right. \\ &\qquad \left.\left.+\frac{R}{\sqrt{-R^2+\frac{4L}{C}}}\sin\left(\frac{1}{2L}\sqrt{-R^2+\frac{4L}{C}}\,t\right)\right\}\right] \end{aligned} \tag{6-76}$$

となる。また，式 6−51 よりキャパシタ電流 $i(t)$ は

$$i(t)=CEe^{\alpha t}\frac{(\alpha^2+\beta^2)}{\beta}\sin\beta t$$

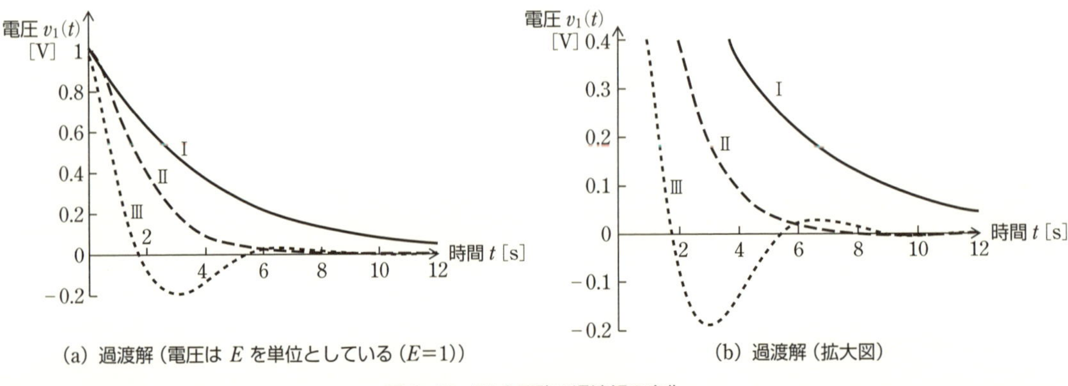

図 6−18 *RLC* 回路の過渡解の変化

$$= \frac{2E}{\sqrt{-R^2 + \frac{4L}{C}}} e^{-\frac{R}{2L}t} \sin\left(\frac{1}{2L}\sqrt{-R^2 + \frac{4L}{C}}\, t\right) \qquad (6\text{–}77)$$

となる。

図 6–19(a)に式 6–76 のキャパシタ電圧 $v_C(t)$および図 6–19(b)に式 6–77 のキャパシタ電流 $i(t)$の波形の例を示す(**6–2–2** 項の 2 階微分方程式(式 6–67)の一般解の(Ⅲ)異なる二つの複素解の場合)。電圧は，図 6–2 の RC 回路の場合と異なり振動しながら定電圧値に近づく。電流は，$t=0$ では流れないが，すぐにキャパシタは充電し，やがて振動しながらゼロに近づくことがわかる。

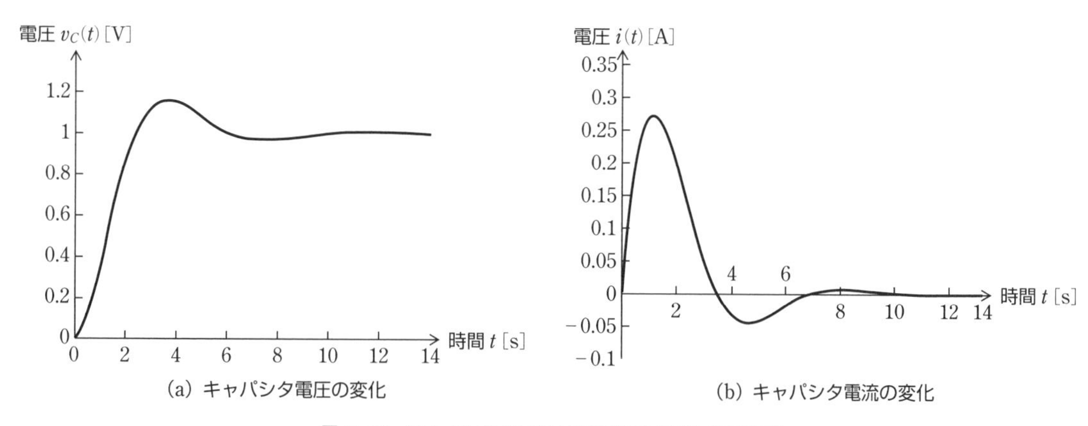

(a) キャパシタ電圧の変化　　(b) キャパシタ電流の変化

図 6–19　図 6–17 の RLC 回路の電圧と電流の過渡応答

6-2 ドリル問題

問題 1———図 6–15 の LC 直列回路で，$L=2$ H，$C=0.5$ F のときの振動角周波数を求めよ。

問題 2———図 6–15 の直流電圧源 LC 回路($L=0.5$ H，$C=2$ F，$E=1$ V)で，時刻 $t=0$ でスイッチを 1 側へ閉じたとき，キャパシタ電圧 $v_C(t)$の過渡応答を求めよ。ただし，$i(0)=0$ とする。

問題 3———図 6–15 の直流電圧源 LC 回路($L=0.5$ H，$C=2$ F，$E=1$ V)で，$t=0$ でスイッチを 1 側へ閉じたとき，キャパシタ電流 $i(t)$の過渡応答を求めよ。ただし，$i(0)=0$ とする。

問題 4———図 6–17 の直流電圧源 RLC 回路において，$R=2\,\Omega$，$L=2$ H，$C=0.5$ F のとき，キャパシタ電圧 $v_C(t)$に関する 2 階微分方程式の特性方程式の解を求め，p.221～222(**6–2–2** 項)の(Ⅰ)，(Ⅱ)，(Ⅲ)のいずれになるか分類せよ。

問題 5———図 6–17 の直流電圧源 RLC 回路において，$R=2\,\Omega$，$L=1$ H，$C=1$ F のとき，キャパシタ電圧 $v_C(t)$に関する 2 階微分方程式の特性方程式の解を求め，p.221～222(**6–2–2** 項)の(Ⅰ)，(Ⅱ)，(Ⅲ)のいずれになるか分類せよ。

問題 6———図 6–17 の直流電圧源 RLC 回路において，$R=2\,\Omega$，$L=0.5$ H，$C=2$ F のとき，キャパ

パシタ電圧 $v_C(t)$ に関する２階微分方程式の特性方程式の解を求め，p.221〜222（**6-2-2**項）の（Ⅰ），（Ⅱ），（Ⅲ）のいずれになるか分類せよ。

問題 7———図 6-17 の直流電圧源 RLC 回路において，$R=2\,\Omega$，$L=2\,\mathrm{H}$，$C=1\,\mathrm{F}$，$E=1\,\mathrm{V}$，$v_C(0)=0$ のとき，キャパシタ電圧 $v_C(t)$ の過渡応答を求めよ。

問題 8———図 6-17 の直流電圧源 RLC 回路において，$R=1\,\Omega$，$L=0.5\,\mathrm{H}$，$C=1\,\mathrm{F}$，$E=1\,\mathrm{V}$，$i(0)=0$ のとき，キャパシタ電流 $i(t)$ の過渡応答を求めよ。

問題 9———図 6-15 の直流電圧源 LC 回路において，$L=2\,\mathrm{H}$ としたとき，$\sqrt{2}$ rad/s で振動するためには，キャパシタンスはいくらにしたらよいか。

問題 10———図 6-17 の直流電圧源 RLC 回路（$L=1\,\mathrm{H}$，$\mathrm{C}=1\,\mathrm{F}$）において，抵抗をある値に設定し，スイッチを閉じたとき，電圧波形は振動を伴いながら減衰した。振動を抑えるためには抵抗値をいくら以上にしたらよいか。

6-2　演習問題

1. 図 6-15 の LC 回路においてスイッチ S を２側へ切り換えた後のキャパシタとインダクタの各エネルギーを求めよ。（ヒント：エネルギーは $u(t)=\int_{-\infty}^{t}p(\tau)d\tau=\int_{-\infty}^{t}v(\tau)i(\tau)d\tau$ となる）

2. 図１の直流電圧源 RLC 回路（$L=5\,\mathrm{H}$，$C=20\,\mu\mathrm{F}$）において，スイッチ S を１側から時刻 $t=0$ で２側へ切り換えたとき，キャパシタ電圧が振動しないで減衰するためには抵抗値をどう定めればよいか。

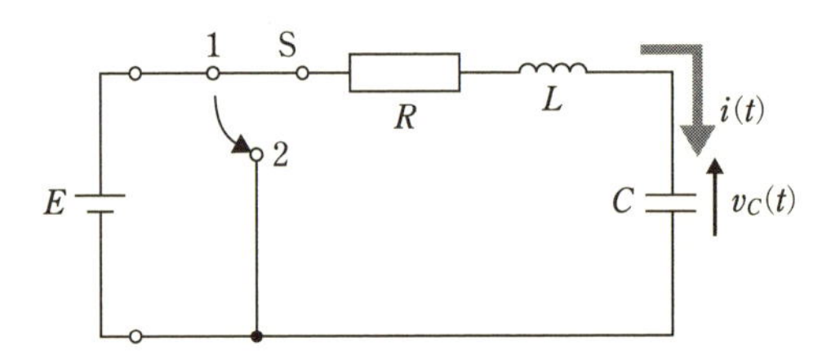

図１　直流電圧源 RLC 回路

3. 図 6-17 の RLC 回路で，$R^2-\dfrac{4L}{C}<0$ が成立する異なる二つの複素解（Ⅲ）をとるとき，キャパシタ電圧とキャパシタ電流に関する過渡応答を求めよ。ただし，初期条件は，$i(0)=0$ とする。

4. 図 6-17 の RLC 回路で，$R^2-\dfrac{4L}{C}=0$ が成立する等しい解（Ⅱ）の場合のキャパシタ電圧とキャパシタ電流に関する過渡応答を求めよ。ただし，$i(0)=0$ とする。

5. 図 6-17 の RLC 回路で，$R^2-\dfrac{4L}{C}>0$ が成立するときのキャパシタ電圧とキャパシタ電流に関する過渡応答を求めよ。ただし，$i(0)=0$ とする。

$\sinh\theta=\dfrac{e^{\theta}-e^{-\theta}}{2}$，$\cosh\theta=\dfrac{e^{\theta}+e^{-\theta}}{2}$ の関係が成立することも利用せよ。sinh，cosh は，双曲線正弦関数（ハイパボリックサインともいう）および双曲線余弦関数（ハイパボリックコサインともいう）である。

6-3 パルス回路の過渡応答

6-3-1 *RC* 直列回路のパルス電圧の過渡応答

パルス電圧源

図 6-20 にパルス電圧源[1]を接続した RC 回路を示す。図 6-21 にパルス電圧の波形を示す。パルス幅を t_S[s] とし，電圧の大きさを V_S[V] としたときのキャパシタ電圧 $v_C(t)$[V] および抵抗電圧 $v_R(t)$[V] の過渡応答を求めてみよう。ただし，$i(0)=0$ とする。

1. パルス電圧源
パルス電源を用いた回路は，ディジタル回路で利用される。情報を 2 進数 1 と 0 で表し，それぞれパルスの有無に対応させる。図 6-21 のパルス電源の波形は，直流電圧源とスイッチを用いても表せる。時刻 $t=0$ で開いていたスイッチを閉じ，$t=t_S$ [s] でスイッチを開くと同様の波形となる。そのため，図 6-20 のパルス回路の過渡現象の解析では，図 6-2 および図 6-7 の直流電源 RC 回路の解析が参考になる。

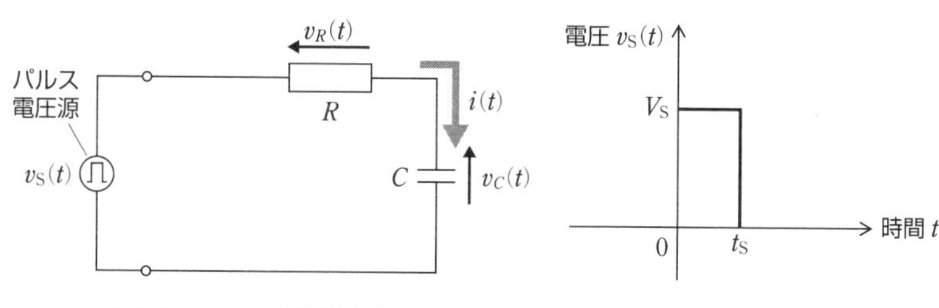

図 6-20 パルス電圧源 *RC* 回路　　図 6-21 パルス電圧源波形

抵抗の電圧 $v_R(t)$ は

$$v_R(t)=Ri(t)=RC\frac{dv_C(t)}{dt} \qquad (6\text{-}78)$$

と表される。式 6-78 を用いると，キルヒホッフの電圧則(第二法則)より回路方程式は

$$\underset{\text{抵抗電圧}}{RC\frac{dv_C(t)}{dt}}+\underset{\text{キャパシタ電圧}}{v_C(t)}=\underset{\text{パルス電源電圧}}{v_S(t)} \qquad (6\text{-}79)$$

となる。図 6-21 より，式 6-79 の微分方程式は，$0 \leqq t < t_S$[s] では

$$RC\frac{dv_C(t)}{dt}+v_C(t)=V_S \qquad (6\text{-}80)$$

$t \geqq t_S$[s] では

$$RC\frac{dv_C(t)}{dt}+v_C(t)=0 \qquad (6\text{-}81)$$

となる。式 6-15 と式 6-19 を参考にして，キャパシタ電圧の初期条件は $v_C(0)=0$，さらに $t=t_S$[s] における状態変化で電圧が連続となることより，キャパシタ電圧は

$$v_C(t)=\begin{cases} V_S\left(1-e^{-\frac{1}{RC}t}\right), & 0 \leqq t < t_S \\ V_S\left(e^{\frac{t_S}{RC}}-1\right)e^{-\frac{1}{RC}t}, & t \geqq t_S \end{cases} \qquad (6\text{-}82)$$

となる。一方，抵抗電圧は，$v_R(t)=v_S(t)-v_C(t)$ より

$$v_R(t)=\begin{cases} V_S\,e^{-\frac{1}{RC}t}, & 0 \leqq t < t_S \\ V_S\left(1-e^{\frac{t_S}{RC}}\right)e^{-\frac{1}{RC}t}, & t \geqq t_S \end{cases} \qquad (6\text{-}83)$$

となる(2)。

積分回路と微分回路

図 6−22(a)および図 6−22(b)にキャパシタ電圧 $v_C(t)$(3)と抵抗電圧 $v_R(t)$(4)の過渡応答

2. 解の導出

式 6−82 および式 6−83 の導出は，**6-3** 節演習 1. を解きながら学んでほしい。

3. 積分回路

式 6−79 において RC が極めて大きい場合（時定数が大きい場合）には，$v_C(t)$ が無視できるので，$v_S(t) \fallingdotseq RC\dfrac{dv_C(t)}{dt}$，すなわち，近似的に $v_C(t) = \dfrac{1}{RC}\int^t v_S(t)\,dt$ が成り立つため $v_C(t)$ は電源電圧 $v_S(t)$ の減衰した積分波形（コラム「積分波形と微分波形」参照）とみなすことができる。このため**積分回路**（integral circuit）と呼ばれている。積分回路は，平滑（へいかつ）回路で用いられる低域通過フィルタ形の特性をもつ。

4. 微分回路

式 6−79 において係数 RC が極めて小さい場合（時定数が小さい場合）には，$v_S(t) \fallingdotseq v_C(t)$ が成り立ち，式 6−78 とにより近似的に $v_R(t) = RC\dfrac{dv_S(t)}{dt}$ となるため $v_R(t)$ は電源電圧 $v_S(t)$ の減衰した微分波形（コラム「時定数」参照）とみなすことができる。このため**微分回路**（differential circuit）とよばれている。微分回路は，音響製品などで用いられている高域通過フィルタ形の特性をもつ。

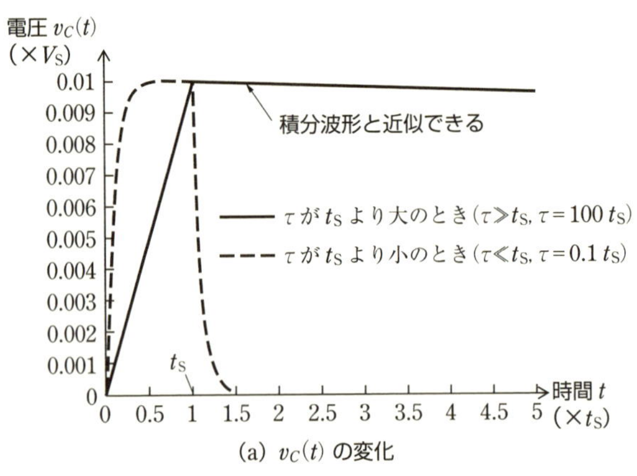

(a) $v_C(t)$ の変化

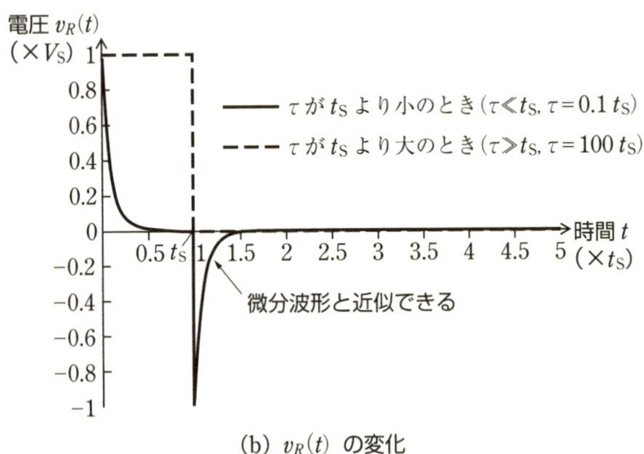

(b) $v_R(t)$ の変化

図 6−22　図 6−20 の RC 回路の電圧の過渡応答

COLUMN 積分波形と微分波形

パルス波形（図中，点線）の理想的な積分波形と微分波形を図 6−23(a)および図 6−23(b)に示す。積分の演算と微分の演算は，図 6−20 に示す電気回路により近似的に実現できる。

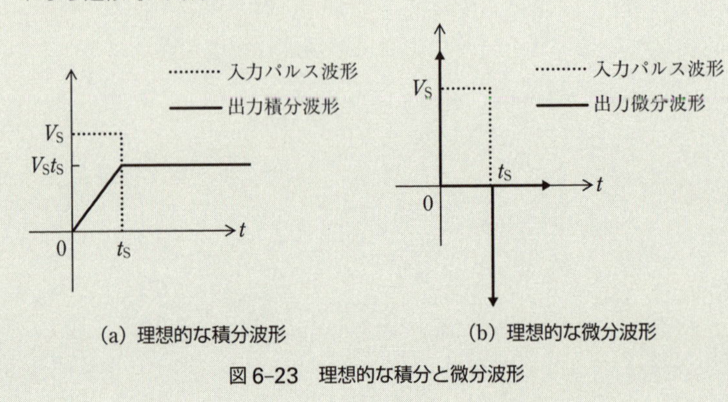

(a) 理想的な積分波形　(b) 理想的な微分波形

図 6−23　理想的な積分と微分波形

答の波形を時定数 $\tau = RC$ [s] が大きいときと小さいときについて示す。図 6-22(a)のように時定数が大きい場合(実線波形)には，キャパシタ電圧 v_C はより積分波形に近く，図 6-22(b)のように時定数が小さい場合(実線波形)には，抵抗電圧 v_R はより微分波形に近いことがわかる(p.208コラム「時定数」参照)。

6-3-2 *RL* 直列回路のパルス電圧の過渡応答

次に，図 6-24 に示す *RL* 直列回路に図 6-21 のパルス電源を接続した場合の抵抗電圧 $v_R(t)$ [V] とインダクタ電圧 $v_L(t)$ [V] の過渡応答を求めてみよう。ただし，$i(0)=0$ とする。

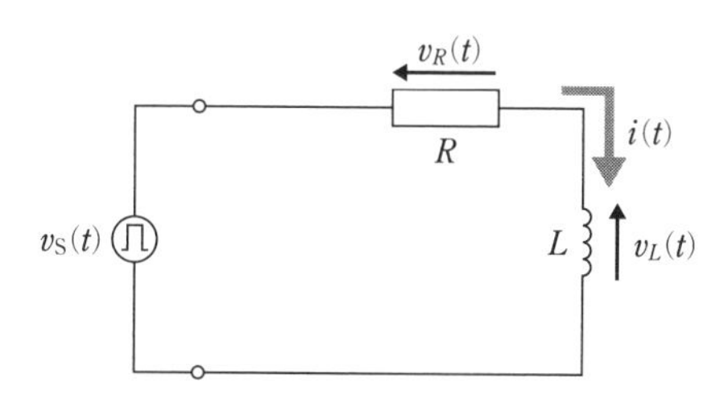

図 6-24　パルス電圧源 *RL* 回路

RC 回路のときと同様に，ループ電流(インダクタ電流) $i(t)$ [A] は，キルヒホッフの電圧則(第二法則)を用いると回路方程式

$$\underset{\text{抵抗電圧}}{Ri(t)} + \underset{\text{インダクタ電圧}}{L\frac{di(t)}{dt}} = \underset{\text{パルス電源電圧}}{v_S(t)} \tag{6-84}$$

の解として与えられる。図 6-21 より，式 6-84 の微分方程式は，

$0 \leqq t < t_S$ [s] では

$$L\frac{di(t)}{dt} + Ri(t) = V_S \tag{6-85}$$

$t \geqq t_S$ [s] では

$$L\frac{di(t)}{dt} + Ri(t) = 0 \tag{6-86}$$

となる。式 6-40 と式 6-43 を参考にして，電流の初期条件は $i(0)=0$，さらに $t=t_S$[s] における状態変化で，電流は連続となることより，電流は

$$i(t) = \begin{cases} \dfrac{V_S}{R}\left(1-e^{-\frac{R}{L}t}\right), & 0 \leqq t < t_S \\ \dfrac{V_S}{R}\left(e^{\frac{R}{L}t_S}-1\right)e^{-\frac{R}{L}t}, & t \geqq t_S \end{cases} \tag{6-87}$$

となる。

また，抵抗電圧とインダクタ電圧は

5. 解の導出

式 6-88 および式 6-89 の導出は，**6-3** 節の演習問題 2. を解いて，自身で理解を深めてみよう。

6. 積分波形の原点付近の近似式

本文にあるように，$\tau = \dfrac{L}{R}$ が t_S より大きい$\left(\dfrac{R}{L}\text{が小さい}\right)$と $v_R(t)$ は積分波形，$\tau = \dfrac{L}{R}$ が小さい$\left(\dfrac{R}{L}\text{が大きい}\right)$と $v_L(t)$ は微分波形になる。積分波形と微分波形については，図 6-22 と図 6-23 を参照。

理想的な積分波形の，横軸の t が τ より小さい範囲(原点付近)では，次の近似式が成り立つ。これは，原点付近では波形は直線とみなせるということを表している。

$$\begin{aligned} v_R(t) &= V_S\left(1-e^{-\frac{R}{L}t}\right) \\ &= V_S\left(1-e^{-\frac{t}{\tau}}\right) \\ &\fallingdotseq V_S\left\{1-\left(1-\frac{t}{\tau}\right)\right\} = \frac{V_S}{\tau}t \end{aligned}$$

$$v_R(t) = Ri(t) = \begin{cases} V_S\left(1 - e^{-\frac{R}{L}t}\right), & 0 \leqq t < t_S \\ V_S\left(e^{\frac{R}{L}t_S} - 1\right)e^{-\frac{R}{L}t}, & t \geqq t_S \end{cases} \qquad (6\text{-}88)$$

および

$$v_L(t) = L\frac{di(t)}{dt} = \begin{cases} V_S e^{-\frac{R}{L}t}, & 0 \leqq t < t_S \\ V_S\left(1 - e^{\frac{R}{L}t_S}\right)e^{-\frac{R}{L}t}, & t \geqq t_S \end{cases} \qquad (6\text{-}89)$$

となる[5]。時定数 $\tau = \dfrac{L}{R}$ [s] がパルス幅 t_S と比べて大きいとき[6]，$v_R(t)$ は $v_S(t)$ の積分波形，時定数が小さいとき $\left(\dfrac{L}{R} \ll t_S\right)$，$v_L(t)$ は $v_S(t)$ の微分波形とみなすことができる。

6-3 ドリル問題

問題 1———図 6-20 の RC 回路において $R = 0.1\ \Omega$，$C = 0.1$ F のとき，時定数を求めよ。

問題 2———図 6-20 の RC 回路($R = 0.1\ \Omega$，$C = 0.1$ F)において，$t_S = 0.01$ s，$V_S = 100$ V としたとき，キャパシタ電圧 $v_C(t)$ の過渡応答を求めよ。

問題 3———図 6-20 の RC 回路($R = 10\ \Omega$，$C = 0.1$ F)において，$t_S = 0.01$ s，$V_S = 100$ V としたとき，時定数とキャパシタ電圧 $v_C(t)$ の過渡応答を求めよ。

問題 4———図 6-20 の RC 回路において，時定数を $\tau = 0.01$ s および $t_S = 0.01$ s，$V_S = 100$ V としたとき，抵抗電圧 $v_R(t)$ の過渡応答を求めよ。

問題 5———図 6-24 の RL 回路において $R = 1\ \Omega$，$L = 0.1$ H のとき，時定数を求めよ。

問題 6———図 6-24 の RL 回路($R = 1\ \Omega$，$L = 0.1$ H)において，$t_S = 0.01$ s，$V_S = 100$ V としたとき，抵抗電圧 $v_R(t)$ の過渡応答を求めよ。

問題 7———図 6-24 の RL 回路($R = 10\ \Omega$，$L = 0.1$ H)において，$t_S = 0.01$ s，$V_S = 100$ V としたとき，時定数と抵抗電圧 $v_R(t)$ の過渡応答を求めよ。

問題 8———図 6-24 の RL 回路において，時定数を $\tau = 0.1$ s および $t_S = 0.01$ s，$V_S = 100$ V としたとき，インダクタ電圧 $v_L(t)$ の過渡応答を求めよ。

問題 9———R と C を用いた積分回路の構成例を示せ。

6-3 演習問題

1. 式 6−79 の微分方程式から，式 6−82 および式 6−83 を求めよ。$v_C(0)=0$ とする。

2. 式 6−84 の微分方程式から，式 6−88 および式 6−89 を求めよ。$i(0)=0$ とする。

3. 図 6−20 の RC 回路において，図 1 のパルス電圧源を接続したとき，キャパシタ電圧 $v_C(t)$ に関する過渡応答を求めよ。

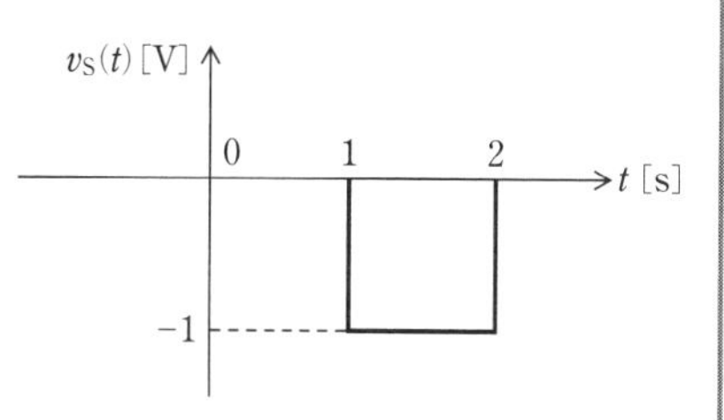

図 1　パルス電圧源波形

4. 図 6−20 の RC 回路において，図 2 のパルス電圧源を接続したとき，キャパシタ電圧 $v_C(t)$ に関する過渡応答を求めよ。

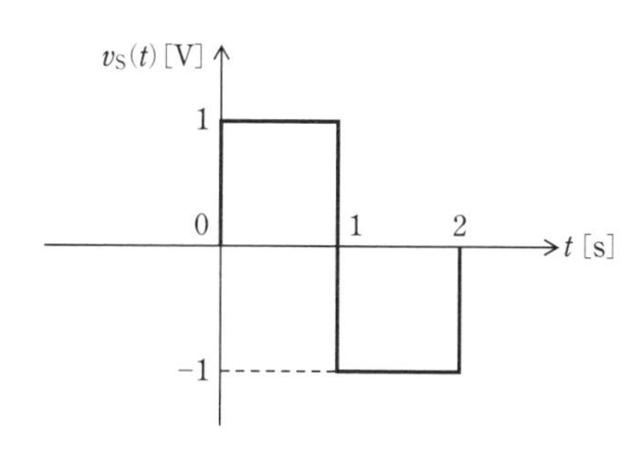

図 2　パルス電圧源波形

5. 図 6−17 の RLC 回路において，定電圧源の代わりに図 6−21 のパルス電圧が加えられたときのキャパシタ電圧 $v_C(t)$ とキャパシタ電流 $i(t)$ に関する過渡応答を求めよ。$v_C(0)=0$，$i(0)=0$ とし，$R=1\,\Omega$，$L=0.5\,\mathrm{H}$，$C=1\,\mathrm{F}$，$t_S=\pi\,\mathrm{s}$ とする。

a アドバンス

第7章 分布定数回路

1. 分布定数
空間の一点に集中することなく，拡がりをもって分布している素子のことを**分布素子**(distribution element)という。たとえば，伝送線路では，抵抗，キャパシタ，インダクタの分布素子を考慮する。素子がどの程度分布しているかは，密度を用いて表し，これらの素子値のことを**分布定数**(distribution factor)という。

6章までは，電気回路を構成する各素子は，大きさをもたず空間の一点に存在する，いわば理想状態を考えてきた。これを**集中定数回路**(lumped constant circuit)という。しかし，信号の周波数が高く，波長が回路の大きさより短くなると，素子は空間的に分布するという扱いが必要となる。RLC の素子が空間的に分布する回路を**分布定数回路**(ぶんぷていすうかいろ)[(1)](distributed constant circuit)という。送電線や通信線などの**伝送線路**(でんそうせんろ)(transmission line)の電圧や電流を解析するとき，分布定数回路が用いられる。本章では，分布定数回路を解析することにしよう。

7-1 分布定数回路と波動

7-1-1 伝送線路の等価回路

2. 等価回路
対象とする回路と構造は異なるが，電気的な性質が等しく R, L, C を用いて表現された回路のこと。

3. 波動
時間 t と位置 x により定まる波形のこと。

分布定数回路の回路方程式

図 7-1(a)に無限の長さの伝送線路を示す。図 7-1(b)は，これを R, L, C, G の集中定数で表した**等価回路**[(2)]を示す。1-1′〜2-2′ の微小区間(基本区間)に分布素子の関係を示している。このとき回路内の電圧と電流は，**波動**[(3)](wave)として表現される。分布定数回路に電圧をかけたときには，分布素子が存在しているため電圧降下が起こり，また，瞬時に電圧が伝わることもない。電源の周波数が高く，波長が分布定数回路の大きさより短いときに，その影響はよく現れる。つまり，素子から素子に電圧が伝わるのに時間がかかることになる。

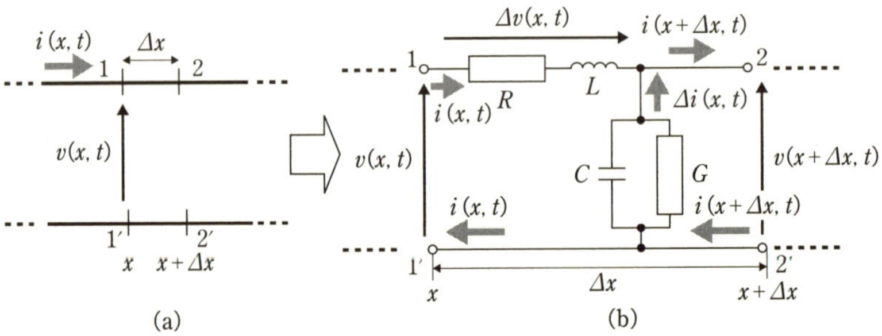

図 7-1　伝送線路と分布定数回路

ここで，分布定数回路の位置 x [m] における電圧 $v(x, t)$ と電流 $i(x, t)$ に関する回路方程式を求めてみよう。分布素子は密度として表現することになるため，伝送線路の単位長さあたりの抵抗を R [Ω/m](オーム毎メートル)，電流による磁界の影響を表すインダクタンスを L [H/m](ヘンリー毎メートル)，伝送線路間の漏(も)れ電流

COLUMN 分布定数回路

図 7−2(a)および(b)に示す電圧源と負荷抵抗からなる二つの回路を比べてみよう。図 7−2(a)では，電源電圧は瞬時に負荷抵抗にかかる(電源電圧と負荷抵抗の電圧は同じになる)。つまり，電源と負荷抵抗をつなぐ導線の抵抗は無いもの(図中，細線で表した導線)とし，導線の影響は考慮しない。また，負荷抵抗の素子としての大きさは考えない。抵抗は，図 7−2(c)に示すように一点(図中の黒点)に集中しているとしている(力学系の解析で，質量は物体の中心(質量中心)に集中していると仮定するのと同様の扱いである)。

しかし，電源の周波数が極めて高い場合(波長が短い場合)や高電圧または大電流の場合には，導線の長さの影響を考慮する必要がある。図 7−2(b)のように長い導線を介している場合(図中，太線で表した導線)は，ある時刻での電源電圧は位置が離れている負荷抵抗の電圧と必ずしも一致しない。図 7−2(d)に導線の抵抗を考慮するときの空間的分布(図中の連続した黒点の集まり)を示す。この場合，導線は大きさをもつ分布抵抗として表すことが必要になり，電圧の降下や伝搬の遅れが起こる。このように空間につらなって素子が分布する回路を**分布定数回路**という。一方，一点に集まっているとする回路は，**集中定数回路**(lumped constant circuit)という。

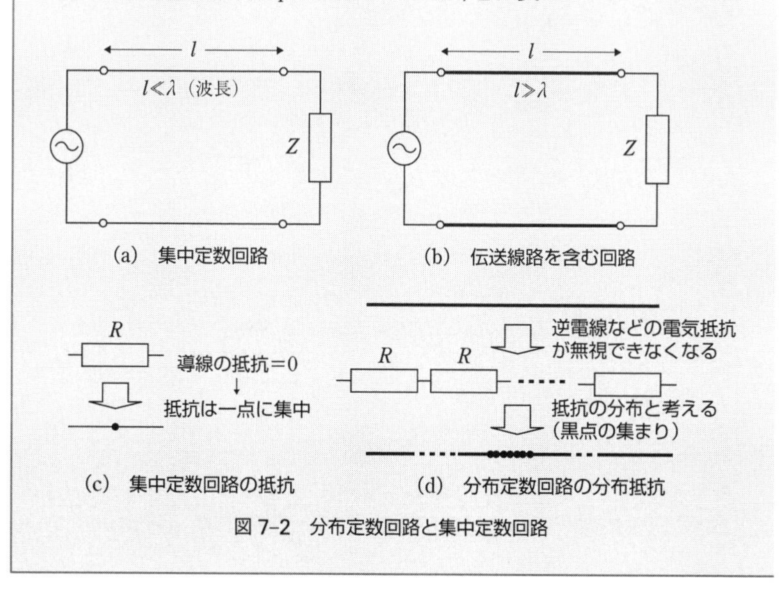

図 7−2 分布定数回路と集中定数回路

に対するコンダクタンスを G [S/m](ジーメンス毎メートル)，キャパシタンスを C [F/m](ファラド毎メートル)とする。

図 7−1(b)のように端子 1−1′ および端子 2−2′ の距離を Δx(デルタ) [m] とし，各端子の電圧，電流を $v(x, t)$ [V]，$i(x, t)$ [A] および $v(x+\Delta x, t)$ [V]，$i(x+\Delta x, t)$ [A] と定めると，キルヒホッフの電圧則(第二法則)より

$$\underbrace{v(x, t)}_{\substack{\text{1−1′ 間電圧}\\ \text{(位置 }x\text{ における電圧)}}} - \underbrace{v(x+\Delta x, t)}_{\substack{\text{2−2′ 間電圧}\\ \text{(位置 }x+\Delta x\text{ における電圧)}}} = \underbrace{L\Delta x \frac{\partial i(x, t)}{\partial t}}_{\substack{\text{インダクタ電圧}\\ (\Delta x\text{ におけるインダクタ電圧)}}} + \underbrace{R\Delta x i(x, t)}_{\substack{\text{抵抗電圧}\\ (\Delta x\text{ における抵抗電圧)}}} \qquad (7-1)$$

COLUMN 分布定数回路と伝送線路

分布定数回路で扱う伝送線路の例として，電力線，通信線，高周波回路の配線などがある。送配電線(図 7-3(a))では，高電圧・大電流を対象とするため，わずかな量の抵抗，キャパシタ，インダクタの影響が無視できなくなる。また，高速通信線(図 7-3(b))では，電圧は小さくても高周波信号を扱うため伝送線路の長さに対して信号波長は相対的に短く，伝送線路上の位置による電圧値のちがいが生じる。パルス伝送などでは伝搬の遅れが生じ，また，伝送線路の端や節点では反射が起こる。

(a) 電力線 (写真提供：東京電力パワーグリッドより)

(b) 通信線 (カナダ：PPS通信社)

図 7-3 電力線と通信線

となる。また，キルヒホッフの電流則(第一法則)より

$$i(x, t) - i(x+\Delta x, t) = C\Delta x \frac{\partial v(x+\Delta x, t)}{\partial t} + G\Delta x v(x+\Delta x, t) \tag{7-2}$$

($i(x, t)$：1を流れる電流(位置 x における電流)，$i(x+\Delta x, t)$：2を流れる電流(位置 $x+\Delta x$ における電流)，$C\Delta x \frac{\partial v(x+\Delta x, t)}{\partial t}$：キャパシタ電流($\Delta x$ における線間キャパシタ電流)，$G\Delta x v(x+\Delta x, t)$：コンダクタ電流($\Delta x$ における線間コンダクタ電流))

となる[4]。さらに，図 7-1(b)のように

$$\Delta v(x, t) = v(x+\Delta x, t) - v(x, t) \tag{7-3}$$

$$\Delta i(x, t) = i(x+\Delta x, t) - i(x, t) \tag{7-4}$$

とおき，式 7-1 および式 7-2 に式 7-3，7-4 をそれぞれ代入して両辺を Δx で割ると

$$-\frac{\Delta v(x, t)}{\Delta x} = L\frac{\partial i(x, t)}{\partial t} + Ri(x, t) \tag{7-5}$$

$$-\frac{\Delta i(x, t)}{\Delta x} = C\frac{\partial v(x+\Delta x, t)}{\partial t} + Gv(x+\Delta x, t) \tag{7-6}$$

となる。$\Delta x \to 0$ とすると

4. 分布キャパシタと分布インダクタ

分布キャパシタと分布インダクタは，空間に連続して存在するが，それぞれ単位長さあたりの大きさをもって集中定数として表す。

分布キャパシタの電流と電圧には

$$i(t) = C\frac{dv(t)}{dt}$$

分布インダクタの電圧と電流には

$$v(t) = L\frac{di(t)}{dt}$$

という関係が成立する。

式 7-1 および式 7-2 の $\frac{\partial}{\partial t}$ は，偏微分を表す演算子であり，微分と同様の演算を表す。なお，式 7-2 においては，$\Delta x \Delta v = 0$ の近似を用いている。

$$\lim_{\Delta x \to 0} \frac{\Delta v(x, t)}{\Delta x} = \frac{\partial v(x, t)}{\partial x} = \frac{\partial v}{\partial x} \quad (7\text{-}7)$$

$$\lim_{\Delta x \to 0} \frac{\Delta i(x, t)}{\Delta x} = \frac{\partial i(x, t)}{\partial x} = \frac{\partial i}{\partial x} \quad (7\text{-}8)$$

となり，式 7-5 および式 7-6 は

$$-\frac{\partial v}{\partial x} = L\frac{\partial i}{\partial t} + Ri \quad (7\text{-}9)$$

$$-\frac{\partial i}{\partial x} = C\frac{\partial v}{\partial t} + Gv \quad (7\text{-}10)$$

と表せる((x, t)を省略している)。再度，式 7-9 の両辺を x で偏微分(へんびぶん)，式 7-10 の両辺を t[s] で偏微分すると

$$-\frac{\partial^2 v}{\partial x^2} = L\frac{\partial^2 i}{\partial t \partial x} + R\frac{\partial i}{\partial x} \quad (7\text{-}11)$$

$$-\frac{\partial^2 i}{\partial x \partial t} = C\frac{\partial^2 v}{\partial t^2} + G\frac{\partial v}{\partial t} \quad (7\text{-}12)$$

となり，式 7-12 および式 7-10 を式 7-11 に代入すると，2 階偏微分方程式

$$\frac{\partial^2 v}{\partial x^2} = LC\frac{\partial^2 v}{\partial t^2} + (GL + RC)\frac{\partial v}{\partial t} + RGv \quad (7\text{-}13)$$

を得る。また，式 7-9 の両辺を t で偏微分，式 7-10 の両辺を x で偏微分すると

$$-\frac{\partial^2 v}{\partial x \partial t} = L\frac{\partial^2 i}{\partial t^2} + R\frac{\partial i}{\partial t} \quad (7\text{-}14)$$

$$-\frac{\partial^2 i}{\partial x^2} = C\frac{\partial^2 v}{\partial t \partial x} + G\frac{\partial v}{\partial x} \quad (7\text{-}15)$$

となり，式 7-14 および式 7-9 を式 7-15 に代入すると次式を得る。

$$\frac{\partial^2 i}{\partial x^2} = LC\frac{\partial^2 i}{\partial t^2} + (GL + RC)\frac{\partial i}{\partial t} + RGi \quad (7\text{-}16)$$

偏微分方程式の解

分布定数回路内の導線間の電圧と導線を流れる電流は，式 7-13 および式 7-16 の偏微分方程式をもとに求められる。解の形は，時間 t と位置 x の関数の**電圧波**(voltage wave) $v(x, t)$と**電流波**(current wave) $i(x, t)$として表される。この具体的な解を得るのは容易ではない[5]。しかし，以下のように制約を与えると見通しがたつ。

分布定数回路において分布素子 R，L，G，C が

$$\frac{R}{L} = \frac{G}{C} \quad (7\text{-}17)$$

の関係を満たすとき，**無ひずみ分布定数回路**(distortionless distributed constant circuit)という。無ひずみ分布定数回路では，伝わる電圧波，電

5. 偏微分方程式の具体的な解
解は，時間に関する**初期条件**(initial condition)と，位置に関する**境界条件**(boundary condition)によって定まる。初期条件とは，時刻 $t=0$ の電圧，電流の状態を表し，境界条件とは，異なる伝送線路の接合点や端での電圧，電流の状態を表す。後述するようにこれらの条件は，信号源として加える電圧源(または電流源)の波形，伝送線路の特性に関係してくる。

流波は減衰を伴うもののひずまないため，「無ひずみ」といわれる。

さらに，R と G は十分小さく $R=0\ \Omega/\mathrm{m}$（短絡を意味する），$G=0\ \mathrm{S/m}$（開放を意味する）とみなせる場合，伝わる電圧波，電流波は位相に一定の遅れを伴うがエネルギーの損失[6]は存在しないため**無損失分布定数回路**（lossless distributed constant circuit）といわれる。図 7-4 に無損失分布定数回路と基本区間を示す。

6. エネルギーの損失
回路における損失とは，抵抗の存在の影響のことをいう。

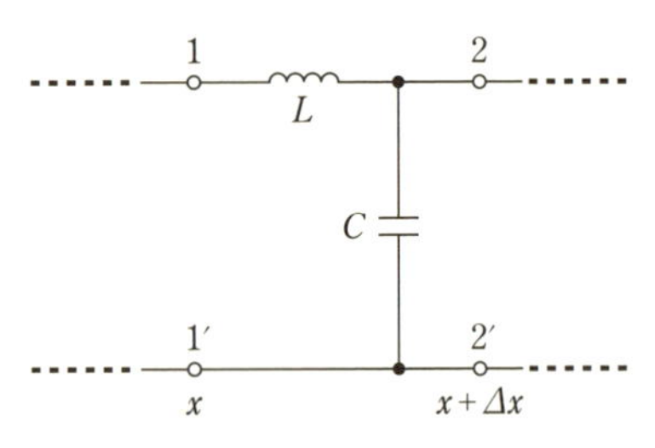

図 7-4　無損失分布定数回路

電圧波と電流波の伝搬現象

減衰を伴わない**無ひずみ波**（distortionless wave）の一般解は，次式で与えられる。

$$v(x, t) = F(x-ut) + G(x+ut) \tag{7-18}$$

（$v(x,t)$：電圧波，$F(x-ut)$：前進波，$G(x+ut)$：後進波）（x は位置，t は時間，u は進行速度を表す）

$$i(x, t) = \sqrt{\frac{C}{L}}\{F(x-ut) - G(x+ut)\} \tag{7-19}$$

（$i(x,t)$：電流波，$F(x-ut)$：前進波，$G(x+ut)$：後進波）

7. 式の導出
式 7-18 および式 7-19 の導出は，**7-1-2** 項の例題を参照されたい。

ここで，u は波動の進行速度を示し，$F(x-ut)$ および $G(x+ut)$ は，2 階微分可能な任意の電圧を表す関数である[7]。

式 7-18 および式 7-19 において，$F(x-ut)$ は，**前進波**（forward travelling wave）を表し，位置を表す x 軸正方向に速度 u で進行する波（あるいは，「伝搬（でんぱん）する波」という）である。$G(x+ut)$ は，**後進波**（backward travelling wave）を表し，x 軸負方向に速度 u で進行する波である[8]。図 7-5 に，前進と後進の伝搬を理解するために，分布定数回路上の孤立した波の前進波と後進波を例示する。横軸は空間位置を表す。時刻 $t=0$（図

8. 入射波と反射波
$F(x-ut)$，$G(x+ut)$ の具体的な形は，初期条件や境界条件により定まる。信号源（電源のこと）から入射されて進行する前進波は**入射波**（incident wave）ともいわれる。また，後進波は伝送線路上の終端や不連続点での反射により逆方向に進行する波であるので**反射波**（reflected wave）ともいわれる。

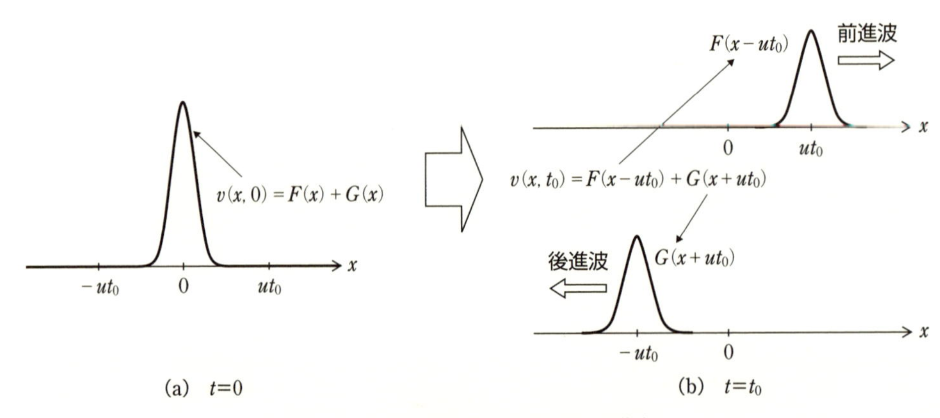

図 7-5　分布定数回路上の前進波と後進波

7−5(a))では，位置 $x=0$ に二つの(孤立した)波が重なっているが，時刻 $t=t_0$ [s] では，前進波(図 7−5(b)上)と後進波(図 7−5(b)下)として $x=ut_0$ および $x=-ut_0$ まで進行し[9]，分布定数回路上の電圧分布が変わることを示している。

7-1-2 無損失分布定数回路の波動方程式

式 7−13，式 7−16 を用いて，式 7−18，式 7−19 を求めてみよう。無損失の条件 $R=0\ \Omega/\text{m}$，$G=0\ \text{S/m}$ を式 7−13 および式 7−16 に代入すると

$$\frac{\partial^2 v}{\partial x^2}=LC\frac{\partial^2 v}{\partial t^2} \tag{7−20}$$

$$\frac{\partial^2 i}{\partial x^2}=LC\frac{\partial^2 i}{\partial t^2} \tag{7−21}$$

となる。なお，電圧波と電流波は，v, i のように (x, t) を省いて表している。式 7−20，式 7−21 は**波動方程式**(wave equation)とよばれている。

波動方程式の解

ここで，v [V] を

$$A=x-ut \qquad B=x+ut \tag{7−22}$$

の関数であると仮定して，v を x [m] について偏微分すると合成関数になるので

$$\frac{\partial v}{\partial x}=\frac{\partial v}{\partial A}\frac{\partial A}{\partial x}+\frac{\partial v}{\partial B}\frac{\partial B}{\partial x}=\frac{\partial v}{\partial A}+\frac{\partial v}{\partial B} \tag{7−23}$$

となり[10]，再び式 7−23 を x について偏微分すると

$$\frac{\partial^2 v}{\partial x^2}=\frac{\partial^2 v}{\partial A^2}+2\frac{\partial^2 v}{\partial A\partial B}+\frac{\partial^2 v}{\partial B^2} \tag{7−24}$$

となる。また，式 7−23 と同様に v を t [s] について偏微分すると

$$\frac{\partial v}{\partial t}=\frac{\partial v}{\partial A}\frac{\partial A}{\partial t}+\frac{\partial v}{\partial B}\frac{\partial B}{\partial t}=-u\frac{\partial v}{\partial A}+u\frac{\partial v}{\partial B} \tag{7−25}$$

となり，再び t について偏微分すると

$$\frac{\partial^2 v}{\partial t^2}=u^2\frac{\partial^2 v}{\partial A^2}-2u^2\frac{\partial^2 v}{\partial A\partial B}+u^2\frac{\partial^2 v}{\partial B^2} \tag{7−26}$$

となる。式 7−24 および式 7−26 を式 7−20 に代入すると

$$\frac{\partial^2 v}{\partial A^2}+2\frac{\partial^2 v}{\partial A\partial B}+\frac{\partial^2 v}{\partial B^2}=LCu^2\left(\frac{\partial^2 v}{\partial A^2}-2\frac{\partial^2 v}{\partial A\partial B}+\frac{\partial^2 v}{\partial B^2}\right) \tag{7−27}$$

となる。式 7−27 の左辺と右辺が等しくなるためには，式 7−28 と式 7−29 の条件が必要である。

$$LCu^2=1 \tag{7−28}$$

$$\frac{\partial^2 v}{\partial A\partial B}=0 \tag{7−29}$$

式 7−29 を B について積分した関数を

9. 波の進行
波が進行するとは，波の動き(変動)が伝わっていくことであり，移動することではない。この現象を**伝搬**(propagation)という。また，「波」と「波動」は同じことをさす。図 7−5 では孤立波の例を示すが，正弦波を用いた伝搬については **7−3−2** 項のコラム「分布定数回路における正弦波の伝搬現象」を参照されたい。

10. 合成関数の微分法
合成関数の微分法については，本シリーズの「電気数学」を参照されたい。

$$\frac{\partial v}{\partial A} = f(A) \qquad (7\text{-}30)$$

とし，さらに式 7-30 を A について積分した関数を

$$v = \int f(A)\,dA + G(B) = F(A) + G(B) \qquad (7\text{-}31)$$

とする。ただし，$F(A)$，$G(B)$ は 2 階微分可能な関数である。式 7-22 の $A = x - ut$ と $B = x + ut$ を代入すると，電圧の波動方程式の解は式 7-18 となる。一方，電流については，$G = 0$ S/m とした式 7-10 に式 7-18 を代入することによって式 7-19 を得る。一般解には，入射波と反射波が存在する。なお，式 7-18 中の u [m/s] は，波動の速度を表しており，式 7-28 より

$$u = \frac{1}{\sqrt{LC}} \qquad (7\text{-}32)$$

と表され，**伝搬速度**(11)(propagation velocity)という。

11. 伝搬速度
分布定数回路において分布インダクタ，または分布キャパシタの影響がないとすると($L = 0$ H/m または $C = 0$ F/m とする)，式 7-32 の伝搬速度は無限大($u = \infty$ [m/s])となる。すなわち波は，瞬時に伝搬することを表す。伝搬速度が無限大となる極限では，集中定数回路として扱うことを意味する。なお，伝搬速度のくわしい説明は，**7-3-2** 項コラム「分布定数回路における正弦波の伝搬現象」を参照されたい。

7-1-3 境界点での電圧波と電流波

入射波，反射波と透過波

特性インピーダンス(12)(characteristic impedance)の異なる長さが半無限の伝送線路二つがつながった伝送線路を考える。図 7-6 では，位置 x_0 [m](端子 1-1′)より左側および右側の分布定数回路の特性インピーダンスが，それぞれ Z_1，Z_2 [Ω] と異なるとする。また，導線間の電圧波と電流波の進む方向を白抜きの太矢印で示している。境界点 x_0 においては，左側から進行してきた入射波(前進波)は，特性インピーダンスの不連続性のため反射波(後進波)となり，伝送線路上で重なり合う。

12. 特性インピーダンス
伝送線路の特性インピーダンスの定義は **7-2-2** 項において行うが，簡単にいえば，複素正弦波電源を接続したとき任意の位置でのインピーダンスである。特性インピーダンス，式 7-35 の電圧波，電流波は複素ベクトルであるが，本章では太字で表記しないことにする。

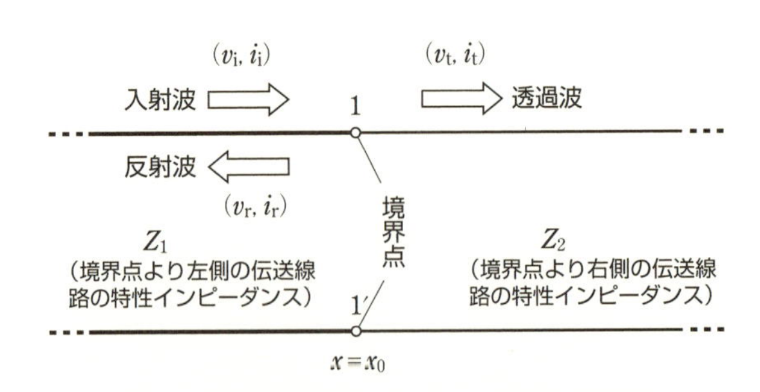

図 7-6 異なる伝送線路の境界での電圧波と電流波

いま，左側から進行する電圧と電流の**入射波**(incident wave)を(v_i, i_i)のように並べて表記する。不連続点では入射波が反射して反対方向に進行する**反射波**(reflected wave)(v_r, i_r)が生じる。また，そのまま通過して右側へ進行する電圧，電流は，**透過波**(transmitted wave)(v_t, i_t)という。伝送線路の境界点 x_0 での電圧値と電流値はそれぞれ連続しているので

$$v_i(x_0, t) + v_r(x_0, t) = v_t(x_0, t) \tag{7-33}$$

位置 x_0，時刻 t における入射電圧波　位置 x_0，時刻 t における反射電圧波　位置 x_0，時刻 t における透過電圧波

$$i_i(x_0, t) + i_r(x_0, t) = i_t(x_0, t) \tag{7-34}$$

位置 x_0，時刻 t における入射電流波　位置 x_0，時刻 t における反射電流波　位置 x_0，時刻 t における透過電流波

が成立する。また，それぞれの波と特性インピーダンスとの関係は

$$i_i = \frac{1}{Z_1} v_i \qquad i_r = -\frac{1}{Z_1} v_r \qquad i_t = \frac{1}{Z_2} v_t \tag{7-35}$$

となる。なお，式 7-35 の反射電流波は，式 7-19 より負の符号となり反対方向に流れることに注意をしよう。

反射係数と透過係数

境界における電圧と電流の反射波と入射波，透過波と入射波の関係は，式 7-33～式 7-35 を連立方程式とすると，係数の関係として表される。入射波に対する反射波および透過波の割合は，次式で定義される。

$$\textbf{電圧反射係数}：K_{r, v} = \frac{v_r(x_0, t)}{v_i(x_0, t)} = \frac{Z_2 - Z_1}{Z_1 + Z_2} \tag{7-36}$$

$$\textbf{電流反射係数}：K_{r, i} = \frac{i_r(x_0, t)}{i_i(x_0, t)} = -\frac{Z_2 - Z_1}{Z_1 + Z_2} \tag{7-37}$$

$$\textbf{電圧透過係数}：K_{t, v} = \frac{v_t(x_0, t)}{v_i(x_0, t)} = \frac{2Z_2}{Z_1 + Z_2} \tag{7-38}$$

$$\textbf{電流透過係数}：K_{t, i} = \frac{i_t(x_0, t)}{i_i(x_0, t)} = \frac{2Z_1}{Z_1 + Z_2} \tag{7-39}$$

式 7-36 および式 7-37 の電圧と電流の**反射係数**(reflection coefficient)は，入射波のうち，どのくらいの振幅比[13]で反射するかを表すことになる。反射係数は位相も影響を受け，-1 から $+1$ の値をとる。$Z_2 = Z_1$ のとき，$K_{r, v} = 0$ となり，反射は生じない。また，式 7-38 および式 7-39 の**透過係数**(transmission coefficient)は，0 から 2 の値をとり，入射波のうちどのくらいの振幅比で透過するかを表すことになる。

一般に透過係数と反射係数の間には

$$K_{t, v} - K_{r, v} = 1 \tag{7-40}$$

$$K_{t, i} - K_{r, i} = 1 \tag{7-41}$$

の関係が成立する。また，各係数間には次の関係が成立している。

$$K_{r, v} + K_{r, i} = 0 \tag{7-42}$$

$$K_{t, v} + K_{t, i} = 2 \tag{7-43}$$

$$K_{r, v} + K_{t, i} = 1 \tag{7-44}$$

ここで，図 7-6 の反射電圧波 $v_r(x, t)$ と透過電圧波 $v_t(x, t)$ を入射電圧波 $v_i(x, t)$ で表すことにしよう。伝送線路は無損失とし，境界点より左側の伝送線路の特性インピーダンスおよび位相定数を Z_1 [Ω] および β_1 [rad/m] とし，右側のものを Z_2 [Ω] および β_2 [rad/m] とする。

13. 振幅比
位置 x_0，時刻 t における入射波と反射波の電圧(または電流)の比のことを**振幅比**という。
たとえば，式 7-36 で

$$v_r = K_{r, v} v_i$$

と書き表すと，入射波 v_i が $K_{r, v}$ 倍(振幅比)されて反射波となることを表す。

左側の伝送線路の入射電圧波および反射電圧波は

$$v_{\mathrm{i}}(x, t) = A_1 e^{-j(\beta_1 x - \omega t)} \tag{7-45}$$

$$v_{\mathrm{r}}(x, t) = B_1 e^{-j(-\beta_1 x - \omega t)} \tag{7-46}$$

と表される[14]。式 7-36 より $x = x_0$ における電圧反射係数は

$$K_{\mathrm{r},v} = \frac{B_1}{A_1} e^{j2\beta_1 x_0} \tag{7-47}$$

となるので，式 7-46 に式 7-47 を代入すると反射電圧波は，

$$v_{\mathrm{r}}(x, t) = K_{\mathrm{r},v} A_1 e^{-j\{\beta_1(2x_0 - x) - \omega t\}} = K_{\mathrm{r},v} v_{\mathrm{i}}(-x + 2x_0, t) \tag{7-48}$$

と表される。

一方，$x = x_0$ で電圧波は連続なので，右側の伝送線路の入射電圧波（透過電圧波）は，

$$v_{\mathrm{t}}(x_0, t) = v_{\mathrm{i}}(x_0, t) + v_{\mathrm{r}}(x_0, t) \tag{7-49}$$

を満たす。すなわち

$$A_2 e^{-j(\beta_2 x - \omega t)} = A_1 e^{-j(\beta_1 x - \omega t)} + B_1 e^{-j(-\beta_1 x - \omega t)} \tag{7-50}$$

となるので，式 7-47 を用いると

$$A_2 = A_1 e^{-j(\beta_1 - \beta_2)x_0} \{1 + K_{\mathrm{r},v}\} \tag{7-51}$$

となる。したがって，透過電圧波は

$$\begin{aligned} v_{\mathrm{t}}(x, t) &= A_2 e^{-j(\beta_2 x - \omega t)} = \{1 + K_{\mathrm{r},v}\} A_1 e^{-j\beta_1 \left\{\frac{\beta_2}{\beta_1}(x - x_0) + x_0\right\}} e^{j\omega t} \\ &= \{1 + K_{\mathrm{r},v}\} v_{\mathrm{i}}\left(\frac{\beta_2}{\beta_1}(x - x_0) + x_0, t\right) \end{aligned} \tag{7-52}$$

と表される。

14\.
式 7-45 および式 7-46 の入射電圧波および反射電圧波の表現については，**7-2-1** 項において導出する（式 7-69）。

図 7-6 の無損失伝送線路において，$\beta_2 = \beta_1 = 1$ rad/m，$Z_2 = 2Z_1$，$x_0 = 0$ m，入射電圧波を $v_{\mathrm{i}}(x, t_0) = \cos\left(x - \frac{\pi}{4}\right)$ [V] とすると，式 7-36 より $K_{\mathrm{r},v} = \frac{1}{3}$ となり，反射電圧波，透過電圧波は $v_{\mathrm{r}}(x, t_0) = \frac{1}{3}\cos\left(-x - \frac{\pi}{4}\right)$ [V]，$v_{\mathrm{t}}(x, t_0) = \frac{4}{3}\cos\left(x - \frac{\pi}{4}\right)$ [V] と表され，図 7-7 のようになる。

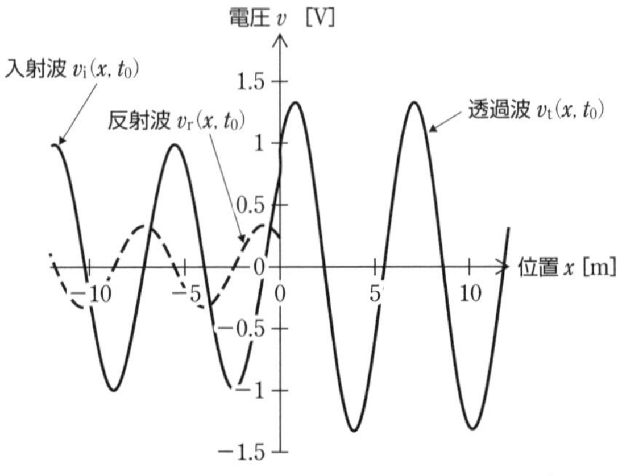

図 7-7　入射電圧波，反射電圧波，透過電圧波の例（$K_{\mathrm{r},v} = \frac{1}{3}$ のとき）

7-1 ドリル問題

問題 1———無ひずみ分布定数回路とはどのような分布定数回路か。

問題 2———無損失分布定数回路とはどのような分布定数回路か。

問題 3———無損失分布定数回路において，$L = 8\ \mu\mathrm{H/m}$（マイクロヘンリー毎メートル），$C = 50\ \mathrm{pF/m}$（ピコファラド毎メートル）のとき，電圧波の伝搬速度はいくらか。

問題 4———式 7−9 および式 7−10 から式 7−13 および式 7−16 を求めよ。

問題 5———式 7−42～式 7−44 が成立することを示せ。

問題 6———電圧反射係数が 0.3 のとき，電圧透過係数はいくらか。

問題 7———電流反射係数が 0.6 のとき，電流透過係数はいくらか。

問題 8———電圧反射係数が 0.4 のとき，電流透過係数はいくらか。

問題 9———電圧反射係数が 0.45 のとき，入射電圧波を $v_{\mathrm{i}} = 3\ \mathrm{V}$ とすると反射電圧波および透過電圧波はいくらか。

問題 10———電流透過係数が 0.8 のとき，入射電流波を $i_{\mathrm{i}} = 2\ \mathrm{A}$ とすると反射電流波および透過電流波はいくらか。

7-1 演習問題

1. 図 7−6 のように特性インピーダンスの異なる無損失伝送線路が $x_0 = 0\ \mathrm{m}$ でつながっている。入射電圧波が $v_{\mathrm{i}}(x, t_0) = \sin x$ のように分布するとき，反射電圧波，透過電圧波を図示せよ。また，入射電流波，反射電流波，透過電流波を図示せよ。ただし，$Z_2 = 2Z_1$，$Z_1 = 1\ \Omega$，$\beta_1 = 1\ \mathrm{rad/m}$，$\beta_2 = 2\ \mathrm{rad/m}$ とする。
2. 問題 1 で，入射電圧波が $v_{\mathrm{i}}(x, t_0) = \cos x$ のように分布するとき，反射電圧波，透過電圧波を図示せよ。また，入射電流波，反射電流波，透過電流波を図示せよ。ただし，$Z_1 = 2Z_2$，$Z_2 = 1\ \Omega$，$\beta_1 = 2\ \mathrm{rad/m}$，$\beta_2 = 1\ \mathrm{rad/m}$ とする。

7-2 分布定数回路の定常解析

7-2-1 交流電源と分布定数回路

複素正弦波電源を接続したときの回路方程式

図 7-8 のように，損失を含む一般的な分布定数回路に交流電源が接続され，十分時間が経過した状態での回路を解析しよう。角周波数が ω [rad/s] の交流電源が接続されると時間 t [s] に関する微分が可能となり，式 7-9 および式 7-10 の偏微分方程式は位置 x [m] に関する微分方程式となり，解析が容易になる。そこで，以下のような複素正弦波を含む解を仮定しよう[(1)]。

1. 複素正弦波電源
集中定数回路における定常解析と同様に複素正弦波 $e^{j\omega t}$ を用いて，分布定数回路を解析する。電圧波および電流波は，伝送線路のある位置に時間波形として加えるため，式 7-53，式 7-54 のように位置と時間に分けた形（関数の積）にしている。なお，式 7-53，7-54 は複素ベクトルであるが，本章では太字では表記しないことにする。

図 7-8　複素電源が接続された長さが半無限の伝送線路

$$v(x, t) = V(x)e^{j\omega t} \tag{7-53}$$

$$i(x, t) = I(x)e^{j\omega t} \tag{7-54}$$

式 7-53 と式 7-54 を式 7-9 の v と式 7-10 の i に代入し，分布定数回路の単位長さあたりの直列インピーダンスおよび並列アドミタンスを

$$Z = R + j\omega L \tag{7-55}$$

$$Y = G + j\omega C \tag{7-56}$$

と表すと，x に関する連立微分方程式

$$-\frac{dV(x)}{dx} = ZI(x) \tag{7-57}$$

$$-\frac{dI(x)}{dx} = YV(x) \tag{7-58}$$

を得る[(2)]。式 7-57 および式 7-58 の両辺を x で微分して，$I(x)$ または $V(x)$ を消去すると

2. 式の導出

$$\frac{\partial}{\partial x} \to \frac{d}{dx},\ \frac{\partial}{\partial t} \to \frac{d}{dt}$$

のように偏微分方程式は微分演算のように扱ってかまわない。また

$$\frac{d}{dt}e^{j\omega t} = j\omega e^{j\omega t}$$

となることに注意しよう。

$$\frac{d^2V(x)}{dx^2} - ZYV(x) = 0 \tag{7-59}$$

$$\frac{d^2I(x)}{dx^2} - ZYI(x) = 0 \tag{7-60}$$

のように空間 x に関する 2 階微分方程式を得る。

2 階微分方程式の解[(3)]

式 7-59 の一般解の候補は，未定係数 k，s を用いて求められる。まず

$$V(x) = ke^{sx} \tag{7-61}$$

3. 2 階微分方程式の解き方
2 階微分方程式の解き方については，**6-2-2** 項を参照されたい。

とおき，式 7−59 に代入すると，方程式 $s^2-ZY=0$ が得られ

$$s=\pm\sqrt{ZY} \tag{7-62}$$

となる。未定係数 A, B を用いると，電圧波の解は

$$V(x)=Ae^{-\sqrt{ZY}x}+Be^{\sqrt{ZY}x} \tag{7-63}$$

のように表される。電流波については，式 7−63 を式 7−57 に代入すると

$$I(x)=\sqrt{\frac{Y}{Z}}\left(Ae^{-\sqrt{ZY}x}-Be^{\sqrt{ZY}x}\right) \tag{7-64}$$

となる。

電圧波と電流波

式 7−62 において $\gamma=\sqrt{ZY}$ とおき，式 7−55 および式 7−56 を用いると

$$\gamma=\sqrt{ZY}=\sqrt{(R+j\omega L)(G+j\omega C)} \tag{7-65}$$

と表される。γ は複素数で $\gamma=\alpha+j\beta$ とおくと，式 7−65 より，α(減衰定数)と β(位相定数)は

$$\alpha=\sqrt{\frac{1}{2}\left\{\sqrt{(R^2+\omega^2L^2)(G^2+\omega^2C^2)}-(\omega^2LC-RG)\right\}} \tag{7-66}$$

$$\beta=\sqrt{\frac{1}{2}\left\{\sqrt{(R^2+\omega^2L^2)(G^2+\omega^2C^2)}+(\omega^2LC-RG)\right\}} \tag{7-67}$$

のように分布定数と角周波数を用いて表せる(演習問題 7−2 の 2. 参照)。$\gamma=\alpha+j\beta$ を式 7−63 に代入すると

$$\begin{aligned}V(x)&=Ae^{-\gamma x}+Be^{\gamma x}\\&=Ae^{-\alpha x}e^{-j\beta x}+Be^{\alpha x}e^{j\beta x}\end{aligned} \tag{7-68}$$

と表されるので位置 x に関する電圧波の一般解を得る。

式 7−68 を式 7−53 に代入すると，電圧波は

$$\begin{aligned}v(x,t)&=Ae^{-\alpha x}e^{-j(\beta x-\omega t)}+Be^{\alpha x}e^{j(\beta x+\omega t)}\\&=\underbrace{Ae^{-\alpha x}e^{-j\beta\left(x-\frac{\omega}{\beta}t\right)}}_{\text{入射電圧波}}+\underbrace{Be^{\alpha x}e^{j\beta\left(x+\frac{\omega}{\beta}t\right)}}_{\text{反射電圧波}}\end{aligned} \tag{7-69}$$

($v(x,t)$：電圧波)

と表される。電流波についても同様にして

$$i(x,t)=\sqrt{\frac{Y}{Z}}\left(\underbrace{Ae^{-\alpha x}e^{-j\beta\left(x-\frac{\omega}{\beta}t\right)}}_{\text{入射電流波}}-\underbrace{Be^{\alpha x}e^{j\beta\left(x+\frac{\omega}{\beta}t\right)}}_{\text{反射電流波}}\right) \tag{7-70}$$

($i(x,t)$：電流波)

と表される。式 7−69 および式 7−70 の第 1 項は入射波を表し，第 2 項は反射波を表すことがわかる[4]。

伝搬定数

式 7−68 中の複素数 γ(式 7−65 の γ)は，波の伝搬状態に関係するため，分布定数回路の**伝搬定数**(propagation constant)とよばれる。また，γ の実数部 α [Np/m](ネーパ毎メートル)[5] は，**減衰定数**(attenuation constant)とよばれ，減衰量に関係する。γ の虚数部 β [rad/m] は，**位相定数**(phase constant)とよばれ，位相の遅れ量に関係

4. 未定係数の決定

式 7−69，式 7−70 では，未定係数 α,β,A,B を含むが，以降で示すように，これらは初期条件と境界条件により定まる。

5. 減衰定数の単位

減衰定数は，Np(ネーパ)を用いて表す。Np は減衰量を表す単位であり，電圧 v_1 [V] が電圧 v_2 [V] まで減衰したとき，自然対数(底を e とする対数)を用いて $\log_e\frac{v_2}{v_1}$ [Np] と定義されている。一方，電子回路でよく用いられる dB(デシベル)は，常用対数(底を 10 とする対数)を用いて $20\log_{10}\frac{v_2}{v_1}$ [dB] と定義されていて，両者には $1\,\text{Np}\fallingdotseq\frac{20}{\log_e 10}=8.686\,\text{dB}$ の関係がある。

する。これらには次式の関係がある。

$$\gamma = \alpha + j\beta \tag{7-71}$$

伝搬定数　減衰定数　位相定数

さらに，式 7-17 の条件を満たす無ひずみ分布定数回路では，伝搬定数は

$$\gamma = \sqrt{RG} + j\omega\sqrt{LC} \tag{7-72}$$

となる[6]。また，無損失分布定数回路では $R = 0\ \Omega/\mathrm{m}$，$G = 0\ \mathrm{S/m}$ となるので

$$\gamma = j\beta = j\omega\sqrt{LC} \tag{7-73}$$

のように減衰定数はゼロとなり，伝搬定数は位相定数に等しくなる。

6. 線形な位相定数
位相定数が，式 7-72 のように角周波数に対して線形な関係となるときには波は一定の遅れは生じるもののひずむことはない。

7-2-2 分布定数回路の特性インピーダンス

図 7-9 に示すように $x=0$ において，複素正弦波電源 $v(0,t)=e^{j\omega t}$ が接続された非常に長い伝送線路の近似として，片側が無限に長い分布定数回路について考えよう。

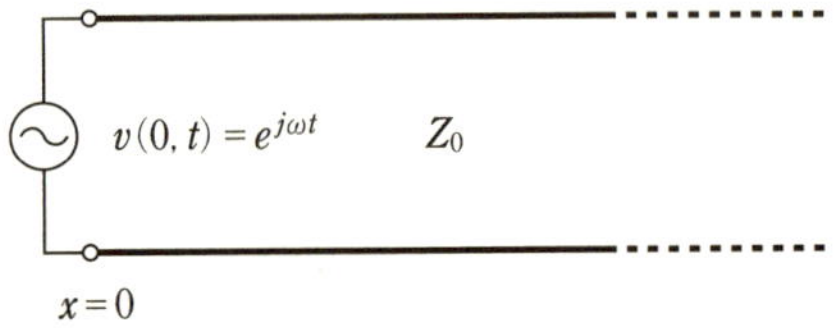

$v(0,t)=e^{j\omega t}$　Z_0

$x=0$

図 7-9　複素正弦波電源が接続された長さが半無限の伝送線路

このとき，電源からの入射電圧波および入射電流波は，はるか遠く離れた場所($x=\infty$)ではともに減衰により $v(\infty,t)=0$，$i(\infty,t)=0$ となる。また，長さが無限に続くため反射波は生じないので，式 7-63 および式 7-64 において，反射波の未定係数 B はゼロ($B=0$)となる。したがって，一様で無限に長い分布定数回路上[7]の任意の点 x におけるインピーダンスは

$$Z_0 = \frac{V(x)}{I(x)} = \sqrt{\frac{Z}{Y}} \tag{7-74}$$

と一定の値となる。式 7-74 の Z_0 [Ω] を分布定数回路の**特性インピーダンス**(characteristic impedance)という。一般には，特性インピーダンスは複素数値をとる。

7. 一様な分布定数回路
伝送線路のいたるところで分布素子の値が変わらない分布定数回路のことである。

式 7-17 の条件より，無ひずみ分布定数回路，および無損失分布定数回路のときには，特性インピーダンスは

$$Z_0 = \sqrt{\frac{L}{C}} \tag{7-75}$$

となる。

7-2-3 分布定数回路の境界条件

これまでは，伝送線路の長さは無限に長いものとしてきた。現実には伝送線路は有限の長さとなる。そこで，有限の長さの分布定数回路を対象として解析していく。まず，**7-2-1** 項で述べた未定係数を含む電圧波，電流波の解の具体的な形を有限の長さの伝送線路の**境界条件**[8](boundary condition)を与えることで決める。交流電源をつないだときの端子における電圧波と電流波について調べよう。

8. 境界条件
伝送線路の特定の位置(たとえば，$x=0, l$ など)での電圧波，電流波の値やそれらの関係を**境界条件**という。

任意の位置での電圧波と電流波

長さ l [m] の伝送線路の端点 $x=0$ における $V(0)$ [V]，$I(0)$ [A] を境界条件として，伝搬定数と特性インピーダンスを用いて解を求めてみよう。式 7−74，式 7−63 および式 7−64 より

$$V(0)=A+B \tag{7-76}$$

$$I(0)=\frac{1}{Z_0}(A-B) \tag{7-77}$$

となり，式 7−76 と式 7−77 より A，B を求めると

$$A=\frac{1}{2}(V(0)+Z_0I(0)) \tag{7-78}$$

$$B=\frac{1}{2}(V(0)-Z_0I(0)) \tag{7-79}$$

と表せる。式 7−78 および式 7−79 を式 7−63 および式 7−64 に代入し，式 7−65 を用いると，以下のように双曲線関数で表される[9]。

9. 指数関数と双曲線関数
双曲線正弦関数(ハイパボリックサインともいう)と双曲線余弦関数(ハイパボリックコサインともいう)の関係，
$\sinh x=\frac{e^x-e^{-x}}{2}$，$\cosh x=\frac{e^x+e^{-x}}{2}$
を用いる。

$$V(x)=Ae^{-\gamma x}+Be^{\gamma x}=V(0)\cosh\gamma x-Z_0I(0)\sinh\gamma x \tag{7-80}$$

$$\begin{aligned}I(x)&=\frac{1}{Z_0}(Ae^{-\gamma x}-Be^{\gamma x})\\&=I(0)\cosh\gamma x-\frac{1}{Z_0}V(0)\sinh\gamma x\end{aligned} \tag{7-81}$$

伝送線路の終端における電圧 $V(l)$ [V]，電流 $I(l)$ [A] は，式 7−80 および式 7−81 において $x=l$ とすることで，$V(0)$，$I(0)$ および分布素子により定まる。

式 7−80 および式 7−81 を式 7−53 および式 7−54 に代入すると，電圧波と電流波は

$$v(x,t)=(V(0)\cosh\gamma x-Z_0I(0)\sinh\gamma x)e^{j\omega t} \tag{7-82}$$

$$i(x,t)=\left(I(0)\cosh\gamma x-\frac{1}{Z_0}V(0)\sinh\gamma x\right)e^{j\omega t} \tag{7-83}$$

と表される。式 7−82 および式 7−83 は，未定係数を含む式 7−69 および式 7−70 の別の表現である。なお，以降では分布定数回路上の位置の違いによる電圧波および電流波について解析するため，式 7−82 および

式 7-83 の時間に関する複素正弦波 $e^{j\omega t}$ は省略し，$V(x)$ および $I(x)$ について述べる。

終端抵抗と整合

次に，図 7-10 に示すように有限の長さ l [m] の伝送線路の終端部に伝送線路の特性インピーダンスと等しいインピーダンス Z_0 を接続することにしよう。

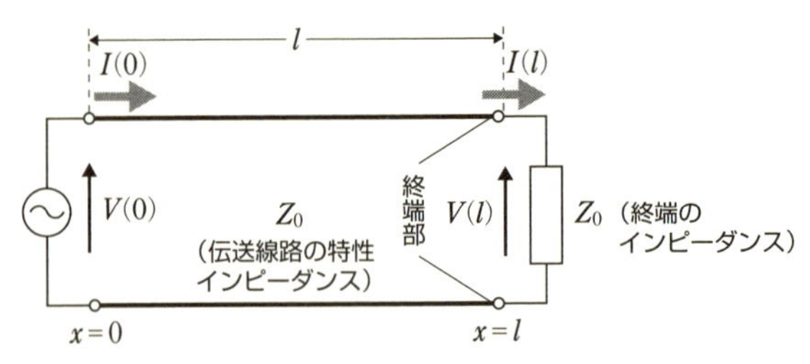

図 7-10　伝送線路の特性インピーダンスと等しい Z_0 で終端された長さ l の伝送線路

終端のインピーダンスでの電圧 $V(l)$ [V] と電流 $I(l)$ [A] は

$$V(l)=Z_0I(l) \tag{7-84}$$

を満たす(10)。式 7-80 および式 7-81 に $x=l$ を代入し，反射波 $Be^{\gamma l}$ について解いた式に，式 7-84 の関係を用いるとゼロとなる。すなわち，終端部の電圧と電流は

$$V(l)=Ae^{-\gamma l}=\frac{1}{2}(V(0)+Z_0I(0))e^{-\gamma l} \tag{7-85}$$

$$I(l)=\frac{1}{Z_0}Ae^{-\gamma l}=\frac{1}{2Z_0}(V(0)+Z_0I(0))e^{-\gamma l} \tag{7-86}$$

と表され，入射波(透過波と一致する) $Ae^{-\gamma l}$ のみとなる。このように特性インピーダンスと等しい**終端抵抗**(11) (terminating resistor) が接続された長さ l の伝送線路は，有限の長さであるにもかかわらず図 7-9 に示す反射波のない無限の長さの伝送線路と同じになることに注意しよう。これを**無反射終端**(matched termination)という(12)。

10. 終端の電圧と電流
$x=l$ の終端での透過電圧波は，終端のインピーダンスの電圧となり，透過電流はインピーダンスに流れる電流となる。

11. 終端抵抗
終端抵抗とは，伝送線路の電源側と反対の端に接続する抵抗のことをいう。特に，特性インピーダンスと等しいときは**整合(インピーダンスマッチング)**という。整合のとれた伝送線路では，反射波は生じないで透過波は終端抵抗で吸収される。

12. 無反射終端
伝送線路を無反射終端にすると，「通信線でパルスを伝送したときに反射が起こらない」，「電力伝送では終端へ有効に電力が送られる」，などの利点がある。

7-2 ドリル問題

問題 1———無ひずみ分布定数回路において，$R=0.5\ \mu\Omega/\mathrm{m}$，$G=0.5\ \mu\mathrm{S/m}$，$L=0.1\ \mu\mathrm{H/m}$，$C=0.1\ \mu\mathrm{F/m}$，$\omega=100\pi$ rad/s のとき，伝搬定数はいくらか。

問題 2———分布定数回路において，$R=10.83\ \mu\Omega/\mathrm{m}$，$G=1.875$ nS/m，$L=3.61\ \mu\mathrm{H/m}$，$C=625$ pF/m，$\omega=100\pi$ rad/s のとき，特性インピーダンスはいくらか。

問題 3———分布定数回路において，$R=50\pi\ \mu\Omega/\mathrm{m}$，$G=50\pi\ \mu\mathrm{S/m}$，$L=1\ \mu\mathrm{H/m}$，$C=1\ \mu\mathrm{F/m}$，$\omega=100\pi$ rad/s のとき，減衰定数はいくらか。

問題 4———分布定数回路において，$R=50\pi\ \mu\Omega/\mathrm{m}$，$G=50\pi\ \mu\mathrm{S/m}$，$L=1\ \mu\mathrm{H/m}$，$C=1\ \mu\mathrm{F/m}$，$\omega=$

$100\,\pi$ rad/s のとき，位相定数はいくらか。

問題 5———無損失分布定数回路において，$L=4\,\mu\text{H/m}$，$C=64\,\mu\text{F/m}$，$\omega=100\,\pi$ rad/s のとき，伝搬定数はいくらか。

問題 6———式 7-74 を用いて，無ひずみ分布定数回路および無損失分布定数回路の特性インピーダンスは式 7-75 となることを示せ。

問題 7———式 7-80 と式 7-81 をもとに，$V(0)$ [V] および $I(0)$ [A] を $x=l$ [m] における $V(l)$，$I(l)$ を用いて表せ。

問題 8———式 7-53 および式 7-54 をもとに，式 7-59 および式 7-60 を求めよ。

問題 9———長さ l の無損失分布定数回路($L=2$ H/m，$C=1$ F/m)において，$V(0)=2$ V，$I(0)=1$ A のとき，$V(l)$ と $I(l)$ を求めよ。ただし，$l=\dfrac{2\pi}{\omega\sqrt{LC}}$ とする。

問題 10———長さ l [m] の無損失分布定数回路($L=2$ H/m，$C=1$ F/m)において，$V(0)=2$ V，$I(0)=1$ A のとき，$V\left(\dfrac{l}{2}\right)$ と $I\left(\dfrac{l}{2}\right)$ を求めよ。ただし，$l=\dfrac{2\pi}{\omega\sqrt{LC}}$ とする。

7-2 演習問題

1. 図 7-6 に示す伝送線路で，二つの伝送線路の特性インピーダンスに $Z_2=aZ_1$ [Ω] の関係が存在するとする。このとき，反射電圧波と透過電圧波を入射電圧波 v_i を用いて表せ。また，電流反射係数，電流透過係数を a を用いて表せ。
2. 式 7-65 および式 7-71 を用いて式 7-66 および式 7-67 を導け。
3. 式 7-72 および式 7-73 を導け。
4. 長さ l [m] の伝送線路(特性インピーダンス Z_0 [Ω]，伝搬定数 γ)を Z_L [Ω] で終端したとき，電源から距離 x [m] におけるインピーダンス $Z(x)=\dfrac{V(x)}{I(x)}$ はいくらか。
5. 図 1 のように特性インピーダンスと等しい Z_1 [Ω] と Z_2 [Ω] で終端した二つの伝送線路を並列につなぎ，直流電源を接続した。抵抗 R [Ω] を流れる電流 I [A] を求めよ。

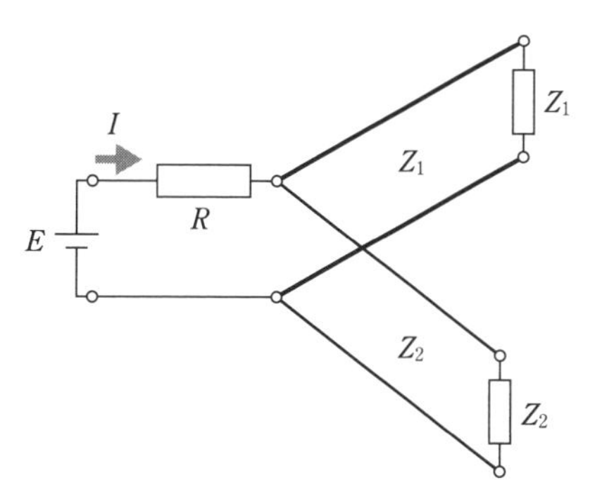

図 1　伝送線路の並列接続

7-3 反射のある分布定数回路

7-2 節で述べたように，長さが半無限の伝送線路，あるいは整合のとれた有限の長さの伝送線路では，入射波を加えても反射が起こらない。しかし，有限の長さの伝送線路の終端において任意のインピーダンスが接続された場合には反射波が生じる。この節では，反射のある有限の長さの分布定数回路を解析する。

7-3-1 有限の長さの伝送線路の開放と短絡

任意の終端抵抗の接続

まず，図 7-11 に示すインピーダンス Z_L [Ω] が終端に接続されている長さ l [m] の伝送線路（特性インピーダンスは Z_0 [Ω] とする）に複素正弦波電源を接続する。

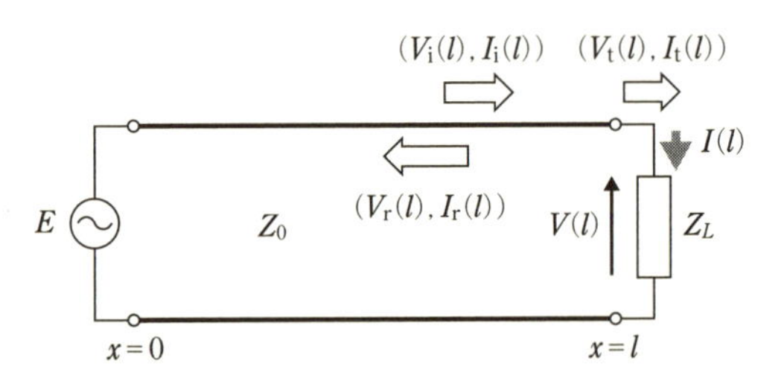

図 7-11　複素正弦波電源が接続され Z_L で終端されている長さ l の伝送線路

終端部での電圧を $V(l)$ [V]，電流を $I(l)$ [A] とすると，$x=l$ での境界条件は

$$V(l) = Z_L I(l) \tag{7-87}$$

となる。式 7-80 および式 7-81 に $x=l$ を代入し，入射波 $Ae^{-\gamma l}$ および反射波 $Be^{\gamma l}$ について解き，式 7-87 の関係を代入すると，電圧と電流の入射波は

$$V_i(l) = Ae^{-\gamma l} = \frac{V(l)}{2}\left(1 + \frac{Z_0}{Z_L}\right) \tag{7-88}$$

$$I_i(l) = \frac{1}{Z_0}Ae^{-\gamma l} = \frac{I(l)}{2}\left(1 + \frac{Z_L}{Z_0}\right) \tag{7-89}$$

と表される。さらに，式 7-36～式 7-39 の関係式に式 7-88 および式 7-89 を代入すると，電圧と電流の反射波と透過波は

$$V_r(l) = K_{r,v}V_i(l) = \frac{Z_L - Z_0}{Z_0 + Z_L}V_i(l) = \frac{V(l)}{2}\left(1 - \frac{Z_0}{Z_L}\right) \tag{7-90}$$

$$I_r(l) = K_{r,i}\,I_i(l) = -\frac{Z_L - Z_0}{Z_0 + Z_L}I_i(l) = \frac{I(l)}{2}\left(1 - \frac{Z_L}{Z_0}\right) \tag{7-91}$$

$$V_{\mathrm{t}}(l)=K_{\mathrm{t},v}V_{\mathrm{i}}(l)=\frac{2Z_L}{Z_0+Z_L}V_{\mathrm{i}}(l)=V(l) \qquad (7\text{-}92)$$

$$I_{\mathrm{t}}(l)=K_{\mathrm{t},i}I_{\mathrm{i}}(l)=\frac{2Z_0}{Z_0+Z_L}I_{\mathrm{i}}(l)=I(l) \qquad (7\text{-}93)$$

と表される。式 7-92 および式 7-93 より，終端のインピーダンス Z_L にかかる電圧 $V(l)$ と電流 $I(l)$ は，透過電圧波および透過電流波となることに注意しよう。

有限の長さの伝送線路の開放　式 7-90～式 7-93 をもとに終端の抵抗(インピーダンス)を開放する場合と短絡する場合について検討する。図 7-12 (a) に示すように有限の長さの伝送線路の終端を開放(終端抵抗のインピーダンスが無限大)するときは，式 7-90～式 7-93 に $Z_L=\infty$ を代入すると

$$V_{\mathrm{r}}(l)=V_{\mathrm{i}}(l) \qquad (7\text{-}94)$$

$$I_{\mathrm{r}}(l)=-I_{\mathrm{i}}(l) \qquad (7\text{-}95)$$

$$V_{\mathrm{t}}(l)=2V_{\mathrm{i}}(l) \qquad (7\text{-}96)$$

$$I_{\mathrm{t}}(l)=0 \qquad (7\text{-}97)$$

となる[(1)]。式 7-94～式 7-97 から，開放端では，反射電圧波は入射電圧波と等しい符号の波となるが，反射電流波は負符号となり入射電流波が反転した波となる。

1. 式の導出

式 7-96，式 7-97 は

$$\lim_{Z_L\to\infty}\frac{2Z_L}{Z_0+Z_L}=\lim_{Z_L\to\infty}\frac{2}{\frac{Z_0}{Z_L}+1}=2$$

および

$$\lim_{Z_L\to\infty}\frac{2Z_0}{Z_0+Z_L}=0$$

から求まる。

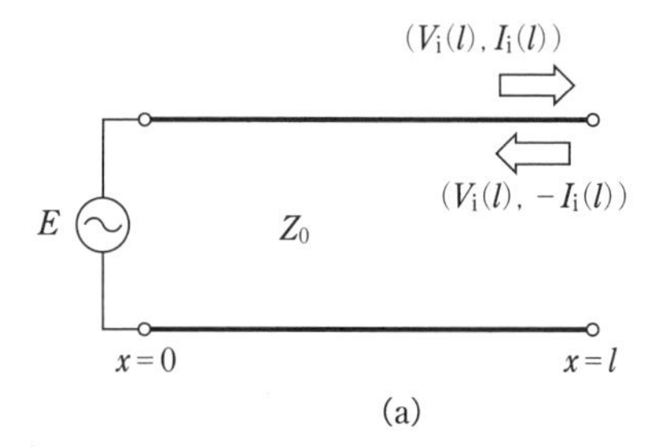

(a)

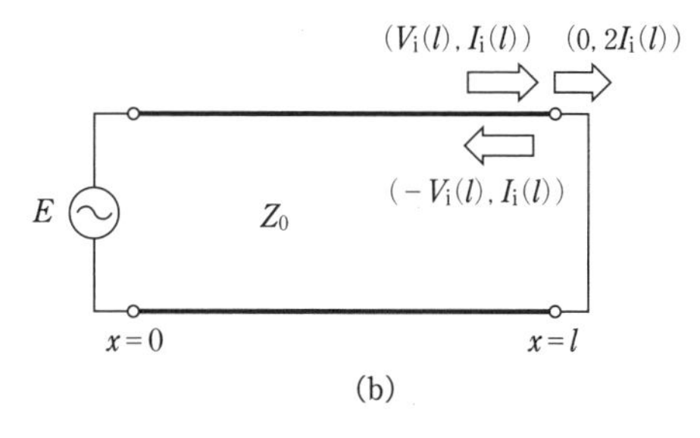

(b)

図 7-12　終端を開放(a)と短絡(b)した長さ l の伝送線路

図 7-13 (a) に終端を開放した場合の電圧波の例 $\left(v_{\mathrm{i}}(x,t_0)=\cos x,\ l=\frac{13}{3}\pi\right)$ を示す。反射係数は +1 なので式 7-48 より反射電圧波は $v_{\mathrm{r}}(x,t_0)=\cos\left(-x+\frac{26\pi}{3}\right)$ となる。電流波の反射係数は −1 なので

$Z_0 = 1\,\Omega$ とすると入射電流波と反射電流波は $i_{\mathrm{i}}(x, t_0) = \cos x$, $i_{\mathrm{r}}(x, t_0) = -\cos\left(-x + \dfrac{26\pi}{3}\right)$ となり，図 7-13 (b)のようになる。

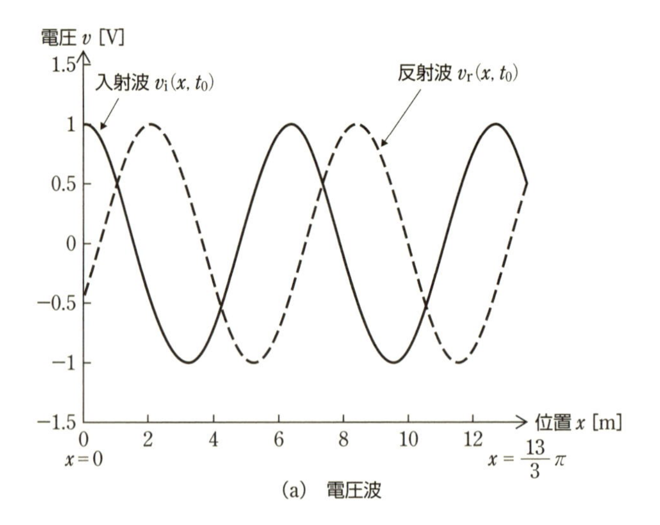

(a)　電圧波

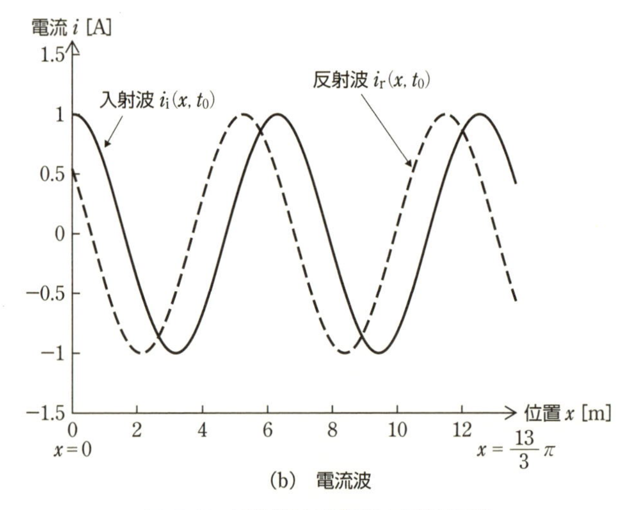

(b)　電流波

図 7-13　開放端での電圧波と電流波の例

有限の長さの伝送線路の短絡

図 7-12 (b)に示すように終端を短絡(終端抵抗のインピーダンスがゼロ)する。式 7-90～式 7-93 へ $Z_L = 0$ を代入すると

$$V_{\mathrm{r}}(l) = -V_{\mathrm{i}}(l) \tag{7-98}$$

$$I_{\mathrm{r}}(l) = I_{\mathrm{i}}(l) \tag{7-99}$$

$$V_{\mathrm{t}}(l) = 0 \tag{7-100}$$

$$I_{\mathrm{t}}(l) = 2I_{\mathrm{i}}(l) \tag{7-101}$$

となる。式 7-98～式 7-101 より，電圧波の反射係数は −1 となり入射電圧波の振幅は反転して反射波となる。一方，電流波の反射係数は +1 となり入射波はそのまま反射する。

7-3-2 伝送線路の共振

インピーダンス特性

図 7−14 に示す長さが有限の分布定数回路の共振について解析する。まず，長さ l [m] の伝送線路において，終端を開放した状態を考えよう。終端を開放すると電流は $I(l)=0$ となるので，式 7−81 に代入すると，位置 $x=0$ における有限の長さ l の伝送線路の入力端のインピーダンス(2) は

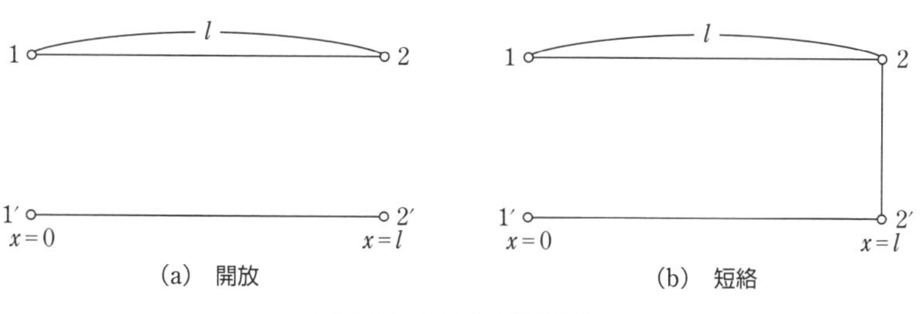

図 7−14 長さ l の伝送線路

$$Z_{i\infty}=\frac{V(0)}{I(0)}=Z_0\coth\gamma l \quad (7-102)^{(3)}$$

と表される。無損失分布定数回路であれば，式 7−73 および式 7−75 より式 7−102 は

$$Z_{i\infty}=-j\sqrt{\frac{L}{C}}\cot\omega\sqrt{LC}l \quad (7-103)^{(4)}$$

と表される。

一方，終端を短絡すると電圧は $V(l)=0$ となるので，$x=l$ とともに式 7−80 に代入すると，入力インピーダンスは

$$Z_{i0}=\frac{V(0)}{I(0)}=Z_0\tanh\gamma l \quad (7-104)$$

と表される。式 7−103 のときと同様に，無損失分布定数回路であれば，式 7−104 は

$$Z_{i0}=j\sqrt{\frac{L}{C}}\tan\omega\sqrt{LC}l \quad (7-105)$$

と表される。式 7−103 および式 7−105 で表される無損失分布定数回路の入力インピーダンスの虚数部(5) を図 7−15 および図 7−16 に $\omega\sqrt{LC}l$ を横軸として図示する(6)。図 7−15 および図 7−16 は，インピーダンスが変化する様子を表している。これを**インピーダンス特性**(impedance characteristics) という。長さが有限の伝送線路の入力インピーダンスは，接続する電源の角周波数，分布定数，伝送線路の長さ，終端の状態に応じて，周期的(図 7−15 および図 7−16 では π（パイ）周期)に ±∞，ゼロの値をとりながら変化することがわかる(7)。

2. 入力インピーダンスの表現
入力端子 $x=0$ の境界における端子間のインピーダンスは，5 章で定義したように**入力インピーダンス**(input impedance) という。長さ l の伝送線路の終端を開放したときの入力インピーダンスを $Z_{i\infty}$ [Ω] (添字の∞は「開放」を表すことにする)，短絡したときの入力インピーダンスを Z_{i0} [Ω] (添字の 0 は「短絡」を表すことにする) と表記することにする。

3. 双曲線三角関数
$\coth x=\frac{\cosh x}{\sinh x}$，$\tanh x=\frac{\sinh x}{\cosh x}$
である。

4. 複素双曲線三角関数
$\sinh jx=j\sin x$，$\cosh jx=\cos x$ となる。

5. 虚数部の表し方
入力インピーダンスの虚数部は

$$\mathrm{Im}Z_{i\infty}=-\sqrt{\frac{L}{C}}\cot\omega\sqrt{LC}l$$

$$\mathrm{Im}Z_{i0}=\sqrt{\frac{L}{C}}\tan\omega\sqrt{LC}l$$

となる。

6. 無損失インピーダンス特性
図 7−15 および図 7−16 において，縦軸はインピーダンスの虚数部を表す。無損失分布定数回路の場合には損失(抵抗)がないので，入力インピーダンスは純虚数となる。虚数部の符号が正の場合にはインダクタ($Z=j\omega L$)，負の場合キャパシタ$\left(Z=-j\frac{1}{\omega C}\right)$と等価性をもつことに注意しよう。

7. 長さが無限の伝送線路の入力インピーダンス
長さ l の伝送線路の長さを無限に長くしていくと($l\to\infty$ とすると)，式 7−102 および式 7−104 で表される入力インピーダンスは，ともに $Z_{i\infty}\to Z_0$，$Z_{i0}\to Z_0$ のように特性インピーダンスに近づく。

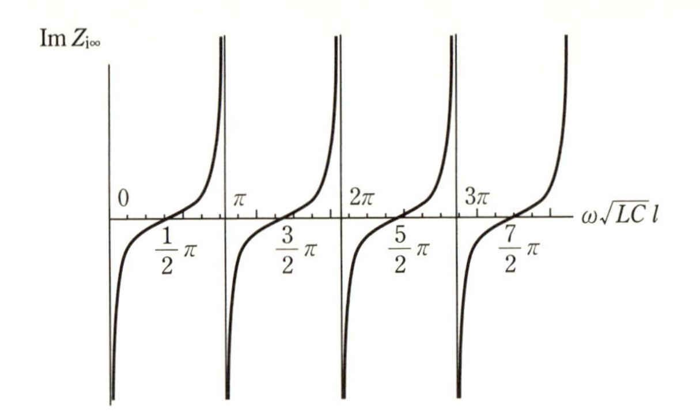

図 7-15　終端開放の長さ l の分布定数回路の入力インピーダンス特性

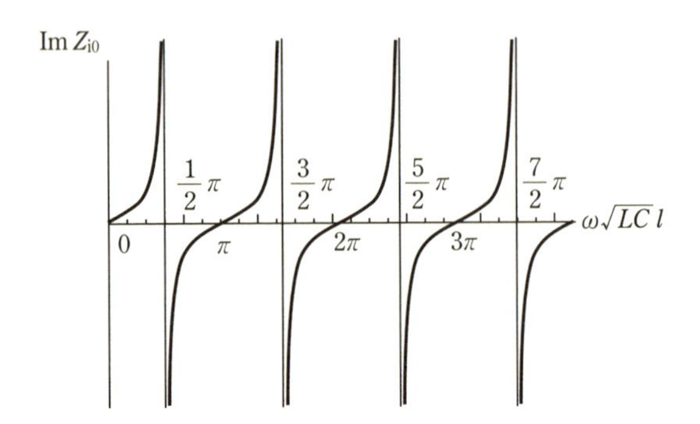

図 7-16　終端短絡の長さ l の分布定数回路の入力インピーダンス特性

共振の条件

式 7-73 より無損失分布定数回路の位相定数は $\beta=\omega\sqrt{LC}$ と表されるので，図 7-15 および図 7-16 の特性の横軸を $\omega\sqrt{LC}\,l=\beta l$ のように対応させると，

終端を開放している場合には

$\beta l=\dfrac{\pi}{2}n\ (n=1, 3, 5, \cdots)$ のとき　$Z_{i\infty}=0$ となり，

$\beta l=\pi m\ (m=0, 1, 2, \cdots)$ のとき　$Z_{i\infty}=\infty$ となる。

終端を短絡している場合には

$\beta l=\pi m\ (m=0, 1, 2\cdots)$ のとき　$Z_{i0}=0$ となり，

$\beta l=\dfrac{\pi}{2}n\ (n=1, 3, 5, \cdots)$ のとき　$Z_{i0}=\infty$ となる。

ここで，位相定数 β の代わりに，分布定数回路を伝搬する波(コラム「分布定数回路における正弦波の伝搬現象」参照)の波長 λ を用いて条件を表すことにしよう。波長は，位相定数を用いて

$$\lambda=\frac{2\pi}{\beta} \tag{7-106}$$

と表されるので，上述の条件は，

終端を開放している場合には

$l=\dfrac{\lambda}{4}n\ (n=1, 3, 5, \cdots)$のとき**共振状態**$(Z_{i\infty}=0)$[8]となり，

$l=\dfrac{\lambda}{2}m\ (m=0, 1, 2, \cdots)$のとき**反共振状態**$(Z_{i\infty}=\infty)$となる。

終端を短絡している場合には

$l=\dfrac{\lambda}{2}m\ (m=0, 1, 2, \cdots)$のとき**共振状態**$(Z_{i0}=0)$となり，

$l=\dfrac{\lambda}{4}n\ (n=1, 3, 5, \cdots)$のとき**反共振状態**$(Z_{i0}=\infty)$となる。

8. 共振

入力インピーダンスが ±∞ およびゼロとなる状態は，**共振**（resonance：コラム「分布定数回路の共振現象」参照）といわれている。

COLUMN　分布定数回路における正弦波の伝搬現象

時刻 $t=0$ での分布定数回路の正弦波を図 7–17(a)のように空間的に分布しているとする。$t=t_0$ [s] では図 7–17(b)のように，$t=t_1$ [s] では図 7–17(c)のように進行したとする。（図 7–17(b)，(c)において点線の波動は $t=0$

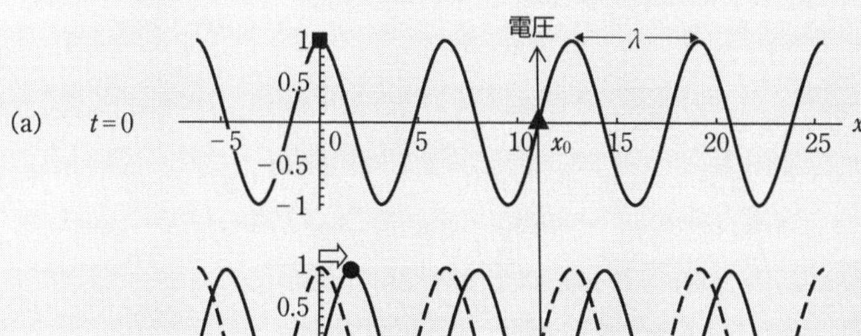

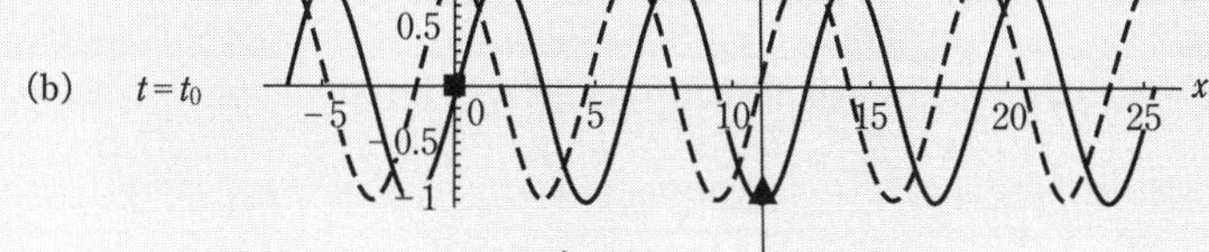

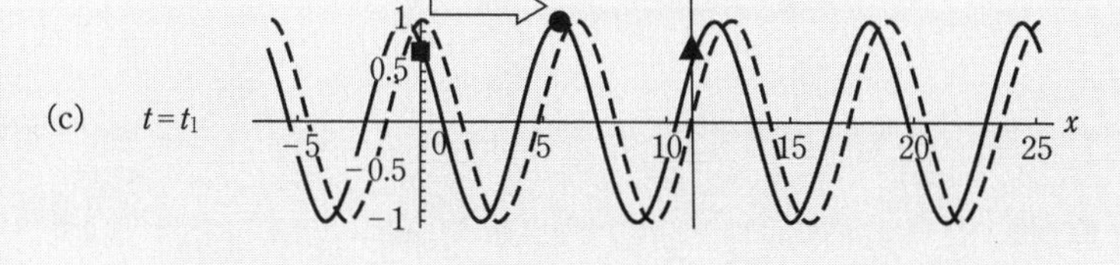

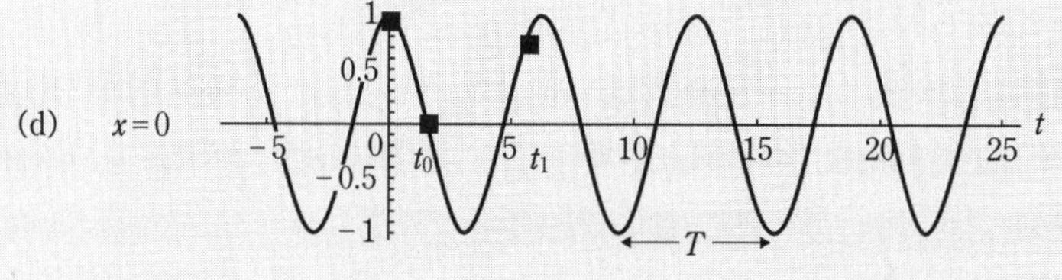

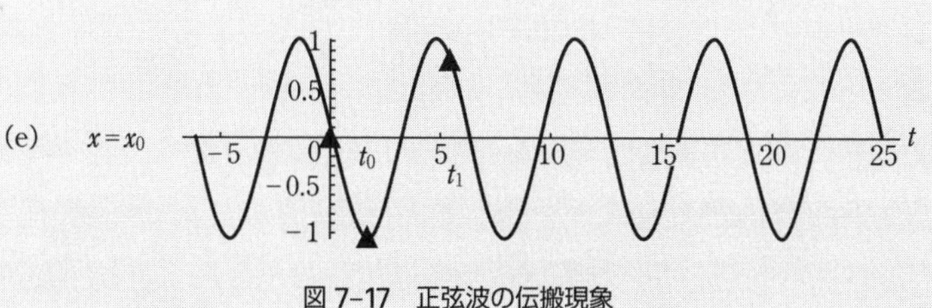

図 7–17　正弦波の伝搬現象

での位置を表す。●は，波動が進行する際の目印を表す。）このとき，図 7−17(a)の位置 $x=0$ および $x=x_0$ での時間経過に対する値の変動を見てみよう。$x=0$ での■の動きを見ると，最初，波動は最大であったが時間の経過とともに減り（図 7−17(b)），再び増える（図 7−17(c)）。同様に，▲で示す $x=x_0$ においても，▲の動きは $t=0$ でゼロであったが，時間の経過とともに減り，増える状態を周期的に繰り返す。位置 $x=0$ および $x=x_0$ における時間（横軸）に対する波動の変化の様子を図 7−17(d)および図 7−17(e)に示す。

また，図 7−17 で説明したことを時間−位置平面での波形の変化として図 7−18 に示す。

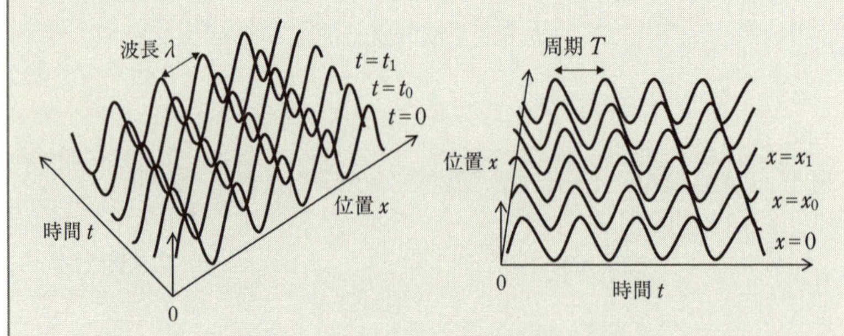

図 7−18　時間−位置平面での波形の変化

以上の正弦波の例を用いた説明図より，波動は，空間的にも時間的にも周期的に変動する。

横軸を空間位置 x として表した波動において，$v(x+\lambda, t)=v(x, t)$ を満たす最小の λ（ラムダ）[m] は**波長**(wavelength)といわれ，1 周期（たとえば図 7−17(a)の山から山まで）の長さを表す。また，横軸を時間 t として表した波動において，$v(x, t+T)=v(x, t)$ を満たす最小の T [s] は**周期**(period)といわれ，1 周期（たとえば図 7−17(d)の谷から谷まで）の時間を表す。正弦波は，時間 T [s] をかけて λ [m] だけ進行したため，伝搬速度は $u=\frac{\lambda}{T}$ [m/s] となる。

一方，周期の逆数 $f=\frac{1}{T}=\frac{\omega}{2\pi}$ [1/s] は**周波数**(frequency)といわれ，これを用いると $u=f\lambda$ [m/s] と表せる。分布定数回路の L, C が決まると式 7−32 より伝搬速度 u [m/s] が決まるので，周波数の高い波動の波長は短く，周波数の低い波動の波長は長くなることを示す。なお，式 7−69 と式 7−18 の対応関係から，伝搬速度 u [m/s] は，角周波数 ω [rad/s] と位相定数 β [rad/m] を用いて $u=\frac{\omega}{\beta}$ [m/s] とも表される。これより，$\lambda=uT=\frac{2\pi}{\beta}$ [m] と表せることがわかる。また，$\beta=\frac{2\pi}{\lambda}$ と表されるが，$\frac{2\pi}{\lambda}$ は長さ 2π に含まれる波長 λ の波の数を表すため，**波数**(wavenumber)という。なお，単位長さあたりの波の数 $\kappa=\frac{1}{\lambda}$（カッパ）を波数ということもある。

以上より，終端を開放しているときには交流電源の波長の $\frac{1}{4}$ の奇数倍の長さの伝送線路，短絡しているときには波長の $\frac{1}{2}$ の偶数倍の長さの伝送線路を用いると共振状態となる。交流電源の角周波数が一定のとき，終端を開放あるいは短絡した伝送線路の長さ l を変えることで共振状態または反共振状態となるため，長さを調整することで分布定数回路は共振回路としても利用される[9]。

9. 無損失分布定数回路と波長
無損失分布定数回路において，インダクタまたはキャパシタの影響を考えなければ（$L=0$ H/m または，$C=0$ F/m とする），式 7-32 より伝搬速度は $u=\infty$ m/s となる。この場合，加える交流電源の角周波数 ω [rad/s] がどんな値であっても $u=f\lambda=\frac{\omega\lambda}{2\pi}$ が成り立つためには，波長は $\lambda=\infty$ m となる。すなわち，インダクタやキャパシタの影響を考慮しないときは，波長は無限大となり，分布定数回路上の電圧値はどこでも電源電圧と同じになる。$u=\infty$ m/s の極限では，集中定数回路として扱うことを意味する。

COLUMN 分布定数回路の共振現象

3-2 節で学んだ LC 回路の共振と伝送線路を用いた共振を比較してみよう。図 7-19(a)および図 7-19(b)は，LC 直列回路および LC 並列回路である。直列回路の入力インピーダンスは $Z_s=j\left(\omega L-\frac{1}{\omega C}\right)$ となり，並列回路の入力インピーダンスは，$Z_p=\frac{1}{j\left(\omega C-\frac{1}{\omega L}\right)}$ となる。両回路の端子 1-1′ に交流電圧源を接続するとき，$\omega=\frac{1}{\sqrt{LC}}$ [rad/s] の交流電圧に対しては，直列の場合には $Z_s=0$，並列の場合には $Z_p=\infty$ の入力インピーダンスとなる。この角周波数は，**共振角周波数**（あるいは**固有角周波数**）といわれている。直列回路では，共振角周波数において多く電流が流れ，それ以外の角周波数では流れにくい。逆に，並列回路では，共振角周波数において電流は流れず，それ以外の角周波数では多く流れる。この現象のことを LC 直列回路の**共振**(resonance)ならびに LC 並列回路の**反共振**(antiresonance)という。

図 7-19(c)に示す終端を開放または短絡した無損失伝送線路を上述の LC 回路の代わりに接続しても，入力インピーダンスがゼロあるいは∞となるので，共振あるいは反共振の状態となる。

LC 回路では L の電圧と時間的な位相が一致する C の電圧の重ね合わせにより，分布定数回路では入射波と空間的な位相が一致する反射波の重ね合わせにより，入力インピーダンスがゼロ（電圧がゼロとなり電流は無限大となる）となる共振状態をつくっている。

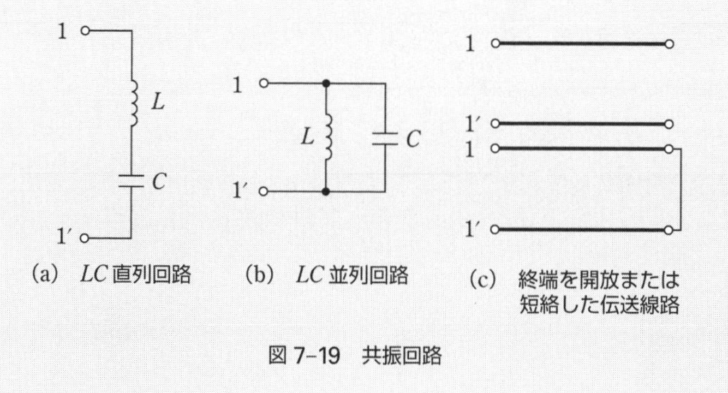

図 7-19 共振回路

7-3-3 定在波

無損失伝送線路上で入射波と反射波が同時に存在するとき，両者は重なり合い，次式で表される合成波 $v_c(x, t)$ となる。

$$v_c(x,t) = \overbrace{v_i(x,t)}^{\text{入射波}} + \overbrace{v_r(x,t)}^{\text{反射波}} = \{1+K_{r,v}\}\,v_i(x,t) \tag{7-107}$$

$$= \{1+K_{r,v}\}\,A e^{-j(\beta x-\omega t)}$$

入射波と反射波の合成波は干渉を起こして**定在波**(ていざいは)(standing wave)とよばれる波が形成される。定在波は，伝送線路上の特定の位置で周期的に極大値と極小値をとり波動としては進行しない(動いていないように見える)。図 7-20 に終端条件の異なる三つの電圧定在波の例を示す。

合成波の振幅の極小値と極大値を $V_{\min}$ と $V_{\max}$ として表すとき，その比

$$\rho = \frac{V_{\max}}{V_{\min}} \tag{7-108}$$

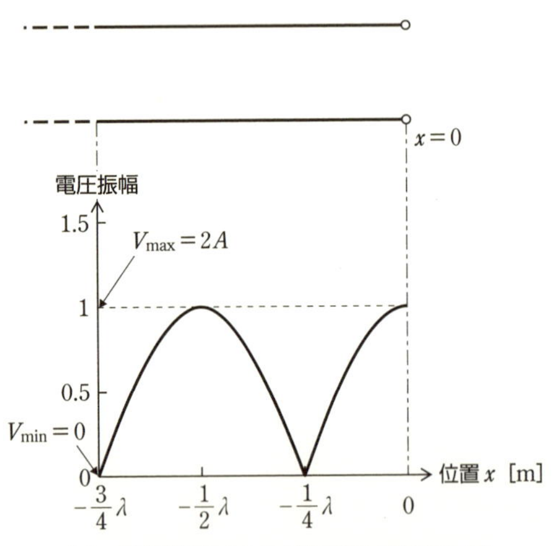

(a) 終端が開放された分布定数回路の定在波

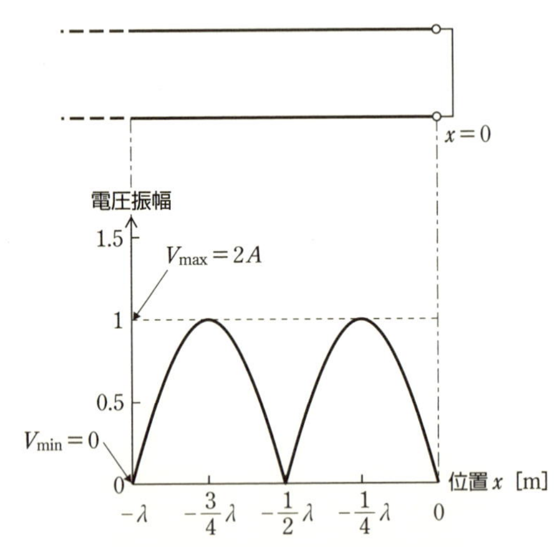

(b) 短絡された分布定数回路の定在波

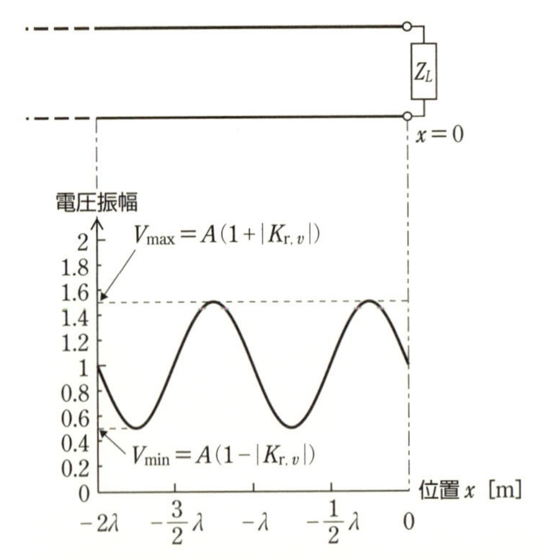

(c) インピーダンス (Z_L) で終端した分布定数回路の定在波

図 7-20 終端条件の異なる電圧定在波の例

は電圧**定在波比**(standing wave ratio)という。合成波の振幅の極大値は $A(1+|K_{r,v}|)$，極小値は $A(1-|K_{r,v}|)$ となるので，式 7-108 は

$$\rho=\frac{1+|K_{r,v}|}{1-|K_{r,v}|} \tag{7-109}$$

と表される。反射係数は $-1 \leqq K_{r,v} \leqq 1$ なので，$K_{r,v}$ に $-1, 0, 1$ を代入すると，定在波比は $1 \leqq \rho \leqq \infty$ の値をとることがわかる。式 7-109 を反射係数について表すと

$$|K_{r,v}|=\frac{\rho-1}{\rho+1} \tag{7-110}$$

となる。電圧の極大値と極小値を測定し，定在波比を求めると，式 7-110 より反射係数の大きさが求まる。伝送線路の特性インピーダンスがわかっていれば，式 7-36 を用いることで終端抵抗がわかる。

7-3 ドリル問題

問題 1――図 7-10 のように終端が整合された特性インピーダンスが Z_0 [Ω] の伝送線路の電圧反射係数，電流反射係数，電圧透過係数，電流透過係数を求めよ。

問題 2――図 7-12(a)のように終端が開放された特性インピーダンスが Z_0 [Ω] の伝送線路の電圧反射係数，電流反射係数，電圧透過係数，電流透過係数を求めよ。

問題 3――図 7-12(b)のように終端が短絡された特性インピーダンスが Z_0 [Ω] の伝送線路の電圧反射係数，電流反射係数，電圧透過係数，電流透過係数を求めよ。

問題 4――長さ l [m] の終端を開放した伝送線路に角周波数が $\omega=\frac{1}{\sqrt{LC}}$ [rad/s] の交流電源を接続したとき，共振するための最小の長さ l を求めよ。

問題 5――長さ l [m] の終端を短絡した伝送線路に角周波数が $\omega=\frac{1}{\sqrt{LC}}$ [rad/s] の交流電源を接続したとき，共振するための最小の長さ l を求めよ。

問題 6――$L=0.4$ μH/m，$C=0.1$ μF/m，$l=\frac{3\lambda}{8}$ [m] の無損失分布定数回路の終端を開放したときの入力インピーダンスを求めよ。

問題 7――$L=0.1$ μH/m，$C=0.4$ μF/m，$l=\frac{1}{8}\lambda$ [m] の無損失分布定数回路の終端を短絡したときの入力インピーダンスを求めよ。

問題 8――$L=0.05$ H/m, $C=0.2$ F/m の無損失分布定数回路に $\omega=120\pi$ rad/s の交流電圧源をつないだときの波長を求めよ。

問題 9――$L=8$ μH/m，$C=50$ μF/m の無損失分布定数回路に $\omega=4\times10^6\pi$ rad/s の交流電圧源をつないだときの波長を求めよ。

問題 10――$V_{min}=0.2$ V，$V_{max}=1.8$ V のとき，反射係数の大きさを求めよ。

7-3 演習問題

1. 図 1(a)のように長さ l [m] の無損失伝送線路の終端を開放し，入力インピーダンスを測定すると Z_1 [Ω] となった。また，図 1(b)のように同じ伝送線路の終端を短絡し，入力インピーダンスを測定すると Z_2 [Ω] となった。この伝送線路の特性インピーダンスはいくらか。

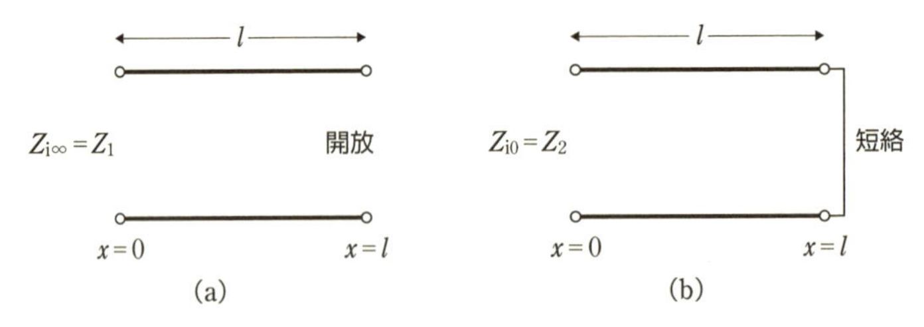

図 1　終端が開放と短絡された長さ l の伝送線路

2. 長さ l [m] の無損失伝送線路(分布定数を L [H/m]，C [F/m] とする)と抵抗が入力端で図 2 のように並列につながれているとする。ただし，$l = \dfrac{5}{8}\lambda$[m] とする。

(1)　終端を開放している図 2(a)の場合の入力インピーダンスはいくらか。

(2)　終端を短絡している図 2(b)の場合の入力インピーダンスはいくらか。

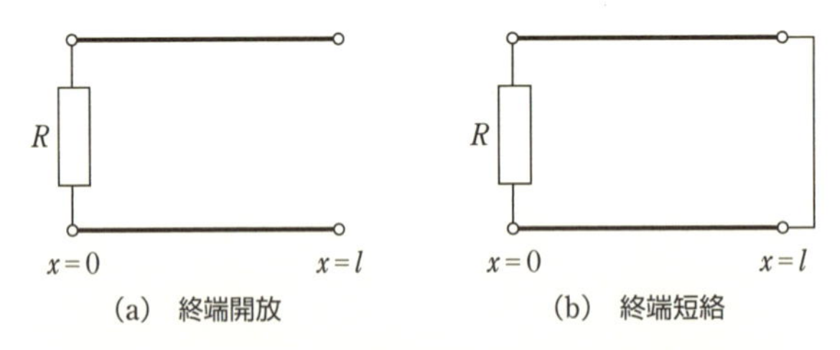

図 2　入力端で抵抗が並列接続された長さが有限の伝送線路

3. 図 3 の伝送線路(特性インピーダンス Z_0 [Ω]，伝搬定数 γ)において，位置 x における $V(x)$ [V] と $I(x)$ [A] を $V(0)$ [V] と $V(l)$ [V] を用いて表せ。

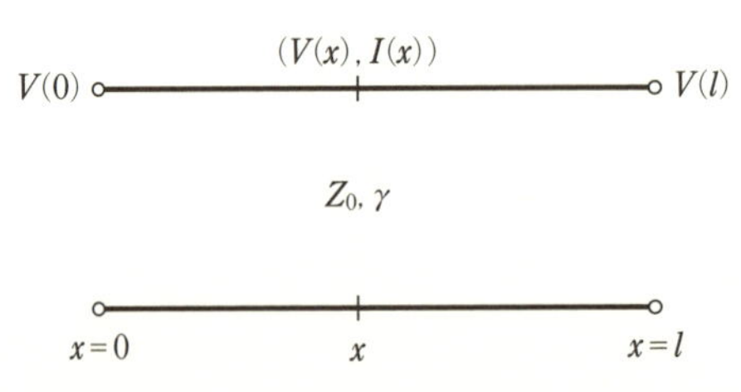

図 3　特性インピーダンスが Z_0 の長さ l の伝送線路

4. 図 4 のように長さ l [m] の伝送線路(特性インピーダンス Z_0 [Ω]，伝搬定数 γ)の終端に抵抗 Z_L [Ω] が接続されているとき，入力インピーダンスを求めよ。また，$l = \dfrac{\lambda}{4}$ および $l = \dfrac{\lambda}{2}$ のとき，入力インピーダンス Z_{in} はいくらか。

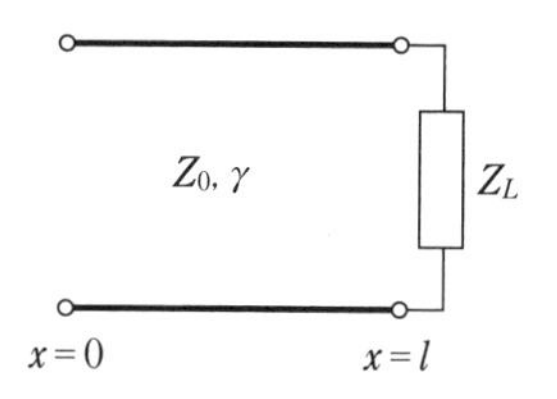

図4　終端に Z_L が接続されている長さ l の伝送線路

5. 図5のように特性インピーダンスが Z_0 [Ω] の半無限の長さの伝送線路において，$x=l$ [m] で抵抗 Z_L [Ω] をつないだとき，透過電流波 $I_t(l)$，反射電流波 $I_r(l)$ および抵抗に流れる電流 $I(l)$ [A] を入射電流波 $I_i(l)$ を用いて表せ。

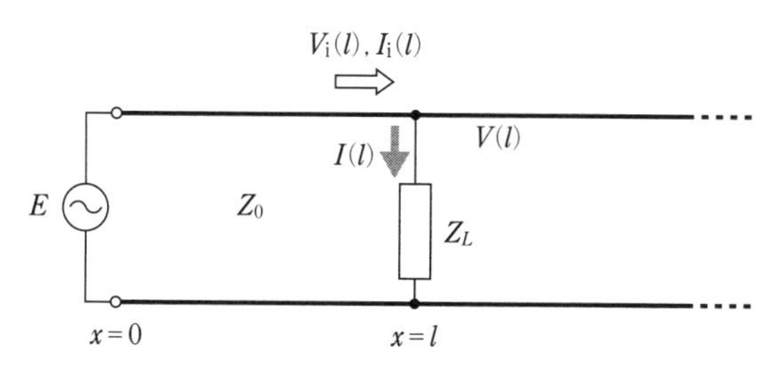

図5　$x=l$ で抵抗 Z_L がつながれた無限の長さの伝送線路

Tea Break

雷による電力系統事故と分布定数回路

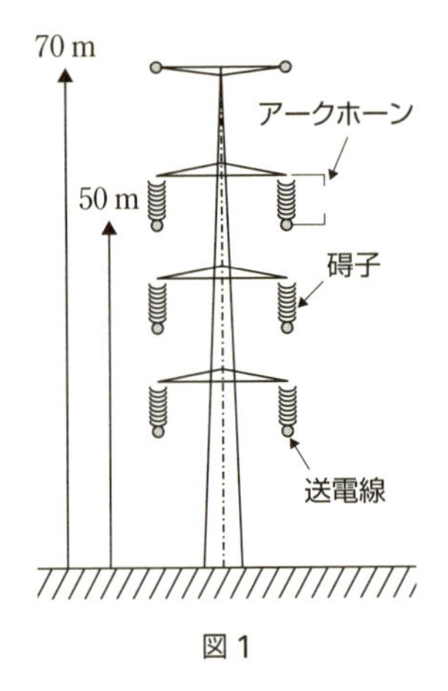

図 1

日本は夏も冬も雷が発生する，世界的にも珍しい国である。雷によって停電したという記憶はないだろうか。雷が落ちるとよく言われるが，雷が鉄塔に落ちるとどうなるのだろう。

電気を送るために，図 1 のような送電線，鉄塔が日本中に張り巡らされている。送電線には電圧がかかっているが送電線は碍子（がいし）とよばれる絶縁物で鉄塔に取り付けられており，鉄塔は通常電圧ゼロである。鉄塔に落雷したとき，鉄塔の電圧はどうなるか。

鉄塔は金属のため抵抗が小さいとして仮に 1 Ω としよう。ここに 100 kA の交流電流が流れたとしても電圧は 100 kV にしかならない。

しかしながら，雷はスタートからピークに達するまで 1 μs 程度しか時間がかからない高周波現象である。このため，鉄塔も分布定数で考える必要がある。たとえば図 1 のように高さ 70 m，最上相の送電線まで 50 m の鉄塔があるとする。これを図 2 のように $\sqrt{L/C}$ で定義されるサージインピーダンスを 200 Ω，伝搬速度 300 m/μs の無損失，無ひずみの分布定数回路と考える。ここに 100 kA のピークで，1 μs でピークまで達する雷の電流が流れると，送電線の高さにおける鉄塔の電圧は 4400 kV(!)となる。瞬間的に鉄塔の電圧が上昇し，送電線と鉄塔の間に碍子と平行に取り付けられたアークホーンのギャップが導通して雷が送電線に入ってくるのである。その後，雷は送電線を変電所へと進んでいく。変電所にある変圧器などの主要機器は，変電所の各所に設置された避雷器とよばれる装置によって守られる。

ではアークホーンがなければ雷が入ってこないと考えるかもしれないが，上記の電圧によって碍子の表面で放電すると，碍子が壊れることがある。その場合，長期間にわたり電気を送ることができなくなる。

図 2 では雷の電流は 0.5 μs 以降も増加しているが，鉄塔の電圧は減少している。これは鉄塔を脚に向かって進んだ波が脚部（アース）において負反射し，再び上に向かって戻っていくためである。

なお，回路理論では大地に垂直な導体を分布定数で表すための理論的な根拠はない。

しかし，雷による事故を減らすために先人が行った研究によって，鉄塔を分布定数で表せることが実験的に明らかになっている。また，雷によって変電所にどれくらいの電圧が発生するかは実際に測定するわけにはいかない。そこで送電線や鉄塔などを分布定数で扱い解析することで変電所の発生電圧を明らかにし，避雷器の効果的な配置などが研究されてきた。そのおかげで我々はストレスなく電気が利用できる。

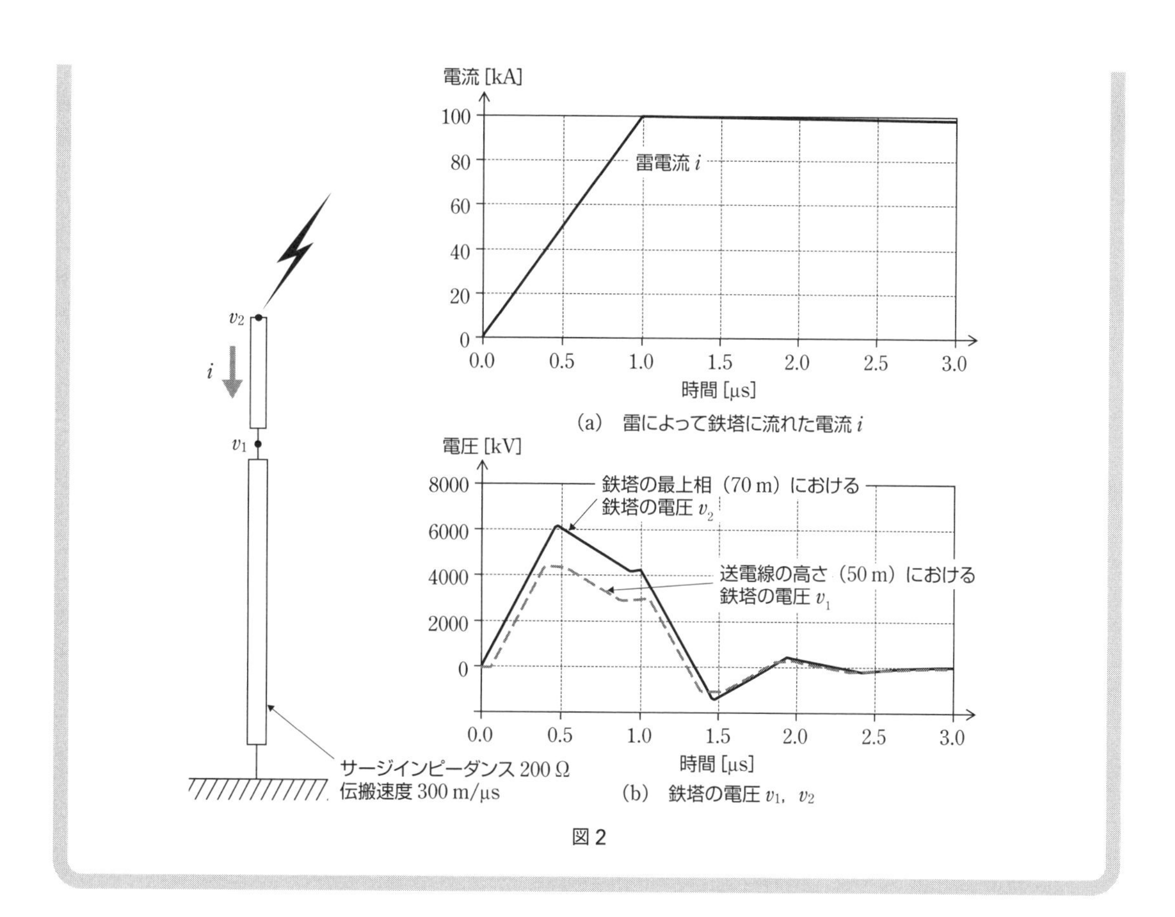

(a)　雷によって鉄塔に流れた電流 i

(b)　鉄塔の電圧 v_1，v_2

図 2

計算問題の解答

1-1 ドリル問題

問題 1　4.29 Ω　問題 2　0.612 Ω　問題 3　(1) 3.33 Ω　(2) 4.74 kΩ　(3) 5 Ω

問題 4　(1) $\dfrac{R_1(R_2+R_3)}{R_1+R_2+R_3}$ [Ω]　(2) $\dfrac{R_1R_2(R_3+R_4+R_5)+R_1R_3(R_4+R_5)}{(R_1+R_2)(R_3+R_4+R_5)+R_3(R_4+R_5)}$ [Ω]　問題 5　10 kV

問題 6　1.17 Ω と 6.83 Ω　問題 7　1.5 Ω

1-1 演習問題

1. (1) 2.65 Ω　(2) 1.67 kΩ　**2.** $\dfrac{R_1R_2R_3}{R_1R_2+R_2R_3+R_3R_1}$ [Ω]　**3.** 0.588 Ω　**4.** $\dfrac{I_1}{I}=\dfrac{R_2R_3}{R_1R_2+R_2R_3+R_3R_1}$

5. 1.001 A　**6.** $R_1=2.5$ Ω　$R_2=1.67$ Ω　**7.** 0.6 R [Ω]　**8.** 0.577 Ω

1-2 ドリル問題

問題 1　$I_1=4.55$ mA　$I_2=2.73$ mA　$I_3=1.82$ mA　問題 2　5.63 W

問題 3　接続する抵抗値 0.3 Ω のとき，30 W　問題 5　4.24 Ω，0.140 Ω

1-2 演習問題

1. 11.3 W　**2.** 0.0980 Ω，内部抵抗 0.1 Ω で 22.5 W，5 Ω で 0.45 W　**3.** 158 W

4. (1) 1.43 MΩ　(2) 8 kV，8 GΩ　(3) 17.3 V，5.77 A

5. (1) 0.143 V，1.43 W　(2) $I=J=1.07$ A　(3) 0.316 A，31.6 V

1-3 ドリル問題

問題 1　2 kV　問題 2　11 A，ノード A から流れ出る向き　問題 3　$E=V_1+V_2+V_3+V_4+V_5$ [V]

問題 4　(1) $5=3I_A-2I_B$，$0=-2I_A+6I_B$　(2) $\dfrac{5-V_A}{1}+\dfrac{-V_A}{2}+\dfrac{-V_A}{4}=0$

(3) $I_1-I_2-I_3=0$，$5=I_1+2I_3$，$0=4I_2-2I_3$

問題 5　(1) (2) (3) $I_1=2.14$ A，$I_2=0.714$ A，$I_3=1.43$ A　問題 6　0.855 A，12.8 V，11.0 W

問題 7　$5=4I_1-3I_2-I_3$，$0=-3I_1+10I_2-2I_3$，$0=-I_1-2I_2+7I_3$

問題 8　$15=10I_1-2I_2$，$10=-2I_1+7I_2$　問題 9　2 Ω　問題 10　2 Ω

問題 11　$R_1=10$ Ω，$R_2=2$ Ω，$R_3=5$ Ω

1-3 演習問題

1. 0.567 A　**2.** 0.704 A　**3.** 88.6 mA　**4.** 3.42 V　**5.** 1.90 A　**6.** 4.21 Ω　**7.** 0.171 Ω　**8.** 1 Ω

1-4 ドリル問題

問題 1　(1) $\begin{bmatrix}3 & 5\\7 & -3\end{bmatrix}\begin{bmatrix}I_1\\I_2\end{bmatrix}=\begin{bmatrix}10\\15\end{bmatrix}$，$I_1=2.39$ A　(2) $\begin{bmatrix}R_1 & 2R_2\\3R_1 & 5R_2\end{bmatrix}\begin{bmatrix}I_1\\I_2\end{bmatrix}=\begin{bmatrix}E_1\\E_2\end{bmatrix}$，$I_1=-\dfrac{5}{R_1}E_1+\dfrac{2}{R_1}E_2$ [A]

問題 2　(1) $I_1=7.5$ A，$I_2=1.25$ A，$I_3=-3.75$ A　(2) $I_1=-1.01$ A，$I_2=2.96$ A，$I_3=0.608$ A

問題 4　(1) 1.25 Ω，2.5 Ω，2.5 Ω　(2) 27.5 Ω，55 Ω，18.3 Ω　(3) 2.14 Ω，1.67 Ω，3 Ω

(4) 15.2 Ω，19 Ω，38 Ω　問題 5　(2) 0.381 E [V]

1-4 演習問題

1. 0.0702 E [A]　**2.** 12.3 Ω　**3.** −1.94 A　**4.** $\dfrac{R_L E^2}{(R_2+R_L)^2}$ [W]

5. $R=0.769$ Ω，E_2 のみ：3 A，E_1 と E_2：2 A

2-1 ドリル問題

問題 1　50 Hz，3.14×10^2 rad/s　問題 2　5 ms　問題 3　$\dfrac{\pi}{6}$　問題 4　28.3 V　問題 5　70.7 A

問題 6　0.03 A　問題 7　9.95 A　問題 8　0.314 A　問題 9　1.29 A，0.246 rad (14.1°)

問題 10　1.14 A，0.308 rad (17.7°)

2-1 演習問題

1. (1) $10\sin\left(100\pi t+\dfrac{\pi}{6}\right)$ [V]　(2) 7.07 V，20 ms　**3.** $\dfrac{V_m}{\sqrt{3}}$ [V]

4. $v_R(t)=RI_m\sin\omega t$ [V]，$v_L(t)=\omega LI_m\sin\left(\omega t+\dfrac{\pi}{2}\right)$ [V]　**5.** $i_R(t)=\dfrac{E_m}{R}\sin\omega t$ [A]，$i_C(t)=\omega CE_m\sin\left(\omega t+\dfrac{\pi}{2}\right)$ [A]

2-2 ドリル問題

問題 1　絶対値は 6，$\dfrac{\pi}{3}$ rad (60°)　問題 2　実部：$10\sqrt{3}$，虚部：−10　問題 3　$5+j2$　問題 4　$3e^{-j\frac{\pi}{3}}$

問題5　$Z_1Z_2=17+j7$，$\dfrac{Z_1}{Z_2}=-1+j$　問題6　$Z_1Z_2=12e^{-j\frac{\pi}{12}}$，$\dfrac{Z_1}{Z_2}=3e^{j\frac{7\pi}{12}}$　問題7　$15+j15$ V

問題8　$\dfrac{5\sqrt{6}}{2}-j\dfrac{5\sqrt{2}}{2}$ A　問題9　$20\sqrt{2}\sin\left(200t+\dfrac{\pi}{3}\right)$［V］　問題10　$40\sqrt{2}\sin\left(400\pi t+\dfrac{\pi}{12}\right)$［A］

2-2 演習問題

1. (1) $\dfrac{ac+bd+j(bc-ad)}{c^2+d^2}$　(2) $\dfrac{7a^2+5b^2+j2ab}{a^2+b^2}$　(3) $\dfrac{-51+j73}{65}$　(4) $\dfrac{30-j41}{89}$

2. (1) $5\sqrt{3}+j5$　(2) $2\sqrt{2}-j2\sqrt{2}$　(3) $r=\sqrt{5}\fallingdotseq 2.24$，$\theta=\tan^{-1}2\fallingdotseq 63.4°$　(4) $r=\sqrt{74}\fallingdotseq 8.60$，$\theta=-\tan^{-1}\dfrac{7}{5}\fallingdotseq -54.5°$

3. (1) $2+\sqrt{2}+j(\sqrt{2}-2\sqrt{3})\fallingdotseq 3.41-j2.05$　(2) $2(\sqrt{2}+\sqrt{6})+j2(\sqrt{2}-\sqrt{6})\fallingdotseq 7.73-j2.07$

(3) $\dfrac{\sqrt{2}-\sqrt{6}-j(\sqrt{2}+\sqrt{6})}{2}\fallingdotseq -0.518-j1.93$　(4) $2(\sqrt{2}-\sqrt{6})+j2(\sqrt{6}+\sqrt{2})\fallingdotseq -2.07+j7.73$

4. (1) $800e^{j\frac{\pi}{3}}$　(2) 800　(3) $\dfrac{1}{2}$　(4) $\dfrac{1}{2}e^{-j\frac{\pi}{3}}$

5. (1) $2+10\sqrt{3}+j(10-2\sqrt{3})\fallingdotseq 19.3+j6.54$　(2) $80e^{j\frac{5\pi}{12}}\fallingdotseq 20.7+j77.3$　(3) $0.1e^{j\frac{\pi}{12}}\fallingdotseq 0.0966+j0.0259$

(4) $0.1e^{-j\frac{\pi}{2}}=-j0.1$

2-3 ドリル問題

問題1　$16\angle\dfrac{\pi}{3}=16\angle 60°$ A　問題2　$50\,\Omega$　0.02 S

問題3　インピーダンス：$j6.28\times10^2\,\Omega$，大きさ(絶対値)$6.28\times10^2\,\Omega$，偏角は$\dfrac{\pi}{2}$

アドミタンス：$-j1.59\times10^{-3}$ S，大きさ 1.59×10^{-3} S，偏角は $-\dfrac{\pi}{2}$

問題4　インピーダンス：$-j1.59\times10^2\,\Omega$，大きさ $1.59\times10^2\,\Omega$，偏角は $-\dfrac{\pi}{2}$

アドミタンス：$j6.28\times10^{-3}$ S，大きさ 6.28×10^{-3} S，偏角は$\dfrac{\pi}{2}$

問題5　$200+j157\,\Omega$，大きさ $254\,\Omega$，偏角は 0.666 rad$(38.1°)$

問題6　$400-j106\,\Omega$，大きさ $414\,\Omega$，偏角は-0.259 rad$(-14.9°)$

問題7　$7+j\,\Omega$　問題8　$\dfrac{7-j}{25}=0.28-j0.04\,\Omega$　問題9　$\dfrac{2(8-j)}{5}=3.2-j0.4\,\Omega$　問題10　$\dfrac{7+j}{50}=0.14+j0.02\,\Omega$

2-3 演習問題

1. (1) $10\angle\dfrac{\pi}{6}$ V　(2) $5\angle\dfrac{\pi}{4}$ A　**2.** (1) 10 V，60 Hz　(2) $Z_R=10\,\Omega$，$Z_L=j188\,\Omega$，$Z_C=-j133\,\Omega$

(3) $Y_R=0.1$ S，$Y_L=-j5.31\times10^{-3}$ S，$Y_C=j7.54\times10^{-3}$ S

3. (1) $10000+j0.0314\,\Omega$　(2) $100-j2.12\times10^7\,\Omega$　**4.** (1) $0.630+j3.01\,\Omega$　(2) $38.8-j48.7\,\Omega$

5. (1) $V=100\angle\dfrac{\pi}{4}$ V，$I=5\angle 0$ A　(2) $Z=20e^{j\frac{\pi}{4}}\fallingdotseq 14.1+j14.1\,\Omega$　(3) $Y=0.05e^{-j\frac{\pi}{4}}=0.0354-j0.0354$ S

2-4 ドリル問題

問題1　$50\sqrt{3}=86.6$ W　問題2　20 W，-20 var，$20\sqrt{2}=28.3$ VA，$\dfrac{\sqrt{2}}{2}=0.707$　問題3　40 W，0.8

問題4　$100-j100\sqrt{3}=100-j173$ VA　問題5　$150\sqrt{3}=260$ W，$\dfrac{\sqrt{3}}{2}=0.866$　問題6　200 W

問題7　$j12.6$ VA　問題8　$-j0.628$ VA　問題9　有効電力：300 W，力率：0.6

問題10　有効電力：4500 W，力率：0.707

2-4 演習問題

1. (1) $13+j4\,\Omega$　(2) $9+j5.2\,\Omega$

2. 瞬時電力：$\dfrac{1}{2}I_m{}^2\sqrt{R^2+(\omega L)^2}\cos\phi-\cos(2\omega t+\phi)$［W］

平均電力：$\dfrac{1}{2}I_m{}^2\sqrt{R^2+(\omega L)^2}\cos\phi$［W］

3. 瞬時電力：$\dfrac{1}{2}E_m{}^2\sqrt{\dfrac{1}{R^2}+(\omega C)^2}\cos\phi-\cos(2\omega t+\phi)$［W］

平均電力：$\dfrac{1}{2}E_m{}^2\sqrt{\left(\dfrac{1}{R}\right)^2+(\omega C)^2}\cos\phi$［W］

4. (1) $5+j10\ \Omega$　(2) 400 W, 800 var, $400+j800$ VA, 0.447
5. (1) $0.5+j0.5$ S　(2) 10000 W, -10000 var, $10000-j10000$ VA, 0.707

3-1 ドリル問題

問題 1　$\boldsymbol{Z}=2\times10^3+j1.57\times10^3\ \Omega$, $|\boldsymbol{Z}|=2.54\times10^3\ \Omega$, $\arg(\boldsymbol{Z})=0.666$ rad(38.1°)
問題 2　$\boldsymbol{I}=0.990-j0.0995$ A, $|\boldsymbol{I}|=0.995$ A, $\arg(\boldsymbol{I})=-0.100$ rad(-5.74°)　問題 3　0.319 W
問題 4　$\boldsymbol{Z}=5-j0.637\ \Omega$, $|\boldsymbol{Z}|=5.04\ \Omega$, $\arg(\boldsymbol{Z})=-0.127$ rad(-7.26°)　問題 5　26.0 W
問題 6　$\boldsymbol{V}=2.50+j24.9$ V, $|\boldsymbol{V}|=25.0$ V, $\arg(\boldsymbol{V})=1.47$ rad(84.3°)　問題 7　50.4 W
問題 8　$\boldsymbol{V}=98.4-j12.4$ V, $|\boldsymbol{V}|=99.2$ V, $\arg(\boldsymbol{V})=-0.125$ rad(-7.16°)　問題 9　0.659 W
問題 10　$16+j40\ \Omega$

3-1 演習問題

1. (1) $0.690-j1.72\ \Omega$　(2) $-j\dfrac{10}{3}=-j3.33\ \Omega$　(3) $2.5+j2.5\ \Omega$

2. ① (1) $\boldsymbol{Z}=20+j10\ \Omega$　(2) $\boldsymbol{I}_1=2-j$ A, $\boldsymbol{I}_2=0.5-j1.5$ A, $\boldsymbol{I}_3=1.5+j0.5$ A
② (1) $\boldsymbol{Z}=8-j6\ \Omega$　(2) $\boldsymbol{I}_1=4+j3$ A, $\boldsymbol{I}_2=2-j$ A, $\boldsymbol{I}_3=2+j4$ A
③ (1) $\boldsymbol{Z}=10-j20\ \Omega$　(2) $\boldsymbol{I}_1=1+j2$ A, $\boldsymbol{I}_2=-1-j2$ A, $\boldsymbol{I}_3=2+j4$ A
④ (1) $\boldsymbol{Z}=5+j15\ \Omega$　(2) $\boldsymbol{I}_1=1-j3$ A, $\boldsymbol{I}_2=2-j$ A, $\boldsymbol{I}_3=-1-j2$ A

3-2 ドリル問題

問題 1　398 Hz, 12.5　問題 2　3.18×10^{-3} H, 0.318×10^{-6} F
問題 3　$\boldsymbol{V}_R=20$ V, $\boldsymbol{V}_L=j316$ V, $\boldsymbol{V}_C=-j316$ V　問題 4　$\omega_1=2.14\times10^3$ rad/s, $\omega_2=2.34\times10^3$ rad/s
問題 5　975 rad/s, 19.5　問題 6　$\omega_1=1967$ rad/s, $\omega_2=2034$ rad/s　問題 7　563 Hz, 14.1
問題 8　3.98×10^{-3} H, 25.5×10^{-6} F　問題 9　$\boldsymbol{I}_R=50$ mA, $\boldsymbol{I}_L=-1.53$ A, $\boldsymbol{I}_C=1.53$ A
問題 10　$\omega_1=2.11\times10^3$ rad/s, $\omega_2=2.36\times10^3$ rad/s

3-2 演習問題

1. $\boldsymbol{V}=6.4+j4.8$ V　$\boldsymbol{I}_R=1.28+j0.96$ A　$\boldsymbol{I}_L=1.2-j1.6$ A　$\boldsymbol{I}_C=-0.48+j0.64$ A
2. $\boldsymbol{I}=0.4-j0.2$ A　$\boldsymbol{V}_R=8-j4$ V　$\boldsymbol{V}_L=4+j8$ V　$\boldsymbol{V}_C=-2-j4$ V
3. $L=39.8\ \mu$H, $C=0.995$ nF　**4.** 共振周波数：15.9 MHz, Q 値：10, 半値幅：1.59 MHz

3-3 ドリル問題

問題 1　$L_A=0.03$ H, $L_B=0.01$ H, $L_C=0.05$ H　問題 2　0.949　問題 3　22.0 mH
問題 4　$\boldsymbol{I}_1=0.696-j0.183$ A, $|\boldsymbol{I}_1|=0.719$ A, $\arg(\boldsymbol{I}_1)=-0.257$ rad(-14.7°)
$\boldsymbol{I}_2=-0.386-j0.170$ A, $|\boldsymbol{I}_2|=0.422$ A, $\arg(\boldsymbol{I}_2)=-2.73$ rad(-156°)
問題 5　$\boldsymbol{Z}_i=5.81+j2.11\ \Omega$, $|\boldsymbol{Z}_i|=6.18\ \Omega$, $\arg(\boldsymbol{Z}_i)=0.348$ rad(20.0°)　問題 6　$4.05-j1.73$ A, 122 W
問題 7　7.07　問題 8　160 V, -10 A　問題 9　12 V　問題 10　60 W

3-3 演習問題

1. (1) $j\omega M+\dfrac{\{R_1+j\omega(L_1-M)\}\{R_2+j\omega(L_2-M)\}}{R_1+j\omega(L_1-M)+R_2+j\omega(L_2-M)}$　(2) $j\omega M+R_2+\dfrac{\{R_1+j\omega(L_1-M)\}\left\{\dfrac{1}{j\omega C}+j\omega(L_2-M)\right\}}{R_1+j\omega(L_1-M)+\dfrac{1}{j\omega C}+j\omega(L_2-M)}$

(3) $j\omega(L_1-M)+\dfrac{j\omega(R+j\omega M)(L_2-M)}{R+j\omega M+j\omega(L_2-M)}$　(4) $j\omega(L_1-M)+\dfrac{j\omega\left(j\omega M+\dfrac{1}{j\omega C}\right)(L_2-M)}{j\omega M+\dfrac{1}{j\omega C}+j\omega(L_2-M)}$

(5) $j\omega(L_1-M)+\dfrac{\left(j\omega M+\dfrac{1}{j\omega C}\right)\{R+j\omega(L_2-M)\}}{j\omega M+\dfrac{1}{j\omega C}+R+j\omega(L_2-M)}$

3-4 ドリル問題

問題 1　$V_0=3.18$ V, $V_a=5$ V　問題 2　1.15　問題 3　$\sqrt{2}=1.41$　問題 4　112 V　問題 5　26 A
問題 6　$V_a=55.2$ V, $V_{AC}=38.1$ V　問題 7　0.690 A　問題 8　$P_a=142$ W, $|\boldsymbol{P}|=149$ VA
問題 9　$V_0=5$ V, $v_1(t)=\dfrac{20}{\pi}\sin(250\pi t)$ [V]　問題 10　$I_0=2$ A, $i_1(t)=-\dfrac{4}{\pi}\sin(20\pi t)$ [A]

3-4 演習問題

1. 平均値：31.8 V, 実効値：35.4 V, 波形率：1.11, 波高率：1.41
2. 平均値：37.5 V, 実効値：40.8 V, 波形率：1.09, 波高率：1.22　**3.** 7.91 V
4. $v(t)=5+\dfrac{20}{\pi}\left(\cos\dfrac{\pi}{2}t-\dfrac{1}{3}\cos\dfrac{3\pi}{2}t+\dfrac{1}{5}\cos\dfrac{5\pi}{2}t-\cdots\right)$ [V]

5. $v(t)=\frac{4}{\pi}\left(\sin\frac{\pi}{2}t-\frac{1}{2}\sin\pi t+\frac{1}{3}\sin\frac{3\pi}{2}t-\cdots\right)$ [V]

4-1 ドリル問題

問題 1　$14+j3\ \Omega$　問題 2　$2.06+j0.534\ \Omega$　問題 5　2 A　問題 6　$5-j5$ A　問題 7　$0.4+j0.2$ V

問題 8　0.2 V　問題 9　40 V, $j6.67\ \Omega$　問題 10　6.67 A

4-1 演習問題

1. $5.94+j3.63\ \Omega$　**2.** $7.46-j0.368\ \Omega$　**4.** $\boldsymbol{I}_0\boldsymbol{I}_1\frac{\boldsymbol{Z}_0-\boldsymbol{Z}_1}{\boldsymbol{I}_1-\boldsymbol{I}_0}$ [V], $\frac{\boldsymbol{I}_0\boldsymbol{Z}_0-\boldsymbol{I}_1\boldsymbol{Z}_1}{\boldsymbol{I}_1-\boldsymbol{I}_0}$ [Ω]

5. $\frac{\boldsymbol{V}_0\boldsymbol{V}_1(\boldsymbol{Y}_1-\boldsymbol{Y}_0)}{(\boldsymbol{Y}_1-\boldsymbol{Y}_2)\boldsymbol{V}_1+(\boldsymbol{Y}_2-\boldsymbol{Y}_0)\boldsymbol{V}_0}$ [V]　**6.** $\frac{\boldsymbol{Z}_2\boldsymbol{E}_1+\boldsymbol{Z}_1\boldsymbol{E}_2}{\boldsymbol{Z}_1\boldsymbol{E}_2+\boldsymbol{Z}_0(\boldsymbol{Z}_1+\boldsymbol{Z}_2)}$ [A]　**7.** $\frac{\boldsymbol{Z}_2\boldsymbol{E}_1+\boldsymbol{Z}_1\boldsymbol{E}_2}{\boldsymbol{Z}_1\boldsymbol{E}_2+\boldsymbol{Z}_0(\boldsymbol{Z}_1+\boldsymbol{Z}_2)}$ [A]　**8.** $\frac{\boldsymbol{V}_a-\boldsymbol{V}_b}{\boldsymbol{Z}_a+\boldsymbol{Z}_b}$ [A]

9. $\frac{(\boldsymbol{Z}_2\boldsymbol{Z}_3-\boldsymbol{Z}_4\boldsymbol{Z}_1)\boldsymbol{E}}{\boldsymbol{Z}_5(\boldsymbol{Z}_1+\boldsymbol{Z}_2)(\boldsymbol{Z}_3+\boldsymbol{Z}_4)+\boldsymbol{Z}_1\boldsymbol{Z}_2(\boldsymbol{Z}_3+\boldsymbol{Z}_4)+\boldsymbol{Z}_3\boldsymbol{Z}_4(\boldsymbol{Z}_1+\boldsymbol{Z}_2)}$ [A]

4-2 ドリル問題

問題 1　ノードは四つ。ブランチは六つ。

問題 2
$$\begin{array}{c} \\ a_1 \\ a_2 \\ a_3 \\ a_4 \end{array}\begin{array}{c} \begin{array}{cccccc} b_1 & b_2 & b_3 & b_4 & b_5 & b_6 \end{array} \\ \begin{bmatrix} 1 & 1 & 0 & 0 & 0 & -1 \\ 0 & 0 & 1 & 1 & 0 & 1 \\ -1 & 0 & -1 & 0 & 1 & 0 \\ 0 & -1 & 0 & -1 & -1 & 0 \end{bmatrix} \end{array}$$

問題 4　ループは三つ。

問題 5
$$\begin{array}{c} \\ \ell_1 \\ \ell_2 \\ \ell_3 \end{array}\begin{array}{c} \begin{array}{cccccc} b_1 & b_2 & b_3 & b_4 & b_5 & b_6 \end{array} \\ \begin{bmatrix} 1 & -1 & 0 & 0 & 1 & 0 \\ 0 & 0 & 1 & -1 & 1 & 0 \\ 0 & 1 & 0 & -1 & 0 & 1 \end{bmatrix} \end{array}$$

問題 6　(1) $(8+j2)\boldsymbol{I}_1-(5-j2)\boldsymbol{I}_2=100$, $(15-j6)\boldsymbol{I}_2-(5-j2)\boldsymbol{I}_1=0$　(2) $8.94-j3.76$ A

問題 7　(1) $(5-j2)\boldsymbol{I}_1-(5-j2)\boldsymbol{I}_2=100$, $(18-j2)\boldsymbol{I}_2-(5-j2)\boldsymbol{I}_1=0$　(2) $17.2+j6.89$ A

問題 8　(1) $(8+j2)\boldsymbol{I}_1-(5-j2)\boldsymbol{I}_2=100$, $(18-j2)\boldsymbol{I}_2-(5-j2)\boldsymbol{I}_1=0$　(2) $9.27-j2.93$ A

問題 9　(1) $\boldsymbol{I}_1=\frac{\boldsymbol{E}-\boldsymbol{V}}{\boldsymbol{Z}_1}$ [A], $\boldsymbol{I}_2=\frac{\boldsymbol{V}}{\boldsymbol{Z}_2}$ [A], $\boldsymbol{I}_3=\frac{\boldsymbol{V}}{\boldsymbol{Z}_3}$ [A]　(2) $\boldsymbol{V}\left(\frac{1}{\boldsymbol{Z}_1}+\frac{1}{\boldsymbol{Z}_2}+\frac{1}{\boldsymbol{Z}_3}\right)=\frac{\boldsymbol{E}}{\boldsymbol{Z}_1}$　(3) $37.2-j36.7$ V

問題 10　(1) $\boldsymbol{I}_1=\frac{\boldsymbol{E}-\boldsymbol{V}}{\boldsymbol{Z}_1}$ [A], $\boldsymbol{I}_2=\frac{\boldsymbol{V}}{\boldsymbol{Z}_2}$ [A], $\boldsymbol{I}_3=\frac{\boldsymbol{V}}{\boldsymbol{Z}_1+\boldsymbol{Z}_3}$ [A]　(2) $\boldsymbol{V}\left(\frac{1}{\boldsymbol{Z}_1}+\frac{1}{\boldsymbol{Z}_2}+\frac{1}{\boldsymbol{Z}_1+\boldsymbol{Z}_3}\right)=\frac{\boldsymbol{E}}{\boldsymbol{Z}_1}$　(3) $40.7-j33.3$ V

4-2 演習問題

1. $1.54-j0.260$ A　**2.** $1.55-j0.280$ A　**3.** $0.352-j0.382$ A　**4.** $0.352-j0.382$ A

5. $\boldsymbol{Z}_\ell=\begin{bmatrix} \boldsymbol{Z}_1+\boldsymbol{Z}_2+\boldsymbol{Z}_5 & \boldsymbol{Z}_5 & -\boldsymbol{Z}_1 \\ \boldsymbol{Z}_5 & \boldsymbol{Z}_3+\boldsymbol{Z}_4+\boldsymbol{Z}_5 & \boldsymbol{Z}_3 \\ -\boldsymbol{Z}_1 & \boldsymbol{Z}_3 & \boldsymbol{Z}_1+\boldsymbol{Z}_3+\boldsymbol{Z}_6 \end{bmatrix}$　**6.** $\begin{bmatrix} \boldsymbol{Z}_1+\boldsymbol{Z}_2+\boldsymbol{Z}_5 & \boldsymbol{Z}_5 & -\boldsymbol{Z}_1 \\ \boldsymbol{Z}_5 & \boldsymbol{Z}_3+\boldsymbol{Z}_4+\boldsymbol{Z}_5 & \boldsymbol{Z}_3 \\ -\boldsymbol{Z}_1 & \boldsymbol{Z}_3 & \boldsymbol{Z}_1+\boldsymbol{Z}_3+\boldsymbol{Z}_6 \end{bmatrix}\begin{bmatrix} \boldsymbol{I}_1 \\ \boldsymbol{I}_2 \\ \boldsymbol{I}_3 \end{bmatrix}=\begin{bmatrix} 0 \\ 0 \\ \boldsymbol{E} \end{bmatrix}$

7. $\boldsymbol{Y}_N=\begin{bmatrix} \boldsymbol{Y}_1+\boldsymbol{Y}_2+\boldsymbol{Y}_6 & -\boldsymbol{Y}_6 & -\boldsymbol{Y}_1 \\ -\boldsymbol{Y}_6 & \boldsymbol{Y}_3+\boldsymbol{Y}_4+\boldsymbol{Y}_6 & -\boldsymbol{Y}_3 \\ -\boldsymbol{Y}_1 & -\boldsymbol{Y}_3 & \boldsymbol{Y}_1+\boldsymbol{Y}_3+\boldsymbol{Y}_5 \end{bmatrix}$

8. $\begin{bmatrix} \boldsymbol{Y}_1+\boldsymbol{Y}_2+\boldsymbol{Y}_6 & -\boldsymbol{Y}_6 & -\boldsymbol{Y}_1 \\ -\boldsymbol{Y}_6 & \boldsymbol{Y}_3+\boldsymbol{Y}_4+\boldsymbol{Y}_6 & -\boldsymbol{Y}_3 \\ -\boldsymbol{Y}_1 & -\boldsymbol{Y}_3 & \boldsymbol{Y}_1+\boldsymbol{Y}_3+\boldsymbol{Y}_5 \end{bmatrix}\begin{bmatrix} \boldsymbol{V}_1 \\ \boldsymbol{V}_2 \\ \boldsymbol{V}_3 \end{bmatrix}=\begin{bmatrix} -\boldsymbol{J} \\ \boldsymbol{J} \\ 0 \end{bmatrix}$

4-3 ドリル問題

問題 1　$\boldsymbol{E}_a=100$ V, $\boldsymbol{E}_b=100e^{-j\frac{2\pi}{3}}$ V, $\boldsymbol{E}_c=100e^{-j\frac{4\pi}{3}}$ V

問題 3　$\boldsymbol{E}_{ab}=100\sqrt{3}e^{-j\frac{\pi}{2}}$ V, $\boldsymbol{E}_{bc}=100\sqrt{3}e^{j\frac{5\pi}{6}}$ V, $\boldsymbol{E}_{ca}=100\sqrt{3}e^{j\frac{\pi}{6}}$ V

問題 5　$\boldsymbol{I}_a=200\sqrt{3}e^{j\frac{\pi}{6}}$ A, $\boldsymbol{I}_b=200\sqrt{3}e^{-j\frac{\pi}{2}}$ A, $\boldsymbol{I}_c=200\sqrt{3}e^{j\frac{5\pi}{6}}$ A

問題 6　$\boldsymbol{I}_a=25-j25\sqrt{3}$ A, $\boldsymbol{I}_b=-50$ A, $\boldsymbol{I}_c=25+j25\sqrt{3}$ A, $\boldsymbol{I}_n=0$ A

問題 7　$4\sqrt{5}$ A　問題 8　$4\sqrt{\frac{5}{3}}$ A

問題 9　$\boldsymbol{Z}_a=\boldsymbol{Z}_b=\boldsymbol{Z}_c=\sqrt{2}+j\sqrt{2}\ \Omega$

問題 10 $\boldsymbol{I}_{ab}=\frac{50}{3}\sqrt{3}e^{-j\frac{\pi}{12}}$ A, $\boldsymbol{I}_{bc}=\frac{50}{3}\sqrt{3}e^{j\frac{5\pi}{4}}$ A, $\boldsymbol{I}_{ca}=\frac{50}{3}\sqrt{3}e^{j\frac{7\pi}{12}}$ A

4-3 演習問題

1. $\frac{\boldsymbol{I}_{a\Delta}}{\boldsymbol{I}_{aY}}=3$ **2.** $\boldsymbol{I}_1=5$ A, $\boldsymbol{I}_2=-5$ A, $\boldsymbol{I}_3=-5$ A, $\boldsymbol{I}_a=10$ A, $\boldsymbol{I}_b=-10$ A, $\boldsymbol{I}_c=0$ A

4. $\boldsymbol{I}_a=33.3$ A, $\boldsymbol{I}_b=-8.33-j14.4$ A, $\boldsymbol{I}_c=-3.33+j5.77$ A, $\boldsymbol{I}_n=21.6-j8.63$ A

6. $\boldsymbol{Z}_1=\boldsymbol{Z}_2=\boldsymbol{Z}_3=\frac{\boldsymbol{Z}}{3}$

5-1 ドリル問題

問題 1 (1) $\begin{bmatrix}1 & 0.5\\ 0.5 & 0.75\end{bmatrix}$ (2) $\begin{bmatrix}3 & 2\\ 2 & 3\end{bmatrix}$ (3) $\begin{bmatrix}\frac{14}{15} & \frac{4}{15}\\ \frac{4}{15} & \frac{29}{15}\end{bmatrix}=\begin{bmatrix}0.933 & 0.267\\ 0.267 & 1.93\end{bmatrix}$ (4) $\begin{bmatrix}0 & -j\\ -j & 2-j\end{bmatrix}$ (5) $\begin{bmatrix}3 & 2+j\\ 2+j & 5\end{bmatrix}$

(6) $\begin{bmatrix}\frac{1+j}{2} & \frac{1-j}{2}\\ \frac{1-j}{2} & \frac{3-j}{2}\end{bmatrix}=\begin{bmatrix}0.5+j0.5 & 0.5-j0.5\\ 0.5-j0.5 & 1.5-j0.5\end{bmatrix}$ (7) $\begin{bmatrix}0.8+j0.6 & 0.2+j0.4\\ 0.2+j0.4 & 0.8+j0.6\end{bmatrix}$ (8) $\begin{bmatrix}-j424 & -j212\\ -j212 & -j424\end{bmatrix}$

(9) $\begin{bmatrix}20-j1000 & 10-j0.1\\ 10-j0.1 & 20-j1000\end{bmatrix}$ (10) $\begin{bmatrix}2R+j\left(\omega L-\frac{1}{\omega C}\right) & R-j\frac{1}{\omega C}\\ R-j\frac{1}{\omega C} & 2R+j\left(\omega L-\frac{1}{\omega C}\right)\end{bmatrix}$

5-1 演習問題

1. $\begin{bmatrix}\boldsymbol{Z} & \boldsymbol{Z}\\ \boldsymbol{Z} & \boldsymbol{Z}\end{bmatrix}$ **2.** $\begin{bmatrix}\frac{\boldsymbol{Z}_1(\boldsymbol{Z}_2+\boldsymbol{Z}_3)}{\boldsymbol{Z}_1+\boldsymbol{Z}_2+\boldsymbol{Z}_3} & \frac{\boldsymbol{Z}_1\boldsymbol{Z}_3}{\boldsymbol{Z}_1+\boldsymbol{Z}_2+\boldsymbol{Z}_3}\\ \frac{\boldsymbol{Z}_1\boldsymbol{Z}_3}{\boldsymbol{Z}_1+\boldsymbol{Z}_2+\boldsymbol{Z}_3} & \frac{\boldsymbol{Z}_3(\boldsymbol{Z}_1+\boldsymbol{Z}_2)}{\boldsymbol{Z}_1+\boldsymbol{Z}_2+\boldsymbol{Z}_3}\end{bmatrix}$ **3.** $\begin{bmatrix}\boldsymbol{Z}_1+\boldsymbol{Z}_2 & \boldsymbol{Z}_2\\ \boldsymbol{Z}_2 & \boldsymbol{Z}_2+\boldsymbol{Z}_3\end{bmatrix}$ **4.** $\begin{bmatrix}25 & 20\\ 20 & 80\end{bmatrix}$

5. $\begin{bmatrix}\frac{5}{3} & \frac{4}{3}\\ \frac{4}{3} & \frac{5}{3}\end{bmatrix}=\begin{bmatrix}1.67 & 1.33\\ 1.33 & 1.67\end{bmatrix}$ **6.** $\begin{bmatrix}20 & 18\\ 18 & 22\end{bmatrix}$ **7.** $\begin{bmatrix}2.5 & 1\\ 1 & 2\end{bmatrix}$ **8.** $\begin{bmatrix}0 & -j2\\ -j2 & 1-j2\end{bmatrix}$

5-2 ドリル問題

問題 1 (1) $\begin{bmatrix}2 & -1\\ -1 & 1.5\end{bmatrix}$ (2) $\begin{bmatrix}0.6 & -0.4\\ -0.4 & 0.6\end{bmatrix}$ (3) $\begin{bmatrix}2.6 & -1.4\\ -1.4 & 2.1\end{bmatrix}$ (4) $\begin{bmatrix}1+j & -j\\ -j & 0\end{bmatrix}$

(5) $\begin{bmatrix}1+j0.5 & -0.5\\ -0.5 & 1+j0.5\end{bmatrix}$ (6) $\begin{bmatrix}1 & -0.5-j0.5\\ -0.5-j0.5 & 1+j\end{bmatrix}$

(7) $\begin{bmatrix}0.5-j & j0.5\\ j0.5 & 0.5\end{bmatrix}$ (8) $\begin{bmatrix}10+j10\pi & -10\\ -10 & 10-j\frac{1}{\pi}\end{bmatrix}=\begin{bmatrix}10+j31.4 & -10\\ -10 & 10-j0.318\end{bmatrix}$ (9) $\begin{bmatrix}\frac{1}{R}-j\frac{1}{\omega L} & -\frac{1}{R}\\ -\frac{1}{R} & \frac{1}{R}+j\omega C\end{bmatrix}$

5-2 演習問題

1. $\begin{bmatrix}\boldsymbol{Y} & -\boldsymbol{Y}\\ -\boldsymbol{Y} & \boldsymbol{Y}\end{bmatrix}$ **2.** $\frac{1}{\boldsymbol{z}_{11}\boldsymbol{z}_{22}-\boldsymbol{z}_{12}\boldsymbol{z}_{21}}\begin{bmatrix}\boldsymbol{z}_{22} & -\boldsymbol{z}_{12}\\ -\boldsymbol{z}_{21} & \boldsymbol{z}_{11}\end{bmatrix}$ **3.** $\begin{bmatrix}\boldsymbol{Y}_1+\boldsymbol{Y}_3 & -\boldsymbol{Y}_3\\ -\boldsymbol{Y}_3 & \boldsymbol{Y}_2+\boldsymbol{Y}_3\end{bmatrix}$

4. $\frac{1}{\boldsymbol{Y}_1+\boldsymbol{Y}_2+\boldsymbol{Y}_3}\begin{bmatrix}\boldsymbol{Y}_1(\boldsymbol{Y}_2+\boldsymbol{Y}_3) & -\boldsymbol{Y}_1\boldsymbol{Y}_3\\ -\boldsymbol{Y}_1\boldsymbol{Y}_3 & \boldsymbol{Y}_3(\boldsymbol{Y}_1+\boldsymbol{Y}_2)\end{bmatrix}$ **5.** $\begin{bmatrix}1.25\times10^{-4} & -0.25\times10^{-4}\\ -0.25\times10^{-4} & 3.0\times10^{-4}\end{bmatrix}$

6. $\boldsymbol{Y}=\begin{bmatrix}1-j0.5 & -0.5\\ -0.5 & 1-j0.5\end{bmatrix}$, $\boldsymbol{Z}=\begin{bmatrix}0.8+j0.6 & 0.2+j0.4\\ 0.2+j0.4 & 0.8+j0.6\end{bmatrix}$

7. $\frac{1}{6+j5\omega}\begin{bmatrix}3+j\omega & -j\omega\\ -j\omega & 2+j\omega\end{bmatrix}=\frac{1}{36+25\omega^2}\begin{bmatrix}18+5\omega^2-j9\omega & -(5\omega^2+j6\omega)\\ -(5\omega^2+j6\omega) & 12+5\omega^2-j4\omega\end{bmatrix}$

8. $\begin{bmatrix}j\left(\omega C-\frac{1}{\omega L_1}\right) & -j\omega C\\ -j\omega C & j\left(\omega C-\frac{1}{\omega L_2}\right)\end{bmatrix}$

5-3 ドリル問題

問題 1 (1) $\boldsymbol{Z}=\begin{bmatrix}10 & 7.5\\ 7.5 & 9.38\end{bmatrix}$, $\boldsymbol{Z}_{\rm in}=7.10\,\Omega$, $\dfrac{\boldsymbol{I}_2}{\boldsymbol{I}_1}=-0.387$, $\boldsymbol{I}_2=-0.226\,{\rm A}$, $\boldsymbol{Z}_{\rm Th}=6.57\,\Omega$, $\boldsymbol{V}_{\rm Th}=3.75\,{\rm V}$

(2) $\boldsymbol{Z}=\begin{bmatrix}1 & \frac{1}{2}\\ \frac{1}{2} & \frac{3}{4}\end{bmatrix}=\begin{bmatrix}1 & 0.5\\ 0.5 & 0.75\end{bmatrix}$, $\boldsymbol{Z}_{\rm in}=0.909\,\Omega$, $\dfrac{\boldsymbol{I}_2}{\boldsymbol{I}_1}=-0.182$, $\boldsymbol{I}_2=-0.465\,{\rm A}$, $\boldsymbol{Z}_{\rm Th}=0.688\,\Omega$, $\boldsymbol{V}_{\rm Th}=1.25\,{\rm V}$

(3) $\boldsymbol{Z}=\begin{bmatrix}30 & 20\\ 20 & 30\end{bmatrix}$, $\boldsymbol{Z}_{\rm in}=22\,\Omega$, $\dfrac{\boldsymbol{I}_2}{\boldsymbol{I}_1}=-0.4$, $\boldsymbol{I}_2=-0.0328\,{\rm A}$, $\boldsymbol{Z}_{\rm Th}=26.9\,\Omega$, $\boldsymbol{V}_{\rm Th}=1.54\,{\rm V}$

(4) $\boldsymbol{Z}=\begin{bmatrix}3.2 & 0.8\\ 0.8 & 3.2\end{bmatrix}$, $\boldsymbol{Z}_{\rm in}=3.14\,\Omega$, $\dfrac{\boldsymbol{I}_2}{\boldsymbol{I}_1}=-0.0784$, $\boldsymbol{I}_2=-0.0928\,{\rm A}$, $\boldsymbol{Z}_{\rm Th}=3.14\,\Omega$, $\boldsymbol{V}_{\rm Th}=0.941\,{\rm V}$

(5) $\boldsymbol{Z}=\begin{bmatrix}7 & 5\\ 5 & 7\end{bmatrix}$, $\boldsymbol{Z}_{\rm in}=\dfrac{7R+24}{7+R}\,[\Omega]$, $\dfrac{\boldsymbol{I}_2}{\boldsymbol{I}_1}=-\dfrac{5}{7+R}$, $\boldsymbol{I}_2=-\dfrac{50}{94+17R}\,[{\rm A}]$, $\boldsymbol{Z}_{\rm Th}=5.53\,\Omega$,

$\boldsymbol{V}_{\rm Th}=2.94\,{\rm V}$, $R=5.53\,\Omega$ のとき最大電力 0.391 W

(6) $\boldsymbol{Z}=\begin{bmatrix}0 & -j\\ -j & 2-j\end{bmatrix}$, $\boldsymbol{Z}_{\rm in}=0.3+j0.1\,\Omega$, $\dfrac{\boldsymbol{I}_2}{\boldsymbol{I}_1}=-0.1+j0.3$, $\boldsymbol{I}_2=-0.0826+j0.275\,{\rm A}$, $\boldsymbol{Z}_{\rm Th}=2.33-j\,\Omega$,

$\boldsymbol{V}_{\rm Th}=-j\,{\rm V}$, $|\boldsymbol{V}_{\rm Th}|=1\,{\rm V}$, $|\boldsymbol{I}_2|=0.287\,{\rm A}$, $|\boldsymbol{Z}_{\rm Th}|=2.54\,\Omega$

(7) $\boldsymbol{Z}=\begin{bmatrix}0 & j\\ j & 1+j\end{bmatrix}$, $\boldsymbol{Z}_{\rm in}=0.25-j0.25\,\Omega$, $\dfrac{\boldsymbol{I}_2}{\boldsymbol{I}_1}=\dfrac{-1-j}{4}$, $\boldsymbol{I}_2=-1.54-j2.31\,{\rm A}$, $\boldsymbol{Z}_{\rm Th}=2+j\,\Omega$,

$\boldsymbol{V}_{\rm Th}=j10\,{\rm V}$, $|\boldsymbol{I}_2|=2.77\,{\rm A}$, $|\boldsymbol{V}_{\rm Th}|=10\,{\rm V}$, $|\boldsymbol{Z}_{\rm Th}|=\sqrt{5}=2.24\,\Omega$

(8) $\boldsymbol{Z}=\begin{bmatrix}3 & 2+j\\ 2+j & 5\end{bmatrix}$, $\boldsymbol{Z}_{\rm in}=2.7-j0.4\,\Omega$, $\dfrac{\boldsymbol{I}_2}{\boldsymbol{I}_1}=-0.2-j0.1$, $\boldsymbol{I}_2=-0.605-j0.334\,{\rm A}$, $\boldsymbol{Z}_{\rm Th}=4.7-j0.4\,\Omega$,

$\boldsymbol{V}_{\rm Th}=6+j3\,{\rm V}$, $|\boldsymbol{I}_2|=0.691\,{\rm A}$, $|\boldsymbol{V}_{\rm Th}|=6.71\,{\rm V}$, $|\boldsymbol{Z}_{\rm Th}|=4.72\,\Omega$

(9) $\boldsymbol{Z}=\dfrac{1}{5}\begin{bmatrix}4+j3 & 1+j2\\ 1+j2 & 4+j3\end{bmatrix}=\begin{bmatrix}0.8+j0.6 & 0.2+j0.4\\ 0.2+j0.4 & 0.8+j0.6\end{bmatrix}$, $\boldsymbol{Z}_{\rm in}=0.92+j0.44\,\Omega$, $\dfrac{\boldsymbol{I}_2}{\boldsymbol{I}_1}=-0.2-j0.4$, $\boldsymbol{I}_2=-2.76-j2.49\,{\rm A}$,

$\boldsymbol{Z}_{\rm Th}=0.818+j0.429\,\Omega$, $\boldsymbol{V}_{\rm Th}=3.24+j2.06\,{\rm V}$, $|\boldsymbol{I}_2|=3.72\,{\rm A}$, $|\boldsymbol{V}_{\rm Th}|=3.84\,{\rm V}$, $|\boldsymbol{Z}_{\rm Th}|=0.924\,\Omega$

(10) $\boldsymbol{Z}=\begin{bmatrix}0 & -j\\ -j & 2-j\end{bmatrix}$, $\boldsymbol{Z}_{\rm in}=\dfrac{1}{2+R+j(X-1)}\,[\Omega]$, $\dfrac{\boldsymbol{I}_2}{\boldsymbol{I}_1}=\dfrac{-j}{2+R+j(X-1)}$,

$\boldsymbol{I}_2=\dfrac{j}{2R+5+j2(X-1)}\,[{\rm A}]$, $\boldsymbol{Z}_{\rm Th}=2.5-j\,\Omega$, $\boldsymbol{V}_{\rm Th}=-j0.5\,{\rm V}$,

$|\boldsymbol{I}_2|=\dfrac{1}{\sqrt{(2R+5)^2+4(X-1)^2}}\,[{\rm A}]$, $|\boldsymbol{V}_{\rm Th}|=0.5\,{\rm V}$, $|\boldsymbol{Z}_{\rm Th}|=\dfrac{\sqrt{29}}{2}\,\Omega$,

$R=2.5\,\Omega$ および $X=1\,\Omega$ のとき最大電力 0.0269 W

5-3 演習問題

1. 5 V, 5 V **2.** $\begin{bmatrix}2+j & j\\ j & 3+j\end{bmatrix}$ **3.** $\begin{bmatrix}19 & 17.0\\ 17.0 & 19\end{bmatrix}$

4. $\boldsymbol{Y}=\begin{bmatrix}j2 & -j3\\ -j3 & j\end{bmatrix}$, $\boldsymbol{Z}=\begin{bmatrix}j\frac{1}{7} & j\frac{3}{7}\\ j\frac{3}{7} & j\frac{2}{7}\end{bmatrix}=\begin{bmatrix}j0.143 & j0.429\\ j0.429 & j0.286\end{bmatrix}$, $\boldsymbol{Z}_{\rm in}=0.277-j0.0154\,\Omega$

5. $\boldsymbol{Z}_{\rm in}=8.73\,\Omega$, $\dfrac{\boldsymbol{I}_2}{\boldsymbol{I}_1}=-0.169$, $\boldsymbol{I}_1=1.07\,{\rm A}$, $\boldsymbol{I}_2=-0.180\,{\rm A}$, $\boldsymbol{V}_{\rm Th}=7.5\,{\rm V}$, $\boldsymbol{Z}_{\rm Th}=6.57\,\Omega$ **6.** 15.6

5-4 ドリル問題

問題 1 $\begin{bmatrix}3 & 2\\ 4 & 3\end{bmatrix}$ 問題 2 $\begin{bmatrix}\frac{3}{2} & \frac{5}{2}\\ \frac{1}{2} & \frac{3}{2}\end{bmatrix}=\begin{bmatrix}1.5 & 2.5\\ 0.5 & 1.5\end{bmatrix}$ 問題 3 $\begin{bmatrix}\frac{11}{2} & \frac{21}{2}\\ \frac{15}{2} & \frac{29}{2}\end{bmatrix}=\begin{bmatrix}5.5 & 10.5\\ 7.5 & 14.5\end{bmatrix}$ 問題 4 $\begin{bmatrix}0 & -j\\ -j & 1-j\end{bmatrix}$

問題 5 $\begin{bmatrix}1.5+j0.5 & 1\\ 1+j1.5 & 1.5+j0.5\end{bmatrix}$ 問題 6 $\begin{bmatrix}2-j & 2\\ 1-j2 & 2-j\end{bmatrix}$ 問題 7 $\begin{bmatrix}2 & 1-j\\ 1.5-j0.5 & 1-j\end{bmatrix}$

問題 8 $\begin{bmatrix}j & j2\\ 1+j & 2+j\end{bmatrix}$ 問題 9 $\begin{bmatrix}1+j3.14 & 0.1\\ 1+j31.1 & 1-j0.0318\end{bmatrix}$

問題 10 $\begin{bmatrix} 1-j\dfrac{R}{\omega L} & R \\ \dfrac{CR}{L}+j\left(\omega C-\dfrac{1}{\omega L}\right) & 1+j\omega CR \end{bmatrix}$

5-4 演習問題

1. (a) $\begin{bmatrix} \dfrac{Z_1+Z_2}{Z_2} & \dfrac{Z_1Z_2+Z_2Z_3+Z_3Z_1}{Z_2} \\ \dfrac{1}{Z_2} & \dfrac{Z_2+Z_3}{Z_2} \end{bmatrix}$ (b) $\begin{bmatrix} \dfrac{Z_2+Z_3}{Z_3} & Z_2 \\ \dfrac{Z_1+Z_2+Z_3}{Z_1Z_3} & \dfrac{Z_1+Z_2}{Z_1} \end{bmatrix}$ **2.** $R_1=10\,\Omega$, $R_2=20\,\Omega$, $R_3=50\,\Omega$

3. $\begin{bmatrix} 2.88 & 19.88 \\ 1.13 & 8.13 \end{bmatrix}$ **4.** $\begin{bmatrix} \dfrac{Z_2+Z_3}{Z_3} & \dfrac{Z_2Z_3+Z_3Z_4+Z_4Z_2}{Z_3} \\ \dfrac{Z_1+Z_2+Z_3}{Z_1Z_3} & \dfrac{Z_3(Z_1+Z_2)+Z_4(Z_1+Z_2+Z_3)}{Z_1Z_3} \end{bmatrix}$

5. $\begin{bmatrix} \dfrac{(Z_2+Z_3)(Z_4+Z_5)}{Z_3Z_5}+\dfrac{Z_2}{Z_5} & \dfrac{(Z_2+Z_3)(Z_4Z_5+Z_5Z_6+Z_6Z_4)}{Z_3Z_5}+\dfrac{Z_2(Z_5+Z_6)}{Z_5} \\ \dfrac{(Z_1+Z_2+Z_3)(Z_4+Z_5)}{Z_1Z_3Z_5}+\dfrac{Z_1+Z_2}{Z_1Z_5} & \dfrac{(Z_1+Z_2+Z_3)(Z_4Z_5+Z_5Z_6+Z_6Z_4)}{Z_1Z_3Z_5}+\dfrac{(Z_1+Z_2)(Z_5+Z_6)}{Z_1Z_5} \end{bmatrix}$

6. $\begin{bmatrix} 8.00 & 0.640 \\ -0.640 & 0.0653 \end{bmatrix}$ **7.** $\begin{bmatrix} 4 & 0.8 \\ -0.8 & 0.107 \end{bmatrix}$ **8.** $\begin{bmatrix} -1000 & 10^{-4} \\ -40 & 2\times10^{-5} \end{bmatrix}$ **9.** $\begin{bmatrix} 0 & j2 \\ j0.5 & 1+j0.5 \end{bmatrix}$

10. (a) $\begin{bmatrix} 1+\dfrac{1}{j\omega CR} & \dfrac{1}{j\omega C} \\ \dfrac{1}{R} & 1 \end{bmatrix}$ (b) $\begin{bmatrix} 1-\dfrac{1}{\omega^2C^2R^2}-j\dfrac{3}{\omega CR} & -\dfrac{1}{\omega^2C^2R}-j\dfrac{2}{\omega C} \\ \dfrac{2}{R}-j\dfrac{1}{\omega CR^2} & 1-j\dfrac{1}{\omega CR} \end{bmatrix}$

6-1 ドリル問題

問題 1 E [V] 問題 2 電圧はゼロとなり，何も介さず直接つながっている状態（短絡）となる。

問題 4 $v(t)=\dfrac{E}{\omega^2+1}(-e^{-t}+\omega\sin\omega t+\cos\omega t)$ [V]

問題 5 $v(t)=1-e^{-t}$ [V] 問題 6 $v(t)=\dfrac{1}{2}e^{-t}+\dfrac{1}{\sqrt{2}}\sin\left(t-\dfrac{\pi}{4}\right)$ [V] 問題 7 $\tau=2$ ms

問題 8 $i(t)=2-2e^{-t}$ [A] 問題 9 $i(t)=\dfrac{1}{2}e^{-2t}+\dfrac{1}{\sqrt{2}}\sin\left(2t-\dfrac{\pi}{4}\right)$ [A]

6-1 演習問題

1. $u(t)=\dfrac{E^2L}{2R^2}\left(1-e^{-\frac{2R}{L}t}\right)$ [J]，$u(\infty)=\dfrac{1}{2}L\left(\dfrac{E}{R}\right)^2$ [J] **2.** $v(t)=\dfrac{RE}{R+r}e^{-\frac{1}{RC}t}$ [V]

3. $v(t)=RI(1-e^{-\frac{1}{RC}t})$ [V] **4.** $i_L(t)=\dfrac{rI}{r+R}\{1-e^{-\frac{1}{L}(r+R)t}\}$ [A]

5. $v(t)=E\left\{\dfrac{\omega RC}{1+(\omega RC)^2}-1\right\}e^{-\frac{1}{RC}t}+E\left\{1+\dfrac{1}{\sqrt{1+(\omega RC)^2}}\sin(\omega t-\arctan\omega RC)\right\}$ [V]

6-2 ドリル問題

問題 1 1 rad/s 問題 2 $v_C(t)=1-\cos t$ [V] 問題 3 $i(t)=2\sin t$ [A]

問題 4 解は $\alpha_1=-0.5+j\dfrac{\sqrt{3}}{2}$，$\alpha_2=-0.5-j\dfrac{\sqrt{3}}{2}$ となり，(Ⅲ)異なる二つの複素解となる場合。

問題 5 解は $\alpha=-1$ となるので，(Ⅱ)等しい解（重解）となる場合。

問題 6 解は $\alpha_1=-2+\sqrt{3}$，$\alpha_2=-2-\sqrt{3}$ となるので，(Ⅰ)異なる二つの実数解となる場合。

問題 7 $v_C(t)=1-e^{-0.5t}(\cos 0.5t+\sin 0.5t)$ [V] 問題 8 $i(t)=2e^{-t}\sin t$ [A]

問題 9 0.25 F 問題 10 2 Ω 以上

6-2 演習問題

1. $u_C(t)=\dfrac{1}{4}CE^2\left\{\cos\left(\dfrac{2t}{\sqrt{LC}}\right)+1\right\}$ [J]

$u_L(t)=\dfrac{1}{4}CE^2\left\{1-\cos\left(\dfrac{2t}{\sqrt{LC}}\right)\right\}$ [J]

2. $R\geqq1$ kΩ となる。

3. $v_C(t)=E\left[1-e^{\alpha t}\left\{\cos\beta t-\dfrac{\alpha}{\beta}\sin\beta t\right\}\right]=E\left[1-e^{-\frac{R}{2L}t}\left\{\cos\left(\dfrac{1}{2L}\sqrt{-R^2+\dfrac{4L}{C}}\ t\right)\right.\right.$

$$\left.\left.+\frac{R}{\sqrt{-R^2+\dfrac{4L}{C}}}\sin\left(\frac{1}{2L}\sqrt{-R^2+\frac{4L}{C}}\ t\right)\right\}\right]\ [\mathrm{V}]$$

$$i(t)=CEe^{\alpha t}\frac{(\alpha^2+\beta^2)}{\beta}\sin\beta t=\frac{2E}{\sqrt{-R^2+\dfrac{4L}{C}}}e^{-\frac{R}{2L}t}\sin\left(\frac{1}{2L}\sqrt{-R^2+\frac{4L}{C}}\ t\right)\ [\mathrm{A}]$$

4. $v_C(t)=E-Ee^{\alpha t}+\alpha Ete^{\alpha t}=E-Ee^{-\frac{R}{2L}t}-\dfrac{RE}{2L}te^{-\frac{R}{2L}t}\ [\mathrm{V}]$

$$i(t)=CE\alpha^2te^{\alpha t}=CE\left(\frac{R}{2L}\right)^2te^{-\frac{R}{2L}t}\ [\mathrm{A}]$$

5. $v_C(t)=E+Ee^{at}\left(\dfrac{a}{b}\sinh bt-\cosh bt\right)$

$$=E-Ee^{-\frac{R}{2L}t}\left\{\frac{R}{\sqrt{R^2-\dfrac{4L}{C}}}\sinh\left(\frac{1}{2L}\sqrt{R^2-\frac{4L}{C}}\ t\right)+\cosh\left(\frac{1}{2L}\sqrt{R^2-\frac{4L}{C}}\ t\right)\right\}\ [\mathrm{V}]$$

$$i(t)=\frac{CE}{2b}e^{at}(a^2-b^2)(e^{bt}-e^{-bt})=\frac{2E}{\sqrt{R^2-\dfrac{4L}{C}}}e^{-\frac{R}{2L}t}\sinh\left(\frac{1}{2L}\sqrt{R^2-\frac{4L}{C}}\ t\right)\ [\mathrm{A}]$$

6-3 ドリル問題

問題 1　0.01 s　**問題 2**　$v_C(t)=\begin{cases}100(1-e^{-100t})\ [\mathrm{V}], & 0\leqq t<0.01\\ 100(e-1)e^{-100t}\ [\mathrm{V}], & t\geqq 0.01\end{cases}$

問題 3　$\tau=1$ s,　$v_C(t)=\begin{cases}100(1-e^{-t})\ [\mathrm{V}], & 0\leqq t<0.01\\ 100(e^{0.01}-1)e^{-t}\ [\mathrm{V}], & t\geqq 0.01\end{cases}$　**問題 4**　$v_R(t)=\begin{cases}100e^{-100t}\ [\mathrm{V}], & 0\leqq t<0.01\\ 100(1-e)e^{-100t}\ [\mathrm{V}], & t\geqq 0.01\end{cases}$

問題 5　0.1 s　**問題 6**　$v_R(t)=\begin{cases}100(1-e^{-10t})\ [\mathrm{V}], & 0\leqq t<0.01\\ 100(e^{0.1}-1)e^{-10t}\ [\mathrm{V}], & t\geqq 0.01\end{cases}$

問題 7　$\tau=0.01$ s,　$v_R(t)=\begin{cases}100(1-e^{-100t})\ [\mathrm{V}], & 0\leqq t<0.01\\ 100(e-1)e^{-100t}\ [\mathrm{V}], & t\geqq 0.01\end{cases}$　**問題 8**　$v_L(t)=\begin{cases}100e^{-10t}\ [\mathrm{V}], & 0\leqq t<0.01\\ 100(1-e^{0.1})e^{-10t}\ [\mathrm{V}], & t\geqq 0.01\end{cases}$

6-3 演習問題

3. $v_C(t)=\begin{cases}e^{-\frac{1}{RC}(t-1)}-1\ [\mathrm{V}] & 1\leqq t<2\\ (1-e^{\frac{1}{RC}})e^{-\frac{1}{RC}(t-1)}\ [\mathrm{V}] & t\geqq 2\end{cases}$　**4.** $v_C(t)=\begin{cases}1-e^{-\frac{1}{RC}t}\ [\mathrm{V}] & 0\leqq t<1\\ (2e^{\frac{1}{RC}}-1)e^{-\frac{1}{RC}t}-1\ [\mathrm{V}] & 1\leqq t<2\\ (2e^{\frac{1}{RC}}-e^{\frac{2}{RC}}-1)e^{-\frac{1}{RC}t}\ [\mathrm{V}] & t\geqq 2\end{cases}$

5. $v_C(t)=\begin{cases}V_S\{1-e^{-t}(\cos t+\sin t)\}\ [\mathrm{V}] & 0\leqq t<\pi\\ -V_S(e^{\pi}+1)e^{-t}(\cos t+\sin t)\ [\mathrm{V}] & t\geqq\pi\end{cases}$,　$i(t)=\begin{cases}2V_Se^{-t}\sin t\ [\mathrm{A}] & 0\leqq t<\pi\\ 2V_S(e^{\pi}+1)e^{-t}\sin t\ [\mathrm{A}] & t\geqq\pi\end{cases}$

7-1 ドリル問題

問題 3　5×10^7 m/s　**問題 6**　1.3　**問題 7**　1.6　**問題 8**　0.6
問題 9　反射電圧波 1.35 V，透過電圧波 4.35 V　**問題 10**　反射電流波 −0.4 A，透過電流波 1.6 A

7-1 演習問題(解答略)

7-2 ドリル問題

問題 1　$(0.5+j10\pi)\times10^{-6}$ 1/m　**問題 2**　76 Ω
問題 3　$50\pi\times10^{-6}$ 1/m あるいは −8.76 Np/m　**問題 4**　100π μrad/m
問題 5　$j0.0016\pi$ 1/m　**問題 7**　$V(0)=V(l)\cosh\gamma l+Z_0I(l)\sinh\gamma l\ [\mathrm{V}]$，$I(0)=I(l)\cosh\gamma l+\dfrac{1}{Z_0}V(l)\sinh\gamma l\ [\mathrm{A}]$
問題 9　2 V，1 A　**問題 10**　−2 V，−1 A

7-2 演習問題

1. 反射電圧波 $\dfrac{a-1}{a+1}v_i$，透過電圧波 $\dfrac{2a}{1+a}v_i$，電流反射係数 $\dfrac{1-a}{1+a}$，電流透過係数 $\dfrac{2}{a+1}$

4. $Z_0\dfrac{Z_L\cosh\gamma(l-x)+Z_0\sinh\gamma(l-x)}{Z_0\cosh\gamma(l-x)+Z_L\sinh\gamma(l-x)}\ [\Omega]$　**5.** $\dfrac{(Z_1+Z_2)E}{RZ_1+RZ_2+Z_1Z_2}\ [\mathrm{A}]$

7-3　ドリル問題

問題 1　電圧反射係数 0，電流反射係数 0，電圧透過係数 1，電流透過係数 1

問題 2　電圧反射係数 1，電流反射係数 −1，電圧透過係数 2，電流透過係数 0

問題 3　電圧反射係数 −1，電流反射係数 1，電圧透過係数 0，電流透過係数 2

問題 4　$\dfrac{\pi}{2}$ m　問題 5　π m　問題 6　$j2\,\Omega$　問題 7　$j0.5\,\Omega$　問題 8　0.167 m　問題 9　2.5 cm

問題 10　0.8

7-3　演習問題

1. $\sqrt{Z_1 Z_2}$ [Ω]

2. (1) $\dfrac{R\sqrt{L}}{\sqrt{L}+jR\sqrt{C}}$ [Ω]　(2) $\dfrac{R\sqrt{L}}{\sqrt{L}-jR\sqrt{C}}$ [Ω]

3. $V(x)=\dfrac{V(0)\sinh(l-x)\gamma+V(l)\sinh\gamma x}{\sinh\gamma l}$ [V]，$I(x)=\dfrac{V(0)\cosh(l-x)\gamma-V(l)\cosh\gamma x}{\sinh\gamma l}$ [A]

4. 長さ l のとき $Z_0\dfrac{Z_L\cosh\gamma l+Z_0\sinh\gamma l}{Z_0\cosh\gamma l+Z_L\sinh\gamma l}$，$l=\dfrac{\lambda}{4}$ のとき $\dfrac{{Z_0}^2}{Z_L}$，$l=\dfrac{\lambda}{2}$ のとき Z_L

5. $I_t(l)=\dfrac{2Z_L}{Z_0+2Z_L}I_i(l)$，$I_r(l)=\dfrac{Z_0}{Z_0+2Z_L}I_i(l)$，$I(l)=\dfrac{2Z_0}{Z_0+2Z_L}I_i(l)$

索引 INDEX

記号

A—Z

あ

か

さ

た

●本書の関連データが web サイトからダウンロードできます。

https://www.jikkyo.co.jp/download/ で

「電気回路」を検索してください。

提供データ：ドリル問題・演習問題の解答，ワークシート問題

■監修

金原（きんばら）　粲（あきら）　東京大学名誉教授

■執筆

加藤（かとう）　政一（まさかず）　東京電機大学工学部教授

和田（わだ）　成夫（しげお）　東京電機大学工学部教授

佐野（さの）　雅敏（まさとし）　東京理科大学工学部名誉教授

田井野（たいの）　徹（とおる）　埼玉大学大学院理工学研究科准教授

鷹野（たかの）　致和（むねかず）　明星大学理工学部名誉教授

高田（たかだ）　進（すすむ）　元埼玉大学大学院理工学研究科教授

■編集協力

矢口　裕之　埼玉大学大学院理工学研究科教授

八木　修平　埼玉大学大学院理工学研究科准教授

腰塚　正　東京電機大学工学部教授

佐藤　修一　東京電機大学工学部助教

安藤　毅　東京電機大学工学部助教

山口　富治　東京電機大学工学部助教

●表紙デザイン —— ㈱エッジ・デザインオフィス　●本文基本デザイン —— 難波邦夫

専門基礎ライブラリー

電気回路　改訂版

2008 年 2 月 5 日　初版第 1 刷発行
2016 年 11 月 30 日　改訂第 1 刷発行
2022 年 2 月 20 日　第 6 刷発行

●監修者　金原　粲
●執筆者　加藤政一
　　　　　和田成夫　ほか 4 名（別記）
●発行者　小田良次
●印刷所　中央印刷株式会社

●発行所　実教出版株式会社
〒102-8377
東京都千代田区五番町 5 番地
電話［営　業］(03)3238-7765
　　［企画開発］(03)3238-7751
　　［総　務］(03)3238-7700
https://www.jikkyo.co.jp/

ISBN 978-4-407-34037-2　C3054　Printed in Japan

数学公式

乗法公式・因数分解

(1) $(a+b)^2=a^2+2ab+b^2$

(2) $(a-b)^2=a^2-2ab+b^2$

(3) $(a+b)(a-b)=a^2-b^2$

(4) $(a+b+c)^2=a^2+b^2+c^2+2ab+2bc+2ca$

分数式 ($a \neq 0$, $b \neq 0$)

(1) $\dfrac{1}{a} \pm \dfrac{1}{b} = \dfrac{b \pm a}{ab}$

(2) $\dfrac{b}{\dfrac{1}{a}} = ab$

(3) $\dfrac{1}{\dfrac{1}{a} \pm \dfrac{1}{b}} = \dfrac{ab}{b \pm a}$

2次方程式　$ax^2+bx+c=0$ の解 ($a \neq 0$)

$$x=\frac{-b \pm \sqrt{b^2-4ac}}{2a}$$

指数 ($a>0$, $b>0$)

(1) $x^0=1 (x \neq 0)$

(2) $a^{\frac{q}{p}}=(\sqrt[p]{a})^q=\sqrt[p]{a^q}$

(3) $a^{-m}=\dfrac{1}{a^m}$

(4) $a^m a^n=a^{m+n}$

(5) $(a^m)^n=a^{mn}$

(6) $(ab)^m=a^m b^m$

対数 ($a>0$, $a \neq 0$, $x>0$, $y>0$)

(1) $\log_{10}1=0$

(2) $\log_{10}10=1$

(3) $\log_{10}x^m=m\log_{10}x$

(4) $\log_{10}xy=\log_{10}x+\log_{10}y$

(5) $\log_{10}\dfrac{x}{y}=\log_{10}x-\log_{10}y$

(6) $\log_e 1=0$

(7) $\log_e e=1$

(8) $\log_e x^m=m\log_e x$

(9) $\log_e xy=\log_e x+\log_e y$

(10) $\log_e \dfrac{x}{y}=\log_e x-\log_e y$

三角関数

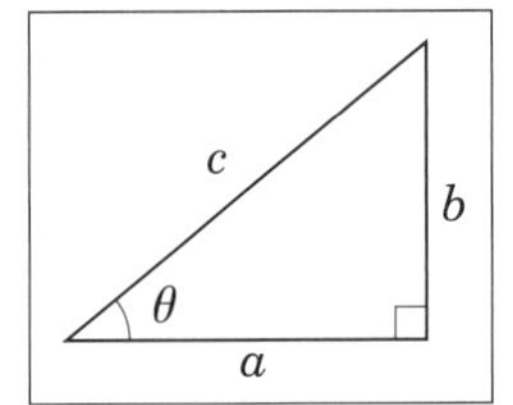

(1) $\sin\theta=\dfrac{b}{c}$, $\cos\theta=\dfrac{a}{c}$, $\tan\theta=\dfrac{b}{a}=\dfrac{\sin\theta}{\cos\theta}$

(2) ピタゴラスの定理 ($a^2+b^2=c^2$) より, $\cos^2\theta+\sin^2\theta=1$

(3) $\sin\theta=\cos\left(\dfrac{\pi}{2}-\theta\right)$, $\cos\theta=\sin\left(\dfrac{\pi}{2}-\theta\right)$, $\sin(-\theta)=-\sin(\theta)$, $\cos(-\theta)=\cos\theta$

(4) $\sin2\theta=2\sin\theta\cos\theta$, $\cos2\theta=\cos^2\theta-\sin^2\theta$

(5) $\sin^2\dfrac{\theta}{2}=\dfrac{1}{2}(1-\cos\theta)$, $\cos^2\dfrac{\theta}{2}=\dfrac{1}{2}(1+\cos\theta)$

(6) $\sin(\alpha\pm\beta)=\sin\alpha\cos\beta\pm\cos\alpha\sin\beta$

(7) $\cos(\alpha\pm\beta)=\cos\alpha\cos\beta\mp\sin\alpha\sin\beta$

(8) $\sin\alpha\pm\sin\beta=2\sin\dfrac{\alpha\pm\beta}{2}\cos\dfrac{\alpha\mp\beta}{2}$

(9) $\cos\alpha+\cos\beta=2\cos\dfrac{\alpha+\beta}{2}\cos\dfrac{\alpha-\beta}{2}$

(10) $\cos\alpha-\cos\beta=-2\sin\dfrac{\alpha+\beta}{2}\sin\dfrac{\alpha-\beta}{2}$

(11) $A\sin\alpha+B\cos\alpha=\sqrt{A^2+B^2}\sin(\alpha+\theta)$　ただし, $\theta=\tan^{-1}\dfrac{B}{A}$ ($A \geqq 0$)